Tibor Rode

Das Morpheus-Gen

Weitere Titel des Autors:

Das Rad der Ewigkeit
Das Los
Das Mona-Lisa-Virus

Titel auch als E-Book erhältlich

Tibor Rode

DAS MORPHEUS GEN

Thriller

Lübbe

Dieser Titel ist auch als E-Book erschienen

Originalausgabe

Dieser Titel wurde vermittelt durch die Literarische Agentur Kossack

Lektorat: Karin Schmidt
Textredaktion: Dorothee Cabras
Umschlaggestaltung: www.buerosued.de
Einband-/Umschlagmotiv: © www.buerosued.de
Satz: Dörlemann Satz, Lemförde
Gesetzt aus der Weiß Antiqua
Druck und Einband: C. H Beck, Nördlingen

Printed in Germany
ISBN 978-3-431-04086-9

5 4 3 2 1

Sie finden uns im Internet unter: www.luebbe.de
Bitte beachten Sie auch: www.lesejury.de

Für meine Eltern und all jene,
die in der Nacht über uns wachen

»Der Schlaf ist der kleine Bruder des Todes.«

Homer

PROLOG

Potsdam 1989

Man konnte vor dem Leben weglaufen, aber nicht vor dem Tod.

Er trat auf die Bremse und schlug das Lenkrad ein, sodass das Fahrzeug sich um einhundertachtzig Grad drehte und mitten auf der Straße zum Stehen kam. Dann schaltete er die Lichter aus.

Er musste nicht lange warten, bis er in der Dunkelheit vor sich die Scheinwerfer sah, die rasch näher kamen.

Er lehnte sich zurück und schloss die Augen. Er sah sie, sah sein Kind.

Tränen liefen ihm über die Wangen, schienen im kalten Luftzug, der aus der Klimaanlage strömte, auf seiner Haut zu gefrieren.

Sie zwangen ihn hierzu. Er hatte alle Optionen durchgespielt, doch sie ließen ihm keine andere Wahl. Es gab keine Möglichkeit, bei der er sein Kind retten konnte, außer dieser. Sie waren schuld, nicht er.

Er öffnete ein Auge und war erschrocken, wie nahe die heraneilenden Lichter schon waren.

Er zählte von drei rückwärts, dann drückte er mit aller Kraft das Gaspedal durch und riss die Augen auf. Ein gleißendes Licht blendete ihn, dann war alles ganz still.

Endlich. Schlafen.

1

New York, heute

»Die Toten reiten schnell«, murmelte Greg Millner und umrundete einen Sessel, um einen besseren Blick auf die Tote werfen zu können.

»Was redest du da?«, fragte Henry.

»Ein Satz aus Bram Stokers *Dracula*. ›Die Toten reiten schnell!‹«

Henry zuckte resigniert mit den Schultern. Offenbar hatte er keine Ahnung, wovon sein Kollege sprach.

»Vampire, du Idiot!«, entgegnete Millner und fasste sich an den Hals, genau dorthin, wo bei der Leiche die beiden Bissspuren zu erkennen waren, von denen die Streifenpolizisten bei ihrer Ankunft aufgeregt berichtet hatten.

Er ging in die Knie und betrachtete das Gesicht der Toten, die eingekeilt zwischen Sessel und Sofa lag. Es sah aus, als schliefe sie nur. Die Augen waren geschlossen. Die Wangen schienen noch rosig. Instinktiv wollte er ihren Puls fühlen, verbat es sich jedoch, um keine Spuren zu verwischen. Was war nur los mit ihm? Den Tod zu akzeptieren war das Erste, was man als Ermittler bei der Mordkommission lernte, und er hatte bislang auch keine Probleme damit gehabt. Im Gegenteil: Es gab Momente, da kam er mit den Toten besser zurecht als mit den Lebenden. Vielleicht wurde er mit zunehmendem Alter weich.

Das lange blonde Haar verdeckte den Großteil ihres Gesichts. Dennoch schätzte er sie auf Mitte zwanzig. Am Hals waren zwei kleine Verletzungen zu erkennen. Kreisrunde, blutige Einkerbungen, einen Fingerbreit auseinander. Als hätte jemand zwei kleine Löcher hineingebohrt. Oder aber das Opfer in den Hals gebissen.

»Von einem Menschen ist der Biss jedenfalls nicht«, kommentierte Millner. »Es sei denn, der Mensch hat zwei große Fangzähne gehabt. Eben wie ein Vampir.«

Henry lachte auf. »Lass das nicht die Presse hören. *Vampirmord in New York*. Was meinst du, was dann hier los ist? Abgesehen davon, dass du mit dieser Theorie vermutlich suspendiert und zum Dienstpsychologen geschickt wirst.«

»Und was ist deine Erklärung für die Male?«, fragte Millner.

Henry schüttelte den Kopf. »Keine Ahnung. Vielleicht Stichverletzungen. Oder eine tollwütige Fledermaus oder ...« Er stockte. »Ich habe, ehrlich gesagt, keinen blassen Schimmer. Lass uns abwarten, was die Pathologen zur Todesursache sagen. Aber ich weiß auf jeden Fall, dass das kein Vampir war.«

Millner betrachtete den Rest des Körpers. Die Tote trug einen zweiteiligen Trainingsanzug. Das Oberteil war am Bauch hochgerutscht und gab den Blick auf den Bauchnabel frei. Die Füße steckten in weißen Söckchen. Millner seufzte. Irgendwo lebten eine Mutter und ein Vater, die schon bald über den gewaltsamen Tod ihrer Tochter informiert werden würden. Noch ahnten sie nichts davon, dass das Leben heute für sie eine dramatische Wendung genommen hatte.

»Wer ist hier gemeldet?«, fragte Millner.

Henry blätterte in einem kleinen Notizblock, in den er vor einigen Minuten die Antwort der Zentrale gekritzelt hatte. *»David Berger«*, las er ab. *»Dreißig Jahre. Geboren in Prag, Tschechien. US-Amerikanischer Staatsbürger.«* Henry reichte Millner einen Klarsichtbeutel mit einer Visitenkarte darin. »Die lag vorne neben der Haustür auf dem Beistelltisch.«

Die Karte stammte von einer Anwaltskanzlei aus Manhattan mit dem Namen McCourtny, Coleman & Pratt. Neben einem grauen Elefanten als Logo stand in der Mitte der Karte der Name *David Berger*, darunter *Rechtsanwalt*.

»Ein Rechtsanwalt, so, so«, sagte Millner und gab den Beutel Henry zurück.

»Wissen wir, wer sie ist?«

»Wohl seine Freundin. Sarah Lloyd. Ebenfalls hier gemeldet. Eine Nachbarin sagte, sie wohnten hier zusammen. Da drüben steht ein Bild von beiden.« Millner machte einen großen Ausfallschritt und fischte einen Bilderrahmen vom Vertiko. Das Foto zeigte ein junges, glückliches Paar mit Rucksäcken vor einem atemberaubenden Panorama. Er vermutete, dass die Aufnahme irgendwo in den Tropen gemacht worden war. Beide waren attraktive Menschen, denen man die Unbeschwertheit der Jugend ansah. Millner hätte mit ihnen in der Bar eines Urlaubshotels sofort einen zusammen getrunken. Der Mann erinnerte ihn mit der hohen Stirn, dem dichten dunkelblonden Haar und dem etwas melancholischen Blick an James Dean. Bei ihr konnte man mal wieder sehen, was der gewaltsame Tod auszurichten vermochte: Das ebenfalls blonde Mädchen mit dem offenen Lächeln und den vor Lebensenergie sprühenden Augen war in dem Mordopfer keine zwei Schritte hinter ihm kaum mehr zu erkennen. »Irgendwelche Ausweispapiere von ihr?«

Henry schüttelte den Kopf. »Bis jetzt nicht.«

»Versuche herauszufinden, ob sie es tatsächlich ist, damit ihre Angehörigen informiert werden können.«

»Schon klar«, grummelte Henry und klappte den Block wieder zu.

»Die Nachbarin hat beobachtet, dass sie vor einigen Tagen ausgezogen ist. Zudem hatte es im Hausflur zwischen Berger und einem anderen Mann einen Streit gegeben. Als die Zeugin wegen des Lärms die Tür öffnete, verschwanden beide. Heute hat sie nichts mitbekommen; sie war bei ihren Enkeln in Brooklyn.«

Als erfahrene Ermittler wussten beide, dass bei Frauenmorden oft der Lebenspartner der Täter war.

Millners Blick blieb an einer rechteckigen Box hängen, die unweit der Toten auf dem Wohnzimmerteppich lag. Er beugte sich vor und versuchte, den Gegenstand zu identifizieren. Obwohl er Latexhandschuhe trug, hütete er sich davor, ihn anzufassen.

»Das ist nur ein Schuhkarton«, sagte Henry.

Jetzt erkannte auch Millner darauf das Logo einer bekannten Sportmarke.

Henry bückte sich und hob den Deckel auf, der einen guten Meter neben dem Karton lag. Er hielt ihn sich vor das Gesicht und schaute Millner durch eines von mehreren Löchern an, die in den Deckel hineingestochen worden waren. »Ich sehe dich!«, witzelte er.

Millner grinste. »Steht dir, den solltest du immer tragen. Sag der Spurensicherung, sie sollen den Karton auf Spuren hin untersuchen.«

Henry legte den Deckel zurück auf den Boden, zückte den Stift und notierte etwas. »Sag du das doch mal den Jungs, und schicke nicht immer mich vor«, maulte er.

»Du weißt doch, auf mich hören die nicht.«

»Kein Wunder, wenn du andauernd den ehemaligen FBI-Agenten raushängen lässt«, konterte Henry.

Millner erhob sich langsam aus der Hocke. Seine Knie schmerzten. Unter dem weißen Plastikoverall, den die Spurensicherung ihnen vor der Haustür verpasst hatte, begann er zu schwitzen.

Er betrachtete die Szenerie vor sich.

Neben der Leiche lag eine umgestürzte Stehlampe, deren noch immer brennende Glühbirne einen schwachen Lichtkegel auf den Boden warf.

»Vielleicht von einem Kampf.«

Millner schaute auf. »Kampf mit wem? Dem Vampir?«

»Ich meine mit dem Mörder!«, entgegnete Henry ärgerlich.

Plötzlich machte sich das Funkgerät an Millners Gürtel bemerkbar.

»Es tut mir leid, aber ich fürchte, ihr müsst heute zweigleisig fahren«, meldete sich Sunny aus der Zentrale.

Henry warf Millner einen müden Blick zu. Das klang nach reichlich Kaffee. Sie waren nun seit vierzehn Stunden im Einsatz, und es würden wohl noch ein paar dazukommen.

»Aber was ich euch zu bieten habe, ist kurios.«

Vermutlich nicht kurioser als ein Vampiropfer, dachte Millner.

»In Hell's Kitchen ist einer vom Dach geflogen und mitten auf einem Auto gelandet. So wie es aussieht, nicht ganz freiwillig. Ist schon ein bisschen her, aber Will und Darcy sind bei einem Vorfall in der U-Bahn.«

»Wo genau ist das Vögelchen geflogen?«, fragte Millner mit einem großen Seufzer.

»Schick ich dir aufs Handy. Das Problem ist, wer das Vögelchen ist.«

»Nämlich?«

»Alexander Bishop. Sohn von William Bishop.«

»*Dem* William Bishop?«

»Ganz genau!«

Millner fluchte. Das Einzige, was noch nerviger war als exzessiv feiernde Promikinder, waren tote Promikinder. Er steckte das Funkgerät weg und warf einen letzten Blick auf das tote Mädchen. Dies war kein normaler Mordfall, und Millner löste sich nur widerwillig vom Tatort. Die Spurensicherung musste nun ihr Programm abspulen.

Von der Wohnzimmertür her erklang ein Räuspern. »Kann ich jetzt Fotos machen?« Ein Mann in einem weißen Overall wartete im Flur mit einer Kamera und einem riesigen Blitzlicht auf seinen Einsatz.

»Ja, klar, wir sind hier durch«, antwortete Henry.

»Was ist das?« Millner blieb vor einer riesigen Weltkarte stehen, die an der Wand hing. Die Kontinente darauf waren goldbraun dargestellt; einige Bereiche jedoch, die aussahen wie ein aufgekratztes Rubbellos, leuchteten hellgrün.

»Eine sogenannte Scratch-Map«, sagte der Fotograf. »Man rubbelt die Teile der Welt frei, in denen man bereits gewesen ist.«

Millner verzog beeindruckt die Mundwinkel. Auf dieser Karte waren viele Orte grün. Offenbar waren die Bewohner dieses Apartments gern gereist. Damit war es nun vorbei. »Die Toten reiten schnell«, sagte er und erntete einen irritierten Blick des Fotografen.

Auf dem Weg zur Haustür fiel Millners Blick in die Küche. Spontan machte er einen Abstecher hinein, öffnete einige Schränke. Der Kühlschrank war beinahe leer. Millner roch an der Milch. Sauer. Im Tiefkühlfach fand er, neben einem Behälter mit Eiswürfeln, einen einzelnen Plastikbeutel, dessen Inhalt er nicht sofort identifizieren konnte. Erst als er ihn öffnete, erkannte er es. Mit angewidertem Gesicht legte er ihn zurück und zog gleich danach die Latexhandschuhe aus. Vielleicht war dieser David Berger noch viel perverser, als sie ahnten.

Millner öffnete den Mülleimer. Er entdeckte in der Küchenspüle eine Bratzange und stocherte damit im Abfall herum. Schließlich fischte er mit der Zange ein zerknülltes Blatt Papier heraus. Er legte es auf der Küchenspüle ab und faltete es mithilfe der Bratzange umständlich auseinander. Dann überflog er die wenigen Zeilen und konnte sich ein Grinsen nicht verkneifen.

Fall gelöst, dachte er. Er überlegte, den Zettel einzustecken, entschied sich jedoch, ihn wegen der Reste von Kaffeesatz und Möhrenschalen, die daran klebten, liegen zu lassen. Er würde die Spurensicherung bitten, sich darum zu kümmern, ebenso um den Beutel im Gefrierfach.

Auf dem Weg nach draußen hob er noch den Deckel eines großen Keramiktopfs an, in dem nur ein paar keimende Kartoffeln lagerten.

Als Millner bewusst wurde, wonach er eigentlich gesucht hatte, kam er sich schlagartig albern vor und sah zu, dass er raus aus der Wohnung und dem Overall kam.

Nirgendwo Knoblauch in der Wohnung.

2

New York – vier Tage zuvor

Es war dieser Moment, in dem man aufwacht und weiß, dass etwas nicht stimmt. In diesem Fall spürte er eine Leere, die nicht da sein dürfte. Eine Leere in dem Bett, in dem er lag. Er tastete mit ausgestrecktem Arm neben sich und fühlte nur das kühle Laken. Auch das Kopfkissen war kalt. Mit einem Schlag fiel ihm der Brief vom vergangenen Abend ein. Ein Schmerz hämmerte in seinen Schläfen, sein Kopf fühlte sich an, als wäre er mit Zement gefüllt. Er hatte in den vergangenen Wochen nachts oft wach gelegen und über alles Mögliche gegrübelt. In den letzten Tagen hatte er so massive Schlafstörungen, dass er einmal die ganze Nacht durch die Wohnung getigert war, ohne ein Auge zuzumachen. Doch diese Nacht hatte er anscheinend ein paar Stunden lang geschlafen wie ein Toter. Vermutlich lag es am Alkohol.

Er stöhnte leise, bekam die Augen einfach nicht auf. Wenn er seiner inneren Uhr glauben durfte, war es 7:21 Uhr. Er war gut darin, die Uhrzeit zu raten. Meist lag er sogar auf die Minute genau. Er hatte keine Ahnung, wie er es machte, tippte auf irgendeinen Urinstinkt. Wenn er recht hatte, würde in neun Minuten der Wecker seines Smartphones klingeln. Vorsichtig blinzelte er. Erste Sonnenstrahlen erhellten das Schlafzimmer. 7:21 Uhr kam hin. Er drehte sich nach rechts und stöhnte erneut leise auf, als er über seine rechte Schulter rollte. Das Training vom vergangenen Abend ließ grüßen. Er hatte eine falsche Bewegung mit der Hantel gemacht.

Überhaupt war alles schiefgelaufen, nachdem er gestern das Büro verlassen hatte: Es hatte damit begonnen, dass er viel zu spät vom Schreibtisch weggekommen war. Wieder einmal hatte Percy White ihm kurz vor Feierabend einen neuen Vorgang auf den Tisch geknallt. »Wäre schön, wenn das noch heute fertig wird, David«, hatte sein Chef wie üblich gesagt und nicht den Mittelfinger gesehen, den David ihm noch gezeigt hatte. Die Folge war gewesen, dass er erst nach einundzwanzig Uhr aus dem Büro gekommen war. Und dann hatte er sich falsch entschieden: Statt nach links zu gehen, auf dem Nachhauseweg bei ihrem japanischen Lieblingsrestaurant Sushi mitzunehmen und mit Sarah bei einem Glas Rotwein den Tag durchzusprechen, dabei ihren schmerzenden Nacken zu massieren und ihr sanft die Schulter zu küssen, war er vor der Kanzlei nach rechts abgebogen. Und direkt ins Fitnessstudio gegangen. Dort hatte er sich zusammen mit einer Handvoll nach Schweiß stinkender Männer den Bürofrust abtrainiert und die vom langen Sitzen steifen Glieder über die Hantelbank gejagt. Als er endlich, frisch geduscht und ausgepowert, aber von Endorphinen überflutet, die Tür zu dem gemeinsamen Apartment aufschloss, war es bereits halb elf, und Sarah lag offenbar schon im Bett. So dachte er. Bis er neben einer halb ausgetrunkenen Flasche Rotwein auf dem Küchentisch den Brief entdeckte. Noch bevor er die ersten Zeilen las, wusste er, was darinstand. In den letzten Tagen hatte Sarah sich plötzlich verändert; David hatte sich fest vorgenommen, sie am Wochenende darauf anzusprechen. Nun war sie ihm offenbar zuvorgekommen.

Lieber David,

ich sollte es dir besser persönlich sagen, aber es fällt mir leichter, dir zu schreiben. Ich liebe dich nicht mehr. Deine viele Arbeit, meine viele Arbeit. Wir haben uns irgendwie in unterschiedliche Richtungen entwickelt. Ich benötige eine Auszeit. Ich bin bei Elly und werde morgen, wenn du im Büro bist, einige meiner Sachen abholen. Bitte versuche nicht, mit mir Kontakt aufzunehmen. Ich brauche Zeit für mich und melde mich, wenn ich so weit bin. Sorry, aber es ist besser so für uns beide.

Sarah

Nachdem seine Ungläubigkeit gewichen war, hatte sich in ihm so etwas wie Ärger ausgebreitet. Instinktiv hatte er zu seinem Handy gegriffen und Sarahs Nummer gewählt, doch nach dem zweiten Freizeichen hatte er aufgelegt. Irgendetwas an dem Brief hatte ihn stutzig gemacht. Die Worte klangen nicht, als hätte Sarah sie geschrieben. Er hatte den Brief immer wieder gelesen, doch die Worte waren dieselben geblieben. Vielleicht war das aber auch ein Zeichen der Entfremdung, von der Sarah sprach. Vermutlich klang es immer fremd, wenn der Mensch, den man am meisten liebte, mit einem Schluss machte.

Während er dasaß und grübelte, trank er die Rotweinflasche aus. Schließlich wankte er viel zu spät ins Bett. Er überlegte kurz, sie noch mal auf dem Handy anzurufen, darüber zu sprechen, aber er war noch nüchtern genug, um zu wissen, dass das keine gute Idee war, mitten in der Nacht, mit fast einem halben Liter Rotwein intus. Irgendwann am frühen Morgen schlief er ein, mit dem festen Vorsatz, sich am nächsten Tag mit ihr auszusprechen. Sich zu entschuldigen, für all das, für das er etwas konnte, und, wenn es sein musste, auch für alles, für das er nichts konnte.

Doch nun, als er die Leere in dem Bett neben sich spürte, zweifelte er daran, dass es etwas bringen würde. Was Sarah machte, machte sie richtig. Anders als er.

Endlich gelang es ihm, die Augen zu öffnen. Ihre Seite des Bettes war ordentlich gemacht, das Kissen aufgeschlagen. Er rollte sich hinüber und drückte die Nase hinein. Es roch nach ihr. Nur langsam richtete er sich auf. Sein Kopf fühlte sich noch immer an, als wäre er aus Blei, und sein Mund war so trocken wie ein Toastbrot. David hievte sich aus dem Bett. Das Parkett war kalt. Als er in den Flur trat, spürte er dieselbe Leere wie nach dem Aufwachen im Bett.

Er schaute im Arbeitszimmer nach. Black Jack und Spider waren noch da, was er als gutes Zeichen interpretierte. Ansonsten war er allein. In der Küche ragte aus dem Mülleimer die leere Weinflasche. Er konnte sich nicht daran erinnern, sie dort hineingestopft zu haben. Auf dem Boden neben dem Abfalleimer lag der zu einem Ball zusammengeknüllte Brief. Offenbar hatte er damit am Abend zuvor auf den Mülleimer gezielt und danebengeworfen. David versuchte, sich danach zu bücken, aber ein stechender Schmerz in der Schulter hielt ihn davon ab. Er öffnete den Kühlschrank und nahm einen großen Schluck aus der Milchflasche. Die kalte Milch tat gut. Auf der Vorderseite des Kühlschranks klebte ein kleiner Kalender. Der heutige Tag war rot umkringelt.

Normalerweise fütterte Sarah immer Black Jack und Spider, heute würde er es tun müssen. Er überlegte kurz, es einfach sein zu lassen, doch die beiden konnten nichts für ihre Beziehungskrise. Er seufzte und öffnete das Gefrierfach. David nahm die Tüte mit dem Futter und kämpfte gegen den Würgereiz an. Er programmierte die Mikrowelle, die er niemals benutzte, um sich darin Essen aufzuwärmen. Mit einer Bratenzange nahm er das aufgetaute Ding und brachte es ins Arbeitszimmer. Gerade war er dabei, den Deckel des Glaskastens zu öffnen, als ein leises Klingeln ihn aufhorchen ließ. Es kam aus dem Schlafzimmer. Sein Handy. Vielleicht rief sie an. Hoffnung keimte in ihm auf. Dass sie ihn so früh anrief, war ein gutes Zeichen. Vielleicht hatte sie gestern Abend auch einfach nur zu viel Wein getrunken. Er sprintete durch den Flur und das Wohnzimmer und hechtete auf das Bett. Als er das Stechen in der Schulter spürte, stieß er einen leisen Schmerzenslaut aus und griff nach seinem Handy auf dem Nachttisch.

7:30 Uhr.

Es war nur der Wecker.

3

New York

»Bitte! Ich brauche das Zeug! Sie können es mir nicht einfach wegnehmen! Ich tue alles, was sie von mir wollen. Sag ihnen das!« Der Mann stand neben einem mächtigen Buffetschrank im Kolonialstil. Auf seiner Stirn standen Schweißperlen, während er den Cognacschwenker in einem Zug leerte. »Ich habe schon seit Tagen nicht mehr geschlafen!«

»Darum bin ich nicht hier«, entgegnete die schmale Gestalt, deren Schatten sich im Türrahmen abzeichnete. In der Hand hielt sie eine kleine schwarze Bowlingtasche.

Das Glas in den Fingern des Mannes begann zu zittern. Für einen Augenblick war das Klirren der Eiswürfel das einzige Geräusch im Raum. Der Mann stieß ein bitteres Lachen aus. »Du bist hier, um mich zu töten, richtig?«

»Sie haben es nicht mehr im Griff, Sir.« Die Gestalt deutete auf das Cognacglas. »Es ist halb acht am Morgen!«, sagte sie vorwurfsvoll.

»Weil ich das Mittel brauche!«

»Sie haben ihn fast umgebracht. Und es ist nicht der Erste gewesen.«

»Es war ein Unfall. Es sind diese Stimmen ... Ich sehe Dinge, die nicht da sind ... Ich verspreche, es kommt nicht mehr vor. Ich brauche nur etwas von dem Mittel!«

»Die Presse wird Sie deswegen in der Luft zerreißen. Die Aufmerksamkeit gefährdet uns alle. Die Bruderschaft hat beschlossen, dass Sie nichts mehr bekommen.«

»Die Bruderschaft hat das beschlossen? Weißt du, wer ich bin?« Die Stimme des Mannes überschlug sich nun vor Erregung wie die eines Teenagers im Stimmbruch. »Wissen die überhaupt, mit wem sie sich anlegen? Niemand entledigt sich einfach so des Generalstaatsanwalts! Glauben die wirklich, ich habe nicht vorgesorgt? Ich lasse alle auffliegen, wenn ich nicht das Mittel bekomme.«

»Die Bruderschaft lässt sich nicht erpressen.«

»Sag Schwarzenberg, meine Assistentin weiß alles. Wenn mir etwas passiert, wird sie einen Umschlag mit Informationen an die Presse weitergeben! Sag ihnen, sie kommen alle ins Gefängnis!« Wieder lachte er, diesmal triumphierend.

»Meinen Sie diese Assistentin?«, fragte die Gestalt ruhig und griff in die Tasche, bevor sie etwas in der Größe einer Bowlingkugel in die Höhe hob.

Der Generalstaatsanwalt stieß einen spitzen Schrei aus, als er die blonden Haare daran erkannte. Er wich zurück, das Cognacglas fiel zu Boden und zersprang.

Im nächsten Augenblick ging der Staatsanwalt auf die Knie, sodass die Glassplitter auf den teuren Pitchpine-Dielen knirschten. »Ich war immer treu. Habe stets getan, was sie mir aufgegeben haben. Bitte!« Tränen liefen nun über sein Gesicht.

»Wenn Sie immer treu waren, kennen Sie auch den Ursprung der Legende der Akoimeten?«, fragte die dunkle Gestalt, während sie die Tasche behutsam neben sich abstellte.

Statt einer Antwort erklang nur ein lautes Schluchzen.

»Erinnern Sie sich, wofür unsere Vorfahren berühmt waren?«

Der Generalstaatsanwalt hob den Kopf und betrachtete den frühmorgendlichen Eindringling. In sein Gesicht trat ein Ausdruck von Hoffnung. »Barmherzigkeit?«

»Ruhelosigkeit. Und wissen Sie, wie die schlaflosen Mönche es geschafft haben, dabei nicht verrückt zu werden?«

Der Staatsanwalt schüttelte den Kopf. Nun begann er wieder, leise zu schluchzen.

»Sie sangen das *Gloria in excelsis*. Rund um die Uhr. Fünfhundert Mal in vierundzwanzig Stunden. Ununterbrochen. Aber es war nicht der Gesang, der sie vor dem Wahnsinn bewahrte.«

»Was? Was hat das mit mir zu tun?«

»Es war Gottesfurcht. Furcht diszipliniert. Das wissen Sie als Staatsanwalt doch nur allzu gut.«

Im schwachen Licht, das die Stehlampe spendete, zeichneten sich unter seiner aschfahlen Haut die Konturen des Schädelknochens ab. »Ich fürchte mich!«, flüsterte er mit brüchiger Stimme. »Und das schon seit langer Zeit.«

Die Gestalt griff unter ihren Mantel, und im nächsten Moment hielt sie ein Messer mit langer Klinge in der Hand. »Es geht nicht mehr darum, ob Sie sich fürchten oder nicht. Es geht darum, ob die anderen sich fürchten.«

Aus seinem Blick sprach Unverständnis. »Die anderen?«

»Wenn sie von Ihrem Tod erfahren. Und erfahren, wie sehr Sie dabei gelitten haben.«

4

New York

»Schön, dass Sie auch noch zu uns stoßen, Mr. Berger!«

David dirigierte die Mutter mit ihren drei Kindern auf die leeren Stühle neben sich. »Verzeihen Sie, aber ich bin im Verkehr stecken geblieben.« Das Hemd klebte ihm am Körper; die Strecke von der Subway-Station bis zum Gericht war er gerannt.

Der Vorsitzende Richter Levy musterte ihn über den Rand seiner Lesebrille hinweg. »Wie ich sehe, hatten Sie keine Zeit mehr, sich zu rasieren.«

David fuhr sich mit der Hand über die Stoppeln an Kinn und Wange. In der Tat hatte er es vergessen. Die Sache mit Sarahs nächtlichem Verschwinden hatte ihn am Morgen so sehr aus dem Takt gebracht, dass er nicht rechtzeitig losgekommen war. Fast eine ganze Stunde lang hatte er in der Küche gesessen und wie gelähmt vor sich hin gestarrt. Dann hatte er vergeblich versucht, Sarah auf ihrem Handy anzurufen, und stattdessen nur ihre Mailbox erreicht. Bei diesem Gedanken wanderte seine Hand in die Innentasche seines Anzugs und stellte den Ton seines Smartphones leise.

»Vielleicht sollte das Gericht der Beklagten lieber einen anderen Prozessbevollmächtigten zuordnen?«, schlug eine vertraute Stimme neben ihm vor.

Ein nicht ungeschickter Tiefschlag von Alex Bishop, dem Rechtsanwalt der Klägerin. Sein Zweitausend-Dollar-Anzug glänzte im Licht der LED-Strahler. Eine Hand hatte er lässig in der Hosentasche vergraben, die andere begleitete seine Worte wie der Taktstock eines Dirigenten. Gut aussehend, eloquent, arrogant. Das war genau der Eindruck, den Alexander Bishop hinterlassen wollte, wenn er irgendwo auftrat. Und dies gelang ihm auch heute wieder perfekt.

David wandte sich seiner Mandantin zu, die ihn mit flehendem Blick anschaute und kaum merklich den Kopf schüttelte. »Sir, meine Mandantin möchte den Rechtsbeistand nicht wechseln. Wir sind hervorragend präpariert und bereit zu beginnen.«

Der Richter schien einen Augenblick zu überlegen.

David ahnte, dass ihm nun eine der berühmten Belehrungen von Richter Levy zuteilwerden würde.

»Mr. Berger, ich finde es bemerkenswert, dass Ihre Kanzlei diese *Pro-Bono-Mandate* übernimmt und so auch die sozial Schwächsten in unserer Gesellschaft von der unbestrittenen Qualität Ihrer Kanzlei profitieren können. Aber ich verlange, dass Sie diese Arbeit genauso ernst nehmen wie die Vertretung Ihrer zahlenden Kundschaft. Daher frage ich mich, wären Sie heute auch zu spät zu dem Termin erschienen, wenn es hier nicht um eine Räumungsklage, sondern um eine Eine-Milliarde-Dollar-Klage eines Ihrer großartigen Mandanten gegangen wäre?«

David atmete tief durch. Die wahre Antwort hätte Ja gelautet. Ja, er wäre selbst dann zu spät gekommen, wenn hier einer ihrer Top-Mandanten verklagt gewesen wäre. Vielmehr wäre er dann gar nicht vor Gericht erschienen. Als angestellter Rechtsanwalt im zweiten Jahr hätte er bei einem derart großen Mandat überhaupt nicht in der ersten Reihe mitgewirkt. Vermutlich hätte er jedoch bis tief in die Nacht die Schriftsätze erstellt und die Plädoyers vorbereitet, mit denen sein Partner sich dann im Gerichtssaal hervorgetan hätte. Aber all das konnte er nicht zugeben, denn er wusste, dass der Richter und sein Seniorpartner jeden Mittwochnachmittag zusammen Poker spielten. Alles, was er hier sagte und tat, würde vom Richter, vermutlich mit deftigen Kommentaren versehen, direkt an seinen Boss weitergereicht werden.

»Ich habe verstanden, Sir«, sagte David stattdessen. »Ich verspreche, dass es nicht mehr vorkommt.« Aus dem Augenwinkel sah er ein siegessicheres Grinsen über Alex Bishops Gesicht huschen.

Leidtragende dieses Scharmützels war seine Mandantin, und das tat David mehr leid als alles andere. Er wandte sich nach rechts und legte mit einer beruhigenden Geste die Hand auf ihren Arm. »Alles wird gut«, flüsterte er ihr zu, was sie mit einem dankbaren Lächeln quittierte. Neben ihr saßen ihre drei Kinder. Der Kleinste spielte mit einem Spielzeugauto, die beiden älteren Mädchen schauten sich mit großen Augen im Gerichtssaal um.

»Ich möchte Ihr Gedankenspiel aber gern aufnehmen, Herr Vorsitzender«, setzte David an. »Wären wir alle hier überhaupt zusammengekommen, wenn meine Mandantin nicht, wie Sie gerade feststellten, sozial schwach und dazu auch noch schwarz wäre?« Zufrieden registrierte er die Sorgenfalten auf Alex Bishops Stirn.

»Gott schütze Sie!« Seine Mandantin drückte ihn an sich. In ihren Augen sah er Tränen.

»Nicht dafür«, sagte er und strich dem Jungen, der an ihrem Bein hing, über das Haar. »Sie waren im Recht.«

Die Frau presste die Lippen zusammen und schenkte ihm ein letztes Nicken, bevor sie ihre Kinder in Richtung Ausgang zog.

Während er der kleinen Familie hinterherschaute, spürte David, wie sich in seinem Hals ein Kloß bildete. Er zog sein Handy hervor. Keine Anrufe. Keine Nachricht von Sarah. Gerade wollte er ihre Nummer wählen, als ihm jemand von hinten einen kräftigen Schlag auf die Schulter gab.

»Glückwunsch!«, ertönte Alex Bishops Bass hinter ihm.

David drehte sich um und umarmte ihn herzlich. »Das war ganz schön mies von dir«, sagte er. »Dem Gericht vorzuschlagen, mich auszuwechseln.«

Alex grinste. »Ich wollte den Prozess gewinnen. Das ist ein wichtiger Mandant von uns. Der kann nur Profit machen, wenn die Immobilien leer stehen. Dafür müssen die Mieter raus.«

»Nicht heute«, sagte David und bemühte sich, ein triumphierendes Lächeln aufzusetzen.

Alex stutzte. »Was ist los, alles klar mit dir? Du bist noch nie zu spät zu einem Gerichtstermin erschienen.«

»Sarah hat mit mir Schluss gemacht«, entgegnete David und war erschrocken über den Klang der eigenen Worte. Es hatte so etwas Endgültiges. »Sie nennt es eine ›Pause‹ und will heute ausziehen.«

Alex setzte eine düstere Miene auf. Er war sein bester Freund, und er wusste, wie ernst es ihm mit Sarah gewesen war. »Das tut mir leid, Kumpel.« Erneut klopfte Alex ihm auf die Schulter, diesmal jedoch deutlich sanfter. »Was kann ich für dich tun? Wollen wir zusammen einen Kaffee trinken gehen, und du erzählst mir alles in Ruhe?«

David schaute auf sein Handy. »Ich muss zurück ins Büro. White wartet bestimmt schon mit irgendeiner neuen Sache auf mich.«

»Immer im Stress«, entgegnete Alex.

»Das ist der Deal mit der großen Kanzlei. Sie schütten mich mit Geld zu, und ich verkaufe ihnen dafür meine ...«

»Seele«, fiel Alex ihm ins Wort.

»Zeit«, verbesserte David. »Ich meinte Zeit.«

Alex stieß ein verächtliches Lachen aus. »Das ist nicht viel besser. Zeit ist das Wertvollste, das wir haben.«

David seufzte. »Das ist wohl auch der Grund dafür, dass Sarah gegangen ist: dass ich keine Zeit für sie hatte.«

»Wie sieht es heute Abend aus? Um acht im *Headley's*?«, fragte Alex.

David zuckte mit den Schultern. »Wenn in der Kanzlei nichts dazwischenkommt. Und wenn Sarah sich nicht heute doch noch mit mir treffen möchte.«

Alex deutete mit den Fingern einen Telefonhörer an. »Ruf mich an!«, sagte er und gab ihm zum Abschied einen weiteren freundschaftlichen Klaps.

Auf dem Weg nach draußen passierte David eine Traube

von Reportern, die sich um einen Interviewpartner drängten, den David nicht erkennen konnte. Als einer der Tontechniker aus dem Getümmel heraustrat, konnte er dessen Ellenbogen nur knapp ausweichen, stieß dabei aber versehentlich mit einer der Gerichtsreporterinnen der *New York Post* zusammen, die er aus diversen Prozessen vom Sehen kannte.

»Was ist hier los?«, fragte er, während er sich versicherte, dass sie okay war.

»Es gibt Gerüchte, dass soeben Generalstaatsanwalt Dillingers Leiche in seinem Haus gefunden wurde.«

»Seine Leiche?« Jeder in New York kannte den Generalstaatsanwalt Dillinger. Von nicht wenigen wurde er als nächster Gouverneur gehandelt. »Er war noch gar nicht so alt«, stellte David fest.

»Man sagt, er sei keines natürlichen Todes gestorben«, antwortete die Gerichtsreporterin und setzte eine angewiderte Miene auf. »Es heißt, er ist ermordet worden.«

»Ermordet?« Dieses Gerücht erklärte den Aufmarsch der TV-Kameras im Gericht. Inmitten der Reporter glaubte David nun, den Sprecher der Staatsanwaltschaft zu erkennen.

»Alles ist noch ganz frisch. Die Polizei hält sich bedeckt. Meine Quelle hat berichtet, der Staatsanwalt sei übel zugerichtet gewesen. Angeblich hat man ihm sogar die Augenlider abgeschnitten.«

In diesem Moment summte Davids Handy. Rasch griff er danach und öffnete die Nachricht.

WO SIND SIE? P. W.

5

New York

Vorsichtig öffnete er die Tür zum WC. Als er Percy White sah, wollte er rasch wieder kehrtmachen, doch der hatte ihn bereits bemerkt.

»Scheint so, als kämen Sie heute überall zu spät, Mr. Berger.« Percy White stand im Unterhemd an einem der Waschbecken, in der Hand einen Rasierapparat. Sein Hemd und sein Jackett hingen an einem Haken, bei dem David sich schon immer gefragt hatte, wozu er diente.

Woher wusste Percy White, dass er heute Morgen zu spät im Gericht erschienen war? Richter Levy würde ihn kaum wegen einer solchen Lappalie angerufen haben. Aber vielleicht verhielten sich Richter auch nicht anders als normale Menschen. Ein kurzer SMS-Verkehr zwischen zwei alten Pokerfreunden.

Zögernd trat David an das Waschbecken neben White.

»Was ist los?«, fragte sein Chef mit einem spöttischen Lächeln. »Wollten Sie sich nur einen runterholen oder eine Linie Koks reinziehen?« Er brach in ein bronchiales Lachen aus, das in einem Hustenanfall endete. Als er sich beruhigt hatte, spuckte er ins Waschbecken.

David griff in die Plastiktüte und holte das Rasierset und die Dose Rasierschaum heraus, die er auf dem Weg ins Büro im Drugstore gekauft hatte. »Nur rasieren«, sagte er, während er seine Krawatte abband und sein Hemd aufknöpfte, um den Kragen so umzuschlagen, dass kein Schaum darauf landete.

»Sie sollten sich einen Elektrorasierer kaufen. Ist praktischer. Man kann sich wirklich überall rasieren. Auto, Flughafen, Flugzeug. Habe ich alles schon gemacht.«

David musterte White von unten nach oben. Seine Anzughose sah zerknittert aus, ein Haarbüschel stand waagerecht ab.

»Haben Sie im Büro übernachtet«, fragte er, während er einen Berg Rasierschaum in seine linke Hand sprühte.

»Der Sundberg-Deal. Wir waren erst mitten in der Nacht durch. Dann war ich noch mit den Mandanten vom US-Militär einen trinken. Die Jungs kommen nicht so oft an die Ostküste, und die können ordentlich was ab.« Wieder stimmte er sein bronchiales Lachen an.

Zu Whites Mandanten gehörten verschiedene Regierungsorganisationen, das wusste jeder in der Kanzlei. Mehr aber auch nicht, denn Percy Whites Büro und Akten waren streng abgeschirmt. Von Zeit zu Zeit, wenn White wieder an einer geheimen Sache arbeitete, bewachten Männer in schwarzen Anzügen mit Kopfhörern im Ohr sein Büro. Glaubte man den Sekretärinnen, gehörten sie zur CIA, NSA oder zu irgendeinem anderen Geheimdienst.

»Ich weiß nicht, wie viele Nächte ich schon im Büro geschlafen habe«, ergänzte er. Das Geräusch des Elektrorasierers erstarb, und David merkte, wie White ihn musterte. »Aber ich habe Sie heute Morgen hier vermisst. Hätte gut jemanden gebrauchen können, der die Unterlagen sortiert. Dann erfuhr ich, dass Sie wieder bei diesem schwachsinnigen Pro-Bono-Scheiß sind.«

David öffnete den Wasserhahn und spülte den Schaum von seiner Hand. »Sir, ich verstehe Ihren Unmut, und hätte man mir gesagt, dass Sie mich hier brauchen, hätte ich jemand anders zu dem Termin geschickt. Aber ich glaube nicht, dass das ein ›Scheiß‹ ist.« Im Augenwinkel sah er sein Spiegelbild. Mit dem Schaum im Gesicht schaute er ein wenig albern aus. Kein guter Moment, um sich gegen seinen Chef aufzulehnen. Aber was gesagt werden musste, musste gesagt werden. Vorsichtig drehte er den Kopf zu White, der ihn anstarrte, ohne etwas zu erwidern.

Mit einem Mal begann White, schallend zu lachen. »Sie sehen aus wie der Scheiß-Weihnachtsmann«, sagte er und schlug mit der Hand auf das Waschbecken. Während er sich nur langsam beruhigte, schüttelte er den Kopf und zeigte auf den Schaum in Davids Gesicht. »Aber nur, weil man wie der Weihnachtsmann aussieht, muss man noch lange keine Geschenke verteilen. Es ist mir, ehrlich gesagt, vollkommen egal, was Sie glauben oder nicht. Ich bin seit dreiunddreißig Jahren Rechtsanwalt und damit länger, als Sie auf dieser Welt sind. Was glauben Sie, wer all dieses hier bezahlt und wovon? Haben Sie sich schon einmal von dem Klo hier mit einem warmen Wasserstrahl die Eier massieren lassen? Zweitausend Dollar kostet allein so eine Schüssel. Das bezahlen nicht Ihre armen Penner und Junkies, denen Sie umsonst den faulen Arsch vor Gericht retten. Das zahlen die Mandanten, wegen denen wir hier nachts am Schreibtisch sitzen, bis die Streichhölzer brechen, mit denen wir unsere Augen offen halten!«

Whites Gesicht war bei diesen Worten gefährlich rot angelaufen, sodass David kurz um die Gesundheit seines Chefs fürchtete, bis diese Sorge von der Furcht um seine Karriere abgelöst wurde. Es war nicht gut, wenn man sich mit dem mächtigsten Seniorpartner der Kanzlei anlegte.

Der Rasierschaum fühlte sich kalt an. Die richtigen Worte, die nun hätten gesagt werden müssen, lagen ihm auf der Zunge. Der Hinweis darauf, wie wichtig es war, dass auch die Schwächsten der Gesellschaft gute Rechtsberatung erhielten. Dass Gerechtigkeit keine Frage des Geldes sein durfte. Dass er es satt war, reiche Kapitalisten noch reicher zu machen, nur, weil sie es sich leisten konnten, die überteuerten Honorare der besten Anwälte zu zahlen. Dass seine Freundin ihn gerade verlassen hatte, weil er zu viel Zeit im Büro verbrachte und zu wenig mit ihr. Und dass sie damit vollkommen recht hatte. Doch all das sagte er nicht. Obwohl er heute in der richtigen Laune dazu gewesen wäre.

»Würde man Ihnen einhundert Millionen zukommen lassen, Sie wären vermutlich so altruistisch und würden einen Großteil davon spenden, nicht?«, ließ White nicht locker.

»Das würde doch jeder«, entgegnete David. »Niemand allein benötigt so viel Geld.«

White fixierte ihn noch einen Moment, wie ein Kneipenschläger, der Ärger suchte. Dann entspannte er sich und griff nach seinem Hemd. »Ich weiß, euch jungen Leuten ist die Work-Life-Balance wichtig.« Er stieß ein bitteres Lachen aus, während er begann, das Hemd zuzuknöpfen. »Ich bin sicher, mein Vater kannte das Wort überhaupt nicht. *Carrie Furnaces* hieß die Eisenhütte, in der er gearbeitet hat. Am Monongahela River in Pittsburgh. Sein Posten war am Hochofen. Der lief vierundzwanzig Stunden, sieben Tage die Woche. Manchmal hat er zwei Schichten hintereinander gefahren. Und wissen Sie, wofür?« White fluchte, als er bemerkte, dass er falsch geknöpft hatte, und fing von vorn an. »Um seine Familie zu ernähren. Wir waren vier Kinder und hatten immer Hunger. Wussten Sie, dass die Arbeit am Hochofen sehr gefährlich ist? Sie verbrennen sich höchstens am Kaffee. Mein Vater stand einer Wand aus über zweitausend Grad heißem Eisen gegenüber. Und wussten Sie, dass Schichtarbeit das Sterberisiko erhöht? Mein alter Herr starb früh, aber nicht an Schlafmangel, sondern an einer Silikose. Besser bekannt als Staublunge. Und danach musste ich für unsere Familie sorgen, und ich war sechzehn. Und weil es in Pittsburgh nichts anderes gab als Stahl, arbeitete ich an diesem Hochofen. Bis irgendjemand entdeckte, dass ich besser Football spielen konnte, als Metall zu schmelzen. Und damit erhielt ich ein Stipendium für Harvard, und heute stehe ich hier.« Er griff in den Ärmel seines Anzug-Jacketts und beförderte eine knallrote Krawatte hervor, die er mit geübtem Griff band, während er sich im Spiegel betrachtete.

David spürte, wie der Rasierschaum auf seiner Wange langsam trocknete und zu jucken begann.

White hielt inne. »Was glauben Sie, was passiert wäre, wenn mein Vater damals auf seine Life-Work-Balance geachtet hätte?«

David zuckte mit den Schultern. Vielleicht würde er heute noch leben, dachte er. Könnte mit seinen Enkeln spielen, falls die Geschwister von Percy White Kinder bekommen hatten. Denn er war sich sicher, dass Percy keine hatte.

»Das ganze Work-Life-Balance-Modell krankt schon daran, dass das überhaupt keine Gegensätze sind«, fuhr White fort. »Dieser ganze Arbeiten-um-zu-leben- und Leben-um-zu-arbeiten-Mist. Wir sind nicht auf diesem Planeten, um PlayStation zu spielen, am Strand zu liegen oder ins Ballett zu gehen. Vielleicht um zu ficken, das ist okay, denn das ist Evolution. Aber wir sind hier, um für unsere Nahrung zu kämpfen, wie alle Tiere auch.«

Zufrieden musterte er seinen Krawattenknoten und griff nach dem Jackett, in das er mit einer geschmeidigen Bewegung hineinschlüpfte. »Was macht Ihr Vater, Mr. Berger? Ich bin mir sicher, er ist auch ein hart arbeitender Mensch. Oder ist er schon Rentner und verbringt seine Zeit auf einem Golfplatz in Florida?«

»Er ist tot«, entgegnete David.

»Das tut mir leid«, sagte White, ohne dass es so klang.

»Schon gut. Er starb, als ich noch ein Baby war.«

»Und Ihre Mutter?«

»Sie starb bei meiner Geburt.«

White schüttelte den Kopf. »Dann sind Sie ja doch nicht so ein verwöhnter Harvard-Milchbubi, wie ich dachte.«

David schaute auf den Einmal-Rasierer in seiner Hand. Die Klinge sah scharf genug aus, um damit jemanden ernsthaft zu verletzen. Im Knast bauten sie daraus tödliche Waffen, hatte er gelesen.

Ein herber Duft nach Moschus zog zu ihm herüber, als White sich mit beiden Händen Aftershave ins Gesicht rieb. Zufrieden betrachtete er sich im Spiegel, bevor er seine Utensilien in einer kleinen Kulturtasche verstaute und auf David zutrat.

»Heute ist Nachtschicht angesagt, mein Lieber«, sagte Percy White und klopfte ihm auf die Schulter, genau so, wie Alex es vorhin getan hatte. »Sagen Sie Ihrer Freundin Bescheid, wenn Sie eine haben, dass sie heute Abend nicht mit Ihnen zu rechnen braucht. Wir müssen zwar nicht an den Hochofen, aber ich habe eine Sache, die ist noch heißer.« Mit diesen Worten öffnete er die Tür und deutete auf eine der Toilettenkabinen. »Und wenn Sie das Klo mit dem Wasserstrahl tatsächlich noch nicht ausprobiert haben, wird es Zeit. Ist gut für die Work-Life-Balance!« Mit diesen Worten verschwand White aus dem WC.

David drehte sich zum Spiegel und betrachtete sein Gesicht, in dem die dunklen Bartstoppeln durch den getrockneten Schaum schimmerten. Er hätte viel zu entgegnen gehabt. Aber nicht heute.

Er setzte den Rasierer über dem Mund an und zog eine erste Bahn, wobei er abrutschte und sich tief in die Lippe schnitt. Sofort sickerte Blut hervor und färbte den weißen Schaum rot. Fluchend riss David ein Papierhandtuch aus dem Spender, um es abzutupfen. Der metallische Geschmack von Blut bescherte ihm ein ungutes Gefühl. Nicht, weil er den Geschmack unangenehm fand. Sondern weil er ihn mochte.

6

New York

Den Tag über geschahen im Wesentlichen drei Dinge: Am Vormittag arbeitete er mehrere Akten weg. Langweilige, abstrakte Fälle, bei denen es galt, Vertragswerke aufzusetzen oder Präzedenzfälle zu recherchieren. Percy White tauchte nicht mehr auf, und auf Nachfrage bei dessen Assistentin hieß es, David solle sich am Abend ab neun Uhr bereithalten.

David ertappte sich dabei, wie seine Gedanken immer wieder zu Sarah abglitten. Er hatte mehrmals versucht, sie anzurufen, doch selbst, wenn ein Freizeichen ertönte, beantwortete sie seinen Anruf nicht. Ebenso wenig wie seine zahlreichen Nachrichten, die anfänglich noch schuldbewusst daherkamen, dann verletzt ärgerlich und schließlich anklagend wütend. Dass Sarah auszog, war das eine. Dass sie sich weigerte, mit ihm zu sprechen, das andere. Er war der Auffassung, dass er mit Worten überzeugen konnte, ein Grund dafür, dass er Anwalt geworden war. Und wenn Sarah sich weigerte, mit ihm zu reden, dann nahm sie ihm die Gelegenheit, sie davon zu überzeugen, nicht zu gehen. Als er die Anzahl der Nachrichten überschritten hatte, die zu senden noch vertretbar war, ohne seine Würde zu verlieren, geschah etwas, das es seit langer Zeit nicht gegeben hatte: Er rauchte eine Zigarette. Eigentlich rauchte er schon seit Jahren nicht mehr, hatte es auch Sarah zuliebe aufgegeben. Doch heute war der Wunsch nach einer Zigarette irgendwann so übermächtig geworden, dass er auf dem Weg zur Kaffeemaschine mehrmals wie zufällig an dem Balkon vorbeigeschlendert war, auf dem die wenigen Raucher der Kanzlei ihrem lebensgefährlichen Laster frönten. Schließlich hatte David sich eine Zigarette geschnorrt. Sie schmeckte weniger grandios, als er es in Erinnerung hatte, aber gut genug, um dafür zu sorgen, dass er am Nachmittag eine zweite folgen ließ, begleitet von dem festen Vorsatz, dass am Abend wieder Schluss war mit dem Rauchen. Doch so sehr ihn der Wunsch, es für Sarah zu tun, damals zum Aufhören angetrieben hatte, so sehr trieb ihn ihr Verhalten heute dazu, wieder damit anzufangen.

Nach einem unbefriedigenden Mittagessen kam es zu dem zweiten Ereignis des Tages: War das Rauchen schon ein Fehler gewesen, so war das, was er am Nachmittag tat, schlimmer. Es war eine riesige Dummheit und besiegelte die Trennung von Sarah vermutlich endgültig. Dabei hatte er die Beziehung retten wollen, und dies mit aller Macht. Er hatte das Büro verlassen, ohne sich abzumelden, und war nach Hause gefahren, in der Hoffnung, Sarah dort anzutreffen. Sie hatte in ihrem Abschiedsbrief geschrieben, dass sie den Tag nutzen wolle, um ihre Sachen zu packen, und er hatte gehofft, dass sie damit noch nicht fertig war. Auf dem Weg hatte er einen Strauß Rosen gekauft. Ihm war auf der kurzen Fahrt mit der Subway nichts anderes eingefallen, doch er wusste, dass Sarah Blumen liebte. Vielleicht brauchte er auch nur etwas, an dem er sich festhalten konnte, wenn er ihr gegenübertrat. Dazu hatte er sich ein paar Sätze zurechtgelegt. Sätze so voller Pathetik, dass er sie in jedem Buch, das er las, übersprungen hätte. Aber sie entsprachen seinen Gefühlen. Jetzt, da sie plötzlich nicht mehr bei ihm war, wurde ihm umso deutlicher bewusst, wie sehr er sie brauchte und dass er ohne sie nicht leben wollte. Und als ihm dies klar wurde, als er den Block erreichte, in dem sie lebten, da stieg Angst in ihm auf. Angst, dass sie es ernst meinte und er nun tatsächlich den Rest seines Lebens ohne sie weiterleben sollte. In diesem Moment wurde ihm bewusst, wie sehr er sie liebte, und danach lief alles schief. Er stürmte das Treppenhaus hinauf, aufgeputscht von der Zuneigung, die er spürte, den Kopf voller kitschiger Liebesschwüre, und dann traf er in der Tür zu ihrem Apartment nicht auf Sarah, sondern auf ihn.

Einen gut aussehenden Typen in engem T-Shirt, aus dessen Ärmeln zwei kräftig trainierte Oberarme ragten. Er war einen guten Kopf größer als David und trug gerade einen ihrer Umzugskartons. Dafür hatte er sich keine Worte zurechtgelegt, und es fielen ihm auch keine hilfreichen ein.

Was machst du hier? Bist du ihr neuer Freund? Wo ist Sarah? Traut sie sich nicht selbst hierher? Richte ihr aus, wir sind fertig! Raus aus meiner Wohnung! Halt du dich da raus!

Als der Kerl sein Apartment nicht verlassen wollte, endete es zwischen ihnen beiden mit einem handfesten Streit, bis die Nachbarin, eine ältere Italienerin, die Tür öffnete und ankündigte, die Polizei zu rufen, wenn nicht augenblicklich Ruhe sei.

Dritter Tagesordnungspunkt war der Lichtblick des Tages, das Treffen mit Alex im *Headley's*, einer kleinen Bar, deren größte Stärke die Lage war: direkt neben seiner Kanzlei. Nachdem sich herausgestellt hatte, dass David oft bis in die Nacht hinein arbeiten musste, hatten Alex und er es sich zur Gewohnheit gemacht, sich regelmäßig auf einen einzigen Drink in der Bar zu treffen, für ihn quasi als kleine Pause am Abend.

Heute war die Bar überfüllt. Auf mehreren Bildschirmen lief ein Football-Livespiel, an dem eine der beiden New Yorker Mannschaften beteiligt war. David machte sich nicht viel aus Football, seine Sportart war Baseball.

»Sie hat einen anderen«, stellte er fest und nahm einen kräftigen Schluck vom Whiskey, der bereits sein zweiter war.

»Das weißt du nicht«, entgegnete Alex. »Vielleicht ist er nur ein Freund, der ihr beim Tragen geholfen hat.«

»Ein Freund, von dem ich nichts weiß?« David lachte kurz auf. »Ich bin so ein Idiot! Während ich im Büro sitze und mir den Arsch abarbeite, geht sie fremd.«

»Hör auf!« Alex klang beinahe verärgert. David wusste, dass er Sarah mochte. Nicht auf eine Art, die ihm Sorgen bereiten musste. Sondern auf durch und durch loyale Weise, wie man die zukünftige Frau seines besten Freundes respektierte.

»Ich hasse sie!«, murmelte David und wusste genauso gut wie Alex, dass das nicht stimmte.

»Gib der Sache Zeit«, sagte Alex, und beide schwiegen und nippten an ihrem Drink.

»Wie läuft's im Büro«, versuchte Alex schließlich, das Thema zu wechseln.

Plötzlich fiel David das abendliche Meeting mit White ein. »Wie spät ist es?«, entfuhr es ihm, während er prüfte, wie betrunken er schon war.

»Viertel vor neun«, entgegnete Alex nach einem Blick auf seine Rolex-Uhr. Was für andere Angeberei gewesen wäre, war für ihn normal: Sein Vater hatte ihm die Uhr schon geschenkt, als er zwölf geworden war.

»Ich muss mich gleich mit White treffen. Irgendein neues Projekt.«

»Jetzt noch?«, stellte Alex nicht frei von Spott fest.

»Er meinte, wir müssten heute eine Nachtschicht einlegen.« Bei dem Gedanken, nun noch arbeiten zu müssen, graute es David.

»Ich lobe mir mein Bett.« Alex gähnte.

David musste nicht gähnen. Er gähnte nie. Das war Sarah irgendwann einmal aufgefallen, und seitdem hatte David es als eine seiner besonderen Eigenarten abgespeichert. So wie andere ständig Schluckauf bekamen oder mit den Fingern knacken konnten.

»Ich weiß nicht, wie ich es durchstehen soll«, sagte David. Er fühlte sich vom Hochprozentigen schon leicht benommen.

Vielleicht war der Alkohol der Grund dafür, dass er an diesem Tag noch einen weiteren Fehler beging.

»Nimm eine von denen.« Alex schob einen Blister Tabletten über den Tresen.

David zog instinktiv den Kopf zurück. »Drogen?«

Alex grinste. »Quatsch! Ich weiß, wie schwer es dir gefallen ist, mit dem Rauchen aufzuhören.«

David schwieg, spürte jedoch, wie sein schlechtes Gewissen sich meldete.

»Nichts Illegales«, sagte Alex nur, um sich gleich zu korrigieren: »Oder vielleicht doch ein wenig illegal, denn ich verletze damit meine anwaltliche Schweigepflicht. Muss unter uns bleiben, dass ich dir das gebe.« Er schaute sich verschwörerisch um.

Männer in Anzügen und überwiegend junge Frauen in schicken Kostümen drängten sich an der Bar. Allen sah man an, dass sie direkt aus dem Büro hierhergekommen waren. Niemand schien sich besonders für sie zu interessieren, geschweige denn für das, was Alex ihm da anbot. Auch aus seiner Kanzlei war niemand hier.

»Was ist das nun für ein Zeug?«, fragte David.

Alex drehte den Blister um. Auf dem Alupapier, hinter dem sich die einzelnen Tablettenkammern verbargen, war ein Logo aufgedruckt: *Stay tuned!*, stand dort.

»*Stay tuned?*«

»Das Gegenteil von Schlaftabletten. Ein Wachmacher. Ich soll für einen Mandanten das Logo schützen, und er hat mir dafür diesen Blister überlassen. Das Mittel ist noch nicht zugelassen, daher kann man das noch nicht kaufen. Aber es soll wachhalten. Viel besser als Koffein oder Energydrinks. Soll angeblich problemlos einen ganzen Tag wirken. Ich habe es noch nicht ausprobiert, wegen meines Bluthochdrucks. Aber ich bin gespannt, wie es wirkt.«

David drehte die Blisterpackung skeptisch in der Hand. »Bestimmt nicht gerade gesund.«

»Die haben alle Produkttests und Genehmigungsverfahren bestanden. Die Zulassung ist nur noch Formsache, und dann wird das Zeug die Welt erobern.« Alex deutete auf die Leute um sie herum. »Stell dir vor, du kannst für eine Nacht den Schlaf ausknipsen. Doppelschichten, nächtliche Autofahrten, alles kein Problem mehr mit *Stay tuned*!« Er setzte ein Werbegesicht auf und grinste. »Wie gesagt, ich habe es selbst noch nicht ausprobiert, brauche meinen Schönheitsschlaf. Aber nimm du das gern mit. Du scheinst es dringender zu benötigen als ich. Mein Mandant will das nicht wiederhaben. Doch sag mir bitte unbedingt Bescheid, wie es gewirkt hat! Und zeig es nicht herum! Denk dran: ist noch geheim!« Alex setzte sein Whiskeyglas an und leerte es in einem Zug. Dann legte er ein Bündel Geldscheine auf den Tresen und griff nach seinem Mantel, der über seinem Schoß lag.

»Ist okay«, unterbrach er Davids Versuch, gegen die Einladung zu protestieren. »Hattest einen harten Tag. Dich auf meine Kosten besoffen zu machen ist das Mindeste, was ich tun kann. Und du hast mich heute Morgen besiegt, schon vergessen?«

Der Gerichtstermin kam David weit entfernt vor. Tatsächlich hatte er daran den Tag über nicht mehr gedacht.

»Vergiss deine Tabletten nicht«, sagte Alex und nahm die Blisterpackung vom Tresen. David zögerte kurz, dann griff er danach und steckte sie ein. So wie er White verstanden hatte, konnte er diese Nacht einen Wachmacher gut gebrauchen.

7

Bedminster, New Jersey

»Sir?«

Der Angesprochene nahm einen der kleinen Bälle, trat einen Schritt vor und warf ihn mit aller Kraft ins Gras, wodurch der Ball neongrün zu fluoreszieren begann. Er bückte sich und teete ihn auf. Dann trat er zurück und machte zwei Probeschwünge.

»Ich konnte Sie von Weitem kaum erkennen, Mr. Schwarzenberg.« Am klaren Nachthimmel stand der Vollmond und tauchte den Golfplatz in bläuliches Licht. Insgesamt fünf Schatten standen um den Damenabschlag am ersten Loch herum.

»Arthur, Sie sollen mich doch nicht beim Golfen stören!« Vlad Schwarzenberg setzte den Schläger hinter den Ball, holte aus und schwang durch, woraufhin der Golfball, begleitet von einem Zischen, als kleiner leuchtender Punkt in die Dunkelheit vor ihnen entschwand. Schwarzenberg trug typische Golfer-Kleidung, war sehr großgewachsen und hager.

»Guter Schlag, Vlad!«, lobte einer der Anwesenden und trat aus der Traube der Schatten heraus, um seinerseits einen Ball auf den Boden zu werfen, der durch den Fall sofort zu leuchten begann.

»Ungewohnt ohne Hölzer«, sagte Vlad Schwarzenberg auf dem Abschlag, während er vergeblich sein Tee suchte. »Dafür ist der Platz vollkommen leer.« Dann wandte er sich dem ungebetenen Gast zu. »Also, was führt Sie mitten in der Nacht hierher, Arthur?«

»Sie ist ausgezogen, Sir, aber sie macht Probleme.«

»Probleme?«

»Ja, Sir. Sie ist ... widerspenstig.«

Ein lautes Lachen hallte über den Golfplatz. »Von wem sie das wohl hat?!«, bemerkte eine Stimme neben ihnen.

»Sie wird sich schon wieder beruhigen. Sorgen Sie dafür, dass sie dort bleibt, wo sie ist, und keine Dummheiten macht, bis wir uns um Berger gekümmert haben. Aber behandeln Sie sie gut.«

»Ist schon veranlasst, Sir. Joshua hat heute ihre Sachen aus der Wohnung geholt und ist dabei beinahe in eine Prügelei mit diesem Berger geraten.«

Schwarzenberg spuckte verächtlich auf den Boden. »Er ist ein Hitzkopf, dieser Bastard! Genau wie sein Vater!«

»Das ist, was mir Sorgen bereitet, Sir. Was, wenn unser Plan nicht funktioniert? Wenn Berger anders handelt, als wir es erwarten?«

»Der *Sandmann* wird es schon richten.«

»Sir, und wenn David Berger nicht darauf anspringt?«

»Glauben Sie mir, das wird er. Waisen saugen Nachrichten ihrer Eltern auf wie Muttermilch ...«

»Und wenn er keinen Erfolg hat? Es nicht findet?«

»Früher oder später wird der Sandmann es ohnehin beenden müssen, ob Berger Erfolg hat oder nicht. Arthur, wir können ihn nicht am Leben lassen!«

»Nur, weil er der Sohn von Karel Berger ist?«

»Das können wir nicht übersehen, auch wenn es bedauernswert ist! Als damals das Todesurteil über Karel gefällt wurde, war auch das Schicksal seines Sohnes bereits besiegelt!« Er drehte sich um, als wieder ein Ball in den Nachthimmel zischte, dem jemand laute Verwünschungen hinterherrief. »Der ist im Wasser, Larry!«, stellte Schwarzenberg fest, bevor er einen Schritt näher an Arthur herantrat. »Sie sind noch nicht so lange bei uns. Aber glauben Sie mir, Arthur: Wir haben schon einige Krisen überstanden. Das, was uns durch Karel Berger drohte, war die größte in drei Jahrhunderten. Beinahe hätten wir alles verloren, und die Gefahr ist noch nicht gebannt!« Schwarzenberg hob den Golfschläger in die Höhe. »Schauen Sie, ein Eisen. Ich schlage auf einem Par fünf niemals mit einem Eisen ab, aber heute Nacht ja. Und wo stehen wir jetzt gerade? Ich schlage normalerweise auch niemals vom Damenabschlag ab. Doch das Nachtgolf hat eben seine eigenen Regeln. Und wissen Sie, warum?«

»Weil die Nacht ihre eigenen Gefahren hat«, antwortete Arthur.

»Und ihre eigenen Regeln. Die Nacht hat ihre eigenen

Regeln. Wir sind Geschöpfe der Nacht, und wir dürfen kein Risiko eingehen, verstanden?« Er verharrte, bis Arthur zustimmend nickte.

»Hervorragend. Sagen Sie das dem Sandmann. Er soll bei David Berger kein Risiko eingehen. Sobald der Sandmann das Gefühl hat, dass wir nicht weiterkommen oder dass Berger irgendwie zur Gefahr wird, soll er es beenden. Aber diesmal sollte es wie ein Unfall aussehen. Nach der Sache mit dem Generalstaatsanwalt können wir uns nicht erlauben, noch mehr Staub aufzuwirbeln. Dort hat der Sandmann etwas übertrieben ...«

Arthur schreckte zusammen, als von der Seite plötzlich ein Golfcart heranfuhr, in das sein Gegenüber einstieg.

»Ich möchte über alles informiert werden. Und was machen die Vorbereitungen für den großen Festball, Arthur?«

»Alles bereit, Sir. Wie jedes Jahr. Krumau freut sich auf seine Gäste.«

»Ich verlasse mich auf Sie! Und halten Sie sich auf dem Weg zum Klubhaus von den Seen fern!«

Drei Golfcarts setzten sich in Bewegung und verschwanden in der Dunkelheit, bis Arthur allein am Abschlag zurückblieb.

Er zog sein Smartphone hervor und wählte eine Nummer. »Habe ich dich geweckt?« Er lachte glucksend, ohne die Antwort abzuwarten. »War nur ein Scherz.«

8

New York

Mit einem Drink hatte die Beziehung zu Sarah begonnen, und nun endete sie so. Während David sich auf dem Weg ins Büro in einem Deli eine Packung Zigaretten und Pfefferminzpastillen gekauft hatte, damit White nicht sofort bemerkte, dass er nicht ganz nüchtern war, erinnerte er sich an seine erste Begegnung mit Sarah.

Es war vor fast fünf Jahren gewesen, auf einer Party in Boston. Sarah hatte ihm versehentlich einen Cocktail über das T-Shirt geschüttet. Und während sie beide auf dem Dach saßen, er mit freiem Oberkörper, weil sein T-Shirt über einem Deckchair trocknete, hatten sie die vielen Gemeinsamkeiten zwischen ihnen festgestellt: Auch sie war ohne Vater aufgewachsen, er sogar ohne beide Elternteile. Sie hassten beide Weihnachten, weil Weihnachten ein Familienfest war und sie keine Familie hatten. Dafür liebten sie das Reisen. Es stellte sich heraus, dass sie beide schon in denselben Hostels in Sri Lanka und Thailand gewohnt hatten, nur mit einem Jahr Abstand. Und sie wollten beide später zwei Kinder haben; nur über das Geschlecht hatten sie sich an jenem Abend nicht einigen können. Dennoch waren sie in den darauffolgenden Tagen zusammengekommen und in Rekordzeit von nur wenigen Wochen auch zusammengezogen. Seitdem gehörten sie zusammen, und er hatte nicht damit gerechnet, dass sich dies bis zu seinem Lebensende noch ändern würde.

»Schon wieder zu spät«, begrüßte White ihn streitlustig, und David war überrascht, als er die anderen sah. White und er waren nicht etwa allein. Außer ihm waren noch fünf weitere angestellte Anwälte im Konferenzraum versammelt. An der Stirnseite des Raumes standen nebeneinander gut einhundert Aktenordner, alle im selben Design.

Vor dem Konferenzraum und auf dem Flur waren ihm mehrere Security-Mitarbeiter begegnet, denen gegenüber er sich als Anwalt von McCourtny, Coleman & Pratt hatte ausweisen müssen. Ein Vorgang, an den man sich in diesem Stockwerk bereits gewöhnt hatte, da Percy Whites Arbeit regelmäßig die nationale Sicherheit betraf. David nahm mit einem gemurmelten »Entschuldigung« auf einem der freien Stühle Platz.

»Wie ich gerade sagte, ist dieser Konferenzraum ab sofort ein Datenraum. Wir haben bis morgen früh um acht Uhr Gelegenheit, diese Ordner hier durchzuschauen und die Laus im Pelz zu finden. Oder die Läuse. Wenn wir keine finden, wird unser Mandant morgen um neun Uhr ein Gebot für das Unternehmen abgeben. Insofern hängt nun alles an Ihnen, meine Damen und Herren.«

Percy White wartete auf die Wirkung seiner Worte. »Sie nehmen sich jeweils die Ordner, die in Ihr Rechtsgebiet fallen. Bitte diktieren Sie Ihre Kommentare, damit wir hinterher einen Bericht schreiben können. Die Diktiergeräte liegen dort vorne bereit. Keines der Geräte verlässt den Raum. Ich sammle sie nachher ein und werde dafür sorgen, dass Ihr Diktat geschrieben wird. Sollten Sie allerdings auf etwas stoßen, rufen Sie mich und teilen es mir sofort mit. Bis morgen früh verlässt niemand diesen Raum, es sei denn, Sie müssen auf Toilette oder Sie sterben. Bitte haben Sie Verständnis dafür, dass unser Mandant auf einer Leibesvisitation besteht. Dafür stehen am Ausgang jeweils ein Mann und eine Frau zur Verfügung.«

Wieder pausierte er und beobachtete die versammelten Anwälte über seine Lesebrille hinweg. »Noch Fragen? Ach ja, und Sie legen alle Ihr Handy in diese Tüte hier.« White griff nach einem schwarzen Beutel, der merkwürdig silbrig glänzte, und ließ ihn herumgehen. David vermutete, dass er mit irgendeiner Abschirmfolie beschichtet war.

David hob den Arm. Er spürte, wie ihn schon jetzt die Müdigkeit überkam. »Warum so kurzfristig?«, fragte er.

An einer Due Diligence hatte er schon oft teilgenommen. Dabei stellte ein Unternehmen, das verkauft werden sollte, den potenziellen Kaufinteressenten seine gesamten Firmenunterlagen und somit auch Geheimnisse zur Verfügung, damit der Erwerber das Unternehmen auf Herz und Nieren prüfen konnte. Normalerweise geschah dies aber nicht in einer Nacht- und

Nebelaktion wie hier, und normalerweise ging dies deutlich entspannter vonstatten.

»Es tut mir leid, wenn es dem Herrn Junganwalt zu hektisch ist«, antwortete Percy White mit beißendem Spott. »Wenn Sie gleich diese Ordner öffnen, werden Sie sehen, dass es sich bei dem Verkäufer um ein Unternehmen mit Sitz in Deutschland handelt. Es gibt Bieter auf der ganzen Welt, und es ist von enormer Wichtigkeit, dass unser Mandant den Zuschlag erhält. Normalerweise müsste ich Sie alle erschießen lassen, wenn Sie diese Ordner durchgelesen haben, oder wenigstens für mehrere Wochen in Isolationshaft nehmen. Weil wir aber dachten, dass Ihre Anwaltsgewerkschaft etwas dagegen hätte, haben wir uns diese Lösung überlegt. Die wirtschaftlichen Berater unseres Mandanten haben die Unterlagen in der vergangenen Woche bereits durchgearbeitet. Eine Nacht muss für unsere Arbeit genügen. Also haben Sie etwas dagegen, Mr. Berger? Wenn ja, überlege ich mir das mit dem Erschießen noch einmal.«

David drückte den Rücken durch und versuchte, möglichst aufrecht zu sitzen. Das lag allerdings nicht daran, dass er sich von White eingeschüchtert fühlte. Vielmehr kämpfte er dagegen an, dass sich vom Whiskey alles vor seinen Augen drehte. »Danke, dass Sie mich nicht erschießen«, sagte er und schaute sich nach den Ordnern um. Er war gespannt, wie viele davon zu seinem Rechtsgebiet gehörten. Er war in der Kanzlei für gewerblichen Rechtsschutz zuständig und würde sich um Patente, Marken und Urheberrechte zu kümmern haben. Erfahrungsgemäß machte dies bei solchen Transaktionen den bedeutsamsten Teil aus. Und tatsächlich saß er kurz darauf an einem Ende des langen Konferenztisches und starrte auf nicht weniger als zweiunddreißig Aktenordner. Die Arbeitsrechtlerin neben ihm hatte gerade einmal drei Ordner vor sich.

Innerlich verfluchte er das Ganze. Eigentlich hatte er vorgehabt, heute Abend seine Wunden zu lecken und danach in einen bleiernen Schlaf zu fallen, um am nächsten Morgen festzustellen, dass alles gar nicht mehr so aussichtslos aussah. Tatsächlich saß er nun eingesperrt in der Kanzlei und verspürte das Verlangen nach einer Zigarette. Von Rauchpausen hatte White nichts erwähnt. David blätterte unmotiviert durch die ersten Ordner und sondierte die Unterlagen. Offensichtlich forschte das Unternehmen, das es zu erwerben galt, auf dem Gebiet der Genetik.

Nach kurzer Zeit begannen die Buchstaben vor seinen Augen zu tanzen, und er musste sich zusammenreißen, damit ihm die Augen nicht zufielen. Er trank eineinhalb Liter Wasser. Zwar wusste er nicht, ob dies tatsächlich helfen würde, wach zu bleiben. Aber er stellte sich vor, dass es den Alkohol in seinem Blut verdünnte. Zudem rechtfertigte sein hoher Wasserkonsum einen baldigen Gang zur Toilette, bei dem er eine Zigarette rauchen konnte. David las sich durch eine lange Patentschrift, als er plötzlich neben sich ein tiefes, regelmäßiges Atmen vernahm. Pete, der für Gesellschaftsrecht zuständig war, war eingeschlafen. Bevor er ihm einen Tritt geben konnte, hatte auch White es bemerkt und war schon bei ihm.

Er nahm einen der Ordner und knallte ihn so auf den Tisch, dass Pete erschrocken hochfuhr. Für einen Moment erwartete David, dass sein Chef explodieren würde, doch dann ging ein Ruck durch White. »Machen Sie weiter!«, zischte er und drückte Pete den Ordner so fest gegen den Bauch, dass Pete sich in seinem Stuhl zusammenkrümmte und nach Luft rang. David war sich sicher, dass Pete den morgigen Tag nicht überleben würde, zumindest nicht als Angestellter dieser Kanzlei. Und er sah in Petes Gesicht, dass dieser das Gleiche dachte, während er sich wieder an die Arbeit machte. White entließ ihn nur deshalb nicht sofort, weil er so rasch keinen Ersatz für Pete fand und weil sie hier alle bis morgen wohl oder übel zusammengepfercht waren.

Eine halbe Stunde später ging David austreten, begleitet von einem der Security-Mitarbeiter. Er zog zweimal an der Zigarette und spülte den Rest in der Toilette herunter. Dann warf er sich kaltes Wasser ins Gesicht und saß für weitere drei Stunden über den Akten, bis der Nächste von ihnen einschlief. Diesmal war es Susann, eine IT-Rechtlerin. Allerdings stellte sie es geschickter an als Pete, denn sie bat White zuvor um Erlaubnis, für zehn Minuten einen *Powernap* zu machen, wie sie es nannte. White erlaubte es ihr widerwillig, und so konnte David sie dabei beobachten, wie sie mit geschlossenen Augen dasaß. Er rätselte, ob sie tatsächlich schlief oder nicht. Nach genau zehn Minuten riss sie plötzlich die Augen auf und blickte sich irritiert um. Ihre Blicke trafen sich, und sie schaute verlegen weg. Dann nahm sie sich wieder ihre Unterlagen vor und arbeitete weiter. Er würde hier nicht vor den anderen einschlafen. Die Blöße würde er sich nicht geben. Dennoch spürte David, wie seine Lider immer schwerer wurden.

Er widmete sich wieder der Patentschrift, und plötzlich durchfuhr ihn ein Blitz, als hätte ihm jemand eine Klinge in die Brust gerammt. David kniff die Augen zusammen und las den Namen noch einmal und auch ein drittes Mal, aber er veränderte sich nicht. Die Schrift vor ihm führte als Besitzer des Patents einen Karel David Berger, geboren am zwölften August 1956. Sein Vater. Davids Hände begannen zu zittern, und er blätterte die Patentschrift von vorn nach hinten und von hinten nach vorn durch, ohne die Wörter zu begreifen, die sich vor ihm formierten. Seine Mutter war bei seiner Geburt gestorben, sein Vater ein paar Monate später verunglückt. Dies lag fast dreißig Jahre zurück. Dass hier nun der Name seines Vaters in den Unterlagen eines zum Verkauf stehenden Unternehmens aus Deutschland auftauchte, machte keinen Sinn.

»Alles klar, Mr. Berger?« White erschien neben ihm und beugte sich zu ihm herunter. »Irgendwas merkwürdig?«

David schaute auf und zögerte kurz. »Nein, Sir«, sagte er schließlich und rieb sich demonstrativ die Augen. »Ein wenig frische Luft wäre gut.«

»Bekommen Sie. Morgen ab zehn Uhr.«

David presste die Lippen zusammen und starrte wieder auf das Papier vor sich. Während das erste Patent bereits abgelaufen war, waren die anderen zum Teil brandaktuell. Bei allen ging es um Methoden der genetischen Behandlung von Krankheiten. Die neueren Patente waren allesamt direkt auf den Namen des Unternehmens angemeldet. Nur das erste lautete auf seinen Vater.

Er würde alles genau lesen müssen, um zu verstehen, worum es hier ging. Und er musste auch die anderen Ordner genauestens durcharbeiten, um zu prüfen, ob noch irgendwo der Name seines Vaters auftauchte. Besonders interessieren würden ihn außerdem die Besitzverhältnisse des Unternehmens. Das war der Ordner, der gerade bei White lag. Davids Herz raste noch immer, seine Augen brannten. Er spürte, dass es ihm schwerfiel, einen klaren Gedanken zu fassen.

Es war kurz vor drei Uhr nachts. Diese Zeit wurde auch »die Stunde des Wolfes« genannt, hatte er in einer Zeitschrift gelesen. Um drei Uhr in der Nacht war der Mensch evolutionär bedingt am wenigsten aktiv. Daher passierten um diese Zeit auch die meisten Unfälle. Die Luft war schwer und stickig. Der Raum hatte keine Fenster, die man hätte öffnen können, vermutlich hatte White ihn deswegen ausgewählt.

Da fielen David die Tabletten in seiner Anzugtasche ein. »Der Wachmacher«, hatte Alex gesagt. Genau das Richtige jetzt. David entschied sich dafür, auf die Toilette zu gehen. Alex hatte ihn gebeten, die Tabletten vertraulich zu behandeln, und er hatte keine Lust auf Nachfragen. »Ich muss noch einmal austreten«, sagte er und erhob sich. Seine Glieder fühlten sich steif an, die Beine schmerzten vom langen Sitzen.

»Schon wieder?«, fragte White misstrauisch, der selbst an der Tür saß und konzentriert in einem der Ordner gelesen hatte.

David zuckte mit den Schultern und deutete auf die zweite Flasche Wasser, die er geleert hatte.

White erhob sich und öffnete ihm die Tür. Der Wachmann tastete ihn wie eben schon oberflächlich ab, um sicherzugehen, dass er keine Akten rausschmuggelte, und begleitete ihn zur Toilette, blieb aber auf dem Flur stehen. David ging in eine der Kabinen und schloss die Tür. Abschließen musste er nicht, er war allein. Um diese Zeit war außer ihnen niemand mehr in der Kanzlei. Er zog den Blister hervor. Insgesamt waren es sechs Tabletten. Er drückte eine heraus und legte sie sich auf die Zunge. Die Tablette war rund und weiß, nur etwas zu groß, um sie ohne Wasser zu schlucken. Er öffnete die Kabinentür, um zum Waschbecken zu gehen, und starrte in das Gesicht von Percy White.

9

New York

White zeigte auf die Blisterverpackung in Davids Händen. »Was ist das?«, fragte er.

»Das geht Sie einen feuchten Dreck an«, wollte David instinktiv antworten, tat es aber nicht, weil er noch die Tablette im Mund hatte, die er rasch herunterwürgte. »Nichts Illegales«, sagte er schließlich und wollte die Packung zurück in seine Anzugtasche stecken, was Percy White verhinderte, indem er mit eisernem Griff seinen Arm packte.

David befreite sich mit einer geübten, ruckartigen Bewegung. In seinen wilden Zeiten als Jugendlicher hatte er ein paar Jahre verschiedene Kampfsportarten trainiert.

»In dieser Kanzlei tolerieren wir keine Drogen, Mr. Berger. Wären es normale Kopfschmerztabletten, hätten Sie sie wohl nicht heimlich auf dem Klo genommen, wie ein Schüler, der einen Joint raucht.«

»Wie ich sagte, es ist nichts Illegales!«

»Ich werde das den anderen Partnern melden müssen. Was glauben Sie, wie unsere Mandanten reagieren, die uns ihre Millionen-Dollar-Sorgen anvertrauen, wenn sich herumspricht, dass wir hier ein paar Junkies beschäftigen?«

Langsam wurde David wütend. »Es sind keine Drogen!«, sagte er und versuchte, an White vorbeizukommen, der sich ihm jedoch in den Weg stellte.

»Was ist es dann?«

David schwieg.

»Eine einfache Frage, auf die Sie offenbar keine einfache Antwort haben.«

»Ein Medikament, das ich einnehmen muss. Etwas Persönliches, über das ich nicht sprechen möchte. Sie wissen, dass ein Arbeitnehmer rechtlich nicht verpflichtet ist, seinen Arbeitgeber über Krankheiten zu informieren, es sei denn, sie sind ansteckend. Meine Krankheit ist nicht ansteckend, daher darf ich sie für mich behalten. Und das werden Sie wohl respektieren. Gehen Sie zu Ihren Partnern, dann können wir das gern auch noch einmal in größerer Runde diskutieren.«

Er trat an White vorbei und öffnete die Tür zum Waschraum. Er war überrascht über sich selbst, wie zielsicher er zur Stunde des Wolfes improvisiert hatte.

»*Stay tuned?*«, rief White ihm hinterher. »Selten merkwürdiger Name für ein Medikament. Es sei denn, Sie leiden unter Dämmerzuständen. Ich kann es Ihnen auch gern von den Wachmännern draußen abnehmen lassen, und dann schauen wir mal. Ich habe hier Hausrecht!«

David blieb stehen und atmete tief durch. White hatte also

den Namen auf der Packung gelesen. Normalerweise hätte David es nun darauf ankommen lassen. Er war genau in der richtigen Stimmung dafür. Aber er wollte unbedingt zurück zu den Ordnern und herausfinden, was es mit dem Namen seines Vaters in den Akten auf sich hatte. Er wollte bis zum Morgen so viele Ordner wie möglich durchgehen und nicht noch mehr Zeit mit diesem Theater verschwenden. So musste er wohl oder übel zu Kreuze kriechen.

»Es ist so etwas wie ein Energydrink in Tablettenform. Vergleichbar mit Traubenzucker. Ein Wachmacher. Völlig harmlos. Aber das Mittel ist noch nicht auf dem Markt. Ich habe es von einem Freund, der als Anwalt ein Muster bekommen hat, und er hat mich gebeten, es vertraulich zu behandeln. Wegen der anwaltlichen Schweigepflicht. Keine Drogen, nichts Illegales. Ich schwöre es. Ich wollte einfach fit bleiben, um mich durch die Ordner zu pflügen.« Er schaute auf die Uhr. »Und ehrlich gesagt wird es langsam knapp mit der Zeit, wenn ich nicht sofort weitermache. Um wie viel geht es? Einhundertfünfundsechzig Millionen Dollar? Dann sollten wir uns wohl besser darum kümmern und hier keine Zeit verlieren!«

White kniff die Augen zusammen und schien zu überlegen. »Ein Wachmacher?«

»Wenn Sie so wollen, das Gegenteil von Schlaftabletten. Hält angeblich bis zu vierundzwanzig Stunden wach. Das sagt jedenfalls mein Freund.«

»Wie heißt Ihr Freund?«

»Sie kennen ihn nicht.«

»Ihr Promifreund Bishop?«

David zögerte eine Sekunde zu lange.

Über Whites Gesicht huschte ein triumphierendes Lächeln. »Geben Sie mir die Tabletten.«

David schüttelte den Kopf. »Wie gesagt: anwaltliche Schweigepflicht.«

»Die Ihr Freund bereits mit Füßen getreten hat.«

David antwortete nicht. Eine Zeit lang standen sie sich beide schweigend gegenüber und starrten einander an.

»Gehen Sie wieder an die Arbeit«, sagte White schließlich.

David wandte sich zur Tür, dann blieb er stehen, als wäre ihm gerade noch etwas eingefallen. »Ach ja, ich müsste einmal in den Ordner mit den Gesellschaftern schauen. Wegen der Besitzverhältnisse an den Patenten.«

»Haben Sie etwas gefunden, was nicht stimmt?«

»Nichts Aufregendes. Möchte nur sichergehen.«

»Liegt auf meinem Platz.« White drehte sich zu einem der Pissoirs. »Mr. Berger«, fügte er an, während er seine Hose öffnete. »Versuchen Sie nicht, mich zu ficken!«

Vor den Toiletten nahm der Security-Mann ihn in Empfang und führte ihn zurück zum Konferenzraum, während David versuchte, das Bild zu verscheuchen, das Whites letzte Worte in seinem Kopf heraufbeschworen hatten.

Er fühlte sich wach. Hellwach.

10

New York

»Mafia?«

Henry schüttelte energisch den Kopf. »Alles ruhig derzeit.«

»Familie?«

»Hatte Dillinger nicht, außer einer Schwester in Vancouver, und die ist achtundachtzig.«

»Ein Stricher?«, fragte Millner und erntete einen strafenden Blick von Koslowski. »Was?« Millner wollte an dieser Stelle nicht lockerlassen. »Es ist ein offenes Geheimnis!«

Koslowski überhörte den Einwand. »Seine Assistentin?«

Wieder schüttelte Henry den Kopf. »Sie ist seit gestern verschwunden. Ihr Ehemann hat sie als vermisst gemeldet. Eher Opfer als Täterin. Ich vermute, wir finden demnächst auch ihre Leiche.«

»Dann kann es auch kein normaler Einbrecher gewesen sein«, bemerkte Koslowski. Er war der Leiter der Mordkommission, doch er kleidete sich wie ein Landstreicher. Koslowski trug viel zu weite Hosen, oft die ganze Woche über dieselbe. Dazu altmodisch karierte Hemden, die wahlweise unter einer grauen oder braunen Strickjacke hervorschauten, die er im Wechsel anzog. Es gab niemanden, der ihm Vorschriften machte, was die Kleidung anging. Koslowski gab hier die Befehle, und er stellte die Fragen.

»Zu brutal für einen Einbrecher«, sagte Millner. Er saß weit zurückgelehnt auf dem Bürostuhl, die Füße auf dem Schreibtisch. Unter die Hacken seiner Lederschuhe hatte er eine Akte geschoben. Koslowski hätte niemals geduldet, dass er den Schreibtisch zerkratzte, denn die wurden höchstens alle zwanzig Jahre ersetzt. Aber Akten – und vor allem die Schreibarbeit, die sie mit sich brachten – hassten hier alle; die konnten gern mit Füßen getreten werden.

»Kein Einbrecher schneidet demjenigen, der ihn überrascht, die Augenlider ab«, ergänzte Henry.

Einen Moment war nur das Schmatzen von Delany zu hören, der hinter einem der Raumteiler sein Sandwich aß.

»Also, wer bringt einen Generalstaatsanwalt um?«, setzte Koslowski neu an. »Jeder, der einigermaßen klar im Kopf ist, weiß, dass danach die gesamte Polizei von New York hinter ihm her ist.«

Millner nickte. »Es spricht für ein hohes Maß an Selbstvertrauen. Und für Vertrauen darin, nicht geschnappt zu werden.«

»Und warum sollte jemand darauf vertrauen davonzukommen?« Koslowski nahm den kleinen Spender mit den Erdnüssen von Henrys Tisch und versuchte vergeblich, eine herauszubekommen. Der kleine Plastikautomat war schon seit vielen Monaten kaputt. Millner glaubte nicht, dass die Nüsse darin noch genießbar waren.

»Vielleicht, weil er beschützt wird«, gab er zu bedenken.

»Beschützt? Von wem?«

»Geheimdienst. Polizei. Militär. Ich weiß es nicht. Aber ein Generalstaatsanwalt hat viele Gegner. Dillinger wäre der nächste Gouverneur geworden. An den Punkt kommt man nicht, ohne sich Feinde zu machen.«

Koslowski runzelte die Stirn. »Immer noch der Alte. Sie beginnen jede Ermittlung mit der abstrusesten Verschwörungstheorie, und am Ende war es doch nur der Gärtner. Wie war das damals mit den Illuminati, denen Sie den Mord in Boston angedichtet haben?«

»Es war in einer Kirche!«, rechtfertigte Millner sich. »Und warum sollte man überhaupt jemandem die Augenlider abschneiden? Wenn Sie mich fragen, war das eine Warnung.«

»Eine Warnung?« Henry wandte den Blick nicht von Koslowski und dem Erdnussspender. Offenbar fürchtete auch er, dass es ihrem Chef tatsächlich gelingen könnte, die Blockade zu lösen und dann eine der uralten Nüsse zu essen.

Nun versuchte Koslowski es mit einem Brieföffner.

»Das ist das Gleiche wie mit dem Aufspießen von Köpfen.«

»Aufspießen von Köpfen?« Koslowski schaute irritiert zu Millner hinüber. »Was reden Sie da? Niemand hat hier einen Kopf aufgespießt!«

»Haben Sie noch nie davon gehört? Im Mittelalter hat man die Feinde getötet und anschließend ihre Köpfe auf Pfähle gespießt, die man vor der Burg hat stehen lassen. Als Warnung an diejenigen, die noch kommen würden.«

»Sicher, dass das nicht bei *Game of Thrones* war?«, fragte Henry.

In diesem Moment gab es ein lautes Knacken, und Koslowski hielt triumphierend den Spender in die Höhe. »Da steckte nur eine quer!« Er hielt Henry eine Erdnuss hin.

Millner fand, dass sie bedenklich grau und runzlig aussah.

»Also vielleicht doch Mafia!«, sagte Koslowski.

»Jedenfalls jemand, der gefährlich ist. Einen Generalstaatsanwalt zu töten ist was für Fortgeschrittene«, erwiderte Henry.

»Beim FBI hatten wir für so etwas Profiler«, bemerkte Millner in dem Versuch, der nächtlichen Ratestunde ein Ende zu bereiten.

»Willkommen beim NYPD! Sie wollten ja unbedingt zurück an die Basis. Unser Profiler hat ein Buch geschrieben und ist auf Lesereise in Chicago. Der kommt erst nächste Woche wieder«, entgegnete Koslowski.

Millner schüttelte den Kopf. Gerade hatte er ein Buch des leitenden Rechtsmediziners im Buchladen am Broadway gesehen. Offenbar schrieb hier im Department jeder lieber Bücher, anstatt zu arbeiten. Wenigstens hatte er bereits Fotos der Leiche auf dem Schreibtisch gehabt. »Der Schnitt, mit dem die Kehle durchtrennt wurde, ist jedenfalls sauber geführt, wie nach dem Lehrbuch für Nahkampf. Da wusste jemand, was er tat. Vielleicht sogar militärische Ausbildung.«

»Also Terroristen?«, fragte Koslowski.

Millner seufzte. Er hatte das Frage-Antwort-Spiel satt. Er nahm die Füße vom Schreibtisch und streckte sich. »Die Assistentin ist der Schlüssel«, sagte er. »Einen Generalstaatsanwalt zu töten deutet auf eine politische Straftat hin. Vielleicht auch auf einen Racheakt oder den Versuch, ein laufendes Verfahren zu beeinflussen. Aber wo zum Teufel ist Dillingers Assistentin?«

»Vielleicht steckt sie mit drin?«

Henry überhörte Koslowskis neuerliche Frage. »Es ist mitten in der Nacht«, sagte er. Millner sah seinem Partner an, dass auch er die Fragestunde ihres Chefs leid war. »Unsere Schicht ist schon seit zwei Stunden vorbei«, fügte Henry hinzu. »Wir beide müssen jetzt erst einmal eine Mütze Schlaf nachholen.« Henry gähnte und steckte Millner damit an.

»Es tut mir leid, aber ihr müsst die Schicht von Verboom mit übernehmen, bis er wieder gesund ist.« Koslowski zeigte auf den leeren Schreibtisch gegenüber.

»Wie geht es ihm denn?«, wollte Millner wissen.

»Sieht nicht gut aus«, sagte Koslowski. »Einfach umgekippt von einem Tag auf den anderen.«

»Kein Wunder, bei unserem Job«, bemerkte Henry.

»Wie nennt man es, wenn ein Cop schläft?« Koslowski gähnte ebenfalls und beantwortete sich die Frage dann gleich selbst: »Der Schlaf des Gerechten!«

Während er über seinen eigenen Scherz zu lachen begann, verzogen Millner und Henry beide keine Miene.

»Humorloses Pack«, sagte Koslowski und erhob sich ebenfalls. Dann warf er die Erdnuss in seiner Hand in die Höhe und fing sie gekonnt mit dem Mund auf. »Uahhhh«, fluchte er nach dem ersten Biss und spuckte die Reste vor sich auf den Boden. »Die schmeckt wie Paviankacke!«

Dies war der Moment, in dem Henry laut zu lachen begann.

11

New York

Sein Vater war verunglückt, als David dreizehn Monate alt gewesen war. Seinerzeit hatten sie noch in Prag gelebt. Sein einziger Verwandter war sein Großvater Roman gewesen, der damals in Prag gewohnt und ihn nach dem Tod seines Vaters zu sich genommen hatte. Später war sein Großvater mit ihm in die USA ausgewandert. Roman bezeichnete sich gern als *bankéř*, arbeitete tatsächlich jedoch als Croupier im Casino. »Die ehrlichsten Banken der Welt«, sagte er stets. »Die Leute glauben, man wirft nur eine Kugel. Aber man muss Mathematiker sein«, erzählte er mit einem Leuchten in den Augen, das man bei ihm sonst nicht kannte. Soweit David es als Kind mitbekam, war sein Großvater in diesem Beruf sehr gut. Die großen Casinos rissen sich jedenfalls um Romans Dienste, und so zogen sie oft um, bis sie schließlich in New Jersey landeten. Bei aller Leidenschaft für seinen Job bestand Roman stets darauf, seinen Enkel aus den Spielsälen fernzuhalten. »Man sollte niemals Glück und Zufall miteinander verwechseln«, pflegte sein Großvater zu sagen, der vor drei Jahren überraschend gestorben war. Seitdem hatte David keine lebenden Verwandten mehr.

Alles, was David über seine Eltern wusste, wusste er aus den Erzählungen seines Großvaters. Und der hatte nicht viel über den Tod seines einzigen Sohnes gesprochen.

David wusste, dass sein Vater als Arzt gearbeitet hatte. Seine Mutter Anna war Krankenschwester gewesen, genau wie Sarah. Seine Eltern hatten sich bei der Arbeit in einem Krankenhaus in Prag kennengelernt. Tatsächlich hatte sein Großvater einmal erwähnt, dass sein Sohn später in die Forschung gewechselt war. David erinnerte sich an das vergilbte Foto, das seinen Vater im weißen Kittel in einem Labor zeigte und das jetzt auf seinem Schreibtisch in seinem Büro stand. David hatte das Foto nie besonders gemocht, denn sein Vater schaute auf dem Bild überaus ernst, geradezu besorgt in die Kamera, aber es war das einzige, das David besaß.

»Er war ein ernster Mensch«, hatte sein Großvater einmal zu ihm gesagt. »Doch er hat deine Mutter und dich über alles geliebt. Er wäre für euch gestorben.«

Mit Anfang zwanzig hatte David sich gewünscht, mehr über seine Wurzeln zu erfahren, hatte wissen wollen, was für Menschen seine Eltern gewesen waren und was genau mit ihnen passiert war. Doch er war bei seinem Großvater auf Granit gestoßen. Einen Wall aus Stein, den dieser um alles gezogen hatte, was seinen Sohn und die Umstände seines Todes anging.

»Wenn man zu sehr zurückschaut, holt einen die Vergangenheit irgendwann ein«, hatte er auf Davids Frage, was er über den Tod der beiden wusste, geantwortet, mehr nicht. Am zwölften August, dem Geburtstag seines Vaters, und am siebzehnten November, seinem Todestag, ging sein Großvater stets in die Kirche und zündete eine Kerze an, was er sonst nie tat. Das war alles.

Damit waren Davids Versuche der Ahnenforschung im Keim erstickt worden. Soweit er wusste, hatte seine Mutter keine lebenden Verwandten mehr. Und so hatte er selbst damit begonnen, um die Sache mit seinen Eltern eine Mauer zu ziehen. Es war wie ein Defekt seiner Kindheit, über den man am besten weder sprach noch nachdachte. Sarah hatte ein paar Mal versucht, mit ihm über seinen Vater zu sprechen, doch er hatte all ihre Fragen abgeblockt.

Und nun stand der Name seines Vaters schwarz auf weiß in der Patentschrift vor ihm. *Karel David Berger, geboren am 12. August 1956*. Das Geburtsdatum bewies, dass es sich hier um seinen Vater handelte und keine bloße Namensgleichheit vorlag. Wie wahrscheinlich war es, dass jemand dieselben zwei Vornamen hatte und am selben Tag im selben Jahr geboren war? Extrem unwahrscheinlich, unmöglich.

Nach seinem Gespräch mit Percy White auf der Toilette war David zurück an die Arbeit gegangen. Doch er sah die Unterlagen nicht länger für den Mandanten der Kanzlei durch, sondern für sich selbst.

Er wollte in den wenigen Stunden alles in sich aufsaugen, bis sie am Morgen den Datenraum verlassen mussten. Er machte sich nichts vor. Auch wenn es hier um seinen Vater ging, würde er die meisten geheimen Unterlagen in diesem Raum in seinem Leben niemals wieder zu Gesicht bekommen.

David konnte sich nur schlecht Namen merken. Aber er war mit einem geradezu fotografischen Gedächtnis gesegnet, dessen Besonderheit ihm erst während des Studiums aufgefallen war.

Seitdem er Alex' Medikament eingenommen hatte, war er hochkonzentriert, fühlte sich, als schwämme er in eiskaltem Wasser.

So überflog er zunächst Seite um Seite der Patentschrift, die seinen Vater als Erfinder aufführte. Die biologischen und medizinischen Fachbegriffe machten es David schwer, zu verstehen, worum es bei dem Patent ging. Gegenstand war offenbar die Veränderung von Genen mittels in den Organismus eingeschleuster Viren. Das Patent war in den USA angemeldet worden. David schloss die Augen und wiederholte die Nummer der Patentschrift, bis er sie sicher auswendig konnte. Das Patentverzeichnis war öffentlich, insofern würde er die Patentschrift jederzeit nachlesen können.

Er musste herausbekommen, wer hinter dem Unternehmen steckte. Er legte den Ordner beiseite und nahm sich die Akte mit den Besitzverhältnissen vor.

Das zum Verkauf stehende Unternehmen gehörte einer Gruppe von Gesellschaften, die ihm allesamt nichts sagten und die wiederum einer Gruppe von Gesellschaften gehörten, deren Namen ihm ebenfalls unbekannt waren. Die Kette der Anteilsinhaber endete bei einem Unternehmen auf den Cayman-Inseln, das er für eine Briefkastenfirma hielt. Für Firmengeflechte war dies nicht vollkommen ungewöhnlich, um Steuern zu sparen.

Nun durchsuchte David den Ordner mit den Arbeitsverhältnissen. Ihm stockte der Atem, als er tatsächlich einen Arbeitsvertrag fand, der mit seinem Vater abgeschlossen worden war. Als Arbeitsort war Prag eingetragen, darunter eine Adresse. Sein

Großvater hatte ihn mehr oder weniger zweisprachig erzogen, auch nachdem sie in die USA gezogen waren. David konnte nicht besonders gut in tschechischer Sprache schreiben, und auch das Lesen schwieriger Sätze fiel ihm nicht leicht. Aber er hatte seinem Großvater bei vielen Telefonaten in tschechischer Sprache zugehört, regelmäßig Briefe aus der Heimat übersetzt und viele Abende mit ihm gemeinsam vor dem Fernseher gesessen und über Satellit tschechische Fernsehsendungen geschaut. Der Klang der Sprache löste in ihm ein Gefühl von Geborgenheit aus, wie der Geruch ausgeblasener Kerzen ihn an gemütliche Nachmittage erinnerte oder bestimmte Kinderlieder Erinnerungen an seinen Großvater wachriefen.

Als Tätigkeit seines Vaters war in dem Arbeitsvertrag *vědec* eingetragen, ein Wort, das er nicht kannte. Dann erblickte er die Unterschrift seines Vaters. David spürte, wie ihm heiß wurde. Enge, akkurate Bögen, die sich aneinanderschmiegten, als gäben sie sich gegenseitig Schutz, das R von Berger mit einem ausladenden Schlussschwung versehen. Es war das erste Mal, dass David die Unterschrift seines Vaters sah. Er strich darüber. Dieses Stück Papier hatte sein Vater berührt, und nun, beinahe dreißig Jahre später, berührte er es.

David schaute auf und sah, wie White ihn anstarrte. Ohne eine Miene zu verziehen, hielt er dessen Blick stand und widmete sich dann wieder dem Vertrag. Er blätterte zurück und las noch einmal den Namen seines Vaters. Dann schlug er die Seite um und stieß auf die nächste Überraschung. Ein Dokument, das mit *Výpověď* überschrieben war. Und dieses Wort kannte er. Es bedeutete »Kündigung«. Offenbar war seinem Vater gekündigt worden. Er fuhr mit dem Finger über die wenigen Zeilen und blieb am Datum hängen: *16. November 1989*. Als er umblätterte, fand er eine weitere Vereinbarung mit demselben Datum. Dieses Mal handelte es sich um einen Anstellungsvertrag als Leiter der Forschungsabteilung, abgeschlossen zwischen dem Unternehmen, das hier zum Verkauf stand, und seinem Vater.

David widmete sich wieder dem Ordner mit den Patentschriften. Seine Finger zitterten. Er wusste nicht, ob es an der Müdigkeit lag oder an der Aufregung, die er in sich spürte.

Ganz hinten im Ordner entdeckte er einen weiteren Vertrag, der den Namen seines Vaters trug. Es schien sich um eine Übertragungserklärung zu handeln, mit der sein Vater sämtliche Rechte an dem Patent auf Lebenszeit auf die Firma übertragen hatte.

David fröstelte, als er das Datum der Übertragungsurkunde sah:

Wieder der 16. November 1989.

Er lehnte sich zurück und rang in dem stickigen Raum nach Luft.

Einen Tag vor dem Tod seines Vaters.

12

Krumau, 1733

»Fürstin, die Menschen fürchten sich vor Euch. Sie sehen Euch des Nachts im Schloss umherwandeln. Sie hören die Wölfe heulen, wenn Ihr sie melken lasst. Und sie sagen, Ihr tränket ihr Blut.«

Die Fürstin von Schwarzenberg saß in ihrem Sessel und war so ausgemergelt, dass sie in ihrem Nachtgewand beinahe durchsichtig wirkte.

Er sah, dass sie fror.

»Und?«, sagte die Fürstin mit dünner Stimme. »Furcht sicherte schon immer die Macht derjenigen, die in den Burgen und Schlössern wohnen.«

»Die Leute sagen, Ihr wäret ein ...«

»Ein was?«

»Ihr wisst schon.« Der nächtliche Gast schwieg einen Moment, als gäbe er auf. »Es gibt stets zwei Möglichkeiten, warum sie folgen: aus Furcht oder aus Liebe.«

»Ich strebe nicht an, geliebt zu werden«, entgegnete die Fürstin. »Habt Ihr, um was ich Euch gebeten habe?«

Der Mann, der vor ihr auf dem Stuhl saß, seufzte. Aus seinem Mantel stieg die Feuchtigkeit des geschmolzenen Schnees. »Es ist hier in diesem Beutel.« Er hob den Leinensack mit respektvollen, geradezu vorsichtigen Handgriffen an, in dem sich daraufhin etwas zu bewegen begann. »Aber seid vorsichtig, Fürstin. Sie ist mordsgefährlich. Tötet mit Leichtigkeit ein Pferd.«

Die Fürstin streckte den dürren Arm aus, der kaum kräftiger war als ein Stöckchen. »Gebt es mir!«

Ihr Gast schien keinerlei Anstalten zu machen, ihrem Befehl zu gehorchen. »Wozu benötigt Ihr sie?«

Die Fürstin von Schwarzenberg ließ den Arm kraftlos sinken. »Vielleicht gar nicht. Vielleicht rettet sie aber auch mein Leben. Und das meines Sohnes Adam. Und das all der anderen rastlosen Seelen, denen es so geht wie mir. Ich habe bereits zwölftausend Thaler ausgegeben, und nichts konnte unser Leid lindern. Dies sind weitere tausend Thaler. Nehmt Euch das Geld, es liegt vorne auf der Kommode, und lasst mich allein. Der Doktor wird damit umzugehen wissen.«

Ihr Gegenüber erhob sich nur widerwillig. »Ich hoffe, Ihr wisst, was Ihr tut!« Langsam bückte er sich und schob den Sack neben den Stuhl der Fürstin.

»Seid so freundlich und gebt mir die Schale dort!«, sagte die Fürstin.

Er wandte sich zu dem Beistelltisch und tat, wie ihm geheißen.

Die Fürstin ergriff die Schüssel mit zitternden Händen und nahm einen großen Schluck. Dann reichte sie ihm das Gefäß zurück. »Danke, stellt sie wieder hin!«

Er tat es mit angewidertem Gesicht, als würde er einen Nachttopf mit Urin tragen. Dann ging er mit schleppendem Gang zu der Kommode, von der er einen kleinen Beutel nahm, schätzte dessen Gewicht ab, indem er ihn *einmal in die Höhe hob, bevor er ihn in seiner großen Manteltasche verschwinden ließ.*

Bevor er ging, ruhte sein Blick ein letztes Mal auf der Fürstin, deren Gestalt im Halbdunkel mit dem Sessel verschmolz. »Ich wünsche Euch, dass Ihr Frieden findet«, sagte er und öffnete die Tür. »Ihr habt dort ...« Mit dem Finger fuhr er sich über die Oberlippe. »Noch etwas ... Blut.« Dann senkte er den Kopf und sah zu, dass er hinauskam in die eisige Nacht.

13

New York

Er fühlte sich wie berauscht. Dabei konnte er nicht sagen, ob es daran lag, dass er zum ersten Mal in seinem Leben eine wirkliche Spur zu seinem Vater gefunden hatte, oder ob seine Hochstimmung auf Alex' Tablette zurückzuführen war. Niemals zuvor hatte David sich so fokussiert gefühlt. Nachdem sie pünktlich um zehn Uhr von White wegen der Nachtschicht in einen freien Tag entlassen worden waren, war David im Gegensatz zu seinen Kollegen kein bisschen müde gewesen.

Als Erstes hatte er erneut versucht, Sarah zu erreichen, doch ihr Handy war weiterhin ausgeschaltet. Danach hatte er ein ausgiebiges Frühstück in einem Diner gegenüber der Kanzlei genossen. Eine doppelte Portion Pancakes mit Ahornsirup, zwei umgedrehte Spiegeleier und drei große Becher Kaffee später war er durch den Central Park geschlendert und hatte versucht, die Informationen über seinen Vater zu ordnen.

Sein Vater hatte offenbar eine Erfindung zum Patent angemeldet. Deren Wert konnte David nicht erfassen, aber immerhin befand sie sich mit anderen Patenten zusammen in einem Ordner einer Firma, die für über einhundertfünfzig Millionen Dollar den Besitzer wechseln sollte. Es war kein Geheimnis, dass Patente bei einem Firmenkauf eines der wertvollsten Vermögenswerte des Zielunternehmens waren. Die Frage war also, ob hier alles mit rechten Dingen zugegangen war. Soweit David wusste, hatte sein Vater kein bedeutendes Vermögen hinterlassen.

Sein Großvater hatte ein paar Mal von einem Sparbuch gesprochen, dessen Guthaben angeblich erschöpft gewesen war, bevor David fünfzehn Jahre alt geworden war. Daraus schloss er, dass sein Vater damals nicht viel Geld für die Übertragung des Patentes erhalten haben konnte. Zudem hatte er einen Arbeitsvertrag gefunden, wonach sein Vater für eine Firma in Prag gearbeitet hatte. Und eine Kündigung in tschechischer Sprache, deren ungefähren Wortlaut David beim Frühstück aus dem Gedächtnis und mithilfe des Internets versucht hatte zu übersetzen. Es war wohl eine außerordentliche fristlose Kündigung gewesen. Dies ließ vermuten, dass sein Vater sich etwas hatte zuschulden kommen lassen. Und David hatte eine Ahnung, was das gewesen sein könnte: die Patentanmeldung. Diese datierte einen Tag vor der Kündigung. Einen Tag vor seinem Tod war sein Vater dann als Leiter der Forschungsabteilung in einem Unternehmen in Berlin eingestellt worden.

Aus dieser zeitlichen Abfolge hatte David sich bereits eine Theorie der Geschehnisse zurechtgelegt: Normalerweise gehörten alle Erfindungen eines Arbeitnehmers der Firma, für die er arbeitete. Hier hatte sein Vater gegen diese Regel offenbar verstoßen und auf eigene Faust in seinem Namen ein Patent in den USA angemeldet. Als sein Arbeitgeber davon erfuhr, feuerte er ihn. Sein Vater aber brachte das Patent in eine neue Firma in Berlin ein und wurde dort Forschungsleiter. Für seinen Vater vermutlich eine turbulente Zeit, mit dem Jobverlust und der neuen Anstellung in Berlin, doch auch nichts vollkommen Außergewöhnliches. Wäre dies alles nicht in den Tagen vor seinem Tod geschehen.

David fröstelte erneut, als er darüber nachdachte, sodass er den Kragen hochschlug und beim Gehen die Arme verschränkte. Es war inzwischen Mittag, und obwohl die Oktobersonne in New York durchaus noch Kraft hatte, kroch die Kälte bei jedem Windstoß unter seinen Mantel. In David keimte ein schrecklicher Verdacht, und er traute sich kaum weiterzudenken: Konnte es sein, dass sein Vater Selbstmord begangen hatte? An diesem Punkt wurde ihm übel, und er bereute das opulente Frühstück. Er war am Ufer des Turtle Pond angekommen, einem der Teiche im Central Park. Auf der gegenüberliegenden Seite erhob sich gegen die Sonne das Belvedere Castle. So gern er in seiner Mittagspause sonst hierherkam und auf dieses beinahe mittelalterlich anmutende Schloss hinübersah, während er die Schildkröten mit Resten seines Sandwiches fütterte, so bedrohlich wirkte es heute auf ihn. Wo das Relikt aus der Vergangenheit sonst ein beinahe romantisches Gefühl in ihm weckte, kam ihm das Schiefergestein, aus dem die Burg erbaut und das beim Aushub der Teiche gewonnen worden war, heute grau und düster vor.

»Wenn man zu sehr zurückschaut, holt einen die Vergangenheit irgendwann ein.« Einmal mehr erinnerte er sich an den Spruch seines Großvaters. Vielleicht hatte sein Großvater mehr über den Tod seines Sohnes und seiner Schwiegertochter geahnt oder gewusst, als David bisher angenommen hatte?

In diesem Moment klingelte sein Handy, und er nahm den Anruf blind an, in der Hoffnung, dass es Sarah war, die endlich zurückrief. Doch es war Percy White. Wo er sei, man benötige ihn in der Kanzlei. Von Pete habe man sich getrennt, nachdem er in der Nacht im Datenraum versagt habe. Ein Ereignis zu viel in einer Kette von Ereignissen, die bewiesen hätten, dass Pete für diesen Beruf nicht geeignet sei. Aber nun sei Not am Mann, und er, David, habe sich wohl genug ausruhen können.

»Ich bin topfit«, antwortete er, weil es stimmte. In der Tat fühlte er sich körperlich überhaupt nicht müde, und beinahe war er dankbar dafür, dass White ihn aus seinen trüben Gedanken riss. Und so saß David keine halbe Stunde später wieder an seinem Schreibtisch und kämpfte sich durch Akten, die am Tag zuvor noch von Pete bearbeitet worden waren.

Bis zum Abend hatte David fünf Vorgänge vom Tisch und war überrascht, dass die Uhr bereits zehn zeigte. Er war noch immer nicht müde, und so arbeitete er weiter, bis ihn nach Mitternacht nicht die Müdigkeit, sondern der Hunger aus dem Büro trieb.

Da er keine Lust hatte, nach Hause in sein verwaistes Apartment zu gehen – etwas früher am Abend hatte er Sarah ein weiteres Mal telefonisch nicht erreicht –, schlenderte er noch durch die Straßen. Auch um diese Zeit war in der Stadt, die niemals schläft, noch einiges los. David fand ein kleines Deli, in dem er sich ein Baguette mit Hühnchen und einen Vitamindrink kaufte, und setzte sich mit seinem mitternächtlichen Snack auf eine Bank im Riverside Park. Die Anlage schmiegte sich im Westen als schmales Band an den Hudson River und wurde im Osten vom Riverside Drive begrenzt. Um diese Zeit waren die Grünflächen in das schummrige Licht der Laternen getaucht, was den Pflanzen um ihn herum ein unwirkliches gräuliches Aussehen verlieh. Zu Davids Überraschung passierten ihn auch zu dieser späten Stunde noch vereinzelte Jogger, die mit angestrengtem Gesicht in der Nacht verschwanden. Ein Obdachloser schob ein mit Beuteln, Taschen und zusammengerollten Decken überladenes Fahrrad an ihm vorbei, dann war David wieder allein.

Er rechnete aus, dass er nun bereits seit über einundvierzig Stunden wach war, und nach wie vor spürte er nicht das Bedürfnis zu schlafen. Als Student hatte er zwar auch schon Partynächte durchgefeiert, aber er konnte sich nicht erinnern, dass er jemals so lange am Stück nicht geschlafen hatte.

David schrieb eine Nachricht an Alex, der laut Status jedoch bereits seit einer Stunde nicht mehr online gewesen war.

Stay tuned! Läuft!

Vermutlich schlief Alex schon.

Bei Sarah zeigte der Status nach wie vor an, dass sie schon seit dem gestrigen Morgen nicht mehr online gewesen war, was David ein wenig beunruhigte. Womit hatte er diese konsequente Missachtung verdient? Sie hatten keinen offenen Streit gehabt. Noch scheute er sich davor, ihre Freundin Elly zu kontaktieren, zu der sie hatte ziehen wollen.

Er hatte das halb gegessene Baguette neben sich gelegt, saß da und starrte einfach vor sich hin. Er traute seinen Augen nicht, als sich plötzlich, keine acht Meter vor ihm, der Boden zu bewegen begann. Erst auf den zweiten Blick wurde David gewahr, dass es ein Gully-Deckel war, der sich dort lautlos in die Luft gehoben hatte und dann mit ruckelnden Bewegungen zur Seite geschoben wurde.

David schaute sich um, er war immer noch allein im Park.

In dem schwarzen Loch, das nun offen lag, kamen zunächst zwei Hände zum Vorschein, die sich links und rechts abstützten. Dann wurde Stück für Stück erst ein Kopf und anschließend nach und nach ein ganzer Körper aus der Öffnung herausgewuchtet.

David hörte den Mann, der dort der Kanalisation entstieg, laut mit jemandem sprechen und erwartete daher, dass weitere Personen folgen würden. Erst als der Mann den Deckel mithilfe einer langen Eisenstange an seinen Platz zurückschob, wurde ihm bewusst, dass derjenige dort drüben mit sich selbst sprach. Das Alter des Mannes war schwer zu schätzen, was nicht nur am diffusen Licht lag. Er hatte die Figur eines schlanken Knaben, doch die leicht gebeugte Körperhaltung eines Greises. Seiner Kleidung sah man auf die Entfernung an, dass sie zerschlissen war. Eine schmutzige Arbeitshose mit großen Taschen, dazu eine grüne Bomberjacke. In diesem Moment erblickte der Mann David und erschrak sichtlich. Nach kurzem Zögern setzte er sich in Bewegung und kam auf ihn zu, in der Hand noch immer die Eisenstange.

In einem einsamen Park mitten in der Nacht überfallen zu werden fehlte ihm gerade noch. Körperlich war er demjenigen, der sich ihm da näherte, überlegen. Mit seinen ein Meter sechsundachtzig bestimmt deutlich größer und schwerer. Doch auch wenn er als Jugendlicher keiner körperlichen Auseinandersetzung aus dem Weg gegangen war, so wusste David doch, dass ein Kampf gegen jemanden, der mit einer Eisenstange bewaffnet war, immer böse ausgehen konnte. Andererseits sah er es überhaupt nicht ein davonzulaufen. Allerdings würde er im Sitzen nicht ausweichen können. Daher erhob er sich, als der Mann nur noch gute fünf Meter entfernt war, und trat einen Schritt vor. Er legte sich eine grobe Verteidigungstaktik zurecht und hob die Arme vor die Schultern, als wollte er eine beschwichtigende Geste machen. Tatsächlich war dies eine ideale Kampfhaltung. So hatte David es im Rahmen eines Präventionsprojekts der Universität für sozial gefährdete Jugendliche auch schon selbst gelehrt. Doch das war viele Jahre her.

Der Mann blieb kurz stehen, dann hob er die Stange.

14

New York

Er musste nicht kämpfen. Aber den Rest seines Baguettes abgeben. Dies tat er allerdings freiwillig.

»Sorry«, hatte der Mann gesagt, als er Davids skeptischen

Blick auf die Eisenstange bemerkt hatte. Er war an David vorbeimarschiert und hatte sie so hinter der Bank abgelegt, dass man sie nicht leicht entdecken konnte. Die Zielstrebigkeit, die er dabei an den Tag gelegt hatte, verriet David, dass er sie dort nicht zum ersten Mal versteckte. Dann hatte der Mann sich auf die Bank gesetzt, direkt neben das Baguette, hatte eine halbe Zigarette hinter seinem Ohr hervorgezogen und angefangen zu rauchen.

»Sind Sie nicht etwas zu schick angezogen für einen nächtlichen Spaziergang im Park?«, fragte er jetzt und deutete auf Davids Krawatte.

David brauchte einen Moment, um vom Achtungsmodus in den Konversationsmodus umzuschalten. Der Mann war deutlich älter, als er aus der Ferne geschätzt hatte, mindestens fünfzig. Sein Gesicht war bleich. Er trug einen Dreitagebart. Die Augen waren ungewöhnlich groß und starr. Vielleicht hatte er Drogen konsumiert, wodurch die Pupillen unnatürlich erweitert schienen. Insgesamt machte er aber einen harmlosen Eindruck. David setzte sich neben den Mann, der den Rauch seiner Zigarette in den Nachthimmel blies.

»Auch mal ziehen?«, fragte der und hielt ihm den Stumpen entgegen.

David schüttelte den Kopf. Tatsächlich hatte er die letzten Stunden kein Verlangen mehr nach Nikotin verspürt. Aber er interpretierte das Angebot als freundliche Geste. »Wo kommen Sie her?« Er deutete auf den Gully-Deckel.

Der Mann kniff die Augen zusammen und nahm einen weiteren Zug von der Zigarette, stieß den Rauch beim Sprechen wieder aus. »Würde ich es Ihnen sagen, müsste ich Sie töten«, antwortete er ernst.

David starrte ihn an, dann brach der Mann in Gelächter aus, wobei er einen Blick auf seine Zähne offenbarte, von denen die Mehrzahl fehlte.

»War nur ein Spaß«, sagte er schließlich. Dann beugte er sich vor und setzte einen verschwörerischen Gesichtsausdruck auf. »Wenn Sie mir Ihr Sandwich hier überlassen, verrate ich es Ihnen.«

David hatte ohnehin keinen Appetit mehr. Mitten in der Nacht war nicht seine bevorzugte Essenszeit. So nahm er das Baguette und gab es dem Mann. Der zog noch einmal an der filterlosen Zigarette, die mittlerweile so kurz war, dass er sich beinahe die Finger verbrannte, und schnipste sie weg. Dann biss er in das Baguette und begann es in großen Stücken herunterzuschlingen.

»Hier.« David reichte ihm den Rest des Vitaminwassers, das der Mann ebenso dankbar herunterstürzte. Entweder er hatte lange nichts mehr gegessen und getrunken, oder er hatte Angst, dass David es sich anders überlegte und die Sachen zurückforderte.

David sah ihm beim Essen zu, und so schwiegen beide eine Weile. Als der Mann fertig war, wischte er sich Mund und Finger mit der Serviette ab und steckte diese in die Hosentasche. Dann nahm er einen großen Schluck aus der Flasche und rülpste laut. »Randy«, sagte er.

David wusste nicht, ob dies der richtige Name des Mannes war, aber er sah keinen Grund, sich nicht auch vorzustellen. »David.«

»David, da unten ist eine Stadt.« Randy setzte erneut eine verschwörerische Miene auf. »Eine geheime Stadt. Und dies ist einer der Eingänge.«

David wusste nicht, was er dazu sagen sollte. Vermutlich war der Mann ein wenig wahnsinnig. Wahrscheinlich ein Obdachloser, der sich hier im Park in die Kanalisation zurückgezogen hatte. Vielleicht bunkerte er da unten seine Sachen.

»Du glaubst mir nicht, oder?« Randy verfiel in ein gackerndes Lachen. »Aber es stimmt. Es gibt ein New York unter

New York. Schon einmal etwas von den *Maulwurfmenschen* gehört?«

David schüttelte den Kopf.

Der Mann winkte ab. David sah, dass seine Handflächen ganz schmutzig waren. »Es ist besser so. Ihr lebt euer Leben hier oben in euren feinen Anzügen, mit den Krawatten, den schicken Ladies und den Wanzen.«

»Den Wanzen?«

»Die ihr ›Handys‹ nennt. Das sind nichts weiter als elektronische Gehirne, verteilt von der Weltregierung, um euch alle auszuspähen. Sie wissen immer, wo ihr seid, was ihr sagt. Sogar, was ihr denkt. Die Dinger funktionieren bei uns da unten nicht. Wir sind wanzenfrei.«

David konnte sich ein Lächeln nicht verkneifen.

»Du glaubst, ich bin verrückt, nicht wahr?«

David zuckte mit den Schultern. »Ich habe noch niemals davon gehört«, sagte er vorsichtig.

Nun lachte der Mann.

»Das haben sie hier auch gedacht!« Er hob seinen Arm, sodass ein weißes Bändchen an seinem Handgelenk zum Vorschein kam.

David erkannte darauf nur das Wort »-Klinik«. Offenbar war es ein Armband, wie Patienten es in Krankenhäusern oder Psychiatrischen Anstalten erhielten.

»Schalte dein Handy aus, dann erzähle ich dir mehr.«

David steckte die Hände in die Manteltaschen und ertastete in der rechten sein Smartphone. Er dachte nicht daran, es auszuschalten.

Randy fröstelte. Er zog die Schultern hoch, pustete in die Hände und rieb die Flächen gegeneinander. »Warum schläfst du um diese Zeit eigentlich nicht?«

David zuckte mit den Schultern. »Und du?«

»Ich schlafe nie«, entgegnete Randy.

»Nie?«

»Nie.« Wieder beugte Randy sich vor. »Ich bin nicht allein. Es gibt viele wie mich. Andere haben sich in einer mächtigen Organisation zusammengeschlossen. Sie beherrschen die Weltregierung und damit die Welt.«

David atmete tief durch. Gänsehaut breitete sich auf seinem Körper aus, wofür jedoch nicht Randys Geschichten, sondern die Kälte verantwortlich war. »Danke für die Warnung, Randy. Es war nett mit dir, aber nun muss ich ins Bett.«

Randy nickte. »Das Bett ruft. Auch so eine Erfindung, um die Menschen ruhigzustellen.«

David musste grinsen. »Ich glaube nicht, dass es eine Weltverschwörung der Matratzen-Hersteller gibt.«

»Das verstehe ich nur zu gut. Das ganze Ausmaß der Verschwörung könnte dir den Schlaf rauben«, entgegnete Randy und lehnte sich vor. »Komm doch mit mir. Ich zeige dir alles. Dann wirst du mir schon glauben.«

Erneut musste David lachen. »Nein, danke, Randy. Ich bleibe schön hier oben.«

Der Mann wirkte enttäuscht. »Sicher?«

David nickte. »Ganz sicher, Randy.«

»Aber dann hör mir gut zu, David: Wenn dir irgendetwas den Schlaf rauben sollte ... oder Schlimmeres, dann kannst du zu mir kommen. Jederzeit. Du kennst jetzt den Eingang. Meistens hänge ich direkt hier unten rum. Sonst frag einfach nach Randy, die meisten da unten kennen mich.«

»Alles klar«, entgegnete David und erhob sich.

»Du hast mich nicht verstanden.« Randy griff nach Davids Mantelärmel. Plötzlich wirkte er beinahe panisch. »Da unten bist du in Sicherheit! Ich lasse eine Stange hier liegen!«

David befreite sich aus Randys Griff und trat einen Schritt zurück, während Randy sich auf der Bank zurückfallen ließ und ihn fixierte.

Jetzt, im Schein der Straßenlaterne, die genau in sein Gesicht schien, bemerkte David, was ihm bereits zuvor aufgefallen war: Randys Augen sahen irgendwie merkwürdig aus. Er konnte aber nicht genau sagen, was mit ihnen nicht stimmte. Irritiert starrte er ihn an. Randy griff hinter sein Ohr, doch dort steckte keine Zigarette mehr. David fiel die Packung Zigaretten ein, die er gekauft hatte. Er zog sie aus seiner Anzugtasche hervor und reichte sie Randy. »Hier, nimm!«

Randy zögerte, dann griff er danach und steckte sie ein. »Komm wieder, David!«, sagte er.

»Pass auf dich auf, Randy!« David hob die Hand zum Abschied. Dann sah er zu, dass er aus dem Park herauskam. Irgendwo schlug eine Kirchenuhr. Es war ein Uhr nachts.

Und David war kein bisschen müde.

15

New York

Randys seltsame Augen gingen ihm nicht aus dem Sinn, bis er die Tür zu seinem Apartment öffnete.

Seine Wohnung war dunkel und verlassen, und David empfand sie als besonders kalt. Er drehte die Heizung auf und schaltete in allen Zimmern das Licht an. Doch das Gefühl der Kälte ließ sich nicht vertreiben. Er öffnete sich ein Bier und setzte sich damit auf die Couch. Obwohl es seine Wohnung war, fühlte er sich fremd. Sein Blick schweifte über den alten Lesesessel mit den abgewetzten Lehnen, den er als Student seinem Großvater abgeschwatzt hatte. Über die Fotos, die er in der Ruinenstadt Mandu geschossen hatte, was übersetzt *Stadt der Wonnen* hieß und ihm jetzt extrem unpassend vorkam. Über die Rücken der DVDs, die einen großen Teil des Platzes im Schrank einnahmen und die er zum einen aus Zeitmangel, zum anderen, weil er Filme und Serien nur noch streamte, gar nicht mehr benötigte. Alles schien wie immer, doch ohne Sarah fühlte er sich hier nicht mehr zu Hause.

Da fiel ihm etwas ein. Er ging ins Arbeitszimmer. Auch Black Jack und Spider waren nicht mehr da. Sie musste sie in der Zwischenzeit mitgenommen haben. Oder dieser Kerl. Mit der Bierflasche in der Hand wanderte David durch die Wohnung. Sarah hatte anscheinend wahllos einige Dinge, die ihr gehörten, eingepackt, andere jedoch stehen lassen. Einige Fotos, die sie allein oder auch sie beide gemeinsam zeigten, fehlten. Ein Bild von Sarahs vor einigen Jahren verstorbenem Kater Jazz stand jedoch noch immer im Regal neben der Bluetooth-Musikbox. Seltsam, dass Sarah ausgerechnet dieses Foto hiergelassen hatte! David wusste, wie viel ihr die Erinnerung an Jazz bedeutete.

Er öffnete eine der Schubladen, in der Sarah ihre Sachen aufbewahrte. Sie war noch randvoll. Er fand darin das Ladegerät für ihr Fitnessarmband, alte Postkarten, die ihr Freundinnen aus aller Welt geschickt hatten, die Absage einer Privatklinik, an der sie sich vor einigen Monaten beworben hatte. Schmunzeln musste David, als er die Autogrammkarte von Amy Winehouse in die Hand nahm, die Sarah sich hatte geben lassen, als sie die Sängerin eines Abends zufällig in einer Bar in Chelsea getroffen hatte. Er wühlte tiefer und fand ein Foto, das sie beide bei Kerzenschein an einem kleinen Tisch zeigte. Im Hintergrund war die Silhouette von Prag zu erkennen. Aufgenommen worden war das Foto in einem Park über den Dächern der Goldenen Stadt, anlässlich seines Heiratsantrages. David hatte alles bereits Wochen vorher vorbereitet, und die Verlobung war der krönende Abschluss ihrer Europa-Rundreise gewesen. In der Stadt, in der seine Eltern geheiratet hatten, was ihm besonders viel bedeutete.

Beim Anblick des Fotos spürte er einen schmerzhaften Stich. Einen Moment gab er sich dem Gefühl hin, dann schob er das Foto wieder unter Sarahs Sachen. Er wertete es als gutes Zeichen, dass sie noch nicht alles mitgenommen hatte. Vielleicht hatte sie ja doch vor, zu ihm zurückzukommen.

Danach trank David den Rest des Bieres in einem Zug aus und setzte sich wieder auf die Couch. Er machte es sich mithilfe mehrerer Kissen gemütlich und schloss die Augen. So verharrte er einige Minuten, doch die erwartete Müdigkeit wollte sich nicht einstellen. Normalerweise wurde er schläfrig, wenn er zur späten Stunde Bier trank. Heute aber fühlte er sich geradezu aufgeputscht. Er veränderte seine Lage, doch es half nicht. Schließlich sprang er auf und lief durch die Wohnung. Die Uhr zeigte drei Uhr nachts. David nahm ein Buch, die Autobiografie von Elon Musk, dem Gründer von Tesla, die Sarah ihm zum letzten Geburtstag geschenkt hatte, las eine Seite und stellte das Buch dann zurück. Er trank einen Schluck Milch. Irgendwie meinte er, sich zu erinnern, dass sie müde machte. Er schaltete den Fernseher ein, zappte durch die Programme und stellte ihn dann wieder aus. Schließlich beschloss er, joggen zu gehen. Vielleicht musste er sich nur einmal richtig verausgaben, um danach erschöpft einschlafen zu können.

David zog sich um und schlich durch das Treppenhaus, in dem jede der Holzstufen knarrte. Draußen war es kühl. Auch um diese Zeit fuhren noch Taxen durch die Straßen. Er begann zu laufen. Erst langsam, und als er spürte, wie seine Muskeln warm wurden, immer schneller. Er lief einfach drauflos, dachte er zumindest. Bog um mehrere Blocks, bis sich vor ihm der Blick auf den Central Park öffnete. Nach seiner Begegnung mit Randy mied er den Park allerdings bei Nacht und blieb stattdessen auf dem Bürgersteig. Er passierte einige betrunkene Touristen, die ihm etwas in einer fremden Sprache hinterherriefen, und lief immer weiter.

Seine Gedanken wanderten zurück zu der Due Diligence und den Dokumenten über seinen Vater. Jetzt, mit etwas Abstand, kam es ihm merkwürdig vor, dass der Zufall sie ihm zugespielt hatte. Konnte es wirklich sein, dass er erst Anwalt hatte werden müssen, um bei seiner beruflichen Tätigkeit auf Informationen über seinen Vater zu stoßen? In New York, obwohl sein Vater, soweit David wusste, niemals amerikanischen Boden betreten hatte? Beinahe dreißig Jahre nach dessen Tod? David glaubte nicht an Zufälle, aber andererseits gewannen Leute auch in der Lotterie. Oder trafen sich in fernen Ländern im Urlaub.

Er überlegte, was er mit den Informationen anfangen sollte. Später im Büro würde er versuchen, über das Unternehmen mehr in Erfahrung zu bringen. Es war ein schmaler Grat, denn er war an seine anwaltliche Schweigepflicht gebunden, durfte nichts, was er als Anwalt erfuhr, privat ausnutzen. Doch hier ging es um seinen Vater. Hier ging es um ihn selbst und seine Identität.

Plötzlich stoppte er, als ihm bewusst wurde, vor welchem Haus er stand: dem von Sarahs Freundin Elly. Offenbar hatte sein Unterbewusstsein ihm einen Streich gespielt und ihn seine Laufstrecke nicht so beliebig wählen lassen, wie er hatte glauben wollen. Er war erst zweimal bei Elly gewesen, aber er wusste, dass Sarahs Freundin in der Eckwohnung im zweiten Stock wohnte. Elly hatte einen ziemlich gut bezahlten Job in einer Werbeagentur und war Sarahs beste Freundin. Wegen ihrer Ähnlichkeit wurden die beiden oft für Zwillinge gehalten. Wenig überraschend lag die Wohnung hinter zugezogenen Vorhängen im Dunkeln. David suchte die Deckung eines Hauseingangs schräg gegenüber und zog kurz in Erwägung, zu klingeln. So viele offene Fragen lagen ihm auf der Zunge. Er wusste, dass Elly mit Nachnamen Bukowski hieß; er musste nur hinübergehen und läuten.

Gerade wollte er sich einen Ruck geben, als sich die Haustür gegenüber öffnete und ein Schatten auf die Straße heraustrat. Eine an der Hauswand befestigte Lampe erleuchtete für einen kurzen Augenblick das Gesicht eines Mannes. Lange genug, damit David erkennen konnte, wer dort mitten in der Nacht das Haus verließ: Alex.

David drückte sich weiter in das Dunkel des Eingangs hinter ihm und spürte, wie sein vom Laufen ohnehin hoher Puls sich weiter beschleunigte. Was zum Teufel machte Alex hier, mitten in der Nacht? Dass Alexander Elly gut kannte, glaubte er eigentlich nicht. Da Sarah Alex nicht besonders gern mochte, hatten selbst Sarah und Alex sich selten getroffen. Zusammen mit Elly hatten sie, soweit David sich erinnerte, niemals etwas unternommen. Nein, wenn, dann musste Alex wegen Sarah hier sein. Aber warum?

Vielleicht hatte er versucht, sie zu überreden, zu ihm, David, zurückzugehen? Als Freundschaftsdienst? Vor seinem geistigen Auge sah er, wie Alex auf Sarah einredete, um sie zu überzeugen, dass er, David, gar kein so schlechter Kerl war. Dass die großen Anwaltskanzleien wie fleischfressende Pflanzen waren, die die jungen Anwälte mit dem betörenden Duft von Geld und anwaltlichem Ruhm anlockten, um sie dann samt Anzug und Krawatte auszusaugen und aufzufressen. Dass er die Karriere bei McCourtny, Coleman & Pratt auch angestrebt hatte, um Sarah und sich ein gutes Leben zu ermöglichen. Dass sie das erste Mädchen war, mit dem er es wirklich ernst meinte. Vielleicht hatte Alex ihr das alles mitgeteilt, als sein bester Freund, um den Worten besonderen Glauben zu schenken und um ihm, David, zu ersparen, selbst darum zu betteln, dass sie zu ihm zurückkam.

Die Tür gegenüber öffnete sich erneut, und eine weibliche Person trat heraus. Sie gab Alex etwas, redete kurz auf ihn ein, ohne dass David ein Wort verstehen konnte. Dann umarmte die Person Alex, wie man jemanden umarmt, den man nicht loslassen möchte, und verschwand dann wieder im Haus. Auch diese Person hatte David erkannt.

Es war Sarah.

16

New York

David rannte seinen Gedanken hinterher. Doch obwohl er so schnell lief, wie er nur konnte, gelang es ihm nicht, sie einzuholen.

Wie er das, was er beobachtet hatte, auch drehte und wendete: Es ergab keinen Sinn. Warum sollte Alex Sarah mitten in der Nacht aufsuchen? Auch die Umarmung hatte ungewöhnlich vertraut gewirkt. Andererseits wollte David nicht glauben, was wahr zu sein schien: Alex und Sarah hintergingen ihn. Plötzlich hatte er eine Idee. Er stoppte und tippte mit vor Anstrengung und Wut zitternden Fingern eine Textnachricht an Alex:

Kann nicht schlafen, liegt an deiner Tablette. Noch wach?

Er starrte einen Moment auf das Display, dann joggte er weiter, das Handy in der Hand.

Keine Antwort.

David passierte das Guggenheim-Museum, die Church of the Heavenly Rest, das Cooper Hewitt, das Smithsonian Design Museum. Er bog um die Ecke, rannte vorbei an einem italienischen Restaurant, in dem er mit Sarah schon einmal gegessen hatte, einer Weinbar, die um diese Zeit geschlossen hatte. Für einen Moment war er tatsächlich wieder allein auf der Straße.

Dann bog ein Auto um die Ecke, fuhr neben ihn. Kurz schien es auf seiner Höhe anzuhalten, sodass ihn schon ein ungutes Gefühl beschlich, dann bog es allerdings langsam in die nächste Seitenstraße und verschwand.

Eine gute halbe Stunde später erreichte David außer Atem und verschwitzt sein Apartment, ohne dass Alex geantwortet hatte. Er nahm eine ausgiebige heiße Dusche. Danach rasierte er sich lange und gründlich, und um halb sechs am Morgen stand er im Anzug vor seiner Wohnungstür und war im Begriff, ins Büro zu gehen.

Er war nun seit fast achtundvierzig Stunden durchgehend wach und fühlte sich immer noch so, als wäre er gerade aufgestanden.

In diesem Moment piepte sein Handy.

Gerade aufgewacht, stand dort neben dem kleinen runden Foto, von dem Alex ihn anstrahlte. Also belog er ihn.

David überlegte kurz, dann tippte er ein *Sorry*. Er stockte und löschte das Wort wieder. *Du hast mich angelogen*, schrieb er stattdessen und drückte auf *Senden*. Ein Test, vielleicht wollte er auch nur, dass Alex zu schwitzen begann.

Er war schon auf der Straße, als Alex antwortete: *???*

Noch immer war es dunkel, aber die ersten Lastwagen waren unterwegs, um Zeitungen und Lebensmittel auszuliefern. Der Duft von frisch gebackenem Brot stieg David in die Nase, während er in Richtung Subway eilte.

Tablette wirkt länger als einen Tag. Bin seit 48 Stunden wach, tippte er ein.

Nun kam Alex' Antwort schnell, und David konnte förmlich dessen Erleichterung spüren: ein lachender Emoji mit Tränen in den Augen.

Im Ernst, mache mir langsam Sorgen, ob das wieder nachlässt.

Ich frage nachher den Mandanten, entgegnete Alex. *CU*.

David eilte die Stufen zur U-Bahn hinab.

Es gab keinen Zweifel: Sarah und Alex betrogen ihn miteinander. Warum sonst sollte Alex ihm verheimlichen, dass er sie vergangene Nacht getroffen hatte? Langsam fügten die Puzzleteilchen in Davids Kopf sich zu einem Bild zusammen: Sarahs plötzlicher Auszug. Er dachte an Alex' beschwichtigende Worte im *Headley's*, und ihm wurde übel. Er spürte, wie sich seine Kehle förmlich zusammenschnürte und er kaum noch schlucken konnte. In ein Gefühl von unendlicher Traurigkeit mischte sich etwas, das er normalerweise gar nicht von sich kannte: Wut. Unbändige Wut.

17

New York

Bis zum Ende des Vormittags hatte er sämtliche Akten, die auf seinem Schreibtisch gelegen hatten, bearbeitet. David fühlte sich, als glühte in seiner Körpermitte ein Brennstab. Voller Energie, jedoch nahe am Überhitzen. Sobald in seinem Kopf Gedanken an Sarah oder Alex aufblitzten, beugte er sich vor und hämmerte noch schneller auf die Tastatur seines Computers ein, sodass er sich wunderte, dass sie nicht zerbrach. Am Mittag überkamen ihn erst der Hunger und dann Percy White.

David hatte sich indisches Curry mit Huhn kommen lassen und sich beim Essen den beiden neuen Akten gewidmet, die die Team-Sekretärin Martha ihm zur Bearbeitung gebracht hatte, nachdem diese gesehen hatte, dass sein Schreibtisch leer und der Posteingang des Büros voll war. Damit rächte sich, dass David gegen die goldene Regel verstoßen hatte, immer ein paar Akten auf dem Schreibtisch liegen zu lassen, um beschäftigt zu wirken.

Er hatte sein Curry noch nicht aufgegessen, als plötzlich Percy White vor ihm stand.

»Ist das die berühmte geheime Sauce?«, fragte White und griff nach der kleinen Flasche, die David neben sich stehen hatte.

David nickte mit vollem Mund, überrascht, dass White davon wusste.

»Vietnamesisch?« Percy White studierte interessiert das Etikett des Fläschchens.

»Ich habe es von einer Reise aus Indien mitgebracht.«

»Geister-Chili?«, fragte White.

David nickte. Seit seiner mehrmonatigen Reise durch Indien war er großer Fan des Landes und seines Essens und folglich auch Fan von Chili. Er hatte schon immer gern scharf gegessen und war glücklich, dieses Chili gefunden zu haben. Mittlerweile bezog er es über das Internet. Sarah war der Auffassung, er habe sich seine Geschmacksnerven längst verätzt. Ging er essen, hatte er die kleine Flasche mit dem Chili oft dabei und würzte selbst nach. Das hatte sich in der Kanzlei offenbar herumgesprochen.

White stellte das Fläschchen zurück und setzte sich auf den Stuhl vor Davids Schreibtisch. »Martha sagt, Sie seien heute Morgen schon vor sechs hier gewesen?«

David unterbrach sein Essen. »Ich konnte nicht schlafen.«

»Nach dem Marathon der letzten Tage?« White klang ungewohnt versöhnlich.

»Es liegt an der Tablette«, sagte David und bereute es im nächsten Moment.

White stutzte. »Die Sie neulich Nacht genommen haben?«

David nickte, ohne etwas hinzuzufügen. Er hoffte, dass White sich damit begnügen würde.

Der dachte allerdings nicht daran. »Wie lange sind Sie jetzt wach?«

David zuckte mit den Schultern. Er wusste es nicht genau. »Über fünfzig Stunden.«

Wieder hob White die Augenbrauen. »Das erscheint mir ungewöhnlich lange. Eine Nacht durcharbeiten, das kennen wir alle. Aber zwei? Keine Sekunde geschlafen?«

Er schüttelte den Kopf. »Und ich bin auch kein bisschen müde.«

White verzog bewundernd den Mund. »Das Zeug brauchen wir für alle unsere Mitarbeiter. Stellen Sie sich vor, vierundzwanzig Stunden am Tag abrechnen. Wir wären alle in kürzester Zeit Millionäre.«

David wusste nicht, ob es ein Spaß sein sollte oder ob White es ernst meinte. Er starrte auf die Stäbchen in seinen Händen und das Curry, das kaum noch dampfte.

»Wie, sagten Sie doch gleich, hieß der Hersteller der Pille?«, fragte White.

»Ich habe gar nicht gesagt, wie er hieß. Anwaltliche Schweigepflicht. Sie erinnern sich?«

»Ach ja, der Sohn von William Bishop hat sie Ihnen gegeben. Alexander heißt er, richtig?«

David nickte vorsichtig. Dass White sich das alles gemerkt hatte, war ihm gar nicht recht.

»Haben Sie noch welche von den Tabletten?«

David verneinte, auch wenn das nicht der Wahrheit entsprach. »Ich habe sie Alex zurückgegeben.«

»Schade«, sagte White. »Sonst hätte ich auch eine probiert. Gebrauchen können wir es jedenfalls«, fügte er hinzu und erhob sich. »Deswegen bin ich hier: ein neues Mandat. Es geht um die Bewertung einer insolventen Werft in Boston. Im Laufe des Nachmittags werden die Akten geliefert.«

»Ich habe hier noch ...«, setzte David an und zeigte auf die beiden Akten vor sich.

»Kann warten!«

David seufzte. Vor allem wollte er über seinen Vater recherchieren. Das konnte er White aber nicht sagen. »Was ist mit dem Verkauf?«, erkundigte er sich stattdessen.

Percy White blickte ihn fragend an.

»Das Unternehmen, für das wir vorgestern Nacht die Due Diligence gemacht haben.«

»Zerbrechen Sie sich darüber nicht den Kopf. Das ist Sache der Kollegen in der M&A-Abteilung«, entgegnete White und wandte sich zum Gehen. »Halten Sie sich bereit, Berger. Ich lasse Sie rufen, sobald es mit der Werft losgeht.«

David warf den Rest des Currys in den Mülleimer. Nicht nur, weil es kalt war, sondern auch, weil das Gespräch mit White ihm den Appetit verdorben hatte. Sein Handy meldete den Eingang einer Nachricht.

Mandant sagt, ist nicht normal. Melde dich bei diesem Schlaflabor: Center für den gesunden Schlaf, Brooklyn.

Danach folgte eine Telefonnummer. David starrte auf die Nachricht. Alex tat tatsächlich so, als wäre nichts geschehen. Vielleicht war er sogar gerade bei Sarah. Er spürte, wie wieder Wut in ihm aufstieg.

Nichtsdestotrotz stimmte es, dass David sich langsam Sorgen machte, weil er so lange wach war. Eine kurze Recherche im Internet hatte ergeben, dass so großer Schlafmangel sehr ungewöhnlich war und meist mit Nebenwirkungen einherging, von denen er bislang noch nicht viel spürte. Glaubte man einigen Artikeln im Internet, konnte tagelanger Schlafentzug sogar zum Tode führen.

Plötzlich kam ihm eine Idee, und er merkte, wie ihm heiß wurde. Er versuchte, den Gedanken nicht zuzulassen, doch er bahnte sich seinen Weg und drängte alle Beschwichtigungen beiseite: Vielleicht hatte Alex versucht, ihn mit dieser Tablette zu vergiften. David spürte, wie seine Hände schwitzig wurden. Er kramte die Tabletten hervor und begutachtete sie. Sie wirkten echt. Fünf Stück waren noch übrig. Plötzlich kam ihm der Name *Stay tuned* geradezu lächerlich vor. Er googelte ihn, fand dazu aber nichts. Er gab den Namen des Unternehmens ein, das klein auf der Tablettenpackung stand. *Better Human Biopharma*. Hierzu fand er im Internet tatsächlich eine Adresse in New Jersey. Er schrieb sie auf einen kleinen Zettel und steckte ihn ein.

Dann schaute er wieder auf Alex' Nachricht. Mittlerweile war ihm ein bisschen schwindelig. Sein Herz pochte hart gegen die Rippen. Er griff nach dem Wasser und nahm einen großen Schluck direkt aus der Flasche.

»Sei nicht albern!«, sagte er halblaut zu sich selbst und versuchte, ein paar Mal tief in den Bauch zu atmen. Vor einigen Monaten war er nach einem Flug nach Chicago im Mietwagen auf dem Weg zu einem Mandanten in Naperville in einen Stau auf dem Highway geraten. Der Flug hatte Verspätung gehabt, und David hatte gefürchtet, zu spät zu kommen. Als er sich dann in einer endlosen Autoschlange wiederfand, bekam er plötzlich keine Luft mehr. Sein Körper begann zu kribbeln, und David befürchtete, bewusstlos zu werden. Sarah, die als Krankenschwester im *Manhattan Psychiatric Center* arbeitete, hatte ihm später eine Panikattacke attestiert und ihm einige Atemübungen gezeigt.

Das Gefühl, das er jetzt empfand, war ähnlich. Alex war vielleicht ein Betrüger. Der schlechteste Freund, den man haben konnte. Aber deshalb war er nicht gleich ein Mörder. Er, David, hatte einfach zu viele seichte Krimi-Serien gesehen. Als er spürte, wie er sich langsam beruhigte, beschloss er dennoch, vorsorglich einen Arzt zu konsultieren. Es war Fakt, dass er seit zwei Tagen kein Auge zugemacht hatte, warum auch immer. Doch er würde nicht zu den Laborärzten gehen, die Alex ihm empfohlen hatte. Er googelte nach Schlafmedizinern in New York und entschied sich für ein Institut, das auf Schlafprobleme spezialisiert war und das seinen Sitz in der Nähe der Kanzlei hatte.

Die Dame am Telefon war freundlich und gab ihm einen Termin für den nächsten Tag. Einerseits hätte David sich lieber heute als morgen untersuchen lassen, andererseits würde er vielleicht heute Abend endlich einschlafen, und dann würde er den Arzt gar nicht aufsuchen müssen. David nahm die Packung und überlegte. Nach Whites Theater, als er ihn mit den Tabletten erwischt hatte, und dem neuerlichen Interesse versteckte er die Packung besser. Er suchte nach einem guten Versteck und fand es schließlich.

Dann schrieb er Alex eine Nachricht:

Danke. Habe bereits einen Termin im Institut für Schlafmedizin am Madison Square Park.

Dass er nicht auf Alex' Empfehlung einging, verschaffte ihm aus irgendeinem Grund Befriedigung. Gleich darauf tanzte sein Handy unter dem Vibrationsalarm über die glatte Schreibtischplatte und zeigte einen Anruf von Alex an, den er ignorierte. David blickte auf die beiden neuen Akten vor sich und suchte sein Heil in der Arbeit. Kurz glaubte er, ein ungewohntes Flimmern vor den Augen wahrzunehmen, doch nachdem er sie einen Augenblick zusammengekniffen hatte, war es wieder verschwunden.

18

Krumau, 1741

»Was, wenn ich nach dem Tod, Ihr wisst schon …« Die Fürstin sprach mit schwacher Stimme. Sie saß auf einer Chaiselongue aus rotem Samt. Die Haut ihres Gesichts war dünn wie Pergament. Ihre Zähne waren weit vorgetreten, das Zahnfleisch blass wie ihr Teint.

»Seid unbesorgt, darum werden wir uns kümmern, Fürstin. Wir werden Euer Grab nicht aus den Augen lassen«, entgegnete ihr Gegenüber. Er trug das Gewand eines Geistlichen. »Vorsorglich solltet Ihr in Eurem Testament anordnen, dass Euer Herz getrennt vom Körper bestattet wird. Zudem sagtet Ihr, dass Ihr nicht in der Familiengruft in Wien zur Ruhe kommen werdet, sondern in einer Gruft in der St.-Veit-Kirche hier in Krumau. Ich habe sie mir angeschaut. Sie ist massiv. Ich bin sicher, Ihr werdet dort Euren Frieden finden.«

»Deswegen ließ ich Euch rufen, wegen meines Testaments«, sagte die Fürstin und versuchte, sich in eine aufrechtere Position zu bringen. »Wie Ihr wisst, ist es mir vor Jahren gelungen, die Dämonen endlich zu besiegen.«

»Ich hörte davon und konnte es nicht glauben. Niemandem ist es bislang gelungen.«

»Es hat mich ein Vermögen und Tausende von Versuchen gekostet.«

»Aber es ist gegen Gott!«, entgegnete der Geistliche mit plötzlich harter Stimme.

»Wer sagt das, hochwürdiger Bruder?«

»Es ist das Wort des heiligen Matthäus: ›Jesus antwortete ihnen: Die Füchse haben ihre Höhlen und die Vögel ihre Nester. Der Menschensohn aber hat keinen Ort, wo er sein Haupt hinlegen kann.‹«

»Doch Gott hat mich geschaffen, und ich habe dieses Heilmittel geschaffen. Also ist es auch Gottes Werk.«

Der Mönch wollte etwas erwidern, aber dann biss er sich auf die Lippe und schwieg.

»Ich habe es nicht für mich getan, sondern für meinen Sohn Adam, der unter derselben Krankheit leidet.«

»Das kann ich verstehen, doch ...«

»Hochwürdiger Bruder, was glaubt Ihr, warum es die Dämonen gibt, wenn es Eurer Ansicht nach so etwas Göttliches ist, was uns geschenkt wurde?«

»Um uns zu prüfen, Fürstin.«

»Denkt nach, hochwürdiger Bruder. Mein Heilmittel nimmt nichts von der Kraft des Geschenks. Aber es schenkt dann und wann ein wenig Frieden. Und dieser Frieden ist durchaus göttlich, denn er gibt einem Kraft. Und was Euren Matthäus angeht: Wenn ich Euch sage, woraus ich dieses Heilmittel gewonnen habe, werdet Ihr mich verstehen. Das Mittel ist ebenso biblisch wie das Geschenk, das Gott uns machte.«

»Was wollt Ihr nun von mir, Fürstin?«

»Ich möchte das Mittel in Eure Hände geben, auf dass Ihr es verwendet, um die Macht der Unseren zu stärken. Um uns zu schützen vor den Dämonen und der Welt. Ich habe noch über tausend Phiolen des Mittels gelagert. Gut versiegelt in der Gruft. Ich stelle nur eine Bedingung: Ihr dürft es nicht vernichten, und Ihr müsst dafür Sorge tragen, dass mein Sohn es bis zu seinem Lebensende erhält.«

Der Mönch lehnte sich in seinem Sitz zurück und schien nachzudenken.

»Ich habe alles in diesem Testament verfügt«, sagte die Fürstin, ohne eine Antwort abzuwarten, und hielt dem Mönch die Rolle entgegen, der keine Anstalten machte, sie zu ergreifen.

»›Sechs Tage hindurch magst du arbeiten, aber am siebten Tage sollst du ruhen, selbst während der Zeit des Pflügens und Erntens sollst du ruhen‹, hochwürdiger Bruder. Was ist damit? Steht es so etwa nicht in der Bibel?«

Der Mönch streckte den Arm aus und ergriff die Rolle. »Ich werde es mit meinen Brüdern besprechen. Nun ruht Ihr Euch aus!«

19

New York

David kam erst gegen Mitternacht aus dem Büro. Seine tod-müden Kollegen verabschiedeten sich einer nach dem anderen nach Hause und ließen sich auch nicht mehr zu einem Gute-Nacht-Drink überreden.

White hatte weiter großes Interesse an seiner Munterkeit gezeigt. Während sie zusammen im Konferenzraum an dem neuen Werft-Projekt gearbeitet hatten, hatte White ihn immer wieder verstohlen von der Seite gemustert. Hätte David nicht gewusst, dass Percy White nicht nur viermal verheiratet, sondern auch hinter jedem Rock im Büro her war, hätte er auf die Idee kommen können, dass White gewisse Absichten hegte. Schließlich hatte David Müdigkeit vorgeschützt und immer wieder demonstrativ gegähnt. Tatsächlich aber war er nach wie vor hellwach. Einerseits genoss er diesen Zustand, andererseits sorgte er sich allmählich um seine Gesundheit.

Allein hatte er keine Lust auf einen Drink, und so unternahm er wieder einen Spaziergang durch das nächtliche Manhattan. Die Straßen waren noch immer belebt, und weil ihm der Sinn nach Ruhe und Einsamkeit stand, bog David mehrmals ab, bis er endlich in ruhigere Straßenzüge kam.

Seine Gedanken wanderten wieder zu Sarah und Alex. Er hatte beide noch nicht zur Rede stellen können, weil die Arbeit in der Kanzlei ihn davon abgehalten hatte. So wie die Arbeit ihn in letzter Zeit oft von dem abgehalten hatte, was er wirklich hatte tun wollen. Jeden Tag bei Kleinigkeiten, aber auch, was Grundsätzliches in seinem Leben anging. Er hatte sich schon vor einigen Monaten eingestehen müssen, dass er sich den Beruf des Anwalts anders vorgestellt hatte, als er nun war. Es klang naiv, aber tatsächlich hatte er mit Anfang zwanzig geglaubt, als Anwalt für Gerechtigkeit sorgen zu können. Er hatte einen Job ergreifen wollen, mit dem er die Welt ein klein wenig zum Besseren verändern konnte. Doch diese ursprünglich hehren Ziele waren irgendwie verloren gegangen, als er an der Universität allzu gute Noten schrieb und die großen Wirtschaftskanzleien auf ihn aufmerksam wurden. Sie lockten ihn und die anderen Besten seines Jahrgangs mit ihrem gelackten Aussehen, den schönen Büros in bester Lage und Einstiegsgehältern, von denen die Menschen dort, wo David aufgewachsen war, nur träumen konnten. Er musste sich eingestehen, dass auch er, wie so viele andere vor und sicher auch nach ihm, am Ende dieser Versuchung nicht hatte widerstehen können. Und nun fühlte er sich wie in einem goldenen Gefängnis.

Seine Gedanken wanderten zu seinem Vater. Auch in dieser Sache war er nicht weitergekommen. Er beschloss, sich Urlaub zu nehmen. Nur ein paar Tage, um all die Dinge zu klären, die ihm auf der Seele lagen. Vielleicht würde er dann auch endlich wieder Schlaf finden.

Eine Gruppe junger Männer kam ihm entgegen, die betrunken zu sein schienen. Sie nahmen den ganzen Bürgersteig ein und schlugen krakeelend gegen Mülltonnen. Eine Flasche zersplitterte.

David blickte sich um. Ansonsten war die Straße menschenleer. Kurz überlegte er, die Straßenseite zu wechseln, entschied sich dann aber dagegen. Er hatte als Kind von seinem Großvater gelernt, dass Hunde erst auf einen aufmerksam wurden, wenn man ihnen seine Angst zeigte, und diese Weisheit hatte er irgendwann auch auf die Menschen übertragen. Damit war er bislang immer gut gefahren.

Als die jungen Männer nur noch einige Meter entfernt waren, bemerkten sie ihn. David straffte sich, nahm die Hände aus den Manteltaschen und versuchte, entspannt zu wirken. Vermutlich waren die Jungen gar nicht auf Ärger aus.

»Hey, Alter, hast du eine Zigarette?«, sprach ihn der Erste aus der Gruppe an. David schätzte ihn auf Anfang zwanzig. Insgesamt zählte er sechs junge Männer. Sie trugen hippe Kleidung, weite Hosen und sportliche Hoodies. Am Hals zweier junger Männer erkannte David auffällige Tattoos. Ob sie zu einer Gang gehörten, konnte er nicht sagen, aber sie wirkten auch nicht ungefährlich.

»Ich rauche leider nicht«, antwortete er, und das entsprach wieder der Wahrheit. Wie zum Beweis, dass er keine Zigaretten dabeihatte, zeigte er seine leeren Handflächen. Eine Geste, die beruhigend wirken sollte.

»Motherfucker, du lügst!«, entgegnete der Junge und machte einen Schritt auf ihn zu. »Ich mag deine Klamotten!«

David trat ein Stück zurück, um den ursprünglichen Abstand wiederherzustellen. Der Rest der Gruppe stand im Halbkreis um ihn herum. Einige feixten, andere blickten ihn feindselig an. Tatsächlich wirkte es so, als wollten sie ihn jetzt und hier aufmischen. Auch wenn David einige Kampftricks beherrschte, waren dies eindeutig zu viele Gegner. Und er wusste auch nicht, ob sie Waffen bei sich trugen. Er selbst war unbewaffnet. Seine Hand fuhr in die Manteltasche, um nach seinem Schlüsselbund zu tasten. In der Faust konnte das eine gute Waffe sein.

»Ich will keinen Ärger, Jungs«, sagte er, obwohl er nicht hoffte, damit die Situation zu entspannen. »Ich habe einen Scheißtag hinter mir und möchte nicht noch eine beschissene Nacht erleben.« Er wollte Zeit gewinnen, um sich einen Plan zurechtzulegen, wie er sich verhalten sollte.

Einen Moment war Ruhe, dann grinste sein Gegenüber breit. »Wer so fein gekleidet ist, hat doch bestimmt Kohle dabei und ein schickes Handy, oder?«

Jetzt wurde also ein Raubüberfall daraus. Sein Geld konnten sie gern haben, aber sein Smartphone wollte er nur ungern herausgeben. David dachte an all die darin gespeicherten Nummern. Und vor allem: Was, wenn Sarah doch noch versuchen würde, ihn anzurufen? Immerhin war heute ein besonderer Tag, auch wenn er dies bisher so gut es ging verdrängt hatte. Er schüttelte den Kopf, um sich wieder auf die Situation zu konzentrieren, und da überkam sie ihn plötzlich wie eine riesige Welle: nicht Angst, sondern Wut. Eine ähnliche Wut, wie er sie empfunden hatte, als er Alex und Sarah vergangene Nacht zusammen gesehen hatte. Eine Wut, wie er sie von sich bislang nicht gekannt hatte. Er spürte, wie seine Muskeln zu zittern begannen. Gerade überlegte er, ob er den ersten Schwinger setzen und dem selbst ernannten Anführer vor aller Augen die Nase brechen sollte, um die anderen vielleicht damit abzuschrecken, als es hinter ihm laut quietschte.

Instinktiv drehte David sich um und sah, wie ein dunkler SUV sich ihnen mit Vollgas näherte. Auf ihrer Höhe machte er eine Vollbremsung und kam genau neben ihnen zum Stehen.

Die Beifahrertür wurde geöffnet, und ein Mann im Anzug sprang heraus. Sein blondes Haar war kurz geschnitten, und unter seinem Jackett spannten sich die Muskeln. »Gibt es ein Problem?«, fragte er in die Runde.

»Noch so ein Anzugaffe! Wir haben deinen Freund gerade um einen kleinen Kredit gebeten«, sagte der Wortführer der kleinen Gruppe.

»Daraus wird nichts. Der kommt jetzt mit mir«, entgegnete der Mann vollkommen ruhig und gab David ein Zeichen, zu ihm hinüberzukommen.

In diesem Moment griff sich einer der Jungen im Hintergrund an den Hosenbund. David erkannte darin den Knauf eines Revolvers. Doch der Mann im Anzug neben ihm war noch reaktionsschneller gewesen, denn nun hielt er eine schwarze Pistole in den Händen, die er auf den Kopf des Jungen vor ihnen richtete.

»Macht keinen Fehler, Jungs«, sagte er so ruhig und bestimmt wie zuvor. »Oder wir schauen mal, wie viel Gehirnmasse euer Freund hier wirklich in seiner hässlichen Birne hat.«

Die Drohung wirkte, denn der Junge mit dem Revolver ließ die Hände wieder sinken.

»Steigen Sie schon ein!«, raunte der Mann David zu.

David öffnete eine der hinteren Türen des Escalade, ohne dabei die Gruppe aus den Augen zu lassen. Er schlüpfte auf die dunkle Rückbank und schloss die Tür hinter sich. Der Mann tat es ihm gleich und glitt mit ausgestreckter Waffe auf den Beifahrersitz vor ihm, wobei er noch immer auf die Gruppe zielte. Der Fahrer gab Gas, und sie rasten davon.

Erst jetzt schloss der Mann die Beifahrertür und drehte sich zu David um. »Alles okay?«, fragte er routiniert.

David nickte und ließ sich mit geschlossenen Augen erleichtert in den Ledersitz zurücksinken. »Danke, Mann!«, stieß er hervor.

»Es ist gefährlich, sich bei Nacht in dieser Gegend herumzutreiben«, ließ ihn eine Stimme neben ihm auf dem Rücksitz herumfahren. »Sehr gefährlich sogar, Mr. Berger.«

20

New York

Es war dunkel im Wagen. David konnte das Gesicht des Mannes neben ihm immer nur kurz im Licht einer vorbeifliegenden Leuchtreklame oder Straßenlaterne erkennen. Aber er war sich sicher, dass er es schon einmal gesehen hatte. Er schätzte ihn auf über sechzig. Der Mann war schlank, beinahe ausgezehrt. Seine Haare waren kurz und grau. Je länger David ihn anstarrte, desto bekannter kam er ihm vor.

»Woher kennen Sie meinen Namen?« Er blickte nach vorn

zum Fahrer, der aussah wie der eineiige Zwilling des Mannes auf dem Beifahrersitz. Seine breiten Oberarme zeichneten sich unter dem Stoff des Jacketts ab. David war sicher, dass auch er eine Waffe trug. Die Erleichterung, der brenzligen Situation auf der Straße entkommen zu sein, wich neuem Unbehagen. Er schaute auf die Tür und fragte sich, ob sie wohl verriegelt war.

»Ich kenne nicht nur deinen Namen, ich kenne auch dich«, entgegnete der Mann. »Und das schon seit fast dreißig Jahren.«

»Das wäre seit meiner Geburt«, sagte David.

Er sah, wie der Mann nickte. »Ich bin ein Freund deines Vaters Karel.«

David spürte einen Stich in der Brust. Er hatte mit allem gerechnet, aber nicht damit. Drei Jahrzehnte lang war sein Vater für ihn ein Phantom gewesen, ein Unbekannter auf einem Schwarz-Weiß-Foto. Und nun trat er innerhalb von wenigen Stunden zum zweiten Mal in sein Leben.

»Wir haben damals zusammen in Europa gearbeitet«, fuhr der Mann fort. »Er war ein großartiger Forscher. Ein Genie.«

In diesem Moment wusste David, woher er ihn kannte: von der Fotografie auf seinem Schreibtisch. Er war der Mann, der neben seinem Vater stand. Auf dem Foto trug er einen einfachen weißen Laborkittel und war gut dreißig Jahre jünger. Aber die Gesichtszüge waren unverkennbar dieselben.

David beugte sich vor, um den Mann neben sich im Schein der vorbeiziehenden Straßenbeleuchtung besser erkennen zu können.

»Wir haben in der Genetik geforscht. Dein Vater war Mitte der Achtziger einer der Ersten auf diesem Gebiet, und er war der Beste. Niemand wusste so viel über die DNA wie er.«

David atmete tief ein, um die Spannung in seinem Brustkorb zu lösen. Das passte zu der Patentschrift, die er gefunden hatte. Auch dabei ging es um Genetik. »Ich habe ihn nie kennengelernt«, sagte er.

»Ich weiß. Ein Drama. Ich kannte auch deine Mutter. Anna war eine wunderschöne Frau.«

Wieder dieser Stich in der Brust. Für einen Moment musste David nach Atem ringen.

»Es ist eine Schande, dass beide so früh von uns gegangen sind.«

»Sie sind nicht freiwillig gegangen«, sagte David.

»Bitte?«

»Ich meine, sie haben es sich sicherlich nicht ausgesucht.«

Der Mann entgegnete nichts.

David sah aus dem Fenster, um festzustellen, wo sie waren. »Wo fahren wir hin?«

»Wir erlauben uns, dich nach Hause zu bringen.«

»Woher wissen Sie, wo ich wohne?«

»Wie gesagt, ich kenne dich seit deiner Geburt ...«

»Und wie haben Sie mich eben gefunden? Verfolgen Sie mich etwa?«

»Wir hatten vor deiner Kanzlei auf dich gewartet und waren dir dann tatsächlich gefolgt. Zu deinem Glück.«

David spürte, wie das Unbehagen in ihm wieder wuchs. Aber der Weg, den sie fuhren, führte tatsächlich zu seinem Apartment; sie waren nur noch ein paar Blocks entfernt. »Was wollen Sie von mir?«

»Ich wollte dir dies geben.« Der Mann hielt plötzlich einen braunen Umschlag in der Hand.

»Was ist das?«

»Eine Nachricht von deinem Vater.«

David lief ein Schauer über den Rücken.

»Nimm schon!«, sagte der Mann ungeduldig, und David griff nach dem Kuvert. Es war ein großer Umschlag, der oben fest verschlossen war. »Das Kuvert enthält eine Art Testament deines Vaters. Ich sollte es dir geben.«

David betrachtete die Briefhülle in seiner Hand. Tausende

von Fragen schossen ihm durch den Kopf. Er entschied sich für die dringlichste. »Warum erst jetzt?«

»Weil es nun an der Zeit ist.«

An der Zeit wofür?, wollte David fragen, doch der Wagen bremste, und David sah, dass sie vor seinem Apartmenthaus angekommen waren. »Wer sind Sie?«

»Das tut nichts zur Sache.«

»Wie erreiche ich Sie?« Wenn dieser Mann seinen Vater kannte, dann musste er ausführlicher mit ihm sprechen. Unbedingt.

»Ich erreiche *dich*, David.«

David betätigte den Türöffner und spürte erleichtert, dass die Tür nicht verriegelt war. »Wie war mein Vater?«, fragte er, schon auf der Straße.

Der Mann auf der Rückbank beugte sich vor. »Er war widerspenstig«, sagte er.

David starrte den Mann an und versuchte, das Gefühl der Irritation, das ihn ergriff, zu verstehen. Es war der Ton, in dem der Mann über seinen Vater gesprochen hatte. Nicht wohlwollend oder wehmütig, wie man normalerweise über verstorbene Freunde sprach. Nein, sein Ton war voller Verachtung gewesen.

»Ach, übrigens, Berger ... Happy Birthday!« In diesem Moment wurde die Autotür von innen zugezogen, und der SUV glitt davon.

David schaute dem Wagen einen Augenblick hinterher, dann betrachtete er den Umschlag in seiner Hand. Heute war sein dreißigster Geburtstag, und dies schien sein Geschenk zu sein.

21

New York

Die Schicht war zu Ende.

Maria Estevez gähnte und streckte sich. Sie hatte die halbe Nachtschicht ihres Kommilitonen mit übernommen und bis zwei Uhr früh über die Patienten gewacht. Vor wenigen Minuten war sie dann von ihrer Kollegin abgelöst worden. Nun hatte sie bis morgen früh Zeit, bis sie wieder ins Institut musste, um die nächste Schicht anzutreten. Auch wenn es heute ein wenig stressig gewesen war, war es einer der besseren Studentenjobs. Als Nachtwache verdiente man nicht nur gutes Geld, man hatte auch überwiegend seine Ruhe. Es galt nur, ein paar Monitore im Blick zu halten und, wenn einer der Patienten nicht schlafen konnte, ein paar nette Worte mit ihm zu wechseln, was ihr nicht schwerfiel.

Meist kam Maria während der Nachtschichten in ihren Lehrbüchern besser voran als tagsüber. Nur gegen Ende der Schicht wurde es meistens hart. So wie jetzt. Wieder gähnte sie. Sie hatte den roten Kleinwagen erreicht. Einen Honda, den ihr Vater ihr gekauft hatte. Er war gebraucht, erfüllte aber seinen Zweck. Über die Jahre hatte sie zu ihm eine so innige Beziehung aufgebaut, dass sie ihm sogar einen Namen gegeben hatte.

Sie öffnete die Tür und stieg ein. Im Auto schien es noch kälter als draußen zu sein. Es roch nach Lavendel, was an der mit Salz und getrocknetem Lavendel gefüllten Socke lag, die im Fußraum hinter dem Fahrersitz verstaut war. Ein alter Trick, um das Beschlagen der Scheiben zu verhindern. Sie drehte den Schlüssel im Zündschloss, und der Wagen startete mit dem vertraut widerspenstigen Geräusch eines betagten Anlassers. Maria wandte den Kopf, um auszuparken, und erschrak. Auf dem Rücksitz saß jemand.

22

New York

David schaute auf den Umschlag vor sich. Auf dem Tisch brannte eine Kerze, die er zur Feier seines Geburtstags angezündet hatte. Sarah und er hatten ein Geburtstagsritual, wonach der andere sich morgens als Erstes aus dem Schlafzimmer schlich und einen Geburtstagstisch herrichtete. Während David meist etwas in der Magnolia Bakery besorgte, backte Sarah ihm stets einen Kuchen. Irgendwo in der Abstellkammer lag eine *HAPPY BIRTHDAY*-Girlande, bei der das halbe B fehlte und die sie trotzdem jedes Jahr aufs Neue hervorkramten. Zu Beginn der Bescherung spielten sie stets Stevie Wonders *Happy Birthday*-Song.

Heute gab es für ihn keinen Geburtstagstisch und keine Musik, stattdessen brannte diese eine Kerze, und er aß Kartoffelchips aus der Tüte. Der Text zum Song *Unhappy Birthday* von The Smith fiel ihm ein. Vielleicht sollte er sich dieses Lied von seinem Handy vorspielen lassen.

Seit geraumer Zeit starrte er bereits auf das Kuvert und wagte nicht, es zu öffnen. Warum, konnte er nicht genau sagen. Vielleicht hatte er Angst vor der Enttäuschung, dass es weniger enthielt, als er sich erhoffte. Möglicherweise befürchtete er auch, etwas über seine Eltern zu erfahren, was er nicht erfahren wollte. Oder aber, und hier vermutete David den wahren Grund, er zögerte, eine Tür in den Tiefen seiner Seele zu öffnen, die so lange verschlossen war. Er hatte sich damit arrangiert, keine Eltern zu haben und nicht viel über sie zu wissen. Und nun wurde er plötzlich gezwungen, sich wieder damit zu beschäftigen. Er würde behaupten, dass er in den vergangenen Jahrzehnten, nach schwieriger Pubertät und wilden Jugendjahren, für sich ein emotionales Gleichgewicht gefunden hatte.

Und er spürte, dass dies ins Wanken geriet. Er musste nur an die Wut denken, die ihn seit gestern immer wieder überkam.

Er atmete tief durch und nahm einen großen Schluck von dem Rum, den er sich eingeschenkt hatte. Eine Flasche, die Sarah ihm zu Weihnachten geschenkt und die seitdem ungeöffnet im Küchenschrank gestanden hatte.

Wieder fiel sein Blick auf den Umschlag. Wie von selbst griffen seine Hände danach, öffneten ihn und zogen langsam ein Blatt Papier heraus. Er erkannte sofort, dass es sich um eine notarielle Urkunde handelte. Der Umschlag bestand aus ledergenarbtem Büttenpapier, was ihm eine besonders edle Haptik verlieh. Auf der Vorderseite des Briefbogens prangte ein Wappen mit einem Bären, darunter stand der Name des Notars geschrieben. Offenbar war diese Urkunde in Berlin ausgestellt worden. Als David das Datum sah, krampfte sich alles in ihm zusammen. *16. November 1989.* Einen Tag vor dem Tod seines Vaters.

Er griff nach dem Glas und leerte es in einem Zug, dann goss er sich nach. Als er umblätterte, wurde es nicht besser.

Lieber David, las er die erste Zeile und spürte, wie ihm schummrig wurde. Er schloss die Augen und atmete tief durch. Die Zeilen waren mit der Hand geschrieben, in der Handschrift, die er von der Unterschrift auf der Patentschrift kannte.

Herzlichen Glückwunsch zu deinem dreißigsten Geburtstag, las er weiter und schluckte hart.

Wenn du diese Zeilen liest, dann habe ich es nicht geschafft, das Versprechen, das ich deiner Mutter gegeben habe, zu halten, und dafür möchte ich mich bei dir entschuldigen. Ich hoffe, dir geht es gut.

Diese Zeilen waren zu viel für David. Er sprang auf und stieß dabei gegen den Tisch, worauf die Rum-Flasche bedrohlich zu kippeln begann. Er schnappte nach Luft. Etwas Nasses lief ihm über die Wangen, und er brauchte eine Weile, um zu verstehen, dass es Tränen waren. Verwirrt ließ er sich zurück auf den Stuhl sinken.

David wusste nicht, wann er das letzte Mal geweint hatte. Er wischte sich die Tränen mit dem Handrücken ab, nahm das Blatt in die Hand und las weiter:

Es gibt so viel, mein Sohn, was ich dir gern persönlich gesagt hätte. So viele Dinge, die ich dir gezeigt hätte, und so viele Antworten auf Fragen, die du vermutlich noch gar nicht gestellt hast.

Die Umstände, unter denen ich dir hier schreibe, sind schwierig, und ich weiß nicht, ob dieser Brief dich überhaupt erreicht. Vor allem weiß ich nicht, wer dieses Schreiben noch lesen wird, außer uns beiden, und ich möchte dich nicht unnötig in Gefahr bringen. Wir zwei hatten leider nicht die gemeinsame Zeit, zusammen eine Geheimschrift zu lernen oder einen Code zu teilen, an den du dich heute, mit dreißig Jahren, vielleicht erinnerst und den nur wir beide kennen. Aber du bist dennoch der einzige Mensch, dem ich noch vertrauen kann, auch wenn du, während ich diese Zeilen schreibe, gerade ein gutes Jahr alt bist. Sollte das, was in dir schlummert, dir irgendwann die Augen öffnen, suche bitte umgehend das Bankinstitut Walter & Söhne in Berlin auf. Und solltest du einmal nicht weiterwissen, denk daran, dass deine Mutter von dort, wo sie jetzt ist, immer ein Auge auf dich hat und dir hilft, einen Ausweg zu finden. Denke an sie, und sie wird dir beistehen. Pass gut auf dich auf, mein Großer. Und egal, was du tust – vergiss nicht: Ich habe dich immer geliebt und würde niemals etwas von dir verlangen, was dir schadet. Verzeih mir, dein tatínek.

David lehnte sich zurück und atmete tief durch. Sein Gesicht fühlte sich heiß an. Er ging zum Fenster und öffnete es. Dann setzte er sich und las den Brief noch einmal. Und noch ein weiteres Mal. Schließlich schob er ihn von sich und starrte auf das leere Rum-Glas. Dann erhob er sich und durchsuchte die Küchenschubladen, bis er fand, was er suchte. Mit dem Mund zog er eine der filterlosen Zigaretten aus der Packung und steckte sie an der Kerze an. Er hielt den Rauch einen Moment in der Lunge gefangen und blies ihn dann mit in den Nacken gelegtem Kopf aus. Die Küchenuhr über der Tür zeigte vier Uhr morgens. Plötzlich vibrierte das Handy auf dem Tisch. David griff danach. Eine Nachricht von Alex war eingegangen:

Happy Birthday, Kumpel!

David warf das Handy zurück auf den Tisch, was er im selben Augenblick bereute, denn es rutschte über die Kante, fiel auf den Fußboden und zerbrach.

23

Staten Island, Willowbrook Park

Das laute Knacken eines brechenden Astes ließ den Mann am Ufer des Sees herumfahren. Gegen das Licht der aufgehenden Sonne zeichnete sich die Silhouette eines großgewachsenen zweiten Mannes ab, der keine vier Meter entfernt stand.

»Anpirschen scheint nicht Ihre Stärke zu sein, Jackson«, bemerkte White und griff nach der Thermoskanne neben sich. Er selbst saß auf einem Faltstuhl, neben sich die Angel, die im moorigen Boden des Ufers fixiert war.

»Hätte ich gewollt, wären Sie schon lange tot, ohne dass Sie jemals verstanden hätten, was geschehen ist.« Der hohlwangige Mann stand nun direkt neben White, die Hände tief in den Taschen seiner Jacke vergraben, und ließ den Blick über den See wandern.

»Kaffee?«, fragte White und hielt ihm den Deckel der Thermoskanne entgegen, aus dem Dampf emporstieg.

Jackson schüttelte den Kopf. »Was haben Sie für uns, White? Warum treffen wir uns hier mitten in der Nacht?«

Percy White nahm einen Schluck Kaffee. »Stellen Sie sich vor, es gäbe eine Pille, mit der Sie tagelang wach bleiben könnten.«

Jackson schien Whites Worte zu ignorieren, beugte sich stattdessen vor und schaute in den Eimer neben White.

»Kürbiskernbarsche«, sagte White.

»Die leben ja noch.«

»Catch and Release«, entgegnete White. »Die gehen nachher zurück in den See.«

Jackson stieß einen verächtlichen Laut aus.

»Was?«, fragte White.

»Das ist grausamer, als sie zu töten, um sie zu verspeisen.«

»Also ich weiß nicht. Wäre ich ein Barsch, würde ich lieber ein paar Runden in diesem Eimer schwimmen und dann wieder zurückgeworfen und nicht verspeist werden.«

»Haben Sie diese Pillen?«, entgegnete Jackson.

White schüttelte den Kopf.

»Ein Mandant von Ihnen?«

»Nein. Aber ich weiß, wer sie hat.« White beugte sich zur Seite und zog aus seinem Angelkoffer einen Umschlag hervor. »Hier steht alles drin.«

Jackson nahm das Kuvert und verstaute es in der Innentasche seiner Jacke.

»Wenn es etwas für Sie ist, denken Sie an mich«, sagte White. »Es stehen bald wieder Verhandlungen über Rüstungsverträge an. Meine Kanzlei würde sich freuen. Ihr Wort hat im Pentagon immer noch Gewicht.«

Jackson blickte wieder auf den See hinaus, ohne etwas zu erwidern. »Sie sollten sie erlösen«, sagte er schließlich und deutete auf den Eimer.

»Machen Sie es doch«, entgegnete White. »Sie müssen sie nur weit genug werfen. Hier vorne ist der See sehr flach und steinig, da könnten sie sich verletzen.«

Jackson machte einen Schritt nach vorn, schob den Ärmel seiner Jacke hoch und griff blitzschnell in den Eimer, aus dem das Wasser spritzte. Als er den Arm emporreckte, hielt er einen stattlichen Barsch in der Hand, dessen schuppige Haut smaragdfarben im rotgoldenen Sonnenlicht schimmerte.

»Und jetzt mit Schwung!«, sagte White.

Jackson holte aus und schlug den Fisch, begleitet von einem Schreckenslaut Whites, mit dem Kopf auf einen Stein, der vor ihm aus dem Boden ragte. Dann legte er ihn daneben ab.

»Erlöst!«, sagte Jackson nüchtern und wandte sich zum Gehen.

24

New York

Er hatte sich einen Tag Urlaub genommen. Wegen einer Familienangelegenheit, hatte er seiner Assistentin gesagt, und das war ja nicht einmal gelogen.

Den Rest der Nacht hatte David mit Fernsehen, Musikhören und der Flasche Rum verbracht und dabei immer wieder versucht, das Schreiben seines Vaters zu verstehen. Am meisten beschäftigte ihn der Satz, in dem von seiner Mutter die Rede war:

... denk daran, dass deine Mutter von dort, wo sie jetzt ist, immer ein Auge auf dich hat und dir hilft, einen Ausweg zu finden. Denke an sie, und sie wird dir beistehen.

Wie oft hatte er in seinem Leben schon zu seinen Eltern gesprochen, und wie oft hatte er sich eingebildet, dass sie ihm beigestanden hatten. Und wie oft hatten sie es nicht getan, und er hatte daran gezweifelt, dass sie ihn überhaupt hören konnten, dort, wo sie jetzt waren.

Ein weiterer Satz ging David nicht aus dem Sinn:

Vor allem weiß ich nicht, wer dieses Schreiben noch lesen wird, außer uns beiden, und ich möchte dich nicht unnötig in Gefahr bringen, hatte sein Vater geschrieben. Wieso sollte ein Schreiben seines Vaters ihn in Gefahr bringen? Vor wem hatte sein Vater sich gefürchtet?

David hatte das Bankhaus, das sein Vater in dem Brief erwähnte, gegoogelt. Es hatte nicht einmal eine eigene Webseite, und er wusste nicht, ob es noch existierte. Jedoch hatte er eine Adresse in Berlin gefunden und diese auf einem Zettel notiert. Seine Gedanken kreisten in dieser Nacht immer wieder um dieselben Fragen.

Am frühen Morgen hielt er es in der Wohnung nicht mehr aus. Er faltete das Schreiben seines Vaters zusammen, steckte es in die Jackentasche und bestellte sich in dem Café schräg gegenüber von seinem Apartment ein ausgiebiges Frühstück.

Um Punkt neun Uhr stand David dann vor dem Institut für Schlafmedizin am Madison Square Park, um seinen Termin wahrzunehmen. Er hatte nun die dritte Nacht in Folge nicht geschlafen, und es war höchste Zeit, sich ärztlich untersuchen zu lassen, bevor er noch zusammenbrach. Er fühlte sich weiterhin gut, auch wenn er den ganzen Morgen schon das Gefühl hatte, verfolgt zu werden. Doch sosehr er sich auch bemühte, konnte er niemanden entdecken, auch nicht den dunklen SUV vom vergangenen Abend. Auf dem Weg zum Arzt hatte er alle Tricks angewandt, die ihm eingefallen waren, um einen imaginären Verfolger abzuschütteln. Er stieg in einen Bus und kurz vor der Abfahrt wieder aus, blieb unvermittelt vor einem Schaufenster stehen und beobachtete darin die Passanten, die an ihm vorbeistürmten. Er änderte ohne ersichtlichen Grund plötzlich die Richtung, wechselte die Straßenseite und sprang unvermittelt in ein Taxi. Und dennoch wurde er das Gefühl nicht los, beobachtet zu werden.

Die Arztpraxis war neu und modern eingerichtet. Am Empfang begrüßte ihn eine junge Frau mit kurzem schwarzen Haar und auffallend dunkelbraunen Augen, die ihn wenig später in einen Behandlungsraum führte.

Der Arzt, der sich als Dr. Klein vorstellte, ließ zum Glück nicht lange auf sich warten: Er war erstaunlich jung, vielleicht sogar jünger als David selbst, trug das Haar streng gescheitelt und musterte ihn einen Moment schweigend. Er war David auf Anhieb unsympathisch. »Womit kann ich Ihnen helfen?«, fragte er mit einem kleinen arroganten Lächeln.

»Ich habe seit drei Nächten nicht geschlafen«, erklärte David. »Genauer gesagt, seit vierundsiebzig Stunden.«

Der Arzt runzelte die Stirn, notierte etwas in einem Formular auf einem Klemmbrett, auf dem David während der Wartezeit bereits einige Angaben zu seiner Person und seiner Krankheitshistorie hatte machen müssen. »Vierundsiebzig Stunden, sagten Sie?«, wiederholte er.

David nickte. »Ich denke, es liegt an einer Tablette, die ich genommen habe.«

Nun blickte Dr. Klein auf. »Was für eine Tablette war das?«

»Das darf ich leider nicht sagen: anwaltliche Schweigepflicht«, entgegnete David.

»Anwaltliche Schweigepflicht?«

Wieder nickte David. Aus dem Mund des Arztes klang es weniger überzeugend. »Ein neuartiges Medikament, das mir im Rahmen meiner anwaltlichen Tätigkeit zur Verfügung gestellt wurde. Eine Art Aufputschmittel mit dem lächerlichen Namen ›*Stay tuned*‹.«

»›*Stay tuned*‹?« Dr. Klein wiegte kaum merklich den Kopf. »Und was für Wirkstoffe sind darin enthalten? Wissen Sie das?«

David zuckte mit den Schultern. »Nein. Keine Ahnung, das Mittel ist aber vollkommen legal!«

Der Arzt atmete tief durch. »Hatten Sie früher schon Schlafstörungen? Ich meine, vor der Einnahme dieser Tablette?«

»Seit einiger Zeit, ja«, bestätigte David.

»Ich hatte Probleme einzuschlafen, habe nachts wach gelegen ...«

Wieder notierte Dr. Klein sich etwas. »Irgendwelche außergewöhnlichen Ereignisse in Ihrem Leben, die Ihnen den Schlaf rauben?«

David dachte an Sarah. Er sah die Szene, in der sie seinen besten Freund liebevoll umarmte, vor seinem geistigen Auge. Dachte an den Brief seines Vaters. »Nein«, sagte er dennoch. »Kein Grund, nicht zu schlafen.«

Der Arzt hob den Kopf. »Konsumieren Sie irgendwelche Drogen?«

Die leere Rum-Flasche fiel David ein, die Zigaretten, doch die konnte man kaum als Drogen bezeichnen. »Auch nicht.«

»Trinken Sie übermäßig viel Kaffee?«

David schüttelte den Kopf. Er liebte Kaffee, konnte ihn kannenweise trinken und danach schlafen wie ein Baby.

»So auf Anhieb kann ich natürlich nichts dazu sagen«, setzte Dr. Klein nach kurzer Pause an. »Und solange ich die genaue Zusammensetzung und die Wirkstoffe der Tablette nicht kenne, die Sie genommen haben, möchte ich mich auch dazu nicht äußern.«

Toll, dachte David. Was mache ich eigentlich hier?

»Aber das ist eventuell nicht notwendig«, fuhr der Arzt fort, »denn ich bin mir sehr sicher, dass Sie nicht seit vierundsiebzig Stunden ununterbrochen wach sind. Das ist schlichtweg unmöglich.« Dr. Klein verschränkte die Hände und warf David einen überheblichen Blick zu, als besäße er bereits jahrelange medizinische Erfahrung. »Sehen Sie, wenn dieses Mittel, das Sie eingenommen haben, dafür verantwortlich wäre, also das wäre eine Sensation. Solche Wirkstoffe, die so lange wachhalten, kennen wir nämlich bislang nicht. Koffein beispielsweise wird dies kaum bewirken können. Und wenn, dann nur in Mengen, die tödlich wären. Wenn man nicht massiv vom Einschlafen abgehalten wird, sorgt der Körper spätestens ab der zweiten durchwachten Nacht dafür, dass sich das Gehirn erholen kann.« Der Arzt schwieg einen Moment, wahrscheinlich um David, den er offenbar für minderbemittelt hielt, Gelegenheit zu geben, seinen Ausführungen zu folgen. »Der Körper tut das mit plötzlichen Schlafattacken, die kurzzeitig in den Tiefschlaf führen. Besser bekannt als ›Sekundenschlaf‹.«

David schüttelte vehement den Kopf. »Ich sagte, ich habe nicht geschlafen, nicht eine einzige Sekunde.«

»Ich bin davon überzeugt, dass Sie das glauben. Denn unser Gehirn merkt es ja nicht, wenn es schläft. Aber glauben Sie bitte auch mir: Nachts aufzuwachen ist ein völlig normales Phänomen. Dass wir durchschlafen, ist eine Mär. Ein normaler Schläfer erwacht sogar bis zu zehn Mal pro Stunde für einige Sekunden.«

David spürte, wie er ungeduldig wurde. Hatte der Mann ihm nicht zugehört? »Nein, bitte, es ist, wie ich sage: Es geht nicht nur um kurzes Aufwachen. Ich habe noch nicht einmal die Augen geschlossen. Keine einzige Sekunde. Da bin ich mir absolut sicher.«

Wieder lächelte Dr. Klein. »Wenn das so wäre, müssten Sie bereits unter Halluzinationen leiden. Verschiedene Experimente, in denen Menschen auf Schlaf verzichteten, mussten abgebrochen werden, weil die Teilnehmer langsam begannen, wahnsinnig zu werden. Unter Schlafmangel zeigt man Symptome von Verfolgungswahn oder sogar einer Schizophrenie. Unkontrollierte Wutausbrüche können ebenfalls auftreten. Bei solch einem eklatanten Schlafmangel, wie von Ihnen behauptet, wären Sie eine Gefahr für sich und andere.« Der Arzt lachte. »Und so sehen Sie für mich nicht aus.«

David musste daran denken, wie er am Abend zuvor sein Smartphone zornig auf den Tisch geworfen hatte. Auch hatte er das Gefühl gehabt, verfolgt zu werden. Aber der SUV in der gestrigen Nacht war Realität gewesen. Den hatte er sich nicht eingebildet. Er überlegte, wie er Dr. Klein überzeugen konnte. »Ich habe mich noch nicht einmal hingelegt«, sagte er.

»Man kann auch im Sitzen hervorragend wegnicken«, antwortete der Arzt und winkte ab.

David spürte, wie er ärgerlich wurde. Er lehnte sich zurück und atmete tief durch.

»Hören Sie, Mr. Berger. Wir machen einen Deal«, schlug der Arzt vor. »Wir legen Sie heute Nacht hier in unser Schlaflabor und schließen Sie an unsere Überwachungsmonitore an. Und dann werden Sie sehen, dass Sie sehr wohl schlafen.«

David gab es auf, Dr. Klein überzeugen zu wollen. »Und was genau ist der Deal?«

»Sie versuchen bis dahin herauszubekommen, was in dieser ominösen Tablette war, die Sie genommen haben. Wenn das nicht unter die anwaltliche Schweigepflicht fällt.« Der spöttische Unterton, der bei dem Begriff »anwaltliche Schweigepflicht« mitschwang, gefiel David ganz und gar nicht. Vor allem weil Spott in diesem Fall völlig unangebracht war. Allerdings stand hier nicht seine, sondern Alex' anwaltliche Schweigepflicht seinem Mandanten gegenüber zur Diskussion. Und ob Alex Ärger bekam oder nicht, war David mittlerweile völlig gleichgültig.

»Warten wir die Untersuchung ab. Dann werden Sie es ja sehen!«, sagte er kämpferischer als beabsichtigt.

Der Arzt zögerte und warf noch einen Blick in Davids Patientenbogen. »Oder haben Sie an Ihrem Geburtstag vielleicht etwas Besseres vor?«

»Ich feiere am Wochenende«, antwortete David knapp. »Heute passt hervorragend!«

»Gut, dann kommen Sie mit nach vorn. Wir schauen, ob wir einen Termin frei haben!« Der Arzt erhob sich mit einer eleganten Bewegung von seinem Stuhl und geleitete David zurück zum Empfang. »Wo ist eigentlich Maria?«, fragte Dr. Klein die Frau hinter dem Tresen.

»Hat sich krankgemeldet«, sagte die Helferin und lächelte strahlend. Dabei zeigte sie makellose weiße Zähne.

»Und Sie sind ...?«

»Nina«, entgegnete die junge Frau. »Die Zeitarbeitsfirma hat mich als Ersatz geschickt.«

Dr. Klein war bereits selbst hinter den Tresen getreten und fuhrwerkte nun mit der Computermaus auf dem Pad herum, um auf dem Monitor den Terminkalender aufzurufen. »Lassen Sie mich mal sehen ... Heute Abend um zwanzig Uhr, Mr. Berger. Dann werden wir mal schauen, warum der Sandmann Sie verschmäht.« Mit einem breiten Grinsen hielt er David die Hand entgegen, und nach einem Zögern ergriff David sie und drückte sie. »Hier haben wir noch ein Merkblatt für Sie. Da steht alles drauf, was Sie heute Abend beachten müssen«, sagte Dr. Klein.

»Soll ich Ihnen den Termin aufschreiben, Mr. Berger?«, fragte die Frau hinter dem Tresen.

David verneinte. »Aber kann ich einmal telefonieren?« Ohne sein Smartphone fühlte er sich regelrecht nackt.

Kurz darauf teilte man ihm in der Telefonzentrale von Alex' Büro freundlich mit, dass dieser heute nicht im Haus sei. Die Nummer von Alexanders Handy wusste David nicht auswendig. So beschloss er, Alex zu Hause aufzusuchen, wenn er mehr über die Zusammensetzung der Tablette erfahren wollte.

Und das war ihm nicht ganz unlieb: Nach der Begegnung mit dem arroganten Dr. Klein fühlte er sich gerade in der richtigen Stimmung, um Alex wegen der Sache mit Sarah zur Rede zu stellen.

25

London

»Das wohl berühmteste Exponat der Courtauld Gallery!«, kommentierte der Mann im Tweed-Anzug nicht ohne Stolz.

Die kleine Gruppe stand im Halbkreis um das Gemälde herum, das Van Gogh mit dem grünblauen Mantel, der blauen Pelzmütze und dem Verband am rechten Ohr zeigte.

»Er hatte es nicht unter Kontrolle. Hier sieht man das Ergebnis!« Vlad Schwarzenberg beugte sich weit vor, um das verbundene Ohr näher zu betrachten.

»Er hat sein Spiegelbild gemalt, denn tatsächlich war es das linke Ohr, das er sich abgeschnitten hatte«, erläuterte der Engländer mit dem schütteren Haar und den abstehenden Ohren.

»Er hat es einer Hure geschenkt!«, bemerkte Schwarzenberg und lachte laut auf.

»Das Bild?«, fragte Arthur von der Seite.

»Das Ohr!«

»Es gibt zahlreiche Briefe, in denen Van Gogh über seine Schlaflosigkeit klagt. Nicht umsonst gehören drei Gemälde seines Schlafzimmers in Arles zu seinen berühmtesten Werken. Auf die Idee, sein eigenes Schlafzimmer zu malen, und das gleich drei Mal, kommt man nur, wenn man nachts wach ist.« Der Engländer sprach mit feinstem britischen Akzent.

»Ist es unbestritten, dass er darunter litt?«, wollte Schwarzenberg wissen.

»Die Ärzte haben bei Van Gogh seinerzeit eindeutig Halluzinationen und Wahnphänomene diagnostiziert. Auch hat er Stimmen gehört. Das abgeschnittene Ohr war eine Folge davon.«

»Er war bei Weitem nicht der einzige Maler, dem es so ergangen ist«, sagte Schwarzenberg mit düsterer Stimme. »Ich denke nur an Edvard Munch. Eine Version seines *Schrei* hängt bei mir im Arbeitszimmer und dient mir als tägliche Mahnung. Niemals hat jemand so eingängig ausgedrückt, wie wir uns fühlen, wenn es dunkel wird und die Einsamkeit über uns hereinbricht.«

»Das ist der Grund, warum wir nachts ins Museum gehen«, bemerkte Arthur und lachte glucksend.

»Was mein Assistent sagen will, ist, dass es wirklich sehr freundlich ist, dass Sie uns die Ausstellung zeigen. Das ist zu dieser nächtlichen Stunde keine Selbstverständlichkeit.«

»Für Sie jederzeit. Tagsüber ist es hier so überfüllt, insbesondere um diese Jahreszeit.«

Schwarzenberg widmete sich dem Mahagoni-Tisch, der direkt unter dem Gemälde Van Goghs platziert war. »Und das ist der Schreibtisch?«

Der Engländer nickte und zog ein Bund mit zahlreichen Schlüsseln aus seiner Hosentasche hervor. Er steckte einen kleinen Messingschlüssel in das Schloss auf der Vorderseite des Schreibtisches und öffnete die halbrund zulaufende Schublade mit aller Vorsicht.

Schwarzenberg reichte Arthur drei kleine Flaschen, die dieser vorsichtig in die Lade hineinlegte. Danach verschloss der Engländer sie wieder.

»Und das funktioniert?«, fragte Arthur erstaunt.

Der Engländer nickte. »Das Prinzip des toten Briefkastens. Und es gibt nur vier Schlüssel. Einen hat der Premier, die anderen beiden sind im Besitz der zwei anderen ... Auserwählten. Was mich allerdings wundert, Mr. Schwarzenberg, ist, dass es nur noch drei Dosen sind? Waren es nicht früher mehr?«

»Wir müssen sparsam damit umgehen. Daher mussten wir einige aus dem Verteiler nehmen. Die Vorräte gehen langsam zur Neige ...«

»Und Sie konnten es noch nicht substituieren?«

»Wir erzielen Fortschritte.«

»Aber drei Dosen für ganz England?«

»Sie müssen wissen, ich liebe dieses Königreich. Im Herzen bin ich Londoner. Doch erstaunlicherweise taucht in der Liste der einflussreichsten Menschen weltweit nur noch ein einziger Brite auf. Genetisch waren wir in England schon immer schwach vertreten. Es mag daran liegen, dass es eine Insel ist.«

»Apropos Liste«, sagte der Engländer. »Soweit ich weiß, sind Sie einer der reichsten Männer der Welt, Mr. Schwarzenberg. Aber noch niemals habe ich Ihren Namen auf einer der Listen der reichsten Menschen auftauchen sehen. Weder bei Forbes noch woanders.«

Schwarzenberg schmunzelte. »Angenommen, ich wäre tatsächlich einer der reichsten Menschen auf dieser Erde«, setzte er an. »Meinen Sie nicht, dass es mir dann möglich wäre, dafür zu sorgen, dass mein Name auf keiner dieser lächerlichen Listen erscheint?«

Dem Engländer war seine Frage im Nachhinein sichtlich unangenehm.

»Ein Gauguin!«, sagte Schwarzenberg und betrachtete das Gemälde.

»Die Frau liegt da, als schliefe sie, aber sie ist hellwach«, stellte er amüsiert fest. »Man könnte beinahe meinen, Sie hätten die Bilder in diesem Raum thematisch geordnet.«

»Dieses Bild entstand auf Tahiti«, kommentierte der Engländer, der hinter Schwarzenberg stand. »Es war für Gauguin eine Enttäuschung, dort nicht das Paradies zu finden, das er erwartet hatte.«

»Ein typischer Fehler der Menschheit: ein Paradies zu erwarten«, entgegnete Schwarzenberg. »Gibt es weitere Werke, die wir gesehen haben müssen?«

»Im Nachbarraum«, sagte der Führer und deutete auf einen Durchgang. »Halten Sie mich nicht für neugierig, Mr. Schwarzenberg, und normalerweise ist dies nicht meine Art, aber da ich schon die Gelegenheit habe, mich einmal persönlich mit Ihnen zu unterhalten: Würden Sie mir verraten, womit Sie Ihr Geld verdienen?«

»Sie sprechen gern über Geld, nicht?«, entgegnete Vlad Schwarzenberg etwas verstimmt.

»Verzeihen Sie, doch ich frage nicht ganz ohne Hintergedanken. Unser Museum hat eine Stiftung, und ich hatte die Hoffnung, als Gegenleistung für meine Dienste der vergangenen Jahre und diese private Führung ...«

»Daher weht der Wind!« Schwarzenberg schlug seinem Gesprächspartner auf das Schulterblatt, sodass dieser nach vorne stolperte. »Ihr Engländer wieder! Sagen Sie doch gleich, worum es geht!« Er lachte. Mittlerweile hatten sie den nächsten Raum betreten.

»Da wir gerade über das Paradies sprachen: *Adam und Eva* von Cranach. Man achte auf die Tiere ...«

»Die Schlange!«, rief Schwarzenberg erregt aus und machte zwei schnellere Schritte. Er zog seine Lesebrille hervor und studierte das Gemälde genau. »Kann man es kaufen?«, wollte er dann wissen.

»Sie scherzen, oder?«

Schwarzenberg wurde plötzlich ganz ernst. »Sie fragten nach meinem Geld: Einen Teil meines Vermögens habe ich geerbt und dafür keinen einzigen Finger gerührt. Den Rest habe ich mir erarbeitet. Wissen Sie, was man heute *Sleep economy* nennt?«

Der Engländer schüttelte den Kopf.

»Manche Hedgefonds-Manager behaupten, sie verdienen ihr Geld im Schlaf«, mischte Arthur sich ein und verstummte auf einen tadelnden Blick Schwarzenbergs hin wieder.

»Ich verdiene mein Geld tatsächlich mit dem Schlaf. In Zeiten der Hochzivilisation und chronischen Überarbeitung wird Schlaf das kostbarste Gut. Und ich handle damit.«

»Wie kann man mit Schlaf handeln?«

»Auf die unterschiedlichsten Arten und Weisen. Zunächst gehören mir verschiedene Hotelketten.«

»Was hat das mit Schlaf zu tun?«

»Warum geht man denn ins Hotel? In achtzig Prozent der Fälle zum Schlafen. Ein Bett für eine Nacht. Nicht umsonst beurteilt man ein Hotel auch nach der Anzahl seiner Betten. Letztlich sind Hotelzimmer nichts anderes als riesige Energie-Ladestationen für reisende Menschen.«

»Verstehe«, sagte der Engländer.

»Mein wertvollstes Gut aber sind Daten«, ergänzte Schwarzenberg. »Jahrzehntelang haben wir Schlaf und Schlafstörungen einfach so hingenommen. Seit einigen Jahren jedoch vermessen wir sie. Bis 2021 rechnet man mit dreihundert Millionen verkauften Wearables.«

»Wearables?«

»Fitnessarmbänder, Smartphones. Geräte, die es ermöglichen, unseren Schlaf zu tracken. Sie messen, wann wir schlafen, wie viel wir schlafen, wie tief wir schlafen, und speichern es auf Servern in der ganzen Welt. Ich kaufe die Daten und verkaufe sie weiter.«

Der Engländer runzelte die Stirn. »An wen?«

Schwarzenberg grinste. »Haben Sie schon einmal Ihr Smartphone oder Ihr Laptop zur Reparatur gebracht?«

Der Museumsführer schüttelte den Kopf.

»Als Erstes überprüft man dort immer den Akku. Misst, wie viel Kapazität er noch hat. Wie schnell er auflädt. Das Gleiche gilt für die normalen Menschen: Wie viel sie schlafen, zeigt, wie viel sie leisten können und wie gesund sie sind. Je mehr Schlaf, desto besser. Arbeitgeber, Krankenkassen, Pharma-Unternehmen, Werbetreibende – sie alle wollen die Schlafdaten der Bürger von mir erwerben.«

»Und die Daten geben die Menschen freiwillig heraus?«

Schwarzenberg lachte. »Sie bezahlen sogar noch Geld dafür, indem sie sich die entsprechenden Devices kaufen. Und wenn sich das Bewusstsein irgendwann ändern sollte und die Menschen sparsamer mit ihren Daten umgehen, dann werde ich dafür zahlen: Sagen wir, zwei Pfund für eine Stunde echten Schlaf, der an uns berichtet wird. Die Daten verkaufe ich dann für vier Pfund pro Stunde Schlaf weiter. Ein ganz normaler Handel mit guter Gewinnmarge.«

»Verrückt!«, sagte der Engländer.

Schwarzenberg lächelte. »Gerade habe ich ein Unternehmen erworben, das Matratzen verkauft, die Schlaf, Herzfrequenz und Atmung vermessen.«

»Sie schlagen Kapital aus der Schwäche der Menschen.«

»Das nennt man Marktwirtschaft«, entgegnete Vlad Schwarzenberg. »Und nicht ich, sondern wir schlagen Kapital daraus. Ein Großteil der Gewinne fließt selbstverständlich unserer Organisation zu und finanziert somit unsere Aktivitäten. Daher erscheint mein Name auch nicht auf irgendeiner Liste der reichsten Menschen. Mein persönliches Vermögen ist im Vergleich zu dem, was wir verdienen, vernachlässigbar.«

»Verstehe.« Der Engländer wirkte mit einem Mal deutlich zufriedener.

»Sir, wir müssen zum Flughafen.« Arthur tippte auf seine Armbanduhr.

Schwarzenberg gebot ihm mit einer Handbewegung zu schweigen. »Ich mache Ihnen dennoch einen Vorschlag«, sagte er zu dem Engländer. »Ich persönlich spende Ihrer Stiftung für diese Führung und Ihre Dienste ... sagen wir, zehn Millionen Dollar.«

»Zehn Millionen Dollar?«, wiederholte der Mann ungläubig. »Natürlich sage ich da nicht Nein!«

»Alles, was ich dafür haben möchte, ist dieses Bild hier mit der Schlange.« Schwarzenberg deutete auf den Cranach.

26

New York

Alex Bishop wohnte in Clinton, auch bekannt als Hell's Kitchen. Das Gebäude selbst war einmal eine Hutfabrik gewesen; heute beherbergte es noble Yuppie-Apartments, deren Miete Alex sich allein von seinem Anwaltsgehalt nicht hätte leisten können. Aber David wusste, dass sein schwerreicher Vater ihn finanziell unterstützte, und mutmaßte sogar, dass die Wohnung Alex' Familie gehörte. Über Geld sprach Alex niemals, und auch seine teure Rolex-Uhr trug er stets so am Handgelenk, dass das Armband nach oben und das Zifferblatt nach unten zeigte, damit die Marke nicht auf den ersten Blick erkennbar war. David hatte dies stets als einen Rest Bescheidenheit seines Freundes ausgelegt; vielleicht war es aber auch Scham über den unglaublichen Reichtum, den seine Familie angehäuft hatte.

Obwohl luxuriös, verfügte das Gebäude über keinen Doorman. David hatte Glück, weil eine ältere Dame mit einem kleinen Pudel, wahrscheinlich eine Besucherin, ihn ins Haus ließ. So konnte er kurz darauf direkt an Alex' Wohnungstür im dritten Stock klopfen. Es tat gut, mit der Faust gegen das Holz zu schlagen. Endlich rührte sich in der Wohnung etwas, und die Tür wurde geöffnet.

Alex trug T-Shirt und Boxershorts, und er blickte David erstaunt entgegen. Die Überraschung war ihm offenbar gelungen. »Hey, das Geburtstagskind! Ich dachte, du bist in der Kanzlei. Komm rein!« Alex öffnete die Tür ganz und trat einen Schritt zur Seite. In diesem Moment traf ihn Davids Faust von schräg unten direkt gegen das Kinn. David hörte, wie Alexanders Zähne aufeinanderschlugen und dabei vielleicht ein Stück von der Zunge abbissen. Dann fiel Alex, der mit dem Schlag nicht gerechnet hatte, wie vom Blitz getroffen nach hinten.

»Was ist? Kommst du jetzt rein oder nicht?«

David kniff die Augen zusammen und starrte Alex an, der noch genau wie eben vor ihm stand und mit der linken Hand eine einladende Bewegung machte. Waren das die Halluzinationen, von denen Dr. Klein gesprochen hatte? David rieb sich die Augen. »Lieber nicht«, sagte er.

»Geht's dir gut?«, fragte Alex. Er wirkte besorgt.

»Nein. Mir geht es beschissen. Und daran bist du schuld!«

Alexander starrte ihn schweigend an. Einen Moment meinte David, etwas wie Bedauern auf Alex' Gesicht zu sehen.

»Was sind das für Tabletten, die du mir im Headley's gegeben hast?«

Alex schien einen Augenblick zu benötigen, um zu verstehen, wovon David sprach. »Habe ich dir schon gesagt. Wirkt sie etwa immer noch?«

David fand, dass in Alexanders Ton etwas Unehrliches mitschwang. Als würde er die Antwort auf seine Frage bereits kennen. »Ich bin jetzt seit fünfundsiebzig Stunden wach!«

Alex wirkte nicht überrascht. »Du wolltest ja nicht zu dem Arzt gehen, den ich dir empfohlen hab.«

»Ich war bei einem anderen. Und ich muss wissen, was in dieser Tablette enthalten ist.«

»Ich habe keine Ahnung«, antwortete Alex.

»Du hast Produkttests erwähnt und wirst dazu Unterlagen von deinem Mandanten bekommen haben.«

»Die sind alle im Büro.«

»Dann ruf dort an und gib Bescheid, dass ich komme und sie für dich abhole.«

»Das geht nicht. Das weißt du!«

»Warum nicht?« David hatte lauter gesprochen als beabsichtigt. In seinem Rücken hörte er das Drehen eines Schlüssels im Schloss. Es kam von der Tür der Nachbarwohnung.

»Wegen der anwaltlichen Schweigepflicht.«

»Da scheiß ich drauf!« David war über seine Wortwahl selbst erschrocken.

»Ich hätte sie dir nicht geben sollen.« Alex machte einen Schritt nach vorn und stand nun direkt vor ihm.

»Allerdings, das hättest du nicht! Weißt du, wie man sich fühlt, wenn man drei Tage rund um die Uhr wach ist?«

Alex entgegnete nichts.

»Es ist der Horror!«

»Das tut mir leid.« Plötzlich machte Alex einen beinahe traurigen Eindruck.

»Der Vorteil ist allerdings, dass man nachts viel rumkommt und viel sieht, was man nicht sehen würde, würde man schlafen ...«

Alex verzog die Mundwinkel, offenbar konnte er mit dieser Bemerkung nichts anfangen. Noch nicht.

»Ich habe dich vorgestern Nacht vor Ellys Haus gesehen. Zusammen mit Sarah.« Nun war es raus. David spürte, wie ihm bei diesen Worten das Herz bis zum Hals schlug und seine Muskeln sich anspannten. Nun kam es auf Alex' Reaktion an.

Der schien von dieser Eröffnung völlig überrascht zu sein. So selbstsicher sein Mienenspiel sonst wirkte, so sehr entgleisten ihm nun die Gesichtszüge.

»Es stimmt also!« Plötzlich fühlte Davids Brust sich tonnenschwer an.

Alex fand endlich die Sprache wieder. »Nichts stimmt! Es ist nicht so, wie du denkst.«

David musste lachen, doch es war ein trauriges Lachen. »Was soll ich denn denken, wenn du dich nachts mit meiner Freundin in einer Wohnung triffst und ihr euch anschließend auf der Straße innig umarmt?«

»Dafür gibt es eine Erklärung ...« Nun war es Alex, der sichtlich um Atem rang. »Komm rein, und wir reden über alles.«

David bemerkte, wie Alexander an ihm vorbei ins Treppenhaus schaute, als befürchtete er, dass sie belauscht wurden.

Er will dich locken, durchfuhr es ihn. »Erkläre es mir hier und jetzt!«, sagte David. »Ich habe dir vertraut. Du warst mein bester Freund. Ich habe dir alles erzählt. Jede Sorge, jeden geheimen Gedanken über Sarah mit dir geteilt. Und was machst du mit ihr hinter meinem Rücken? Und dann hat sie noch nicht einmal den Mumm, es mir zu sagen, sondern schiebt mir die Schuld dafür zu, dass sie mich verlässt!«

»Rede nicht so über sie!«, entfuhr es Alex, der ihm einen unerwarteten Stoß gab, sodass David nach hinten taumelte. »Du weißt überhaupt nichts!«

In diesem Augenblick schnellten seine Hände vor und stießen Alex vor die Brust. Nun stolperte Alexander einen Schritt zurück, nur um im nächsten Moment nach vorn zu stürmen und ihm einen noch kräftigeren Stoß zu verpassen.

Diesmal hatte David Mühe, sich auf den Beinen zu halten. Hatte er sich bisher im Zaum gehalten, übermannte ihn jetzt der Zorn. Er senkte den Kopf und rammte ihn Alex in den Bauch. Doch der schien damit gerechnet zu haben und legte die Arme von oben um Davids Körper. Als David hochkam, traf ihn Alex' Ellbogen im Gesicht, und er spürte sofort, dass etwas mit seiner Nase geschehen war. Warm lief ihm das Blut über den Mund. Der Schmerz, das Adrenalin, der Geschmack von Blut, all das stachelte ihn nur noch weiter an. Gerade wollte er sich auf Alex stürzen, der schwer atmend einen Meter entfernt stand, als David hinter sich eine Bewegung wahrnahm.

»Verschwinde, oder ich rufe die Polizei!« Die Nachbarin, eine junge Frau, war aus ihrer Wohnung getreten, in der Hand hielt sie einen langen Besen.

In diesem Moment war es, als erwachte David aus einem Traum. Er richtete sich auf, und der Schmerz in seiner Nase ließ ihn kurz taumeln. Alles um ihn herum drehte sich. Er hob beschwichtigend die Hände und wankte zur Treppe.

»David!«, rief Alex atemlos, doch David wollte nichts mehr hören.

»Wir sind noch nicht fertig miteinander«, sagte er keuchend, dann lief er die Treppe hinab und aus dem Gebäude. Er konnte Hell's Kitchen gar nicht schnell genug hinter sich lassen.

Im Waschraum eines Fast-Food-Restaurants stillte er sein Nasenbluten, indem er sich feuchte Papiertücher in den Nacken drückte. Da sich die Blutflecken auf seinem Pullover nicht entfernen ließen, schloss er den Reißverschluss der Jacke bis zum Hals. Dann bestellte er sich einen Kaffee und setzte sich in eine Nische im hinteren Bereich des Fast-Food-Restaurants. Einen Augenblick lang suchte er in alter Gewohnheit nach dem Handy, bis ihm einfiel, dass er keines mehr besaß. Mit dem Adrenalin verschwand auch langsam sein Ärger auf Alex. David verfluchte sich nun dafür, zu ihm gegangen zu sein. Wie unwürdig!, dachte er, als ihm die Rauferei im Treppenhaus wieder in den Sinn kam.

Der eigentliche Grund, warum er Alex aufgesucht hatte, fiel ihm ein. Er kramte in der Hosentasche und zog den Zettel mit der Adresse der Herstellerfirma der Tabletten *Stay tuned* hervor. David hatte im Internet recherchiert. *Better Human Biopharma* schien ein kleines Start-up-Unternehmen zu sein, das seinen Sitz in New Jersey hatte. Da er am Abend nicht ohne weitere Informationen über die Tabletten zu Dr. Klein zurückkehren wollte, beschloss er, der Firma einen Besuch abzustatten. Vielleicht konnte er mit dem Laborleiter oder irgendeinem anderen Verantwortlichen sprechen. Das Unternehmen würde seinerseits ein Interesse haben, von der extremen Langzeitwirkung des Mittels zu erfahren. Wegen unerwünschter Nebenwirkungen verklagt zu werden würde besonders für ein junges Unternehmen wie *Better Human Biopharma* bitter sein.

In diesem Moment wurde die Tür des Restaurants geöffnet, und zwei Männer traten ein. In ihren Blousons, der eine beige, der andere grün, den Jeans und den Funktionsschuhen mit den derben Sohlen machten sie auf David einen beinahe uniformierten Eindruck. Als ihre Blicke sich trafen, glaubte er, im Gesicht des einen Mannes eine Reaktion zu erkennen. Doch vielleicht war es nur Einbildung gewesen. Dr. Klein hatte als eine Nebenwirkung extrem langen Schlafentzugs Verfolgungswahn genannt.

David nahm den Kaffeebecher und machte, dass er weiterkam. Als er sich am Ausgang nach den beiden Männern umdrehte, waren sie im Gewühl vor den Kassen verschwunden.

27

New York

»Halt mal an, ich brauche neuen Lesestoff!« Millner zeigte auf den kleinen Laden neben dem Falafel-Imbiss.

Henry fluchte unterdrückt. »Aber beeil dich, Greg!«

»Du kennst mich doch.« Millner stieg aus, während sein Partner in zweiter Reihe parkte und im Auto sitzen blieb.

Hinter dem Kassentresen direkt an der Tür saß heute Mike, ein unmotivierter Student der Philosophie im geschätzt dreißigsten Semester.

»Können Sie mir etwas empfehlen?«, fragte Millner, nachdem das Klingeln der Türglocke verhallt war.

»Knapp dreizehntausend gute Bücher«, sagte Mike und deutete mit einer ausladenden Bewegung hinter sich in die Regalschluchten.

Millner dachte an Henry und seufzte. Normalerweise konnte er in diesem Buchladen Stunden verbringen.

Er nahm sich den linken Gang vor, da er sonst immer rechts begann, und schritt durch die Reihen der Bücher. Kurioserweise waren hier antiquarische Ausgaben und Neuerscheinungen bunt gemischt. Der Laden gehörte Will, den Millner seit über fünfunddreißig Jahren kannte. Mittlerweile war Will allerdings über achtzig und nur noch selten im Geschäft.

Millner streifte mit der Hand über eine alte Ausgabe von Edgar Allen Poe. Nach dem Mord an Generalstaatsanwalt Dillinger verspürte er darauf allerdings keine große Lust. Er gelangte in eine Ecke mit einem Stapel schwedischer Krimis. Alkoholkranke Ermittler kannte er zur Genüge aus dem Dezernat. Einige Sekunden ging er mit einer Autobiografie von Mark Twain schwanger, dann legte er sie wieder weg. Seit einiger Zeit spürte er einen Hang zur klassischen amerikanischen Literatur. Umso überraschter war er, dass er sich heute spontan für englische Literatur entschied: Bram Stokers *Dracula*, von dem sie neulich gesprochen hatten. Er hatte vor einiger Zeit nachts den Film gesehen, aber seit der Schulzeit nie mehr das Buch gelesen. Auf dem Weg zur Kasse blieb sein Blick an einem Buch hängen, auf dem ein großes Auge abgebildet war. Erst wusste Millner nicht, was seine Aufmerksamkeit geweckt hatte, doch dann bemerkte er, dass es so aussah, als hätte das Auge keine Lider.

Endlich wieder schlafen! Eine Anleitung, lautete der Titel. Das Buch sah ziemlich zerlesen aus, hatte offenbar schon vielen Lesern den Schlaf geraubt. Millner griff danach und beschloss, Henry nicht länger warten zu lassen. Zwei Minuten später und um vier Dollar ärmer saß er wieder auf dem Beifahrersitz des Dienstfahrzeugs und hielt nach Henry Ausschau, der kurz darauf mit einem riesigen Falafel-Sandwich in der Hand auf ihn zusteuerte.

28

Hoboken, New Jersey

David entschied sich gegen die Fähre und für den PATH, der als besondere U-Bahn-Linie der Hafenbehörde den Hudson unterquerte. Vom Bahnhof an der 23th Street benötigte die Bahn nur knapp zehn Minuten bis Hoboken. Die Stadt lag am Hudson River, direkt gegenüber von Manhattan. David konnte sich nicht daran erinnern, schon einmal dort gewesen zu sein. In seinem rechten Nasenloch steckte noch immer der Papierpfropf. Die Nase pochte so stark, dass David inzwischen fürchtete, dass sie gebrochen war. Vielleicht musste sie sogar von einem Arzt gerichtet werden. Bei diesem Gedanken fielen ihm Dr. Klein und der Termin am Abend ein. Bis dahin waren es noch gut sieben Stunden.

Während der Fahrt starrte David aus dem Fenster, um den neugierigen Blicken der Mitreisenden zu entgehen.

Als er in Hoboken aus dem Bahnhof trat und sich zu orientieren versuchte, vermisste er sein Smartphone einmal mehr. Die erste Passantin, die er nach dem Weg zu *Better Human Biopharma* fragte, suchte bei seinem Anblick schleunigst das Weite, ohne zu antworten. David bereute es jetzt, nicht zuerst nach Hause gegangen zu sein, um sich zu waschen und umzuziehen.

Ein junger Rennradfahrer ließ sich jedoch von ein bisschen Blut nicht schrecken, und so stand David nach einer gefühlten Stunde endlich vor dem Firmensitz von *Better Human Biopharma*. Es war nicht das hochmoderne Geschäftshaus, das er erwartet hatte, sondern ein altes Backsteingebäude, das man auf den ersten Blick für unbewohnt hätte halten können. An den gelben Wänden prangten Graffiti, im Erdgeschoss waren einige der kleineren Scheiben eingeschlagen. Das Schild mit dem Schriftzug des Pharma-Unternehmens wirkte allerdings neu und edel, und ein kleiner Zusatz verriet, dass das Unternehmen in den Etagen drei und vier ansässig war. Dank eines eingeklemmten Holzkeils stand die Tür offen, und so gelangte David in ein Treppenhaus aus nacktem Beton. Es roch feucht, beinahe modrig. Auch hier waren verschiedene Tags an die Wände gesprüht.

David nahm die Stufen, so schnell er konnte, wobei das Pochen in der Nase unerträglich anschwoll. Als er den dritten Stock erreichte, hatte sein rechtes Nasenloch erneut zu bluten angefangen. Er zog den kleinen Papier-Pfropf heraus. Ein Fehler, wie sich zeigen sollte, denn sofort floss wieder Blut. Bei *Better Human Biopharma* würde er als Erstes den Waschraum aufsuchen müssen, um die Blutung mit kaltem Wasser zu stoppen. Auf der blickdichten Glastür vor ihm stand der Name des Unternehmens in weißer Schrift. »Better Human« – was soll das eigentlich bedeuten?, fragte David sich.

Er drückte die Klingel und hinterließ darauf eine Blutschliere. Auch das noch. Mit dem Jackenärmel versuchte er, die Klingel so gut zu säubern, wie es ging.

Nichts geschah. David betätigte den Klingelknopf ein weiteres Mal, diesmal mit dem Ellenbogen. Vielleicht ließen sie ihn wegen seiner zweifelhaften Erscheinung nicht hinein. Er suchte nach einer Kamera, fand aber keine. In diesem Moment bemerkte er, dass die Glastür nur angelehnt war. Erleichtert drückte er sie auf und trat ein.

Er fand sich in einem Vorraum wieder, der eher an ein Labor als an ein Büro erinnerte. Der Boden war weiß gefliest. Zu seiner Linken sah David eine kleine Sitzgruppe mit weißen Ledersesseln. Einige Meter entfernt stand mitten im Raum ein Empfangstresen in derselben Farbe, der wie poliert glänzte und mit den weiten silberfarbenen Bögen wie ein kleines Raumschiff aussah. Hinter dem Tresen prangte der Name der Firma an der weißen Wand. David stutzte. Alles wirkte seltsam verlassen.

»Hallo?«, rief er. »Hallo?«

Stille antwortete ihm, dann drang aus einem Gang im Hintergrund ein lautes Krachen. Als hätte jemand etwas fallen lassen.

»Hallo? Ist jemand da?« David machte zwei Schritte auf den Empfangstresen zu und fluchte leise. Aus seiner Nase war Blut auf den schneeweißen Boden getropft.

Und da sah er es.

Einige Meter entfernt, direkt neben dem Tresen, war der Fußboden ebenfalls rot. Erst beim zweiten Hinsehen erkannte David, dass es sich um eine Pfütze handelte, die ihren Ursprung hinter dem Empfang zu haben schien. David wischte sich mit dem Ärmel über die unvermindert blutende Nase und machte einen vorsichtigen Schritt nach rechts, um besser sehen zu können. Sein Puls beschleunigte sich. Langsam ging er auf den Tresen zu. Stück für Stück kam die dahinterliegende Arbeitsfläche in sein Blickfeld. Eine Tastatur, eine Schreibunterlage. Dann ein verlassener Bürostuhl. David hatte den Tresen bereits fast erreicht, als er daneben auf dem Fußboden einen Körper liegen sah. Den Körper einer Frau. Vor Schreck stieß David einen leisen Schrei aus, dann handelte er intuitiv: Mit zwei Schritten hatte er die Frau erreicht. Unter ihrem Kopf hatte sich eine große Lache dunkelroten Blutes gebildet, in dem sich das Licht der Deckenstrahler spiegelte. David ging in die Hocke und suchte den Puls der Frau. Dabei trat er mit einem Fuß in die Blutlache. Die Frau rührte sich nicht, und David konnte auch keinen Puls ausmachen. War sie ...? David tastete nach dem Telefon auf dem Schreibtisch und wählte den Notruf, aber die Leitung war tot.

»Scheiße! Scheiße! Scheiße«, fluchte er, beugte sich wieder über die Frau und erschrak bis ins Mark, als plötzlich direkt vor ihm ein ohrenbetäubender Schrei ertönte. Im nächsten Moment landete neben ihm ein Paket auf dem Boden, und als er sich aufrappelte, sah er einen braun gekleideten Paketboten vor dem Tresen stehen.

»Tun Sie mir nichts, bitte!« Der Mann stolperte rückwärts. In seinem Blick lag Todesangst.

Irritiert schüttelte David den Kopf. »Warten Sie! Ich ...«, setzte er an und hob die Hände.

Die Augen des Boten wanderten zu seinen Handflächen, die blutverschmiert waren.

»Es ist nicht ... ich ...« Weiter kam David nicht, denn in diesem Moment geschahen zwei Dinge gleichzeitig: Der Paketbote drehte sich um und stürzte schreiend in Richtung Tür davon. Im selben Augenblick vernahm David zwei dumpfe Schläge hinter sich. Erst, als neben ihm das Holz des Tresens splitterte, wurde ihm klar, worum es sich bei dem Geräusch handelte: Schüsse!

Instinktiv ließ er sich auf den Boden fallen und landete mit der linken Körperhälfte in der Blutlache. Ein weiterer Schuss fiel. David robbte vorwärts, suchte hinter dem Tresen Deckung und verharrte einen Moment auf allen vieren. Da sah er das Schild, das auf einen Notausgang keine zwei Meter entfernt hinwies, abseits des Ganges, aus dem die Schüsse kamen. Wenige Sekunden später war David an der Tür und riss sie auf. Dahinter befand sich eine schmale Treppe, die offenbar als Feuerleiter diente. Er flog förmlich die Stufen hinunter. Er hatte noch einen letzten Treppenabsatz vor sich, als er über sich ein Geräusch vernahm. Offenbar folgte ihm jemand. Vor ihm erschien eine graue Stahltür. Er sprang darauf zu, drückte die Klinke und warf sich mit seinem ganzen Gewicht gegen die Tür. Sie gab nach, und David stolperte in eine schmale Gasse.

David wandte sich nach rechts und lief, so schnell er konnte. Häuser, Straßenfluchten, Menschen, Fahrzeuge – all das flog an ihm vorbei. David wurde nicht langsamer. Irgendwo in der Ferne hörte er ein lang gezogenes Hupen, das Quietschen von Autoreifen und dann Sirenengeheul, doch er blieb nicht stehen.

Wie ferngesteuert setzte er einen Fuß vor den anderen, immer weiter, ohne im Tempo nachzulassen. Er spürte seine Beine nicht, er spürte auch nicht mehr den Schmerz in der Nase.

Er spürte gar nichts.

Außer Furcht. Namenlose Furcht.

29

Arlington, Texas

Die Ledermanschette scheuerte an seiner rechten Hand. Seit Wochen plagte ihn eine hartnäckige Tendovaginitis. Ob er Tennis spiele, hatte der Arzt ihn gefragt und, als er verneint hatte, aufs Golfen getippt.

»Es kommt vom Töten«, hätte er antworten können, aber solche Bemerkungen waren ihm untersagt. Als Angehöriger des Militärs unterlag er der höchsten Geheimhaltungsstufe. Und so musste er für sich behalten, dass die Sehnenscheidenentzündung vom Steuern der Drohnen herrührte. Er bewegte den kleinen Joystick auf dem Pult vor sich. Zur Abwechslung überflogen sie einmal keine Wüstenlandschaften. Statt des üblichen Graus oder Brauns karger Landschaften sah er auf dem Monitor vor sich nun die Schluchten einer Stadt. Das, was er aus der Vogelperspektive erkennen konnte, gefiel ihm. Historische Gebäude wechselten sich mit modernen Bauten ab. Es gab nur wenige Hochhäuser, was störende Ausweichmanöver unnötig machte. Er schaute auf den Einsatzplan. *Hoboken, New Jersey.* Gestartet worden war die Drohne von einer *Unit Avenger*, was ihm ein kleines Lachen abnötigte. Von dieser Unit hatte er noch niemals zuvor gehört. Aber sie gaben sich immer lächerlichere Namen. *Operation Wüstensturm*, das waren noch Zeiten gewesen. Heute flog er für die *Unit Avenger*.

Während er noch überlegte, welcher Sinn hinter diesem Einsatznamen stecken mochte, zoomte er näher heran. Das Zielobjekt lief ziemlich schnell eine Straße hinunter. Für einen Augenblick verschwand es in einer Unterführung, erschien dann wieder auf der Straße, wo es sein Tempo drosselte. Er zoomte weiter heran und erkannte den gehetzten Gesichtsausdruck des Mannes. Normalerweise würde er nun den roten Schalter entriegeln und ... »Boom!« Er drehte sich um, ob jemand ihn gehört hatte, aber am frühen Vormittag war er fast allein.

Zudem war diese reine Erkundungsdrohne gar nicht bewaffnet. Er zoomte wieder raus und folgte dem Zielobjekt auf seinem Weg durch die Straßen, während das Bild parallel auch in einen Funkwagen vor Ort übertragen wurde. Irgendwo dort stand oder fuhr ein unscheinbarer Empfangswagen, und irgendjemand in diesem Fahrzeug sah dasselbe Bild wie er.

Tracking nannte sich das Ganze. Keine Elimination, nur beobachten. Wo früher ein Privatdetektiv im Trenchcoat hinter einer Zeitung mit Löchern hervorgespäht hatte, tanzte heute er mit der Drohne in der Luft und ruinierte sich dabei seine Sehnenscheiden. Er zoomte erneut heran und sah, wie der Mann vor einem Taxistand stehen blieb.

30

New York

Taxifahrer in New York waren einiges gewohnt. Der Fahrer mit den Dreadlocks chauffierte ihn, ohne irgendwelche Fragen zu stellen, und hörte dabei seelenruhig über Kopfhörer Musik.

Davids Gesicht, seine Hände und die Jacke waren blutverschmiert, und es war nicht nur sein eigenes Blut. Nur allmählich konnte er wieder einen klaren Gedanken fassen. Kurz hatte er erwogen, sich zur nächsten Polizeistation fahren zu lassen. Doch ein Bauchgefühl hielt ihn davon ab. Nur zu gut wusste er, dass die Gefängnisse dieses Landes voll mit Unschuldigen waren. Er dachte an den angsterfüllten Blick des Paketboten, das Blut des Opfers an seinen Kleidern, sein eigenes Blut, das er im Labor zurückgelassen hatte. Und er war vom Tatort geflohen, was immer verdächtig war. Was, wenn man ihn für den Täter hielt? Nein, er beschloss, sich nicht sofort zu stellen. Er brauchte den Rat eines Freundes, und derzeit kannte er nur einen Menschen, der dafür infrage kam.

Nach dem dritten Klingeln wurde die Tür geöffnet, und zum zweiten Mal an diesem Tag stand er Alex gegenüber, der inzwischen ordentlich frisiert war und Jackett und Hose trug.

»Wie siehst du denn aus?«, entfuhr es Alex.

»Jetzt möchte ich reinkommen«, sagte David und drückte sich an ihm vorbei. Das Apartment war lang und schmal geschnitten und zog sich beinahe schlauchartig bis auf die Rückseite des Gebäudes. David durchquerte den Flur und ging geradewegs ins Gästebad, ohne auf Alex zu warten. Im grellen Licht der Neonleuchte begutachtete er sein Gesicht: Die Haare klebten ihm feucht an der Stirn. Die Nase war geschwollen, sah aber nicht so schlimm aus, wie er erwartet hatte. David zog die Jacke aus und wusch sich das Gesicht. Das kalte Wasser tat gut. Vorsichtig tupfte er sich mit einem Waschlappen das Blut aus dem Gesicht. Anschließend entledigte er sich seines Pullovers und des T-Shirts und warf beides in den Mülleimer in der Küche. Er tastete die Taschen seiner Jacke ab, steckte den zusammengefalteten Brief seines Vaters in die Hosentasche und entsorgte dann auch die Jacke.

Alex, der ihn vom Flur aus schweigend beobachtet hatte, verschwand und kam kurz darauf mit einem frischen T-Shirt, einem Sweatshirt und einem Glas Wasser zurück.

Sie gingen ins Wohnzimmer, das modern und sehr puristisch eingerichtet war. An der Wand hing ein riesiger Fernseher. David ließ sich auf das Sofa fallen, das nach feinstem Leder roch und dessen harte Polsterung ihn im Rücken schmerzte. Alex reichte ihm das Wasserglas und setzte sich auf einen Lederhocker ihm gegenüber.

David nahm gierig einen großen Schluck. Er wusste nicht genau, wo er anfangen sollte. Er war nicht gekommen, um sich für sein Verhalten vom Vormittag zu entschuldigen. Aber er wollte auch keinen weiteren Streit vom Zaun brechen, denn er brauchte einen Freund. Einen Freund, der Alex vielleicht gar nicht mehr war.

Alexander brach als Erster das Schweigen. »Sorry, für den Schubser vorhin.«

David nickte. »Ich habe im Augenblick viel größere Probleme«, erwiderte er.

»Lass mich dir trotzdem dazu noch etwas sagen«, beharrte Alex. »Manchmal sind die Dinge anders, als sie scheinen. Und manchmal sind sie *ganz* anders. Erinnerst du dich noch an die Sache mit dem strafbefreienden Notstand, damals im Jura-Studium? Der Kapitän, der die Luken schließen muss, um das sinkende Schiff vor dem Kentern zu retten, und der damit einige Matrosen einschließt, die sicher ertrinken werden?«

David verstand nicht, worauf Alex anspielte. Wollte er sagen, ihn mit Sarah zu betrügen sei ein solcher Notstand? Erneut flackerte Wut in David auf, doch er kämpfte sie nieder.

»Es tut mir leid, Kumpel. Es tut mir ehrlich so leid!«

Irgendetwas stimmte nicht. Stimmte ganz und gar nicht. Nicht nur mit Alexander. Vor Davids Augen verschwamm plötzlich alles, und das Sofa unter ihm schwankte wie das Schiff, von dem Alex gerade gesprochen hatte.

»... leid ... Kumpel.« Alex' Worte hallten wie in einer Kirche.

Dann knipste plötzlich jemand das Licht aus, das durch die Fenster in den Raum fiel, und um David herum wurde es Nacht.

31

New York

Ein offenes Fenster – die Gardine, die ihm ins Gesicht weht – Schreie von draußen – Menschen, die zu ihm hochschauen – ein stechender Schmerz im Arm – Beine, die ihm nicht gehorchen – das schwankende, dunkle Treppenhaus – eine Menschentraube – ein Auto, das kein Auto mehr ist – Dunkelheit – ein lautes Hupen – ein Taxi ganz nah – Bürgersteige – Ampeln – ein Schmerz an der Schulter – böse Blicke – irritierte Blicke – wieder ein Hupen – ein Schlüssel, der partout nicht ins Schloss passen will – das wohlige Gefühl von zu Hause – sein Apartment – ein merkwürdiger Geruch – Sarah – eine umgestürzte Stehlampe – ein Seil – Blut – Schmerz – Schmerz – keine Luft – Schreie – ein sich bewegendes Seil – Schmerzen an den Knien, an der Schulter, in der Brust, überall – eine tiefe Schlucht – Dunkelheit – wieder Beine, die ihm nicht gehorchen – das Klingeln einer Ladentür – heißer Kaffee – Kaffee – Kaffee – Kaffee ...

»Möchten Sie noch Kaffee?«

David schaute auf und blickte in das Gesicht einer jungen Kellnerin. In der Hand hielt sie eine Glaskanne mit Kaffee. Er kannte sie. Hieß sie nicht Sue? Häufig besorgte er sich auf dem Weg zur Arbeit in dem Coffee-Shop an der Straßenecke noch schnell einen Kaffee.

»Mister? Geht es Ihnen gut? Sie bluten ja! Soll ich einen Krankenwagen rufen?« Der erste Schreck in der Stimme der Kellnerin war Besorgnis gewichen.

David blickte sich um. Es gab keinen Zweifel: Er saß in dem Café gegenüber seiner Wohnung. Aber er erinnerte sich nicht, wie er hierhergekommen war. Ein dumpfer Schmerz breitete sich hinter seiner Stirn aus. Er fasste sich an die Nase und stöhnte leise auf.

»Mister?« Immer noch stand die Kellnerin vor ihm.

»Alles in Ordnung, danke.« Seine Kehle war so trocken, als hätte er eine Ewigkeit nicht gesprochen. Oder stundenlang aus Leibeskräften geschrien.

»Was ist passiert? Wurden Sie überfallen?«

Er schaute sich erneut um. Der Coffee-Shop war leer, er war der einzige Gast. Draußen war es beinahe dunkel. »Ist es morgens oder abends?«, fragte er und bemühte sich zu lächeln. Er suchte vergeblich nach einem Namensschild an ihrer Kellnerinnen-Uniform, war sich aber sicher, dass sie Sue hieß.

»Es ist sieben Uhr abends. Wir schließen gleich.«

Er nickte.

»Soll ich wirklich keinen Arzt rufen?« Sue oder wie auch immer ihr Name war, hatte mittlerweile die Kanne mit dem Kaffee beiseitegestellt und war vor ihm in die Hocke gegangen, sodass sie sich nun auf Augenhöhe befanden. »Haben Sie einen Schlag auf den Kopf bekommen?«

Die rasenden Kopfschmerzen, die er spürte, konnten durchaus von einem Schlag herrühren, schlimmer war aber der schwarze Fleck auf seiner Erinnerung, als er nach einer Antwort suchte. »Nein, ich weiß nicht ...«, stammelte er. Er hatte keine Ahnung, wie er hierhergekommen war.

»Ich hole etwas Eis«, sagte Sue und erhob sich.

Sein Hals schmerzte. »Kann ich etwas Wasser bekommen?«

Die Bedienung verschwand kurz und kehrte dann mit einem Glas Wasser zurück.

Er nahm einen großen Schluck. Sein rechter Arm tat so weh, dass er kaum das Glas zum Mund führen konnte. David krempelte den Ärmel des Sweatshirts hoch. In seiner Armbeuge war ein kleiner roter Punkt zu sehen, um den sich ein blauer Fleck zu bilden schien. Er rieb drüber und verzog das Gesicht. Sue war mittlerweile wieder zum Tresen gegangen und sprach dort mit einer Kollegin, die gerade damit beschäftigt war, den Geschirrspüler auszuräumen.

Eine neue Welle von Kopfschmerzen zog vom Nacken in Davids Schläfe und spülte Erinnerungsfetzen in sein Bewusstsein: er an Alex' Wohnzimmerfenster. Schreie, die vom Wind verschluckt werden. Das Heulen einer Alarmanlage ...

Die Schmerzen in seinem Kopf wurden plötzlich unerträglich, sein Schädel schien zu platzen. Tränen schossen David in die Augen, ohne dass er wusste, warum. Er sprang auf, stieß dabei gegen die Tischkante, sodass der Becher mit dem Kaffee umkippte. Der Inhalt ergoss sich über den Tisch. Die Frauen hinter dem Tresen schauten ängstlich zu David herüber.

Er sah, wie Sues Kollegin zu einem Telefon griff.

Im nächsten Moment war er an der Tür und dann draußen auf der Straße. Die kalte Abendluft beruhigte ihn schnell. Langsam wurde es klarer in seinem Kopf. David erinnerte sich an seinen Besuch im Labor in New Jersey, der ihm nun wie ein böser Traum vorkam. Dann war er mit dem Taxi zu Alex gefahren. Ab diesem Zeitpunkt setzte seine Erinnerung aus. Er musste bewusstlos gewesen sein, einen Blackout gehabt haben. Erst jetzt bemerkte er die roten Blinklichter, die über die Häuserwände zuckten. Er brauchte einen Moment, um zu verstehen, dass der Aufmarsch der Polizeifahrzeuge direkt vor seinem Apartmenthaus stattfand. Davor parkte bereits eine Reihe von Fahrzeugen mit Sirenen auf dem Dach. David sah eine Ambulanz.

Und einen Leichenwagen.

Zwischen den Autos liefen uniformierte Polizisten hin und her. Vor dem Hauseingang stand eine Gruppe von Menschen in weißen Overalls. Er wollte schon auf die Straße treten und hinüberlaufen, doch irgendetwas hielt ihn davon ab. Er fröstelte und vergrub die Hände tief in den Hosentaschen.

Vielleicht war er ja wirklich überfallen worden. Er sollte hinübergehen, bei den Polizisten Anzeige erstatten und seine Nase verarzten lassen.

Und klären, ob etwas mit Sarah passiert war. Bei diesem Gedanken spürte er, wie sein Herz einen Schlag aussetzte. Während er noch gegen das Gefühlschaos in seinem Kopf ankämpfte, kam plötzlich Bewegung in die Szenerie. Zwei Polizisten traten zwischen den Streifenwagen auf die Straße und schauten zu David herüber. Einer schien in seine Richtung zu deuten, während der andere etwas in ein Funkgerät sprach.

David drehte sich um. In der Tür des Coffee-Shops, in dem nun ein Schild mit dem Schriftzug *Closed* hing, standen die beiden Bedienungen und beobachteten ihn. Sues Kollegin hielt noch immer das Telefon in der Hand.

Sein Blick ging zurück zu den beiden Cops. Mittlerweile hatten sich zwei weitere dazugesellt, und die kleine Gruppe versuchte, durch den dichten Feierabendverkehr zu ihm auf die andere Straßenseite zu gelangen. In David meldete sich der Fluchtinstinkt. Er war sich nicht sicher, ob die Polizisten tatsächlich zu ihm wollten. Und er wusste auch nicht, warum er Angst vor der Polizei haben sollte, aber etwas in ihm mahnte ihn, sich umzudrehen und davonzulaufen. Vielleicht lag es an dem Blackout. Ihm fehlten einige Stunden Erinnerung. Oder es hatte mit der Toten im Labor zu tun. Vielleicht suchte man nach ihm.

Die Cops versuchten noch immer, die Straße zu überqueren. Im nächsten Moment rannte David. Seine Beine hatten sich dafür entschieden, bevor sein Hirn den Entschluss gefasst hatte. Der Bürgersteig war relativ leer, und so legte David rasch einige Meter zurück. Er riss den Mund weit auf und rang nach Luft. Seine Nase fühlte sich an, als wäre sie mit Zement verschlossen. Er wich einer Frau mit Kinderwagen aus und geriet dabei ins Straucheln, weil seine Knie plötzlich nachgaben. Im letzten Moment gelang es ihm, sich an einer Laterne abzustützen. Als er sich umdrehte, sah er, dass die Polizisten ihm folgten. Eine Dreier-Gruppe auf seiner, zwei weitere Cops auf der gegenüberliegenden Straßenseite. Im Hintergrund, etwas weiter entfernt, wendete gerade ein Streifenwagen mit aufheulender Sirene. Es gab keinen Zweifel, dass sie tatsächlich hinter ihm her waren. Vermutlich hatten Sue und ihre Kollegin die Polizei über ihren merkwürdigen Gast informiert.

David stieß sich von der Laterne ab und lief weiter, suchte nach einer Möglichkeit, sich zu verstecken. Er überquerte eine kleine Seitenstraße. Im Sprint passierte er eine Toreinfahrt, die mit einem schweren Gitter gesichert war. Aus einem Deli fiel ein Keil grellen Lichtes auf den Bürgersteig vor ihm. Kurz überlegte David, ob er hineinlaufen sollte. Doch der Laden würde zur Falle werden. Er erreichte die nächste Straßenecke und wurde langsamer, weil seine Lunge brannte.

Er taumelte nach rechts in eine schmalere Querstraße, um wenigstens für einen Moment aus dem Blickfeld seiner Verfolger zu gelangen. Nun hörte er auch vor sich Sirenen, die zu mehr als nur einem Polizeifahrzeug gehörten. Er stützte die Hände auf die Knie und schnappte nach Luft. Vielleicht war es besser, aufzugeben und alles aufzuklären. Er hatte mit dem Tod der Frau im Labor nichts zu tun. Allerdings fehlte ihm die Erinnerung an die letzten Stunden, und er konnte sich nicht erklären, was der Polizeiauflauf vor seinem Haus sollte. Erinnerungsfetzen kamen ihm in den Sinn, und sofort zitterten wieder seine Beine.

Plötzlich erhob sich vor ihm ein Schatten aus der Dunkelheit. Genau neben ihm hielt ein Auto an. Als David aufsah, erkannte er den schwarzen SUV.

Die Tür wurde aufgestoßen, und ein Mann sprang heraus.

Der gleiche Anzug, die gleiche sportliche Figur, aber dieser Mann war dunkelhäutig. »Schnell!«, rief er und schaute sorgenvoll in die Richtung, aus der das Sirenengeheul kam.

David zögerte nur eine Sekunde, dann saß er auf der Rückbank des SUV. Der Wagen beschleunigte, und als David sich umdrehte, sah er gerade noch einen Streifenwagen in die Straße einbiegen, der rasch kleiner wurde.

»Du hast einen Hang dazu, dich in schwierige Lagen zu manövrieren. Wie dein Vater«, sagte wieder eine bekannte Stimme neben ihm. »Ich hatte gehofft, du wärst schon auf dem Weg nach Europa, um das Vermächtnis deines Vaters zu erfüllen.«

»Sie haben das Schreiben meines Vaters gelesen?«

»Ich hatte es beinahe dreißig Jahre in meinem Besitz. Selbstverständlich habe ich es gelesen.«

Sie fuhren eine Zeit lang durch Nebenstraßen, auf denen sie gut vorankamen, dann bogen sie auf eine der Hauptverkehrsadern der Stadt ab und gerieten in den feierabendlichen Stop-and-go-Verkehr.

»Wie haben Sie mich überhaupt gefunden?«, fragte David.

»Ich sagte doch, ich bin ein Freund deines Vaters. Ich habe ein Auge auf dich, und das schon seit Karels Tod.«

David fand die Antwort nicht zufriedenstellend. Er hatte noch nicht einmal ein Handy dabei, das man im Notfall hätte orten können. »Wer sind Sie?« Er beugte sich vor, um seinem Sitznachbarn ins Gesicht sehen zu können.

»Eine geradezu existenzielle Frage«, gab der Mann lachend zurück. »Wer sind wir? Wer weiß das schon sicher?«

Auf der Gegenfahrbahn bahnte sich ein Polizeifahrzeug unter lautem Sirenengeheul den Weg durch die Blechlawine.

David ließ sich tiefer in den Sitz sinken. »Wohin fahren wir?«

»Wir können es uns leider nicht erlauben, einen Mordverdächtigen zu verstecken, der von der Polizei gesucht wird. Daher müssen wir dich gleich wieder absetzen.«

David stutzte. Mörder? Hatte er richtig gehört? »Ich habe in dem Labor der Pharmafirma nichts getan«, sagte er entrüstet.

»Labor? Ich meine die Sache mit Alex Bishop.«

David spürte, wie der Schmerz hinter seiner Stirn mit Macht zurückkehrte, und ihm wurde flau. »Was ... was ist mit Alex?«

»Du weißt es nicht?«

David schüttelte den Kopf.

»Und auch nicht, was in deiner Wohnung gefunden wurde?«

David lief ein Schauer über den Rücken.

»Du solltest sehen, dass du das Land verlässt und nach Berlin fliegst.«

»Nach Berlin?«

»Wie dein Vater es wollte.«

Davids Gedanken drehten sich im Kreis. Jeder Satz des Mannes neben ihm erzeugte neue Fragen.

»Aber nicht mehr heute, das wäre zu gefährlich. Du solltest warten, bis sich der Rummel etwas gelegt hat.«

»Wie soll ich nach Europa kommen, wenn ich hier polizeilich gesucht werde?«

»Hiermit.« Der Mann legte ihm einen Umschlag auf das Knie. »In diesem Kuvert findest du einen Reisepass mit deinem Foto; er ist aber auf einen anderen Namen ausgestellt. Und ein Flugticket nach Berlin. Der Flug geht morgen früh.«

David öffnet den Umschlag und zog einen Reisepass hervor. Er klappte ihn auf. Neben seinem Passfoto stand ein fremder Name. *»Martin Husbauer«*, las er laut. Als Geburtsort war Pilsen angegeben.

»Tschechische Pässe sind leichter zu fälschen. Präge dir die Daten alle so gut ein, dass du sie auswendig kennst. Es könnte sein, dass man dich danach fragt.«

»Und wo soll ich jetzt hin?«

Der SUV bremste und kam zum Stehen. Der Fahrer schaute auffordernd in den Rückspiegel.

»Wenn ich mich nicht irre, hast du jetzt einen Termin«, sagte der Mann neben ihm.

David blickte irritiert aus dem Fenster. Die Gegend kam ihm bekannt vor.

»Im Schlaflabor. Ich denke, dort bist du heute Nacht gut aufgehoben, bis morgen früh dein Flug nach Berlin geht.«

Der Beifahrer war ausgestiegen und hatte Davids Tür geöffnet.

»Woher ...«, setzte David an, brach dann aber ab, denn ihm brannte eine andere Frage auf der Zunge. »Was wurde in meiner Wohnung gefunden?«

»Es ist noch nicht offiziell«, wich der Mann aus.

»Kommen Sie!«, insistierte David und spürte, wie die Angst nach ihm griff.

»Eine Leiche. Die Leiche einer jungen Frau.«

David wurde schwindelig. Nein!, schrie es in ihm. Die nächste Frage bekam er trotz aller Bemühungen nicht über die Lippen.

Hinter ihnen hupte ein Auto.

»Geh jetzt, David, und sieh zu, dass du Karel nicht enttäuschst.«

Erneut hupte es.

Am Rande bemerkte David, wie der Beifahrer nach seinem Arm griff und ihn auf die Straße zog. Wenig später brauste der SUV davon. Wie in Trance ging David zum Eingang des Schlaflabors.

Alex tot und ... Er konnte den Satz nicht zu Ende denken.

»Wir können es uns leider nicht erlauben, einen Mordverdächtigen zu verstecken ...«, hallte es hinter seiner Stirn.

Er schaute nach links und rechts. Ihm stand nicht der Sinn danach, die Nacht in einem Schlaflabor zu verbringen. Doch dort würde die Polizei zumindest nicht nach ihm suchen. In diesem Moment summte der Türöffner, und David trat ein.

32

Nizza, 1796

»Es ist mitten in der Nacht.« Das Misstrauen gegenüber dem Besucher war dem General anzusehen.

»Und Ihr seid doch vollständig bekleidet«, entgegnete der Fremde. Er selbst trug die typische Kleidung eines italienischen Kaufmanns. Er sprach in gutem Französisch, auch wenn es hörbar nicht seine Muttersprache war. Es war März, und obwohl sie sich im geräumigen Zelt des Oberbefehlshabers aufhielten, erzeugten ihre Worte weißen Dampf in der Luft.

»Schlaf ist etwas für Dummköpfe«, entgegnete der General schroff und machte zwei Schritte auf seinen nächtlichen Besucher zu, bis er genau vor ihm stand. Dieser quittierte dies mit einem Lächeln, was auch der Tatsache geschuldet sein konnte, dass er den General um gut zwei Köpfe überragte.

»Ich hörte, dass Ihr so denkt. Ich hörte auch, dass man Euch nachsagt, nicht zu schlafen. Deswegen bin ich hier, General Buonaparte, verzeiht: Bonaparte. Ich habe mich noch nicht an Euren neuen Namen gewöhnt ...«

»Also, was wollt Ihr?«

»Lasst mich zunächst meine Glückwünsche zu Eurer Hochzeit ausrichten. Mit der Madame habt Ihr die richtige Wahl getroffen.«

Napoleon Bonaparte entgegnete nichts, sondern hob nur den Kopf. Er schien mit seiner Geduld am Ende zu sein.

»Und als ich hörte, dass Ihr zum Oberbefehlshaber für den Italienfeldzug ernannt worden seid, habe ich nicht gezögert, Euch aufzusuchen. Wir beobachten Eure Entwicklung seit geraumer Zeit, und ich ...«

»Wer ist ›wir‹?«, unterbrach der General ihn ungehalten. Die Schatten der brennenden Kerzen ließen seine Gesichtszüge noch kantiger wirken, als sie ohnehin waren.

»Ich habe einen langen Ritt hinter mir. Vielleicht können wir ...« Der Besucher deutete auf die beiden Stühle neben dem großen Klapptisch. Ohne die Antwort Napoleons abzuwarten, schritt er an diesem vorbei und ließ sich

mit einem lauten Stöhnen in einen der Stühle fallen. »Das tut gut! Der Sattel hat mir die Gedärme aufgerissen.«

Napoleon folgte widerwillig. »Hört: Ich weiß nicht, wer Ihr seid, und ließ Euch nur vor, weil Ihr ein Empfehlungsschreiben des Vicomte de Barras vorweisen konntet. Wenn Ihr mich aber zu dieser späten Stunde länger auf die Folter spannt, spielt Ihr mit meiner Geduld und Eurer Gesundheit. Ich habe einen Krieg vorzubereiten. Ihr sagtet, Ihr hättet für mich den Schlüssel zum Sieg über die Sarden. Gebt mir Eure Informationen oder verschwindet!«

Der Fremde lachte laut und schüttelte den Kopf. »Das habt Ihr komplett falsch verstanden, General! Es geht nicht um Informationen. Und es geht auch nicht um den lächerlichen Sieg über die Sarden! Diese werdet Ihr auch ohne meine Hilfe überrennen!«

Mittlerweile hatte Napoleon die rechte Hand in der weißen Weste unter seinem Rock versenkt und sich erneut vor seinem Gast aufgebaut. Ein leichtes Beben seiner Brust verriet seinen Ärger. »Von welchem Sieg habt Ihr dann gesprochen?«, stieß er hervor.

»Dem Sieg über Eure Dämonen. General: Wenn Ihr sagt, dass Ihr nicht schlaft, dann kennt Ihr sie. Richtig?« Ohne eine Antwort abzuwarten, fuhr er fort: »Ihr seht Dinge, die andere nicht sehen. Ihr habt dieses Gefühl, dass andere Euch nach dem Leben trachten. Ihr hört auch diese Stimmen, die manche für Gott, andere für den Teufel halten! Habe ich recht? Ihr kennt die nächtliche Verzweiflung, wenn die Dunkelheit über uns kommt und die anderen schlafen?«

Napoleon sank langsam in die Knie und gelangte so auf Augenhöhe seines Gastes. Als er in dessen Gesicht sah, erschrak er. »Wer zum Teufel seid Ihr?«, fragte er mit nun zitternder Stimme. »Und was ist mit Euren Augen? Ihr habt keine Lider!«

Der Fremde lächelte. »Wozu?«, entgegnete er nur, dann legte er die Hände so vor sich, dass die Daumen und Zeigefinger eine Raute bildeten.

Napoleon war nun die Furcht vor seinem Gast anzusehen. »Was wisst Ihr über meine Dämonen?«

»Oh, alles«, rief der Mann. »Glaubt mir, wirklich alles! Und ich weiß, dass nur sie es sind, die Euch davon abhalten, nach dem Größten zu streben,

General. Kein Mensch kann Euch auf Eurem Weg aufhalten, wenn Ihr die Dämonen besiegt.«

Einen Augenblick wurde es still im Zelt. »Und wie wollt Ihr mir dabei helfen?«, fragte Napoleon schließlich mit gepresster Stimme.

»Hiermit!« Der Fremde hielt eine kleine Phiole in die Höhe. »Der Inhalt dieses Fläschchens wird Euch zum Kaiser machen. Und alles, was wir dafür haben möchten, ist Eure Treue!«

33

New York

»Schwarz wie die Nacht«, hatte Millner der jungen Frau geantwortet, als sie ihn gefragt hatte, wie er die zwei Kaffee wollte.

Praktischerweise hatte er an einer roten Ampel einen Coffee-Shop erspäht, der noch geöffnet hatte, und so hatten Henry und er auf dem Weg zum neuen Tatort genügend Zeit gehabt, die riesigen Kaffeebecher zu leeren.

Eine Weile hingen beide ihren Gedanken nach. Den gewaltsamen Tod einer jungen Frau mussten sie erst einmal verdauen. An Mord gewöhnte man sich nie. Man konnte durch noch so viel Blut waten – wenn es Nacht wurde und man allein war mit sich und seinen Gedanken, dann suchten die Opfer einen heim.

Und in diesem Fall beschäftigten Millner die ungewöhnlichen Male am Hals des Opfers. Selbstverständlich glaubte er nicht an Vampire, erklären konnte er sich die Wunden dennoch nicht. Er hatte schon Dutzende Tote mit Schuss- oder Stichwunden gesehen. Erdrosselte und verbrannte Opfer. Aber noch keines, das auf den ersten Blick durch einen Biss in den Hals zu Tode gekommen war.

Die Straßen waren zu dieser Zeit noch immer voll, was auch an irgendeinem Vorfall in der Subway lag, der viele Kollegen und die Feuerwehr auf den Plan rief. Es schien ein verrückter Abend zu werden.

Diese Ahnung bestätigte sich, als sie die Adresse mit dem neuen Tatort erreichten. Henry bog langsam um die Ecke und tat gut daran, denn sogleich musste er stark in die Eisen gehen. Vor ihnen drängte sich eine große Traube von Menschen, und als auch das wütende Aufheulen ihrer aufs Dach gepflanzten Polizeisirene nicht die erhoffte Wirkung erzielte, mussten sie aussteigen und sich die letzten Meter durch die Menge kämpfen.

Nachdem Henry und er einem Kollegen vom Patrol Service ihre Marken vor das Gesicht gehalten hatten, hob dieser das Absperrband und ließ sie passieren.

Der Anblick, der sich ihnen bot, erinnerte Millner an eine der berühmtesten Fotografien der Kunstgeschichte. Wenn er sich nicht irrte, war in den Fünfzigerjahren eine Frau vom Empire State Building gesprungen und auf einem Chevrolet gelandet. Das Foto mit der hübschen Blondine, die wie schlafend in dem zusammengeknautschten Autowrack lag, war um die Welt gegangen.

»Hat das nicht auch Andy Warhol in einem seiner Werke verarbeitet?«, fragte Millner laut, während sein Partner und er sich die blauen Latex-Handschuhe überzogen.

Von Henry erntete er wieder einmal bloß einen verständnislosen Blick. Bram Stoker, Warhol. Warum sah nur er heute die Poesie in den Tatorten? Oder lag es daran, dass er einfach übermüdet war?

Der zuständige Officer begrüßte sie. Ein energischer kleiner Mann, der sofort zur Sache kam und sich als Officer Meyers vorstellte. »Der erste Notruf ist schon etwas länger her. Mehrere Passanten und Anwohner hatten gemeldet, dass ein Körper aus großer Höhe auf einem Autodach gelandet ist.«

Henry und Millner schauten gleichzeitig nach oben. Sie

standen vor einem der typischen New Yorker Backsteingebäude, die früher einmal industriellen Zwecken gedient hatten und mittlerweile zu hippem Wohnraum umgebaut worden waren.

»Der Tote ist ein Bishop?«, fragte Millner.

Der Beamte nickte. »Alexander Frederic Bishop. Der älteste Sohn. Als wir nach oben in seine Wohnung gingen, stand die Tür sperrangelweit offen. Drei Nachbarn haben ihn zweifelsfrei identifiziert.« Der Officer deutete auf eine kleine Gruppe, die, getrennt von den Schaulustigen, um einen Polizei-Van versammelt stand. Eine junge Frau, die über den Schultern eine Decke trug, wirkte besonders aufgelöst. Sie sah verweint aus und hielt ein Taschentuch in der Hand.

Eine deutlich ältere Frau saß auf der Kante eines Rettungswagens und erhielt sogar Sauerstoff.

»Ihr gehört der Wagen«, erläuterte Officer Meyers.

Millner nickte. Unklar, ob sie um ihren Nachbarn oder ihren japanischen Wagen trauerte. Bis zum neunten September 2001 war er felsenfest überzeugt gewesen, dass New York eine mitleidlose Stadt war.

»Ich kenne den alten Bishop aus dem Fernsehen«, bemerkte Henry.

Millner zuckte mit den Schultern.

»Kennst du nicht die Fernsehserie, in der Start-ups nach Investoren suchen? Sein Vater ist einer der reichen Geldgeber.«

»Ich habe keinen Fernseher«, erwiderte Millner. »Ich weiß nur, dass Bishop senior ein guter Freund des Präsidenten ist.«

»Die Bishops sind eine der reichsten Familien der Ostküste. Früher Druckereien, seit der Medienkrise vor allem Immobilien.«

Millner fluchte innerlich. Das bedeutete, dass sie in diesem Fall unter dem Brennglas ermitteln mussten. Unter der Lupe, die das Department und die Presse über sie halten würden.

Erst dieser Vampirfall und nun das. Und alles an einem Abend. Jetzt war es wichtig, keine Fehler zu machen. Unglücklich gelaufen war schon einmal, dass sie erst gut zwei Stunden nach dem Vorfall hier eingetroffen waren. Wenn die Presse darauf stieß, konnte dies bereits als die erste Panne in einem solchen Mordfall ausgelegt werden.

»Haben Sie etwas am Tatort verändert?«, fragte Millner den Officer gewohnheitsmäßig.

»Wir haben die Alarmanlage des Autos ausgestellt.«

Millner widmete sich der Limousine. Die Alarmanlage des Wagens hatte nicht untertrieben, als sie lautstark einen Einbruch gemeldet hatte. Das Dach war bis zu den Sitzen eingedrückt. In der dadurch entstandenen Mulde lag der verdrehte Körper des jungen Mannes. Er hatte die Augen geschlossen und die Arme über der Brust verschränkt. Blut war keines zu sehen. Es sah tatsächlich so aus, als schliefe er nur, friedlich eingemummelt im zerknitterten Blech des Wracks. »War die CSI schon da?«, fragte Millner.

Officer Meyers schüttelte den Kopf. »Auf die warten wir auch noch. Da wir zunächst von einem Selbstmord ausgingen, haben wir erst spät Bescheid gesagt.«

»Und wie kommen Sie darauf, dass es kein Selbstmord war?«

»Er war nicht allein in seiner Wohnung.«

Wieder reckten Millner und Henry synchron den Hals in die Höhe. Im dritten Stock war ein offenes Fenster zu erkennen, aus dem eine weiße Gardine heraushing.

»Nach dem Aufprall haben mehrere Passanten einen Mann gesehen, der aus dem Fenster zu ihnen herunterschaute. Ein Nachbar hat gesehen, wie er die Treppe hinunter und dann hier über die Straße davonlief.«

»Das muss noch lange nicht heißen, dass Mr. Bishop nicht doch freiwillig gesprungen ist«, sagte Henry. Millner hörte die Hoffnung aus den Worten des Kollegen heraus. Wenn es Selbstmord war, waren sie von der Mordkommission raus aus der Sache.

»Und da oben in der Wohnung haben wir blutige Kleidung gefunden«, ergänzte der Officer.

Millner stutzte. Sein Blick wanderte zu der Leiche, an der er auch jetzt noch keinerlei Blut erkennen konnte.

»Fuck!«, fluchte Henry neben ihm.

»Lebte er allein?«

»Kommen Sie.« Meyers lotste sie zu der jungen Frau, die zusammen mit den anderen Zeugen von zwei weiblichen Officers betreut wurde.

»Sind Sie die Freundin des …« Henry stockte und deutete stattdessen auf das Autowrack hinter ihnen.

»Sie ist nur die Nachbarin«, sprang der Officer ein. »Aber sie hat erzählt, dass es heute einen Vorfall im Treppenhaus gab. Das Opfer hat sich vor seiner Wohnungstür mit einem jungen Mann geschlagen, bis die Nachbarin eingriff und damit drohte, die Polizei zu rufen. Wären Sie so freundlich und würden den Kollegen hier noch einmal erzählen, was Sie mir vorhin gesagt haben, Miss?«

Die Zeugin blickte ihnen aus rot verweinten Augen entgegen. Sie war jung, nach Millners Schätzung keine zweiundzwanzig Jahre alt. Auch aufgrund ihrer Reaktion konnte er sich sehr gut vorstellen, dass zwischen ihr und dem Toten mehr bestanden hatte als bloße Nachbarschaft.

»Alex lebte hier allein.« Sie sprach sehr leise. »Heute Morgen prügelte er sich direkt vor unseren Wohnungstüren mit einem Kollegen.«

»Einem Kollegen?«, fragte Henry. »Was hat Mr. Bishop beruflich gemacht?«

»Er war Rechtsanwalt.«

Henry und Millner tauschten vielsagende Blicke aus. Der

zweite verdächtige Rechtsanwalt im Zusammenhang mit einem Mordfall innerhalb einer Stunde.

»Und woher wissen Sie, dass der andere ein Kollege war?«

»Er war auch sein Freund. Er hat ihn häufiger besucht.«

»Woher wissen Sie das?«

Die Frau zögerte. »Das bekommt man als Nachbarin so mit. Unser Treppenhaus ist sehr eng ...« Offenbar war es ihr unangenehm, dass sie schon mal einen heimlichen Blick durch den Türspion warf. »Wenn ich es richtig verstanden habe, haben sie sich um ein Mädchen gestritten, das Sarah heißt«, ergänzte die Frau.

Millner glaubte, eine laute Glocke läuten zu hören. Aber es war nur die Erkenntnis, dass beide Fälle zusammenhingen. »Und der Kollege des Toten, wissen Sie, wie der heißt?«

Die junge Frau zögerte erneut. »Ich kenne ihn nicht. Aber ich weiß, dass er David heißt. So hat Alex ihn genannt.«

Henry, der mit gezücktem Stift und Notizbuch in der Hand neben Millner stand, fiel die Kinnlade herunter. »David?«, brachte er hervor. Millner konnte förmlich den Groschen fallen hören. Henrys Hand wanderte zur Brusttasche seines Jacketts. »Vielleicht *David Berger*?«, las Henry ab.

Die junge Frau hob die Schultern und reckte dann den Kopf, um zu schauen, was auf der Visitenkarte in Henrys Hand stand. »Keine Ahnung. Wie gesagt, ich kenne seinen Nachnamen nicht.«

Da hatte Millner eine Idee. Er zückte sein Smartphone und gab etwas ein. Der Empfang war schlecht, und seine Finger waren wie immer zu groß für die kleinen Tasten auf dem Display. Er hatte keine Begabung für die Bedienung dieser nervenden Dinger. So dauerte es eine gefühlte Ewigkeit, bis er endlich gefunden hatte, was er suchte. »Dieser David?«, fragte er und hielt der Nachbarin ein Foto von der Webseite der Anwaltskanzlei McCourtny, Coleman & Pratt entgegen.

Der Zeigefinger der Frau schnellte nach vorn und berührte das Porträtfoto, das einen sympathisch lächelnden jungen Mann in Krawatte und Anzug zeigte. »Genau der!«, rief sie triumphierend. »Der war es!«

Millner wandte sich Officer Meyers zu. »Wer hat jemanden nach dem Sturz aus dem Fenster durch das Treppenhaus fliehen sehen?«

Der Officer machte einen Schritt zur Seite und zog einen Mann mittleren Alters am Hemdsärmel zu ihnen herüber.

»Sie sahen jemanden weglaufen?«, versicherte Millner sich.

Der Mann nickte.

»Können Sie diese Person beschreiben?«

Der Zeuge schüttelte den Kopf. »Ein Mann. Mittelgroß, mittelalt. Es war dunkel im Treppenhaus ... Ich sage der Hausverwaltung schon seit langer Zeit, dass die Glühbirnen zu schwach sind. Aber ...«

Millner zögerte kurz, da er eine etwaige Gegenüberstellung nicht verderben wollte, dann hob er sein Smartphone vor das Gesicht des Mannes. »War es der?«

Der Zeuge beugte sich vor, bis seine Nase nur noch wenige Zentimeter von dem Display entfernt war. »Er hatte Blut im Gesicht«, sagte er dann.

»Blut?«

»Als wäre sein Nasenbein gebrochen. Ich war Eishockeytrainer, da kenne ich solche Verletzungen. Aber wenn man sich bei dem hier die blutige Nase hinzudenkt, ja, dann kann er es gut gewesen sein.«

Millner steckte das Smartphone ein und schaute zu Henry. Er sah, dass er dasselbe dachte wie er: Sie hatten ihren Verdächtigen.

Jetzt galt es, diesen jungen Mann schleunigst zu finden, bevor es noch mehr Tote gab.

34

New York

Es empfing ihn dieselbe Arzthelferin wie am Morgen. Wieder fielen ihm ihre braunen Augen und ihr einnehmendes Lächeln auf.

»Wir haben schon auf Sie gewartet, Mr. Berger.« Sie erhob sich und kam ihm auf halbem Weg von der Tür entgegen. »Sie können gleich mit mir mitkommen.«

David warf einen Blick auf die Uhr hinter dem Empfang. Er war zu spät.

»Sie haben gar keine Sachen dabei?«

David schüttelte den Kopf.

»Und ... mein Gott, was ist mit Ihrer Nase passiert?« Sie trat einen Schritt auf ihn zu und legte den Kopf zur Seite.

»Ich habe einen schlimmen Tag hinter mir«, brachte er hervor. Es war die stärkste Untertreibung seit Menschengedenken.

»Sie haben sich auch gar nicht rasiert. Das ist wichtig, wegen der Elektroden. Es gab ein Merkblatt, das wir Ihnen heute Morgen mitgegeben haben. Da stand alles drauf.« Sie stützte die Arme in die Hüften und presste die Lippen zusammen. »Na ja, wir werden hier schon einen Rasierer finden. Und ein Nachthemd haben wir, glaube ich, auch für Sie. Erst einmal werde ich mich um Ihre Nase kümmern, kommen Sie mit.«

David war dankbar für ihren Improvisationsgeist. Seit er die Räume betreten hatte, fühlte er sich sicher vor der Polizei. Normalerweise dürfte niemand wissen, dass er heute Abend hier einen Termin hatte. Und solange noch nicht öffentlich nach ihm gefahndet wurde, war er in Sicherheit. »Was ist mit Doktor ...« Er suchte in seiner Erinnerung vergeblich nach dem Namen.

»Der wird erst morgen früh wieder zu uns stoßen und Ihre

Daten auswerten. Ich fürchte, heute Abend sind wir allein. Meine Kollegin Maria ist leider erkrankt.«

David war froh über die Antwort. Je weniger Leute sich hier aufhielten, desto geringer war die Gefahr, dass die Helferin erfuhr, dass er als Verdächtiger in einem Mordfall von der Polizei gesucht wurde. Bei diesem Gedanken stellten sich ihm alle Härchen am Körper auf.

Sie kamen in einen steril gehaltenen Raum, der sich nicht von Behandlungsräumen anderer Arztpraxen unterschied.

»Setzen Sie sich!« Die Helferin zeigte auf eine Liege. Dann öffnete sie einige Schubladen eines grauen Schrankes und schloss sie wieder. Offenbar suchte sie etwas. Das gleiche Spiel wiederholte sich mit den Türen eines Wandhängeschranks. Endlich schien sie gefunden zu haben, was sie gesucht hatte, und entnahm dem Schrank ein paar große Pflaster und eine braune Flasche.

»Sie kennen sich hier ja noch nicht besonders gut aus«, stellte David fest.

»Stimmt, ich bin neu«, sagte sie und lächelte. Dann setzte sie sich neben ihn auf die Liege und betrachtete seine Nase.

»Ist sie gebrochen?«, fragte David.

»Ich weiß nicht«, entgegnete sie. »Ich habe von so etwas keine Ahnung.«

David stutzte. »Sind Sie nicht Arzthelferin oder Krankenschwester oder so etwas?« Bei diesen Worten dachte er an Sarah, und sofort wurde ihm wieder flau vor Angst.

»Nein, Archäologin«, entgegnete sie. »Ich studiere Archäologie. Mit Mumien kenne ich mich also aus. Wären Sie also seit tausend Jahren tot ...«

Er lachte pflichtschuldigst, obwohl ihm nicht danach war. »Und was macht eine Archäologin in einer Arztpraxis?«

»Ist ja normalerweise nur die Nachtwache im Schlaflabor. Ein Studentenjob eben. Wurde über eine Zeitarbeitsfirma vermittelt. Ich habe auch mal Medizin studiert.« Mittlerweile hatte sie einen Wattebausch gegen die Öffnung der braunen Flasche gedrückt und diesen so angefeuchtet. »Kann jetzt wehtun, glaube ich zumindest«, sagte sie und tupfte mit der Watte die kleine Platzwunde an seiner Nase ab. Tatsächlich brannte es höllisch, aber David versuchte, sich nichts anmerken zu lassen.

Danach öffnete sie eines der Pflaster und entfernte den Papierschutz. »Jetzt nicht bewegen«, sagte sie und klebte das Pflaster auf, wobei ihre Zunge von links nach rechts zwischen ihren Lippen hin- und herfuhr. »So«, sagte sie und warf Watte und Papier in einen Mülleimer. »Sieht zumindest besser aus.« Wieder lachte sie.

David spürte das Pflaster. Der Druck, den es ausübte, fühlte sich gut an.

»Jetzt können wir uns um Ihren Schlaf kümmern.«

»Das können wir uns auch sparen«, sagte David. »Ich schlafe sowieso nicht.« Tatsächlich war er zwar körperlich erschöpft, aber nicht besonders müde.

»Das kommt schon noch. Sie sollen hier Ihren ganz persönlichen Rhythmus beibehalten. Kein Problem, wenn Sie erst um Mitternacht oder noch später einschlafen. Aber wir sollten Sie schon einmal verkabeln. Kommen Sie!«

Wieder ging sie vor. Jetzt fiel ihm auf, dass sie auch keine Arbeitskleidung trug, noch nicht einmal einen weißen Kittel. Stattdessen Sneakers, Jeans und einen schwarzen Pullover. Ihre Figur wirkte sehr athletisch, beinahe knabenhaft, ein Eindruck, der durch ihren kurzen Pagenschnitt unterstrichen wurde.

»Voilà!«, sagte sie und öffnete die Tür zu einem Raum, der eher einem Hotelzimmer glich. Ein Bett, ein Beistelltisch, zwei Stühle, gemütlicher Laminatboden. Neben der Eingangstür befand sich sogar ein kleines Badezimmer mit Dusche. »Nur kein Fernseher«, fügte sie hinzu. »Das lenkt vom Schlafen ab und stört unsere Messgeräte.« Tatsächlich stand auf einem rollbaren Ständer neben dem Bett ein Turm aus elektrischen Geräten. Auf der Bettdecke lagen Dutzende von Kabeln.

»Deswegen müssen Sie auch Ihr Handy heute Nacht bitte ausschalten.«

»Ich habe keins«, sagte er, während er an ihr vorbei ins Zimmer ging.

»Wir müssen an Ihrem Kopf Sensoren befestigen. Das geschieht mithilfe von Gipsmasse.« Sie lachte. »Keine Angst. Wie das geht, wurde mir gezeigt. Außerdem befestigen wir Sensoren an den Beinen, an der Brust, an Ihrem Kinn ... So bekommen wir ein komplettes Bild Ihrer nächtlichen Aktivitäten. Inklusive etwaiger unruhiger Beine, Atemaussetzer ...«

In seinem Kopf arbeitete es. Er wusste genau, dass er auch diese Nacht kein Auge zumachen würde. Daher konnten sie sich die Verkabelung sparen. Andererseits musste er den Schein wahren, wollte er hier für die Nacht erst einmal unterkommen.

»Den Umschlag können Sie dort erst einmal ablegen«, sagte die Studentin.

Tatsächlich hatte David die ganze Zeit über den Umschlag, den der Mann im SUV ihm gegeben hatte, in der Hand gehalten. Auf keinen Fall durfte die Studentin hineinschauen. Ihm fiel das Schreiben seines Vaters in der Hosentasche ein. Er tastete danach.

»Ich schaue mal, ob ich für Sie ein Nachthemd finde. Ich glaube, ich habe so etwas vorne im Büro gesehen.« Mit einem Lächeln verschwand sie.

Er steckte das Schreiben seines Vaters ebenfalls in den Umschlag, dann setzte er sich auf das Bett, das viel zu weich war, und vergrub das Gesicht in den Händen. Zum ersten Mal seit Stunden war es um ihn herum vollkommen ruhig. Mit der Stille legte sich jedoch sofort ein bleierner Umhang über seine Schultern. Was, wenn die schwarzhaarige Frau doch Bescheid wusste, dass man nach ihm suchte? Vielleicht war sein Foto längst im Fernsehen und im Internet veröffentlicht worden? Sie kannte seinen Namen. Vielleicht hatte sie nur geschauspielert und rief gerade die Polizei? Eine Stimme in seinem Kopf sagte ihm, dass er sie daran hindern musste. David erhob sich und ging zum Fenster, wo er einen der Vorhänge beiseiteschob. Von der Straße war nicht viel zu sehen, stattdessen schaute er auf die Fassade des Nachbarhauses. David ging zur Tür, um auf den Gang hinauszuspähen.

In diesem Moment kam die Studentin zurück, sodass sie im Türrahmen beinahe zusammenstießen. »Ich wusste, wir haben Nachthemden«, sagte sie. Auf ihren Händen balancierte sie zwei Handtücher, einen zusammengefalteten Bademantel und darauf ein weißes Nachthemd, das David an ein OP-Hemd erinnerte. Sie legte alles auf das Bett. »Was ist passiert?«, fragte sie.

Er spürte, wie sein Herz einen Hüpfer machte. »Was meinen Sie?«

Sie tippte an ihre Nase.

»Eine Prügelei«, entgegnete er knapp. »Ich habe nicht angefangen.«

»Wollen Sie vielleicht erst einmal duschen und sich umziehen?«

Die Dusche war heiß und half David, seine Gedanken zu ordnen. Sein bester Freund Alex war angeblich tot. In seiner eigenen Wohnung war eine Frauenleiche gefunden worden, und er wehrte sich verzweifelt dagegen, anzuerkennen, um wen es sich dabei vermutlich handelte. Er hatte einmal gelesen, dass Verdrängung der wichtigste menschliche Mechanismus zu überleben war, und scheute sich nicht, dieses Mittel nun gnadenlos anzuwenden. Bei der toten Frau konnte es sich um eine Einbrecherin handeln. Einen Junkie, der sich in seiner Wohnung den goldenen Schuss gesetzt hatte. Als er die Augen schloss, um sich die Haare zu waschen, stiegen in seinem Geist wieder diese Bilder auf. Der Körper einer Frau auf dem Boden seines Wohnzimmers, deren Gesicht er nicht erkennen konnte. Die Stehlampe, die er auf einem Antikmarkt gekauft hatte, umgestürzt auf dem Teppich. Ein Seil, vor dem er sich fürchtete.

David riss die Augen auf, die sogleich zu brennen und zu tränen anfingen, als ihm Seife hineinlief. Auch das Pflaster an seiner Nase löste sich schon wieder. Er riss es mit einer schnellen Bewegung ab und schrie vor Schmerz leise auf. Der Mann im SUV kam ihm in den Sinn. Das Schreiben seines Vaters. Einen *Mordverdächtigen* hatte der angebliche Freund seines Vaters ihn im Auto genannt. An diesem Punkt ergriff David Panik, und er drehte die Dusche von heiß auf kalt. Angestrengt versuchte er, sich daran zu erinnern, was in dem Zeitraum geschehen war, für den ihm die Erinnerung fehlte. Er dachte an den Umschlag, der einen falschen Reisepass und ein Flugticket nach Europa enthielt. Sollte er tatsächlich von der Polizei gesucht werden, wäre es vermutlich das Beste, die Chance zu nutzen. Und wenn auch nur, um Zeit zu gewinnen. Stellen konnte er sich noch immer. Wenn er sich nur wieder erinnern würde, was während seines Blackouts passiert war. Das setzte allerdings voraus, dass er sich bis zum Flug am nächsten Morgen erfolgreich vor der Polizei verstecken konnte. Für die Nacht bedeutete dies, dass ihm die Studentin, die hier Nachtwache hielt, nicht auf die Schliche kommen durfte.

Er trocknete sich ab und zog das Nachthemd an, das tatsächlich wie ein Operationskittel aussah. Dann streifte er den Bademantel über und öffnete die Badezimmertür.

Erschrocken wich er einen Schritt zurück. Direkt vor ihm stand die Studentin. In der Hand hielt sie ihr Smartphone.

»Sie werden gesucht«, sagte sie und starrte ihn mit großen Augen an. »Wegen Mordes.«

35

New York

»Ich kann das erklären!« Er machte einen Schritt auf sie zu, doch sie wich zurück in das Zimmer, das Handy wie eine Waffe in der Hand. »Es ist alles ein großes Missverständnis.«

»Mord – ein Missverständnis?«

Er fand selbst, dass seine Aussagen eher wie die eines Schuldigen klangen. »Glauben Sie wirklich, ich wäre hierhergekommen, wenn ich jemanden umgebracht hätte?«

Sie zuckte mit den Schultern. »Keine Ahnung, wie man sich nach einem Mord verhält. Vielleicht ist das hier ein ganz gutes Versteck ...« Sie stockte. »Insbesondere, wenn Sie mich auch noch umbringen würden.«

»Ich tue Ihnen nichts. Aber rufen Sie nicht die Polizei. Bitte!« Er ging zum Bett, setzte sich darauf und gab so den etwaigen Fluchtweg zur Zimmertür frei. Doch die junge Frau unternahm keinerlei Anstalten zu fliehen. Stattdessen stand sie da und schaute ihn an. Erstaunlicherweise machte sie keinen besonders ängstlichen Eindruck.

»Schwören Sie, dass Sie unschuldig sind?«, fragte sie.

David blickte sie erstaunt an, dann musste er spontan lachen. »Angenommen, ich wäre ein Mörder, wäre ein solcher Schwur wohl nicht viel wert, oder?«

»Ich nehme Schwüre sehr ernst. Wer sich mit Geschichte auseinandersetzt, weiß, dass Schwüre Kriege auslösen oder auch verhindern können. Und ich merke, wenn jemand einen falschen Schwur leistet«, entgegnete sie mit fester Stimme. »Also, schwören Sie?«

Er wusste nicht, ob sie es tatsächlich ernst meinte, aber ihm blieb wohl keine andere Wahl. »Ich schwöre!« Er hielt die Hand in die Höhe.

»Es genügen Daumen, Zeigefinger und Mittelfinger«, erwiderte sie und zog einen der beiden Stühle zu sich herüber. Sie setzte sich, das Smartphone legte sie griffbereit auf ihren Schoß. »Dann erzählen Sie mal.« Sie blickte ihm neugierig ins Gesicht.

»Sie sind keine besonders ängstliche Person, oder?«

»Nina«, sagte sie. »Nenn mich einfach Nina. Und, ja, es stimmt: Angst führt zu nichts, außer zu noch mehr Angst.«

David nickte.

»Also, wer ist tot?«, fragte sie.

Bei dem Wort »tot« spürte David einen Stich in der Magengegend. Er überlegte, wo er anfangen sollte, und erzählte dann die ganze Geschichte, beginnend mit Sarahs Auszug, den Tabletten, die Alex ihm gegeben hatte, dem Besuch in dem Labor in New Jersey. Selbst die mysteriösen Begegnungen mit dem angeblichen Freund seines Vaters ließ er nicht aus und endete mit seiner Ankunft im Schlaflabor nach dem Blackout und der Verfolgungsjagd mit der Polizei. Das Reden tat David gut, und er merkte, wie sich mit jedem Wort ein Knoten in seinem Inneren etwas mehr löste.

Nina war eine gute Zuhörerin; sie begleitete die Schilderung seiner Erlebnisse mit ausdrucksvollen Blicken und verzog dann und wann mitleidig die Mundwinkel.

»Alex war mein bester Freund«, sagte David und spürte, wie ihm die Stimme versagte. »Kennengelernt habe ich ihn im ersten Jahr an der Uni. Ich hatte einen Kurs in Verhandlungstaktik belegen wollen, aber keinen Platz mehr bekommen. Als wir vor den ausgehängten Listen standen und er meine Enttäuschung bemerkte, fragte er mich nach meiner Schuhgröße.«

»Nach deiner Schuhgröße?«

Bei der Erinnerung musste er lachen, doch es klang traurig. »Als ich sie ihm nannte, hat er mir seinen Platz im Seminar angeboten. Im Tausch gegen meine Sneakers.«

»Deine Schuhe?«

»Alex sammelt …« Er stockte. »Sammelte Sneakers. Er hatte über fünfhundert Stück. Und meine waren wohl eine ganz besondere limitierte Auflage. Er meinte, er hätte überall vergeblich versucht, so welche zu bekommen.«

Nun musste auch Nina lächeln.

»Kurz darauf sind wir im Studentenwohnheim zusammengezogen.«

»… und habt eure Schuhe geteilt. Wie romantisch.«

Einen Moment schwiegen beide.

»Und die tote Frau?«, fragte sie schließlich und riss ihn damit aus seinen Erinnerungen an Alex.

David spürte, wie ihm die Brust eng wurde. Er zuckte mit den Schultern.

»Auf Twitter heißt es, du seist verdächtig, deine Freundin ermordet zu haben.«

Tränen stiegen David in die Augen, doch er drängte sie sofort mit einem tiefen Seufzer zurück.

»Und du hast keinerlei Erinnerung an die Zeit zwischen deinem Besuch bei Alex und dem Erwachen im Café?«

Er schüttelte den Kopf. »Nur diese merkwürdigen Bilderfetzen. Vielleicht sind es Erinnerungen, vielleicht bilde ich es mir nur ein.«

Nina wandte sich zu dem Umschlag auf dem Tisch. »Und darin ist das Flugticket?«

»Und der Reisepass. Und das Schreiben meines Vaters.«

»Kann ich den Pass mal sehen?«

Er nickte zustimmend, und sie öffnete den Umschlag.

»Martin Husbauer?« Sie grinste, hob den Pass auf Höhe seines Gesichts und verglich die Fotos. »Sieht echt aus.« Dann nahm sie das Flugticket und las die Flugdaten. »Morgen früh vom JFK … Und du hast ehrlich seit vier Tagen nicht mehr geschlafen?«

Er nickte. »Keine einzige Sekunde.«

Sie presste die Lippen zusammen und starrte ihn an, als schien sie zu überlegen.

»Klingt alles total unglaubwürdig, oder?«

»Absolut. Deswegen glaube ich dir ja.«

Er lächelte matt. »Keine Ahnung, was ich jetzt machen soll.«

»Als Archäologin interessiert mich immer der Ursprung. Der Anfang von allem. Wie mir scheint, musst du erst mal bei deinem Vater anfangen. Offenbar hat er dir eine Art Rätsel hinterlassen. Abgesehen davon, dass du in Europa vorerst sicher bist, bis sich hier alles aufgeklärt hat.«

Damit bestärkte sie ihn in seinem Entschluss.

»Aber wirkt es nicht wie ein Schuldeingeständnis, wenn ich jetzt von hier abhaue?«

»Vielleicht. Doch was ist die Alternative? Dich zu stellen und darauf zu hoffen, dass sich alles als ein großer Irrtum herausstellt? Wenn du unschuldig bist, werden sie das anhand der Spuren am Tatort auch herausfinden, ohne dass du im Gefängnis sitzt. Mit deinen Gedächtnislücken kannst du sicher ohnehin nichts zur Aufklärung beitragen.«

Alles, was sie sagte, klang logisch.

»Und was ist mit der Schlaflosigkeit?«

Sie zuckte mit den Schultern. »Das kann viele Ursachen haben. Bei dem Stress, dem du zurzeit ausgesetzt bist, würde es mich wundern, wenn du schlafen könntest.«

»Bald fünf Tage wach? Ist das nicht gefährlich?«

»Ich glaube, der Rekord liegt bei elf Tagen, und derjenige hat es auch überlebt.«

»Der Doc meinte heute Morgen, man würde von Schlafmangel wahnsinnig werden.«

»Wenn du möchtest, begleite ich dich und sag dir Bescheid, wenn es losgeht.« Sie lächelte sanft.

Ihr Angebot überrumpelte ihn. »Warum solltest du das tun? Wir kennen uns doch kaum!«

»Ich mag Abenteuer. Und ich glaube, du kannst jemanden gebrauchen, der dir hilft.«

Er schüttelte den Kopf. »Vermutlich ist es sogar strafbar, wenn du mir auf der Flucht hilfst. Es genügt, wenn ich *mein* Leben ruiniere.«

»Dann ist es auch strafbar, wenn ich dich heute Nacht wieder gehen lasse. Dein Name steht im Computer. Glaubst du nicht, morgen wird jemand fragen, was mit dir geschehen ist?«

»Ich war nie hier«, entgegnete er.

»Das wäre aber gelogen.«

»Oder ich sperre dich in einen der Räume, und du sagst, ich hätte dich überwältigt.«

»Willst du mich vielleicht noch niederschlagen, damit es echter wirkt? Solltest du wirklich unschuldig sein, würdest du damit tatsächlich eine Straftat begehen, die dich trotzdem ins Gefängnis bringen könnte: Geiselnahme, Freiheitsberaubung …«

Er atmete tief durch. Obwohl er als Anwalt verbale Schlagabtausche gewohnt war, kam er gegen Ninas Argumente heute Abend nicht an. Vielleicht wünschte er sich aber auch nur unbewusst, dass sie ihn begleitete. Ihre Gegenwart tat ihm gut. Er gab sich geschlagen. »Und wie machen wir es nun?«

»Es gibt eine Feuerleiter, in einem der hinteren Räume, die führt in einen Hof, den man schwer einsehen kann. Du steigst dort hinunter und verschwindest.«

Er hielt es für eine verrückte Idee.

»Man wird sich morgen früh wundern, wo wir abgeblieben sind.«

»Ich schreibe eine E-Mail, dass du nicht gekommen bist und dass ich nach Hause gehe.«

David gab es auf. Vielleicht war es irgend so eine Psycho-Sache wie das Stockholm-Syndrom. Es gab wohl auch Frauen, die sich von Straftätern angezogen fühlten. Aber im Moment hatte er nicht die Energie, Ninas Psyche und ihre Beweggründe, ihm zu helfen, zu erforschen, und es war ihm ganz recht, nicht allein zu sein. »Wo treffen wir uns?«, fragte er.

»Ich gebe dir die Adresse und den Schlüssel für meine Wohnung, keine fünf Blocks von hier entfernt. Du wartest dort auf mich.«

Zehn Minuten später stand er angezogen vor einem bodentiefen Fenster, hinter dem eine Feuertreppe hinab in die Dunkelheit führte. Nina hatte das Pflaster auf seiner Nase erneuert und ihm währenddessen genau eingeschärft, welchen Weg er zu ihrer Wohnung nehmen sollte. »Lass dich nicht erwischen!«, sagte sie, dann griff sie in ihre Hosentasche und reichte ihm ihr Handy. »Nimm das, falls etwas passiert.«

Er zögerte. »Wo soll ich dich damit erreichen?«

»Gar nicht, aber ich kann dich erreichen.«

Er steckte das Smartphone in seine Hosentasche und stieg hinaus. Eine kalte Windböe schlug ihm ins Gesicht. Den Umschlag hatte er sich am Rücken unter dem Pullover in den Hosenbund gesteckt.

»Bis gleich!«, sagte sie. »Im Kühlschrank findest du vielleicht noch etwas zu essen und mit Glück noch ein Bier.« Dann schloss sie das Fenster hinter ihm. Sie winkte ihm noch einmal zu, bevor sie die Jalousie zuzog.

36

New York

»Siehst du das Blut in seinem Gesicht?« Millner deutete auf den kleinen Monitor. Trotz der schlechten Auflösung war die blutige Nase deutlich zu erkennen.

»Das Aussehen passt auch. Ich denke, das ist unser Mann«, bestätigte Henry.

Millner wandte sich zu der jungen Kellnerin, die sich als Sue vorgestellt hatte. »Und Sie sagen, er wirkte geistesabwesend?«

Sie nickte. »Sonst ist er immer ganz normal. Sie wissen schon: junger Businesstyp auf dem Weg zur Arbeit. Aber sehr smart.« Ein Lächeln huschte über ihre Lippen, doch dann besann sie sich offenbar wieder des Ernstes der Lage. »Heute war er total durch den Wind. Er hat mich sogar gefragt, welche Tageszeit wir haben. Dann rannte er plötzlich raus, beobachtete die Polizisten auf der anderen Straßenseite. Und als Ihre Kollegen von gegenüber ihn auf unseren Anruf hin entdeckten, lief er davon.«

Millner beugte sich vor, um die Gestalt des Mannes noch genauer in Augenschein zu nehmen. Er musste dem Drang widerstehen, das Bild auf dem Überwachungsbildschirm mit Zeige- und Mittelfinger zu vergrößern. Das funktionierte nur auf seinem Tablet.

»Die Verletzung im Gesicht stammt vermutlich von einer Schlägerei«, sagte Millner.

»Ich bot ihm an, einen Krankenwagen zu rufen, aber er reagierte nicht darauf.«

In diesem Augenblick begann das Handy, das Henry am Gürtel trug, eine laute Melodie zu spielen. Der Kollege entfernte sich einige Schritte, um in Ruhe sprechen zu können, dann kam er zurück. »Keine Spur von dem Kerl«, sagte er.

»Was hat er getan?«, fragte Sue.

»Das wissen wir noch nicht genau«, sagte Millner ausweichend.

»Hat er jemanden umgebracht?«

»Wahrscheinlich sogar zwei«, entfuhr es Henry, und er erntete dafür einen missbilligenden Blick seines Kollegen.

Sue begann, am Nagel ihres rechten Daumens zu kauen.

»Und was ist, wenn er wiederkommt? Er hat gesehen, wie wir die Polizei informiert haben.«

Millner griff in seine Manteltasche und reichte Sue eine Visitenkarte. »Dann rufen Sie mich an.« Die Serviererin nahm die Karte und drückte sie vor ihre Brust. »Oder Sie rufen die Neunhundertelf an.«

»Ich verstehe es nicht«, sagte Millner, als sie draußen waren. Beide hatten einen Coffee-to-go in der Hand. »Er bringt seine Freundin um und trinkt dann erst einmal seelenruhig im Café gegenüber einen Kaffee, während es in der Gegend von Polizisten nur so wimmelt?«

»Psycho eben. Du hast ja gehört, dass er total durch den Wind war. Vermutlich hat er es im Affekt getan.«

»Und wie?«, entgegnete Millner. »Ihr in den Hals gebissen?«

»Das wird uns der Rechtsmediziner noch verraten«, entgegnete Henry. »Aber ist doch ein klarer Fall: Seine Freundin verlässt ihn. Du hast den Abschiedsbrief in seiner Küche gefunden. Er erfährt den Grund für ihren Auszug, nämlich dass sie was mit seinem besten Freund angefangen hat. Er fährt zu ihm und stellt ihn zur Rede, kassiert Prügel. Später kommt er noch mal zurück und wirft Bishop aus dem Fenster. Dann trifft er in seiner Wohnung auf sie – wo sie vielleicht noch ein paar Sachen holen wollte – und befördert auch sie ins Jenseits. Die alte Geschichte von Liebe und Verrat.«

Millner schaute auf den Kaffeebecher in seiner Hand. Henrys Schilderung klang logisch, und dennoch störte ihn irgendetwas daran. Für den Moment war es nur ein Gefühl.

»Manchmal ist die Lösung ganz einfach, Greg«, sagte Henry. »Wir können jetzt jedenfalls nach Hause gehen und die Fahndung nach dem Psycho dem NYPD überlassen. Lange kann Berger sich nicht vor uns verstecken. Morgen können wir uns dann wieder ganz dem toten Generalstaatsanwalt widmen.«

Millner nahm einen Schluck von seinem Kaffee. Er

schmeckte nach Lakritz, als hätte er zu lange auf der Heizplatte gestanden. Vielleicht hatte Henry recht. Eine einfache Dreiecksbeziehung, die tragisch geendet hatte. In diesem Moment klingelte sein Handy.

»Greg?«, meldete sich eine wohlbekannte Stimme aus der Vergangenheit. Es war Keller, sein ehemaliger Chef beim FBI. »Mögen Sie New Jersey? Dann besuchen Sie mich doch mal in Hoboken. Ich habe hier ein Massaker in einem Pharmalabor. Und ich glaube, wir haben denselben Verdächtigen.«

37

New York

Laut Nina wurde online mit seinem Namen und einem Foto nach ihm gefahndet. Es war das Porträtfoto von der Webseite der Kanzlei, das ihn in Anzug und Krawatte zeigte, glatt rasiert und mit ordentlich gescheiteltem Haar. Jetzt trug er Jeans, Alex' graues Sweatshirt, war unrasiert und ungekämmt. Außerdem prangte ein Pflaster in seinem Gesicht. Daher hatte David die Hoffnung, dass ihn niemand auf der Straße erkennen würde. Allerdings trug er keine Jacke. Und ein Mann nur im Pullover, bei frischem Herbstwetter, konnte durchaus auffallen. In einem Souvenirshop kaufte er sich eine weinrote Regenjacke mit den in ein Herz eingelassenen Buchstaben *NY*, wofür er seine letzten dreißig Dollar ausgab, die er noch bei sich hatte.

Mit der Jacke wurde ihm wärmer, vor allem aber fühlte er sich mit der tief ins Gesicht gezogenen Kapuze deutlich sicherer. David hielt sich an die von Nina beschriebene Route, die parallel zum Broadway durch eher ruhigere Seitenstraßen führte. Er wollte nicht laufen, um nicht aufzufallen, aber auch nicht langsamer gehen als notwendig, und so hastete er durch die Straßen, die wegen des Regens, der vor einer Weile eingesetzt hatte, wenig bevölkert waren. Während er lief, ließ er die Begegnung mit Nina Revue passieren.

Er wurde aus dieser Frau nicht ganz schlau und war sich nicht sicher, ob er ihr tatsächlich trauen konnte. Warum hatte sie keine Angst vor ihm gehabt, als sie herausgefunden hatte, dass sie sich allein mit ihm, einem Mordverdächtigen, in einer verlassenen Arztpraxis aufhielt? Warum hatte sie sich so viel Zeit genommen, sich seine Geschichte anzuhören, und vor allem: Weshalb hatte sie so vehement darauf bestanden, ihm zu helfen? Vielleicht war sie tatsächlich einfach anders als andere, abenteuerfreudiger und vor allem mutiger. Was hatte sie gesagt? Angst erzeugt Angst? Es bestand aber auch durchaus die Möglichkeit, dass sie nur mit ihm gespielt hatte. Vielleicht hatte sie sich einfach nicht getraut, in seiner Gegenwart die Polizei zu rufen, und hatte ihn mit ihrem geheuchelten Verständnis auf elegante Art und Weise aus der Arztpraxis befördert. In diesem Fall würde ihn in ihrer Wohnung die Polizei erwarten, und Nina würde vermutlich als besonnene Heldin von New York gefeiert werden, der es gelungen war, einen Mordverdächtigen auszutricksen. Das würde bedeuten, dass er der Polizei gerade direkt in die Hände lief. Bei diesem Gedanken erschrak David und verlangsamte seine Schritte. Zumindest war diese Möglichkeit wahrscheinlicher, als dass Nina ihm tatsächlich seine unglaubliche Story abnahm. Ihm, einem polizeilich gesuchten Mörder, den sie überhaupt nicht kannte. Auch wahrscheinlicher, als dass sie sich ihm tatsächlich auf seiner Flucht anschließen wollte. Wenn er selbst Alex nicht mehr trauen konnte, wem sollte er dann auf dieser Welt überhaupt noch trauen?

David blieb stehen und stützte die Hände in die Hüften. Nein, jetzt in ihre Wohnung zu gehen wäre eine Riesendummheit. Aber Nina war eine gute Schauspielerin, beinahe wäre er auf sie hereingefallen.

Er stand in einer schmalen Straße zwischen zwei Einfahrten zu Parkgaragen, die zu Bürogebäuden gehörten. Läden oder Restaurants gab es hier nicht. Unschlüssig schaute David sich um. Wo sollte er sich verstecken, wenn er sich nicht in Ninas Wohnung sehen lassen konnte?

Der Umschlag unter seinem Pullover drückte in seinem Rücken.

Da fiel David ein, dass Nina den Namen des falschen Reisepasses kannte, ebenso wie die Flugdaten. Sollte sie ihn tatsächlich verraten, konnte er die Flucht nach Europa ebenfalls vergessen. Vielleicht war er auch nur aufgrund des Schlafmangels wieder paranoid. David schloss die Augen und versuchte, sich die Straßenkarte vorzustellen. Auch wenn er das Wohnhaus, in dem Nina wohnte, nicht kannte, hatte er eine ziemlich gute Vorstellung von der Gegend, in der er sich hier befand. In der Nähe gab es einen Koreaner, bei dem er häufiger mit Sarah gegessen hatte.

David ging bis zur nächsten Straßenecke zurück, umrundete den Block und näherte sich nun von der anderen Seite Ninas Apartmenthaus. Es lag an einer deutlich belebteren Straße in der Nähe des Broadways, was ihm nun zugutekam. Auf den Bürgersteigen tummelten sich Touristen und vergnügungssüchtige New Yorker, sodass er mit seiner Regenjacke mit dem großen *NY*-Logo nicht weiter auffiel.

Nicht alle Gebäude trugen Hausnummern, aber Nina hatte ihm das Haus genau beschrieben: Im Erdgeschoss beherbergte es einen Gebrauchtwarenhändler, dessen Scheiben mit Gittern gesichert waren, sowie eine chemische Reinigung, deren Namenszug aus chinesischen Schriftzeichen bestand. David entdeckte die Reinigung bereits aus weiter Ferne und wechselte die Straßenseite. In Sichtweite blieb er stehen und zog sich die Kapuze noch tiefer ins Gesicht. Er schaute die Fassade hinauf. Die Fenster des Gebäudes waren dunkel, sodass er dahinter nichts erkennen konnte. Dann widmete er sich den Fahrzeugen vor dem Eingang. Der Randstreifen war mit Autos zugeparkt, auf den ersten Blick erschien ihm nichts ungewöhnlich. Doch dann entdeckte er es: ein Fahrzeug irgendeiner europäischen Marke, die er nicht kannte. Nicht alt, nicht neu. Nicht groß, nicht klein. Die Farbe: ein undefinierbares Silbergrau, das als farblos bezeichnet werden konnte. Kurzum, der Pkw war derart unauffällig, dass er schon wieder auffällig war. Darin saßen zwei Personen. Die Lehnen weit zurückgestellt, beobachteten sie offenbar die Szenerie vor Ninas Wohnhaus. Also hatte sein Gefühl ihn nicht getäuscht: Sie hatte ihn verraten.

David kämpfte gegen die Enttäuschung an, die in ihm aufstieg, und wandte sich rasch zum Gehen. In seinem Hirn arbeitete es. Er musste einen Platz finden, an dem er sich bis zum nächsten Morgen verstecken konnte. Geld für ein Hotel hatte er keines mehr; seine Bankkarte konnte er nicht benutzen. Beim Überqueren der nächsten Kreuzung wich er einem Wasserstrahl aus, den ein ganz in Neonfarben gekleideter Arbeiter mit einem Schlauch rund um einen offenen Gully-Deckel verspritzte. Als David schon die andere Straßenseite erreicht hatte, blieb er wie vom Donner gerührt stehen.

Er wusste, wohin er gehen konnte.

38

Hoboken, New Jersey

Keller hatte ihm eine Adresse gegeben. Mitten in einem Industriegebiet in Hoboken. Er hatte sich von Henry unter dem Vorwand verabschiedet, sich ein paar Stunden aufs Ohr hauen zu wollen, und hätte diese Portion Schlaf auch dringend nötig gehabt. Morgen früh waren sie schon wieder im Department verabredet, und er fürchtete, dass er bis dahin überhaupt keinen Schlaf mehr bekommen würde. Laut fluchend hatte er sich auf den Weg durch die Nacht gemacht. Nach New Jersey fuhr Millner nur, wenn er dazu gezwungen wurde.

Er drosselte das Tempo seines Wagens und suchte die Häuserfronten ab. »Ein großes kackgelbes Gebäude«, hatte Keller ihm das Haus beschrieben, und als Millner es sah, wusste er, was sein ehemaliger Chef beim FBI mit der Beschreibung gemeint hatte.

Es war ein hässlicher Klotz, getüncht in eine undefinierbare Farbe. Die Front war vom Regen ausgewaschen; unter den Fenstern hatte der Dreck jeweils Schlieren gebildet, die wie verwischte Wimperntusche wirkten. Einige Scheiben der unteren Geschosse waren sogar eingeschlagen.

Nach Polizeifahrzeugen suchte Millner vergeblich. Wäre er nicht selbst einmal beim FBI gewesen, hätte er die schwarzen Vans und Geländewagen, die vor dem Gebäude parkten, für den Fuhrpark eines hier ansässigen Limousinen-Services gehalten. So konnte er sich aufgrund des Aufgebots aber ausrechnen, dass hier etwas Größeres im Gange war. Er erkannte das Fahrzeug der FBI-eigenen Ermittler, und als er vorgefahren war, sah er, dass auf einem kleinen Parkplatz neben dem Gebäude weitere Kastenwagen standen. Seine Vermutung, dass es ein großer Tatort sein musste, bestätigte sich, als er nach dem Aussteigen dahinter die Leichenwagen entdeckte. Er zählte fünf, und manche von ihnen konnten mehr als einen Toten aufnehmen.

Ein Frösteln erfasste ihn, und er wusste, dass dies nicht nur von der Müdigkeit herrührte. Sein Tagespensum an Leichen war schon nach der ersten Toten erschöpft gewesen, er hatte keine Lust, noch weitere zu sehen zu bekommen. Aber er ahnte, dass er nicht darum herumkommen würde.

Am Eingang des Gebäudes stellte sich ihm ein junger Mann in Zivil in den Weg, ließ ihn jedoch passieren, als er Kellers Namen nannte. Drinnen erwarteten ihn ein düsterer Flur, dessen Wände mit Graffiti bemalt waren, und ein Treppenaufgang, der aus nacktem Stein bestand. Millner wusste nicht, in welches Stockwerk er musste, baute jedoch darauf, dass ein zur Wache abgestellter Beamter ihm den Weg weisen würde, und er irrte sich nicht. Im dritten Stock stieß Millner auf einen weiteren FBI-Mitarbeiter, der ihn aufmerksam musterte. Auch jetzt wieder zeigte es Wirkung, Kellers Namen zu nennen; diesmal wurde ihm sogar mitgeteilt, dass er erwartet werde. Der Mann öffnete ihm eine Glastür, und mit einem Mal hatte Millner das Gefühl, durch eine Zeit- und Raumschleuse mitten im Silicon Valley gelandet zu sein.

Weiß lautete das Motto des Innenarchitekten in Verbindung mit aufs Einfachste reduzierten Formen. Der gegossene Fußboden glänzte wie eine frisch aufbereitete Eisfläche. Weiße Ledersessel, die wie kleine Raumkapseln daherkamen, luden in einem Wartebereich zum Verweilen ein. Millner näherte sich dem ovalen Empfangstresen. Auf halber Strecke sah er es bereits: Rot, das hier so überhaupt nicht hineinpasste. Selten hatte ihn der Anblick von Blut so gestört wie hier, im harten Kontrast zu der weißen Umgebung. Auf dem weißen Jäckchen, das die Tote trug, die hinter dem Tresen lag, der Tischfläche, dem Fußboden – überall war Blut. Er zählte drei Einschusslöcher im Oberkörper der Toten. Sein Blick folgte dem kleinen roten Rinnsal, das von einer größeren Lache hinter dem Tresen in einer dünnen Linie in den Flur gelaufen war, offenbar war der Boden doch nicht ganz eben. Gerade meinte er in diesem roten Faden auf weißem Grund eine Ästhetik zu entdecken, als sich zwei schwarze Schuhspitzen in sein Blickfeld schoben – Keller.

»Was für eine Sauerei ...«, sagte der und gab Millner die Hand. Kellers Händedruck war für einen Mann, der es nicht mehr lange bis zur Pensionierung hatte, immer noch erstaunlich kräftig. »Was für eine Sauerei, dass Sie sich nicht mehr bei mir gemeldet haben, seit Sie uns verlassen haben und zurück zum NYPD sind!«, vollendete Keller seinen Satz und griff freundschaftlich Millners Oberarm. »Schlank ist er geworden!«, fügte er hinzu. Während seiner Zeit beim FBI hatte Millner selten so viel Anerkennung in den Augen seines ehemaligen Chefs gesehen wie jetzt.

»Low Carb«, sagte Millner und strich sich über den nicht mehr vorhandenen Bauch.

»Diäten machen schlechte Laune.« Keller drehte sich zum Tresen um. »Das erste Opfer haben Sie schon kennengelernt. Wir sind gerade hinten im Labor zugange. Da haben sie am heftigsten gewütet.«

»Wie viele?«

Keller zeigte ihm fünf Finger und wackelte mit dem Daumen der anderen Hand. »Bei einem Toten sind wir uns noch nicht sicher, ob er einer oder zwei ist.«

Millner verzog angewidert das Gesicht. »Ich habe heute schon genug Tote gesehen. Zwei Morde in drei Stunden. Ersparen Sie mir den Anblick. Ich habe hiermit nichts zu tun. New Jersey ist Gott sei Dank außerhalb meiner Zuständigkeit!« Genau genommen war er hier sogar in einem anderen Bundesstaat.

»Deshalb sind Sie hier, mein Freund«, sagte Keller verschwörerisch und blickte sich um, als suchte er nach etwas. Dann deutete er auf einen Raum, der sich keine fünf Meter entfernt in einem Glaskasten befand. Er bugsierte Millner durch die Tür und schloss diese hinter ihnen.

In der Mitte standen zwei Schreibtische gegeneinander. Bei beiden hob Keller das Telefon an und riss das Kabel heraus.

»Ihr Smartphone«, sagte er und hielt Millner eine Hand entgegen.

»Echt jetzt? Das gehört nicht mir, sondern dem NYPD.«

»Dann erst recht.« Keller nahm sein eigenes Handy, legte

es auf Millners, öffnete die Tür und verschwand für einen Moment, dann kam er ohne Telefone wieder. »Die zwei können jetzt kleine Wanzen zeugen«, sagte er mit einem Grinsen und verschloss hinter sich die Tür.

»Hat Ihr Smartphone denn eine Pussy?«, fragte Millner. »Meins ist nämlich nicht …«

»Das verwischt sich doch heutzutage alles«, entgegnete Keller. »Wir haben beim FBI jetzt sogar Toiletten für Transgender.«

»Sie haben mich bestimmt nicht hierher bestellt, um mir von Ihrem neuen FBI-WC zu erzählen. Also, was wollen Sie von mir, Keller? Seit wann haben Sie Sorge, dass Ihr Handy angezapft wird? Ich meine, Sie *sind* das FBI!«

Keller hatte auf einer der Schreibtischplatten Platz genommen und nickte stumm. »Wissen Sie, wo wir hier sind?«, begann er schließlich.

Millner schwante Böses. Seine innere Stimme sagte ihm, dass er so schnell wie möglich zurück nach Manhattan fahren und sich ins Bett legen sollte. Aber wieder einmal hörte er nicht auf sie. »Keine Ahnung. Sie erwähnten etwas von einem Labor?«

»Die stellen hier Medikamente her. Oder besser: Sie stellten. Nachbarn hatten Schüsse gehört und die Polizei informiert. Als Ihre Kollegen hier eintrafen, haben die schnell kapiert, dass das was für uns ist.«

»Ein Raubüberfall?«

»Wohl kaum«, entgegnete Keller mit einem Seufzer.

Das ungute Gefühl, das Millner beschlichen hatte, verstärkte sich noch. Mit verschränkten Armen lehnte er an einem Aktenschrank. Sein Blick wanderte zwischen den nun kabellosen Telefonen und Keller hin und her. Dann verschränkte er die Hände hinter dem Kopf. »Nein«, sagte er.

Keller strich sich über das Gesicht. »Doch.«

»Jemand von den geheimen Jungs? Mist, Mann, warum ziehen Sie mich da rein?« Millner drehte sich um und schlug mit der Faust gegen den Aktenschrank.

»Beruhigen Sie sich!«, mahnte Keller.

Millner schloss kurz die Augen, als müsste er sich besinnen. »Und wer, glauben Sie, hat hier seine Finger im Spiel? CIA? NSA? DIA?«

Keller schüttelte den Kopf. »Ich weiß es nicht. Am ehesten ein Militärgeheimdienst. Die wirklich geheimen Einheiten kennen noch nicht einmal wir.«

»Sie sind das FBI!«, wiederholte Millner.

»Wahnsinn, oder? Das ist das Ergebnis jahrzehntelanger Hörigkeit gegenüber Geheimdiensten. Die Dienste haben quasi ihren eigenen Staat geschaffen. Ich bin nicht sicher, ob es überhaupt jemanden in diesem Land gibt, der alle Dienste kennt ...«

»Und warum glauben Sie, dass hier einer von denen seine Finger im Spiel haben könnte?«

»Darüber kann ich nicht sprechen. Das unterliegt der Geheimhaltung.«

»Ach, jetzt hören Sie doch auf!« Millner spürte, wie ihn der Ärger packte. »Sie locken mich raus aus New York, hierher, ins Nirgendwo, erzählen mir all diesen Mist, und dann wollen Sie mit mir noch nicht einmal über alles sprechen? Es ist mir sehr recht, wenn Sie Ihren Scheiß als Ihren Scheiß behandeln und mich da rauslassen. Sie können mich mal! Ich gehe!« Millner griff nach der Klinke und riss die Tür auf. Dann blieb er stehen, als würde er sich besinnen, und drehte sich noch einmal zu Keller um. »Wo ist mein Handy?«

»Machen Sie die Tür zu«, sagte Keller, der Millners Wutausbruch regungslos beobachtet hatte. »Etwa zur Tatzeit haben wir rund um das Labor Aktivitäten von Mobilfunkgeräten geortet, deren Nummern und Inhaber höchster Geheimhaltungsstufe unterliegen.«

»Home Security?«

»Pentagon!«

»Was habe ich damit zu tun?«

»Vielleicht können wir uns gegenseitig helfen: Sagt Ihnen der Name Alexander Bishop etwas?«

Millner erstarrte.

»Sie ermitteln im Mordfall Bishop, des Anwalts, richtig?«, fuhr Keller fort.

Millner fiel ein, was sein ehemaliger Chef am Telefon zu ihm gesagt hatte: »derselbe Verdächtige«.

»Verstehen Sie jetzt, warum ich Sie angerufen habe?«

Millner blies einen großen Schwall Luft aus. »Ich verstehe überhaupt nichts.«

»Bei unseren ersten Recherchen am Tatort haben wir herausgefunden, dass dieses Unternehmen hier von der Anwaltskanzlei Fielden & Bishop vertreten wird«, erläuterte Keller.

»Bishop?«

Keller nickte. »In einem der Büros dort hinten liegt ein Schreiben von einem Anwalt namens Alexander Bishop, wegen der Zulassung irgendeines Medikaments. Als ich von dem Mord an Bishop gehört habe und als ich sah, wer die Ermittlungen führt, dachte ich, ich rufe Sie mal besser an.«

Für einen Moment wurde es still im Raum. Millner brauchte Zeit, die Informationen zu ordnen.

»Hier scheint jedenfalls jemand Tabula rasa gemacht zu haben. Wir haben bislang kaum Spuren gefunden. Ein Tresor ist aufgesprengt und leer geräumt worden. Dabei muss auch unsere eine Leiche so unschön zugerichtet worden sein. Zudem sind die Dateien in den Computern verschlüsselt. Im Labor stehen mehrere Benzinkanister. Ich vermute, sie wollten hier alles anzünden, nachdem sie fertig waren, um ihre Spuren zu verwischen.«

»Dann wurden sie aber gestört, als die Zeugen die Schüsse hörten und die Polizei riefen«, vervollständigte Millner.

Keller nickte. »Einer wurde gesehen, von einem Boten, der ein Paket abliefern wollte. Der Mann stand über der Toten, als der Paketbote das Labor betrat. Sie konnten draußen seine blutigen Fußabdrücke sehen. Die führen zu einem Notausgang.«

»Gibt es eine Beschreibung?«

»Besser«, sagte Keller. »Fotos einer Überwachungskamera, die die Straße unten am Notausgang überwacht.« Er griff auf den Schreibtisch neben sich und zeigte Millner den Ausdruck eines großen Schwarz-Weiß-Fotos. Darauf zu sehen war ein junger Mann, der mit weit aufgerissenen Augen hektisch über seine linke Schulter blickte. Das Bild war hochauflösend, und es gab für Millner keinen Zweifel, um wen es sich auf dem Foto handelte.

»David Berger«, sagte er, als hätte es die Bestätigung noch gebraucht.

»Lassen Sie uns gegenseitig helfen«, schlug Keller vor. »Sie halten die Augen und Ohren offen, und ich tue das auch. Wir gleichen unsere Informationen regelmäßig ab, und wenn sich für die eine oder andere Seite etwas ergibt, umso besser.«

»Sie sagten, Bishop sollte ein Medikament für diese Firma hier zulassen. Um was für ein Medikament ging es dabei?«

»Es heißt sarkastischerweise *Stay tuned*. So steht es zumindest in dem Schreiben, das wir hier gefunden haben. Um was es sich dabei handelt? Keine Ahnung. Wir haben hier im Labor keine einzige Medikamentenpackung gefunden. Wie gesagt: Der Tresor war leer geräumt.«

»Das klingt alles nicht nach dem alleinigen Werk eines angestellten Anwalts aus Downtown«, sagte Millner. »Und was hat Berger mit den Diensten zu tun, die Sie erwähnten? Ist er ein Agent?«

Keller zuckte mit den Schultern.

»Ich werde ihn mir vorknöpfen«, seufzte Millner. »Wenn Sie nichts dagegen haben, verzichte ich darauf, mir die Schlachtplatte hier anzuschauen. Wie ich Sie und Ihre perversen Neigungen kenne, halten Sie das Ganze ohnehin auf Fotos fest. Ich werde zu Bergers Büro fahren und mir das einmal vornehmen.«

Keller nickte. »Wir sollten den Zusammenhang erst offiziell machen, wenn wir wissen, wer alles involviert ist. Ich schlage vor, dieses Gespräch bleibt vorerst unter uns. Rufen Sie mich auf dem Handy an, wenn Sie etwas haben oder brauchen.«

Millner nickte und griff wieder nach der Klinke.

»Dann lassen Sie uns nachschauen, was unsere Handys zusammen getrieben haben«, sagte er und wandte sich zum Gehen. »Würde mich nicht wundern, wenn meins Ihrem ordentlich eine verpasst hätte«, sagte Millner.

39

New York

Die Eisenstange lag noch immer unter der Bank, wo Randy sie abgelegt hatte. David wartete, bis der Park sich um ihn herum so weit geleert hatte, dass er sich in diesem abgelegenen Teil ungestört ans Werk machen konnte.

»Da unten bist du in Sicherheit!«, hatte Randy ihm zugeraunt, und jetzt wirkten diese Worte auf David wie ein Menetekel. Er musste sich verstecken, bis morgen früh sein Flug nach Berlin ging, und dort unter der Stadt war der perfekte Ort.

Er benötigte einige Versuche, um die Stange so in einer der Öffnungen des Schachtdeckels zu verhaken, dass er sie aushebeln konnte. Dann öffnete sich vor ihm der Einstieg in die Kanalisation. Ihn fröstelte, als er in das dunkle Loch hinabblickte. An den Seiten waren eiserne Tritte angebracht. Ein modriger Geruch stieg zu ihm herauf. David atmete ein letztes Mal tief ein, als würde er zu einem Tauchgang ansetzen, dann hangelte er sich hinab. Nur mit Mühe gelang es ihm, den Gully-Deckel über sich zurückzuschieben, eine letzte Lücke blieb. Mit dem Deckel verschwanden auch der Schein der Parkleuchten und das Mondlicht. Plötzlich war es um ihn herum stockdunkel. David ließ die Eisenstange einfach fallen, was zu einem grässlich lauten Geräusch führte. Ihm kam das Mobiltelefon in den Sinn, das Nina ihm mitgegeben hatte. Er konnte die Lampe einschalten, ohne die PIN eingeben zu müssen. Während er sich umdrehte, erhellte der Schein der Handylampe einen in Felsen gehauenen Tunnel.

Er befand sich mitten in einem Abwasserkanal. Zwischen seinen Füßen lief ein dünnes Rinnsal, von irgendwo hinter der Felswand drang das leise Plätschern fließenden Wassers. In der Luft lag ein scharfer Geruch nach Ammoniak und Brackwasser.

David wusste nicht, in welche Richtung er gehen sollte. »Frag nach Randy«, hatte der Mann gesagt, den er auf der Parkbank kennengelernt hatte. Nur, *wen* sollte er nach ihm fragen? So wie David es sah, war er hier unten ganz allein.

»Randy?«, rief er und erwartete nicht wirklich eine Antwort. Seine Stimme hallte von den Wänden dumpf und hohl wider.

Er leuchtete den Kanal hinunter und beschloss, dem Tunnel zu folgen, bis dieser hoffentlich in eine U-Bahn-Station oder Ähnliches mündete. Der Boden war glitschig, und David musste aufpassen, dass er nicht ausrutschte.

»Hab ich dich!«, ertönte plötzlich eine Stimme, und etwas berührte ihn an der Schulter.

David stieß einen erschrockenen Laut aus und verlor das Gleichgewicht, sodass er mit einem Bein mitten ins Wasser fiel. Als er hochblickte, blendete ihn ein Licht. Dann streckte sich ihm ein Arm entgegen.

»Komm hoch, Alter!«, ertönte eine Stimme.

Als er die Hand ergriff und sich langsam aufrappelte, erkannte David unter dem Strahl einer Stirnlampe Randys Gesicht.

»Endlich! Ich habe schon auf dich gewartet«, sagte der und hielt ihn an beiden Armen fest, als müsste er verhindern, dass David erneut stürzte.

David begutachtete seine nasse Jeans, die an seinem Bein klebte.

»Keine Angst, ist nur Regenwasser. Die Scheiße fließt woanders«, sagte Randy.

»Was heißt, du hast hier auf mich gewartet?« David konnte sich beim besten Willen nicht vorstellen, dass Randy nach ihrem kurzen Gespräch neulich tatsächlich erwartet hatte, dass er seiner merkwürdigen Einladung folgen würde. Vermutlich redete er auch jetzt wirres Zeug und hatte in Wirklichkeit hier, direkt unter dem Abstieg, nur sein Lager aufgeschlagen.

»Später«, entgegnete Randy. »Wir müssen jetzt erst einmal von hier weg.« Er wandte sich um, und im Schein der Kopflampe sah David, dass in einer kleinen Nische ein Schlafsack und diverse Plastiktüten lagen. Randy sammelte ein paar Gegenstände zusammen, die er in einem Plastikbeutel verstaute. Dann reichte er David ein Stirnband mit Lampe, wie auch er eines trug. »Zieh das an!«

David betrachtete den speckigen Gummizug und zögerte kurz, dann gab er sich einen Ruck und setzte das Stirnband auf.

»Unten ist ein Schalter«, sagte Randy, und kurz darauf erhellte sich der Weg vor David im Schein seiner Lampe. »Hier geht es nun etwa einhundert Meter leicht bergab. Dann kommen wir an eine Wegkreuzung. Wenn wir uns immer rechts halten, wird der Tunnel größer, und wir stoßen auf die Gleise der Subway. Bleib dicht hinter mir.«

Der Schein seiner Stirnlampe erleuchtete unter seinem Nicken einmal die Decke, dann den Boden. David schossen zahlreiche Fragen durch den Kopf. Unterdessen lief Randy mit geradezu katzenhaften Sprüngen voran, ohne dabei auch nur einmal in das Wasser zu treten.

David bemühte sich, mit ihm Schritt zu halten, rutschte mit seinen Ledersohlen aber immer wieder aus. Zudem bekam er durch die Nase nur schlecht Luft. So lief und stolperte er einige Minuten hinter Randy her. Ihre Schritte hallten dumpf von den Wänden wider, lediglich übertönt von seinem angestrengten Atem. Er war durchaus fit, doch an diesem Abend fühlte er sich matt wie nach einer langen Grippe. Seine Nase pochte bei jedem Herzschlag, und als er sich an einer rutschigen Stelle mit der Hand am rauen Felsen abstützte, riss er sich die Haut auf. Ab und zu verrieten ihm in die Wand eingelassene eiserne Stiegen das Vorhandensein eines Ausstiegs über ihnen. Das Geräusch fließenden Wassers wurde lauter. Während er im Laufen argwöhnisch einen Gully-Deckel betrachtete, besorgt, dass dieser sich jeden Augenblick öffnete und eine Armee von Polizisten sich zu ihnen herabseilte, lief David beinahe auf Randy auf, der, von ihm unbemerkt, stehen geblieben war.

»Vorsicht, hier kommt nun vom Hudson River her mehr Wasser«, sagte Randy, und erst jetzt erkannte David einen Kanal vor ihnen, der ihren Tunnel kreuzte. Er war viel breiter, und die Wände waren deutlich höher. Tatsächlich führte er auch mehr Wasser; dafür gab es auf der einen Seite nun einen schmalen Weg aus Beton.

»Pass auf die Ratten auf, die sind hier unten groß wie Katzen!«

David wusste nicht, ob Randy es ernst meinte oder ob dies ein Scherz sein sollte.

Randy packte seinen Arm und zog ihn am Ärmel. »Und wenn wir jemanden treffen, lass mich reden. Wir müssen vorsichtig sein. Hier unten sterben jedes Jahr Hunderte, ohne dass da oben jemand etwas mitbekommt.«

Auf dem schmalen Weg aus Beton kamen sie deutlich

schneller voran. Einmal strich etwas über sein Haar, und als er den Kopf nach oben drehte, glaubte David, im Schein des Lichts eine Fledermaus zu erkennen.

Er erschrak, als er Sirenengeheul vernahm. Aufgrund der polternden Geräusche, die die Gully-Deckel an der Decke von sich gaben, vermutete er allerdings, dass sie nun direkt unter einer Straße entlangliefen.

Seine Oberschenkel fühlten sich mit jedem Schritt schwerer an, und schon befürchtete David, dass er Randy bitten musste, langsamer zu machen, als der plötzlich abstoppte. Randy drehte sich zur Wand und war im nächsten Moment verschwunden. Erst als er zwei Schritte nach vorn machte, erkannte David einen schmalen Durchgang in der Felswand, gerade breit genug, um hindurchzuschlüpfen. Kaum hatte er sich hindurchgezwängt, wurde er zu Boden gerissen. Im nächsten Augenblick hatte er das Gefühl, als verpasste ihm jemand eine gewaltige Ohrfeige, die ihm den Atem nahm. Keine vier Meter entfernt donnerte ein Zug an ihnen vorbei. Mit dem letzten Waggon verschwand der Sog, und David kam langsam wieder zu sich.

»Eine U-Bahn«, kommentierte Randy. »Wir müssen über die Gleise. Pass aber auf, dass du nicht auf die Stromschiene trittst.«

David schnappte nach Luft und folgte ihm, wobei er einen großen Schritt über das Gleis machte, nicht wissend, wo die Stromschiene überhaupt verlief. Sie erreichten die Kante eines Bahnsteigs, an dem Randy sich mit einem geschickten Klimmzug hinaufzog. Oben angekommen, reichte er David die Hand, damit er folgen konnte.

»Wichtig hier unten ist, sich nicht erwischen zu lassen. Die Lokführer melden Unbefugte an den Gleisen sofort der Bahnwacht. Wenn man nicht aufpasst, wimmelt es hier innerhalb weniger Minuten von Typen der Bahnsicherheit. Und die fackeln nicht lange. Wir werden daher versuchen, uns von den noch benutzten Tunneln fernzuhalten.«

Mit Mühe stemmte auch David sich auf den Bahnsteig und blieb für einen Moment erschöpft liegen. Mit den gekachelten Wänden, getaucht in gelbliches Licht, sah der hallenartige Raum aus wie eine der typischen New Yorker U-Bahn-Stationen. Doch diese Station wirkte wie ausgestorben.

Während sie den Bahnsteig hinabliefen, schien Randy seine Gedanken zu erraten. »Diese U-Bahn-Station wird nicht mehr angefahren.«

»Eine Geisterstation«, sagte David.

»Viel mehr. Eine Geister*stadt*.«

In diesem Augenblick erklang hinter David das laute Bimmeln einer Fahrradklingel. Erstaunt fuhr er herum. Vor ihm stand ein Mann auf einem verrosteten Fahrrad.

Randy blieb ruhig stehen. »Hi, Berry!«, sagte er zu dem Mann. David konnte dessen Alter nicht schätzen. Sein Gesicht war das eines jungen Mannes, jedoch eingefallen und von tiefen Falten durchzogen. Das Haar war licht und voller kahler Stellen. Als der Mann zu sprechen begann, bemerkte David, dass er keine Zähne mehr hatte.

»Frischfleisch für hier unten?« Seine Stimme klang wie ein rostiges Eisentor.

»Willst du eine Zigarette?« Randy holte aus seiner Jacke eine Schachtel, zog eine Zigarette halb heraus und hielt sie dem Mann, den er Berry genannt hatte, entgegen. Dessen Hand zitterte so stark, dass er Probleme hatte, sie zu greifen. Er nahm sie und klemmte sie sich hinter das Ohr.

»Ihr müsst vorsichtig sein«, sagte er wie zum Dank und deutete hinter sich. »Heute ist eine Menge Ungeziefer auf Motorrädern hier unten unterwegs. Große Monster mit wahnsinnig scharfen Mahlwerkzeugen.« Er deutete in Höhe seines Kinns mit den Händen so etwas wie eine riesige Zange an. »Sie sind mal wieder sehr aggressiv. Wenn ich ihr wäre, würde ich von hier verschwinden.« Kaum ausgesprochen, trat er in die Pedale und versuchte loszufahren, wobei er mit großen Schlenkern der Bahnsteigkante gefährlich nahe kam, bis er endlich das Gleichgewicht gefunden hatte und über den Bahnsteig davonradelte.

Randy hielt David die Packung hin. »Nimm schon!«, sagte er.

»Nein, danke, ich rauche nicht mehr!«

»Nimm schon! Zigaretten sind hier unten die Währung«, sagte Randy, und David tat wie geheißen.

Er schaute Berry hinterher und beobachtete, wie der durch einen Bogen im Nirgendwo verschwand. Er rieb sich die Augen und fragte sich, ob die Begegnung mit dem Radfahrer eben real oder vielleicht nur eine Halluzination gewesen war. *Monster auf Motorrädern?* »War der gerade auf Crack, oder ist er einfach nur verrückt?«

»Das weiß man nie. Im Grunde sind hier unten alle wahnsinnig. Wenn man es genau nimmt, sieht es oben aber auch nicht anders aus. Wir müssen weiter. Kann nicht mehr lange dauern, bis hier der nächste Zug durchkommt.«

»Ich mache keinen einzigen Schritt mehr, Randy, wenn du mir nicht verrätst, wohin du mich bringst«, hörte David sich sagen und ging zur Unterstreichung des angedrohten Sitzstreiks in die Hocke.

»Du bist zu mir gekommen!«

»Und du hast gesagt, du hättest auf mich gewartet. Warum? Wir kennen uns kaum. Woher wusstest du, dass ich deine Hilfe brauchen werde?«

Randy ging nun auch in die Knie, sodass sie nebeneinander kauerten. Dabei schaute er immer wieder nervös über seine Schulter. »Ich tue jemandem einen Gefallen«, antwortete er. »Jemandem, der es gut mit dir meint.«

»Wem?«, fragte David. Randys Aussagen ergaben keinen

Sinn. Er hatte ihn zufällig im Park kennengelernt. Niemand hatte wissen können, dass er heute hier herunter in die Kanalisation kommen würde, um sich vor der Polizei zu verstecken.

»Du erinnerst dich, was ich dir über die Weltverschwörung erzählt habe, die im vollen Gang ist? Du kannst sie verhindern!«

David seufzte. Randy redete wirr, daran gab es keinen Zweifel. Aber wenn er sich heute Nacht hier unten verstecken wollte, brauchte er jemanden, der sich in diesen Gängen auskannte.

Ein leises Grollen war zu hören.

»Der Zug kommt, wir müssen weg!«, sagte Randy.

David erhob sich nur widerwillig. Seine Knie schmerzten, und er fühlte sich erschöpft.

»Ach ja.« Randy griff in seine Hosentasche. »Ich soll dir das hier geben.«

David blinzelte, um besser zu sehen, was Randy in den schmutzigen Händen hielt. Dann erkannte er es: Es war der Ring, den er Sarah in Prag zur Verlobung geschenkt hatte.

40

New York

»In die Kanalisation?« General Jackson stand in dem Funkwagen, die Arme auf das Pult mit den Monitoren gestützt.

»Die Drohne hat es aufgezeichnet. Er öffnete einen Gully-Deckel und stieg hinab. Dort konnten wir ihn natürlich nicht weiter verfolgen ...«

»Das heißt, wir haben keinen Sichtkontakt mehr?«

»Derzeit ist das wohl richtig«, entgegnete der Soldat, der vor dem Monitor saß. Die Ärmel seiner Uniform waren hochgekrempelt.

»Und das Team draußen?«

»Ist noch nicht hinterher gestiegen. Wir wissen nicht, was uns da unten erwartet.«

Der General schlug mit dem Barett auf die Stuhllehne.

»Verdammt! Was ist mit der Wanze in seinem Schuh?«

»Aktiv, aber ich weiß nicht, ob wir da unten den Kontakt halten können.«

»Wir hätten ihn uns vornehmen sollen, als wir die Gelegenheit dazu hatten«, sagte ein stämmiger Soldat, der auf einem Klappsitz in der Ecke des Vans saß.

»Weil es bei dem anderen auch so gut geklappt hat?«, fragte der General mit zynischem Unterton. »Wir können ja gleich ganz New York ausrotten!« Die Schlagader an seinem Hals schwoll gefährlich an. »Nein, diesmal beobachten wir erst einmal nur. Wenn uns einer hinführen kann, dann er. Außerdem warten wir noch auf die Analyse seines Blutes. Vielleicht genügt uns das ja schon.« Er schloss die Augen, als dächte er nach.

»Was hat die Durchsuchung des Büros ergeben?«

»Nichts.«

»Ich meine nicht Bishops Büro, sondern das von Berger!«

»Das hatte dieser White sich vorgenommen«, antwortete der Soldat zögernd. »Ohne Ergebnis!«

»Sie haben es von dem Anwalt durchsuchen lassen? Wir wissen nicht, ob wir ihm trauen können!«

»Von ihm haben wir den Tipp ...«

»Na und?« Der General wurde immer ungehaltener. »Schnappen Sie sich Barkley, und fahren Sie sofort noch einmal hin, falls er sie doch nicht Bishop zurückgegeben hat. White sagte, es waren noch einige in der Packung. Irgendwo müssen diese Mistdinger sein!«

»Wie sollen wir dort hineinkommen?«, wollte der Soldat wissen.

»Kontaktieren Sie White, er soll sich etwas einfallen lassen. Ich dachte, Sie sind Elitesoldat?«

»Jawohl, Sir!« Der Soldat erhob sich und verließ den Wagen durch die Hecktür.

»Und Sie bleiben verdammt noch mal an der Wanze dran!«, befahl der General dem Soldaten an der Technik. »Es ist wie verhext! Wir haben es mit Amateuren zu tun, und dennoch tappen wir trotz allem Aufwand noch immer vollkommen im Dunkeln! Wer weiß, ob an der Sache überhaupt etwas dran ist!« Der General rieb sich die Augen.

»Er ist immer noch wach, Sir. Bislang habe ich ihn noch nicht eine Sekunde schlafen sehen. Immer in Bewegung, der Junge. Und so, wie es ausschaut, bewegt er sich auch jetzt noch.« Der Soldat zeigte auf den Stadtplan von New York auf seinem Monitor. Darauf blinkte ein grüner Punkt.

»Sollten wir in seinem Büro nichts finden, werden wir ihn uns holen. Bevor er uns da unten noch verloren geht!«, sagte der General und beugte sich vor. »Unser Kontakt hat recht: Irgendetwas stimmt mit diesem Berger nicht. Und wir werden herausfinden, was es ist. Spätestens bei der Obduktion.«

41

Prag, 1912

»Es ist alles hier enthalten. Runde Wellen in den Hobelmaschinen sind die Lösung. Schauen Sie sich die Unterlagen mit meinen Zeichnungen an …« Der junge Mann mit den abstehenden Ohren und dem starren Blick erhob sich und schlug eine große Mappe auf. »Typischerweise fehlen Glieder an den Fingern.« Er blätterte rasch durch die Seiten. »Mal nur eine Kuppe, dann der ganze Finger. Manches Mal auch mehrere! Ich habe jede gemeldete Verletzung der Arbeiter genauestens archiviert und hier gezeichnet.«

Er setzte sich wieder. »Die Messerspalte verstopft sich, und wenn der Arbeiter hineingreift, um sie zu reinigen, zerhackt es ihm die Finger. Nicht aber mit runden Wellen in den Holzhobelmaschinen. Führen Sie sie also ein, und ich kann Ihr Unternehmen sofort in eine bessere Schadensklasse einordnen. Überlegen Sie, was Sie an Beiträgen einsparen! Von den Fingern der Arbeiter gar nicht zu sprechen!« Er nahm ein Taschentuch und tupfte sich damit die Stirn.

»Deshalb bin ich nicht hier, Herr Kafka.« Der Mann mit dem sandfarbenen Anzug und der eng gebundenen Fliege strich sich über den Schnauzer.

Kafka schüttelte den Kopf. »Nicht?« Das Schild auf seinem Schreibtisch wies ihn als Konzipist aus.

»Ich habe es, offen gestanden, nur als Vorwand benutzt, damit Sie mich empfangen.«

Nun wurde der junge Mann auf der anderen Seite des Tisches sichtlich nervös. Streckte sich, zog die Jacke zusammen. Sein linkes Auge wurde von einem nervösen Zucken befallen.

»Sie schreiben, Herr Kafka, oder? Ich meine nicht diese unsäglichen Berichte in den Versicherungspublikationen. Nein, ich rede von Literatur!«

»Nicht, wenn ich im Büro bin, das hat mit meiner Arbeit hier nichts zu tun ...«

»Ja, ja«, sagte der Besucher. »Vor mir müssen Sie sich nicht rechtfertigen. Sie schreiben nachts?«

Der Beamte der Mitarbeiter-Unfallversicherungs-Anstalt rutschte auf seinem Stuhl hin und her. »Die Arbeit leidet nicht darunter!«

»Und wann schlafen Sie, wenn ich fragen darf, Herr Kafka? Wenn Sie nachts schreiben und tagsüber hier Ihren Dienst versehen?«

»Wer sind Sie?«

»Sagen wir, ein Freund im Geiste. Verraten Sie mir bitte, wann schlafen Sie?«

»Ich brauche nicht viel Schlaf.«

»Besser gesagt, gar keinen, habe ich recht? Sie schlafen nie, oder? So berichteten Sie es Herrn Doktor Wenzel.«

Kafka kratzte sich am Kopf. »Es ist wohl kein Verbrechen, nicht zu schlafen ...« Seine rechte Hand fuhr zu der roten Nelke, die in seinem Knopfloch steckte, und er drehte sie einmal im Uhrzeigersinn.

»Also nachts schreiben Sie?«

Kafka nickte. »Aber im Büro genüge ich meinen Pflichten.«

»Ich habe Ihre Texte gelesen im Hyperion und auch Ihre Geschichte über die Aeroplane in Brescia in der Bohemia.«

»Sie wurden gegen meinen Willen veröffentlicht!«

»In Ihnen schlummert ein großes Talent, mein Sohn.«

»Schlummert?« Zum ersten Mal huschte ein Lächeln über das Gesicht des jungen Mannes. Aber es wirkte nicht entspannt, eher verbittert. »In mir schlummert gar nichts!«

»Sie sagten dem Doktor auch, manchmal, während der Nacht, hätten Sie das Gefühl, als würden Sie sich in ein riesiges Insekt verwandeln? Seien nicht mehr Sie selbst?«

Kafka fasste sich an den Kragen und lockerte ihn. Wieder tupfte er sich die Stirn mit einem Taschentuch ab. »Ein bloßer Scherz. Eine Metapher. Darf der Doktor Ihnen so etwas überhaupt erzählen? Verbietet dies nicht der Eid, den er geschworen hat?«

»Dies hier kann Ihnen helfen, mein lieber Freund!«, sagte der Besucher, griff in seine Aktentasche und stellte ein Fläschchen auf den Schreibtisch.

Kafka wich zurück, als ginge von dem Gegenstand Gefahr aus. »Sind Sie ein Reisender? Ein Quacksalber?«

Der Besucher lachte laut. »Nein, das bin ich nicht.«

»Sondern?«

»Ein Bote. Meine Brüder haben Sie ausgewählt, um Ihnen ein bisschen Frieden zu bringen, damit Sie sich ganz auf Ihre Passion, das Schreiben, konzentrieren können. Wir befürworten die Literatur sehr. Alles, was wir erwarten, ist Ihre Treue. Werden Sie Teil unserer Organisation.«

Kafka beugte sich so schnell vor, dass sein Stuhl laut knarrte. »Sie halten mich zum Narren. Halten mich für wahnsinnig, oder?«

»Ich würde mir niemals ein Urteil über Sie erlauben, Herr Kafka. Nachts, wenn die anderen schlafen, fühlen wir uns doch alle wie Ertrinkende.«

»Urteil? Ertrinken ist ein grausamer Tod«, entgegnete Kafka und griff nach der kleinen Flasche.

Der Besucher beugte sich vor: »Es lässt Sie schlafen«, sagte er. »Wann immer Sie es nehmen!«

42

New York

Er nahm den goldenen Ring aus Randys Hand und betrachtete ihn von allen Seiten. Es gab keinen Zweifel: Es war der Ring, den er Sarah letztes Jahr im Lenin-Park in Prag zur Verlobung an den Finger gesteckt hatte.

»Wo hast du den her?«, fragte er. Das Grollen im Tunnel hinter ihm wurde lauter. David spürte einen leichten Luftzug an den Haaren.

Randy blickte ihn an, ohne zu antworten. Erst jetzt, im Licht des Bahnhofs, fielen David wieder die Augen des Mannes auf, mit denen irgendetwas nicht stimmte. Als Randys Blick zu dem Ring in seiner Hand wanderte, erkannte David, was es war: Randy hatte keine Augenlider.

»Sie hat ihn mir gegeben.«

»Warum?«, fragte David.

»Damit ich ihn dir gebe.«

David drehte den Ring erneut in den Fingern hin und her. »Wann?«

Randy öffnete den Mund, sagte aber nichts.

»Wann?«, wiederholte David und machte einen Schritt auf ihn zu. »Und warum? Warum sollst du mir den Ring geben?«

Hatte Sarah auf diese Art und Weise mit ihm Schluss machen wollen? Es wäre einfacher gewesen, ihn mit der Post zu schicken. Oder den Ring zu Hause auf den Küchentisch zu legen. Und woher hatte sie einen wie Randy gekannt? Oder hatte der den Ring gestohlen? Plötzlich kam David ein Verdacht.

Vielleicht hatte Randy etwas mit dem Mord an ... Immer noch konnte er den Gedanken nicht zu Ende denken.

Der Luftzug in seinem Rücken wurde stärker.

»Die Subway kommt!« Randy schob den Oberkörper zur Seite, um an David vorbeizuschauen. »Wir müssen uns verstecken!« Er zeigte auf den Durchgang neben ihnen, der fort vom Bahnsteig und hinein in weitere Katakomben führte. Zumindest sah es so aus.

»Ich gehe keinen Schritt mehr, wenn du mir nicht sofort sagst, woher du Sarah kennst und was das hier alles soll.«

»Damit du mir glaubst«, entgegnete Randy. Plötzlich wirkte er gehetzt.

»Was soll ich dir glauben?« David schrie nun beinahe vor Ungeduld.

»Sarah hat dich nicht verlassen, sie wurde gezwungen.«

»Gezwungen?«

»Ich habe dir von der Weltregierung erzählt ...«, sagte Randy zögerlich.

Die Schienen im Gleisbett begannen zu vibrieren.

»... sie haben sie gezwungen, fortzugehen. Ich soll dich vor ihnen warnen. Du musst fliehen, denn sie werden dich töten. Genau wie deinen Vater!«

»Meinen Vater?«, wiederholte David.

Randy griff plötzlich in die Tüte, die er die ganze Zeit bei sich getragen hatte, und zog einen Gegenstand hervor. Erst auf den zweiten Blick erkannte David, dass es eine Pistole war. Das Vibrieren der Schienen schwoll an.

David trat einen Schritt zurück und hob die Hände.

»He, he!«, sagte er beruhigend. »Bleib ganz ruhig!«

Randy stand dort, die Tüte in der einen, die Pistole in der anderen Hand. »Es gibt ein Geheimnis, das du kennen musst. Es geht um Sarah und dich. Du bist wie ich.« Randy schlug sich auf die Brust.

Der Wind, der aus dem Tunnel hinter ihnen kam, erzeugte auf Davids verschwitztem Nacken eine Gänsehaut. David starrte noch immer auf den Lauf der Pistole in Randys Hand. »Nimm doch die Waffe runter, Randy!«, sagte er. Aber Randy dachte offenbar nicht daran, sondern hob sie nun noch höher.

»Nimm sie«, erwiderte er. »Sie werden dich töten!« Das Wort »töten« schrie Randy gegen ein lautes Kreischen, das nun direkt hinter ihnen aus dem Metro-Tunnel drang.

In dieser Sekunde sprang aus dem Ausgang direkt neben ihnen ein Schatten auf sie zu. David sah, wie auch Randy überrascht zur Seite blickte. Im nächsten Moment packte ihn schon etwas, und Randy flog in Richtung Bahnsteigkante. Doch statt Randy hinab auf die Gleise fallen zu sehen, wie David befürchtet hatte, war dort plötzlich nur noch der Zug, der Randys Körper zu verschlingen schien, als er, keine zwei Meter von David entfernt, vorbeischoss. Selbst das ohrenbetäubende Kreischen der Bremsen konnte ihn nicht aus der Schockstarre befreien. Er wusste, dass es dort, zwischen Bahnsteigkante und den vielen Tonnen rasenden Stahls, die das Gleisbett vollständig ausfüllten, keinen Zentimeter Luft gab, in dem auch nur ein Stück von Randy hätte weiter existieren können.

»David!«, sagte eine Stimme neben ihm.

Er brauchte eine gefühlte Ewigkeit, bis er realisierte, dass eine Frau zu ihm sprach. Er fühlte eine Hand in seiner. Wie in Zeitlupe drehte er den Kopf und blickte in ein bekanntes Gesicht.

Nina.

43

New York

»Du hast ihn umgebracht! Warum?!« Während Nina ihn durch den Ausgang des Bahnsteigs und hinein in einen ebenso verlassenen Fußgängertunnel zog, fand David endlich seine Sprache wieder.

Sie blieb stehen und schnappte nach Luft. »Er wollte dich *töten*!«, sagte sie. In ihren großen braunen Augen glaubte er, den Schrecken des gerade Erlebten zu erkennen.

»Nein«, schrie David. »Nein! Du hast ...« Seine Stimme versagte.

»Wir müssen hier weg«, sagte Nina keuchend, als aus Richtung des Bahnsteigs ein lautes Zischen ertönte. »Er hat die Waffe auf dich gerichtet und wollte dich erschießen.«

David schüttelte energisch den Kopf. »Er wollte mir gerade die Waffe *geben*!«

Nina blieb erneut stehen. »Mit dem Lauf nach vorne? Gibt man so jemandem eine Pistole?«

David befreite seine Hand aus ihrer.

»Er rief doch, dass er dich ›töten‹ will. Ich habe es genau gehört.«

David starrte sie wütend an. Er glaubte, Tränen auf ihren Wangen zu sehen. Randy hatte zu ihm gesagt: »Sie werden dich töten.« Nicht: »Ich werde dich töten.« Es drängte ihn, Nina zu korrigieren, doch er brachte es nicht übers Herz.

»Ich habe euch beobachtet, und als er die Waffe hob und ich hörte, wie er sagte, er wolle dich töten, da habe ich einfach gedacht, ich muss etwas tun!« Sie schluchzte.

David drehte sich um. »Komm!«, sagte er. Der Fußgängertunnel endete an zwei alten Rolltreppen, die außer Betrieb waren und deren Zugang mit weiß-roten Brettern versperrt war.

»Wo lang?«, fragte Nina und wischte sich die Tränen von den Wangen.

»Runter«, antwortete David nach kurzem Nachdenken und kletterte über die Absperrung, hinter der die Treppe steil ins Dunkle hinabfiel. Noch immer leuchtete die Lampe auf seiner Stirn, erhellte aber nur die ersten Meter. Er half Nina über die Bretter und ging voran. Das Laufen auf der stehenden Rolltreppe fühlte sich merkwürdig an, und mehr als einmal musste er sich vorsehen, nicht ins Stolpern zu geraten. Je tiefer sie kamen, desto kühler wurde es. Unten angekommen, gelangten sie in einen weiteren verlassenen Teil eines Bahnhofs; im Gegensatz zu der Geisterstation oben war es hier jedoch stockdunkel.

... denn sie werden dich töten. Genau wie deinen Vater! Randys Worte spukten ihm durch den Kopf. Plötzlich wurde David bewusst, dass er mit seiner rechten Hand noch immer den Ring umklammerte, den Randy ihm gegeben hatte. Er steckte ihn in die Hosentasche. Vor ihnen teilte sich der Gang. Viele der Wandkacheln waren abgeschlagen. Auf dem Boden vor ihnen häufte sich Unrat, dem sie ausweichen mussten. Im Schein seiner Lampe sah David leere Flaschen, schmutzige Kleidungsstücke, sogar einen verrosteten Einkaufswagen.

Hinter sich hörte er Ninas angestrengten Atem. Er hatte nicht geglaubt, sie jemals wiederzusehen, nachdem er sich dagegen entschieden hatte, in ihre Wohnung zu gehen. Die beiden Polizisten in dem Zivilfahrzeug vor ihrem Apartment kamen ihm in den Sinn. Hinter der nächsten Biegung blieb er unvermittelt stehen, sodass Nina beinahe in ihn hineinlief. Er legte den Finger auf seinen Mund und lauschte.

Um sie herum war es totenstill.

»Wie hast du mich überhaupt hier unten gefunden?«, flüsterte er.

Nina hob die Hand und schirmte die Augen gegen das blendende Licht seiner Stirnlampe ab. »Das Handy, das ich dir gegeben habe. Ich habe es geortet!«

Nun holte David das Telefon aus seiner Hosentasche. Es zeigte keinen Empfang.

»Ich habe das Schlaflabor direkt nach dir verlassen, und als ich auf meinem anderen Handy gesehen habe, dass du nicht wie verabredet zu mir nach Hause gegangen bist, bin ich dir gefolgt. Ich habe beobachtet, wie du in dem Kanalschacht verschwunden bist, und bin hinter dir her. Ihr seid so schnell gelaufen, der Mann und du, dass ich euch kurz verloren hatte. Aber dann habe ich gehört, wie ihr euch unterhalten habt, und euch auf diesem Bahnsteig gefunden. Als ich sah, wie ihr gestritten habt, habe ich mich versteckt und ... Den Rest kennst du!« Sie sprach schnell und vergaß dabei das Atmen.

»Du bist mir hier runter gefolgt?«, fragte er ungläubig.

»Ich sagte doch, ich komme mit dir!«

David wusste nicht, ob er sich geehrt fühlen oder nun wirklich besorgt sein sollte. Ganz normal war Ninas Verhalten jedenfalls nicht. »Vor deiner Wohnung hat die Polizei auf mich gewartet!«, sagte er und beobachtete ihre Reaktion.

»Die Polizei?«, wiederholte sie ungläubig. Entweder sie wusste tatsächlich nichts davon, oder sie war eine verdammt gute Schauspielerin.

»Zwei Cops in Zivil, in einem altem Pkw«, sagte er. »So unauffällig, dass man sie schon aus hundert Metern Entfernung gesehen hat.«

Sie zuckte mit den Schultern. Plötzlich stutzte sie. »Du glaubst, ich hätte dich verraten?« In ihrem Blick las er Enttäuschung. »Vielleicht glaubst du mir ja nun, wo ich ...« Ihre Augen füllten sich mit Tränen. »Jemanden getötet habe, um dich zu retten.« Sie schluchzte und schlug ihm auf den Arm. »So wie es aussieht, bin ich jetzt der Mörder von uns beiden – wenn du wirklich unschuldig bist!«

»Es tut mir leid«, stammelte er und strich ihr wie zum Trost über die Schulter. »Ich weiß einfach nicht, wem ich trauen kann. Vielleicht kommt es durch den Schlafmangel, dass ich überall Gespenster sehe ...«

Nina wischte sich die feuchten Wangen ab, beruhigte sich aber nur langsam. »Ich hoffe, hier unten gibt es keine Gespenster«, sagte sie schließlich mit einem tapferen Lächeln. »Für eine Nacht scheint das hier ein gutes Versteck zu sein. Soweit ich weiß, ist New York auf Felsen gebaut, die von Hunderten Kilometern Tunneln und Schächten durchsiebt sind. Nicht nur verlassene U-Bahn-Tunnel, sondern auch Schächte und Geheimgänge, die zum Teil noch aus der Zeit der Prohibition und der Bandenkriege im neunzehnten Jahrhundert stammen. Ich habe mal bei Ausgrabungen im Süden Manhattans hospitiert.«

Er schien tatsächlich der einzige New Yorker zu sein, dem die Unterwelt bislang entgangen war.

»Und morgen hauen wir beide ab nach Europa«, sagte sie. Sie musterte ihn von unten bis oben. »Hast du den Umschlag?«

David drehte sich zur Seite und klopfte sich auf den Rücken. »Hier!«

»Dann brauche ich nur noch meinen Reisepass und ein Ticket.« Sie stockte. »Ich werde nach Hause gehen, meinen Pass holen, ein Ticket für denselben Flug buchen und einen Koffer packen.«

»Nein!«, entfuhr es ihm, bevor er wusste, warum. Vielleicht war es die Aussicht, hier unten allein zu bleiben. »Das ist viel zu gefährlich!«, fügte er hinzu.

»Keiner weiß, dass ich Randy geschubst habe ...«, entgegnete sie. »Zumindest noch nicht.«

»Und was ist mit den Männern im Auto vor deiner Wohnung?«

»Ach, das waren irgendwelche Typen. Unten im Haus nebenan ist ein Pfandleiher, vielleicht haben sie den beobachtet. Oder sie waren einfach nur zwei Männer in einem Auto.«

Wieder einmal schien er Anzeichen von Verfolgungswahn gezeigt zu haben. Tatsächlich hatte nichts darauf hingedeutet, dass es sich bei den beiden Männern um Polizisten handelte. »Dann begleite ich dich«, sagte er.

Sie schüttelte den Kopf. »Zu gefährlich. Sie fahnden nach dir. Hier unten bist du erst einmal in Sicherheit.«

»Ich brauche auch neue Klamotten.« Er zog an seiner Jeans und dem Sweatshirt. »Und eine Tasche für die Reise wäre auch nicht schlecht.«

»Bringe ich dir alles mit«, entgegnete Nina. »Ich gehe jetzt nach oben, und in einigen Stunden treffen wir uns wieder.«

David versuchte, tief einzuatmen, was wegen der schlechten Luft hier unten nicht gelang. »Die Tabletten«, sagte er. »Ich sollte noch eine von den Dingern nehmen, bevor die Wirkung nachlässt. Was, wenn ich plötzlich einschlafe? So wie es mir bei Alex passiert ist? Da scheint die Wirkung bereits einmal nachgelassen zu haben. Es war wie ein Knock-out! Ich kann mich an nichts erinnern.«

»Und du bist sicher, dass du geschlafen hast?« Nina legte die Stirn in Falten.

»Es war eher wie eine Narkose oder ein ...« Er suchte nach den richtigen Worten. »Drogenrausch. Und wer weiß, wie lange ich weg bin, wenn es noch einmal passiert? Wenn ich all den Schlaf der letzten Tage nachhole, werde ich vermutlich eine Woche lang durchschlafen!« Er stellte sich vor, wie er auf der Flucht in Berlin auf dem Flughafen plötzlich von der Müdigkeit übermannt wurde und zusammenbrach.

Nina presste die Lippen aufeinander. »Ich verstehe nicht, was bei deinem Freund passiert ist.«

David zuckte mit den Schultern. »Irgendwann wird die Wirkung eben nachlassen, wie bei jedem Medikament. Ich werde schon nicht mein ganzes Leben wach bleiben.«

Ein kaum merkliches Lächeln huschte über Ninas Gesicht, dann wurde sie wieder ernst. »Also, wo sind diese Tabletten?«

»In meinem Büro in der Anwaltskanzlei«, entgegnete David. »Ich habe sie dort versteckt.«

»Dann hole ich sie!«, sagte Nina. »Wo ist deine Kanzlei, und wie komme ich dort hinein?«

»Nur hiermit.« David hob den Daumen seiner rechten Hand.

44

New York

Millner traf seinen Kollegen vor dem Gebäude, das die Anwaltskanzlei McCourtny, Coleman & Pratt beherbergte.

Henry war sichtlich schlecht gelaunt. »Was soll der Mist? Ich hatte mich gerade hingelegt!«

»Gute alte Ermittlerarbeit«, sagte Millner. »Warum man den Arbeitsplatz eines Mordverdächtigen durchsucht, muss ich dir ja wohl kaum erklären.« Von seinem Treffen mit Keller wollte er Henry noch nichts erzählen. Das hatte er seinem ehemaligen Chef versprochen.

»Und was soll ich hier?« Henry trat von einem Bein aufs andere und schloss die Knöpfe seines Mantels.

»Vier Augen sehen mehr als zwei«, entgegnete Millner.

»Wir haben doch unser Motiv. Und wir haben zwei Leichen. Was willst du noch?«

Henrys Laune war tatsächlich im Keller. Millner vermutete, dass sein Kollege nicht allein gewesen war, als er ihn auf dem Handy erreicht hatte.

»Während du dich im Bett vergnügt hast, habe ich mit Koslowski gesprochen. Die haben sogar eine Sondereinheit gegründet, zu der wir nun auch gehören. Alexander Bishops Vater lässt grüßen. Ich vermute, er hat dem Generalstaatsanwalt die Hölle heißgemacht, damit der den Mörder seines Sohnes findet.« Millner trat vor die Glasschiebetür im Eingang, die sich um diese Zeit nicht mehr automatisch öffnete. Er legte die Hände an die Scheibe und schaute hinein.

»Dann müsste Bishop senior tatsächlich in die Hölle hinabgestiegen sein, denn der Generalstaatsanwalt ist tot, falls du das vergessen hast«, maulte Henry.

»Schätze, der alte Bishop hat alle Spenden auf Eis gelegt«, ergänzte Millner. So funktionierte es doch. Wer mit Mord davonkommen wollte, sollte lieber nicht die Kinder einflussreicher Familien umbringen, sondern lieber irgendeinen armen Schlucker. Millner nahm seine Pistole und klopfte mit dem Griff gegen die Scheibe. »Die werden schon bald Ergebnisse sehen wollen.«

Henry zog derweil so hektisch an seiner Zigarette, dass sie halb abbrannte. »Er wird sich nicht lange verstecken können. Ich gebe ihm keine vierundzwanzig Stunden«, sagte er. »Berger ist derzeit die meistgesuchte Person in ganz New York. Und am besten wäre, wir präsentieren am Ende einen toten Verdächtigen. Dann ist die Akte genauso schnell geschlossen, wie wir sie heute aufgemacht haben. Einen Anwalt bringst du schwerer in den Knast als eine Feile im Arsch.«

Millner zog die Augenbrauen hoch, ohne etwas zu erwidern.

»Was?«, sagte Henry. »Sag mir nicht, dass das beim FBI anders lief?«

»Weißt du, was mein Chef immer gesagt hat, als ich noch verdeckter Ermittler war? ›Wir müssen aufpassen, dass wir nicht werden wie die.‹«

Im Gebäude rührte sich noch immer nichts. Aber er sah

am Empfang den Schein eines Monitors. Millner schlug erneut mit dem Griff der Pistole gegen die Scheibe. »Du weißt doch: Zwischen vorne und hinten im Streifenwagen sind nur zwei Lehnen mit Rückgrat.«

Henry spuckte aus. »Bullshit! Du immer mit deinen Kalendersprüchen!« Ärgerlich schnippte er die Zigarette in den Rinnstein.

»Die haben die Sondereinheit *Dracula* genannt, wegen des ersten Opfers«, sagte Millner. Ihm fiel das Buch ein, dass er sich heute im Buchladen gekauft hatte und das er, sobald er dazu kam, genüsslich lesen würde. »Hat der Coroner mittlerweile etwas zu den Malen am Hals des Mädchens gesagt?«

Henry zog die Schultern hoch. »Bei der ersten Schau am Tatort konnte er die Todesursache nicht feststellen. Mehr weiß ich nicht, denn ich hatte ja Feierabend. Betonung auf *hatte*!«

Endlich regte sich etwas in der Empfangshalle. Ein älterer Mann in der Uniform eines Nachtwächters kam zur Tür.

Millner presste seine Marke von außen gegen die Glasscheibe. Der Wachmann betrachtete sie, hantierte dann an einer hüfthohen Säule, und die Schiebetüren öffneten sich.

»Lassen Sie mich raten: Sie kommen auch wegen des Anwalts?«, begrüßte er sie, und als er Millners fragenden Blick sah, fügte er mit einem freundlichen Lächeln hinzu: »Ihre beiden Kollegen habe ich gerade nach oben gebracht.«

Nina stand regungslos in einem der Büroeingänge gegenüber und beobachtete die schmale Tür an der Hinterseite des Gebäudes, die Davids Beschreibung zufolge als Personaleingang diente. Das Bürohaus, das die Kanzlei beherbergte, lag ruhig vor ihr. Weit und breit war niemand zu sehen. Hinter den Glasscheiben machte sie einen milchigen Lichtschein aus der Pförtnerloge aus, konnte aber keine Bewegung wahrnehmen. David hatte sie nur ungern ziehen lassen, doch am Ende hatte er eingesehen, dass er besser nicht durch die Straßen New Yorks spazierte. Schließlich galt er als Verdächtiger in einem Fall von Doppelmord. Sie hatten unterirdisch noch einige Kilometer zurückgelegt, bis David sie zu einem Kanaldeckel begleitet hatte, den sie gemeinsam hatten anheben können. Zufälligerweise kannte sie die Kreuzung, an der sie dem Kanal entstiegen war. Beide vereinbarten, dass David dort auf sie warten würde, und sie versprach mehr als einmal, sich zu beeilen. Zur Not behielt er das Mobiltelefon.

Ihr erster Weg führte zu der Kanzlei, in der David arbeitete. Vermutlich war es völlig unvernünftig, jetzt diese Tabletten zu holen. Aber Nina hatte das Gefühl, dass er sie so dringend brauchte wie Dumbo seine Feder. Auch wenn sie nicht die Wirkung brachten, die er sich davon versprach.

Sie musste keine fünf Minuten warten, bis die Tür sich öffnete und eine Gestalt hinausschlüpfte. Es war eine junge Frau im modischen Mantel und mit hochhackigen Schuhen. Um den Hals trug sie ein schickes Tuch. Nina wartete, bis die Frau sich einige Meter entfernt hatte, dann löste sie sich aus dem Versteck und überquerte die Straße. In das Büro hineinzukommen würde ein Kinderspiel werden. Dafür musste man kein Technik-Freak sein. Es genügte ein bisschen handwerkliches Geschick.

Millner und Henry wechselten einen fragenden Blick.

»Kollegen?«, fragte Millner.

»Vom FBI«, entgegnete der Pförtner. »Zwei großgewachsene Typen mit kurzen Haaren.«

Millner spürte Ärger in sich aufsteigen. Er hatte Keller doch gesagt, dass er sich um Bergers Büro kümmern würde. Offensichtlich vertraute sein ehemaliger Chef ihm doch nicht mehr so wie früher. »Wo geht's lang?«, wollte er wissen. Besser, sie beeilten sich, bevor das FBI ihnen noch wichtige Spuren zerstörte.

Der Pförtner führte sie zu einem der Fahrstühle. Er steckte

einen Schlüssel in ein Schloss, und eine der Fahrstuhltüren öffnete sich. Die Fahrt hinauf schien ewig zu dauern.

»Wusste gar nicht, dass die auch ermitteln«, sagte Henry. »Du?«

Millner tat so, als hätte er die Frage nicht gehört. Dinge zu verschweigen war eine Sache, seinen Partner anzulügen eine andere. Endlich öffneten sich die Fahrstuhltüren, und sie traten hinaus auf den Flur der Anwaltskanzlei. Dunkler, edel aussehender Teppich. Ein Empfang aus Tropenholz. Hohe Vasen mit frischen Blumen. An den Wänden teure, nichtssagende Kunst.

»Hier entlang«, sagte der Wachmann mit einer gewissen Langeweile in der Stimme. Strahler in der Decke sorgten für so etwas wie eine Notbeleuchtung. Sie passierten einen Konferenzraum, dessen Wände aus Glas bestanden, und ein halbes Dutzend verlassene Büros. Aus einem der Zimmer fiel ein Lichtschein auf den Gang heraus. Millner vermutete, dass dies ihr Ziel war. Tatsächlich hatten sie den Raum beinahe erreicht, als plötzlich jemand aus der Tür heraustrat und ihnen entgegenstarrte. Es war nicht die massige Figur, die Millner alarmierte, sondern die Körperhaltung und die Waffe, mit der der Mann auf sie zielte.

»NYPD«, sagte Millner laut und schob vorsorglich den Nachtwächter aus der Schusslinie. Gleichzeitig wanderte seine Hand in Richtung seines Halfters. »Detective Millner und Detective Boyd. Wir ermitteln im Fall Berger.« Er wartete auf die Wirkung seiner Worte, doch der Mann vor ihnen regte sich nicht. Er schien unschlüssig zu sein. »Fragen Sie Keller!«, ergänzte Millner.

»Wen?« Der Mann war sichtlich irritiert. In diesem Moment trat ein weiterer Mann aus der Tür. »Nimm die Waffe runter, das sind Kollegen!«, herrschte er seinen Partner an und kam lächelnd auf sie zu. »Ich bin Agent Wright, und mein junger

Kollege hier ist Agent Pender. Wir sind vom FBI und ermitteln auch in diesem Fall.« Er hielt ihnen die ausgestreckte Hand entgegen.

Millner zögerte, bevor er sie ergriff. Anders als Henry, der wutschnaubend auf Agent Wright zustürmte.

»Sagen Sie dem Bürschchen da, wenn er noch einmal die Waffe auf mich richtet, stecke ich sie ihm in den Hintern!«

»Verzeihen Sie, aber wir hörten nur ein Geräusch und wussten nicht, wer es ist. Wie Ihnen bekannt sein dürfte, ist David Berger immer noch auf freiem Fuß ...« Agent Wright war noch größer als Millner und ebenso massig wie sein Kollege. Beide Männer hätten besser in eine Football-Mannschaft als zum FBI gepasst.

»Was suchen Sie hier?«, fragte Millner.

Wright hob die breiten Schultern. »Berger. Wir klappern die Orte ab, an denen er sich für gewöhnlich aufhält. Aber wie Sie sehen, ist er nicht hier, also können wir alle wieder gehen.« Mittlerweile hatte sein Kollege die Waffe unter dem Jackett verschwinden lassen.

»Danke, wir schauen uns noch kurz um«, erwiderte Millner, ohne sich zu bewegen.

»Ich bringe Sie raus«, sagte der Nachtwächter zu den beiden FBI-Agenten, die ihm nur zögerlich folgten.

»Einen Moment bitte. Wer ist Ihr Verbindungsagent?«, fragte Millner, als die Männer schon einige Meter entfernt waren.

»Norwich«, antwortete Agent Wright. »Brian Norwich.«

Millner nickte. »Okay, wenn wir noch etwas finden, melden wir uns bei Ihnen.«

Kurz darauf standen Henry und er allein in David Bergers Büro.

Der Personaleingang öffnete sich. Nina entschied sich für die Treppe. David hatte ihr genau beschrieben, wo sich sein Büro befand, und auch, wo er die Tabletten versteckt hatte. Sie zu holen durchkreuzte ihre eigentlichen Pläne, vor allem wollte sie schnell zu David zurück. Er machte auf sie nicht den stabilsten Eindruck, und sie ließ ihn nur ungern allein. Nicht, dass er noch auf dumme Ideen kam. Sie war außer Atem, was auch daran lag, dass sie die Kapuze über das Gesicht gezogen hatte, falls es Überwachungskameras gab. Sie schaute auf das Papiertaschentuch, auf das David ihr das richtige Stockwerk geschrieben hatte. Sie musste in den sechsten Stock. Unter der 6 stand eine 8, weil es die achte Bürotür war. Sie lauschte an der Eisentür, die auf die Büroetage führte. Aber die Tür war so massiv, dass kein Laut nach draußen drang. Vorsichtig öffnete Nina sie und betrat die Kanzlei. Es roch nach frisch verlegtem Teppich und Leder. Das Licht war gedimmt. Sie schaute nach links und rechts und folgte dann dem rechten Gang, der zu Davids Zimmer führte. Dort würde sie schnell die Tabletten holen und dann nach Hause gehen, um ihre Tasche zu packen. Auf dem Weg würde sie David noch etwas zum Anziehen besorgen müssen. Sie zählte die Bürotüren auf der linken Seite. Noch zwei, dann hatte sie ihr Ziel erreicht.

»Arschlöcher!«, sagte Henry, während sie sich in David Bergers Büro umsahen. »Fuchtelt vor unserer Nase mit seiner Wumme rum, der Trottel.«

Millner hörte nur mit halbem Ohr zu. Er war in Gedanken noch bei der Begegnung von eben. Den Namen Norwich hatte er beim FBI noch niemals gehört. Sobald sie hier fertig waren, würde er Keller anrufen und sich beschweren.

»Und jetzt?«, fragte Henry lustlos. »Wonach suchen wir überhaupt?«

Millner wusste es nicht. Eigentlich hoffte er, irgendetwas zu finden, das Berger mit den Morden im Labor in Verbindung brachte, aber das konnte er seinem Partner nicht sagen.

Das Büro war weit davon entfernt, ein gemütlicher Arbeitsplatz zu sein, war vielmehr rein zweckmäßig eingerichtet. Ein Tisch, ein Stuhl, ein Regal. Alles aus hellem Holz. Auf dem Schreibtisch stand ein Monitor. Daneben lagen einige Akten.

»Lass den Computer abholen«, sagte Millner.

»Das geht bei Anwälten nicht so leicht«, entgegnete Henry. »Dafür brauchen wir einen Gerichtsbeschluss, und wenn da Mandantendaten drauf sind, kannst du es ganz vergessen.«

»Das gilt wohl auch für diese Durchsuchung«, sagte Millner, der sich sehr wohl bewusst war, dass das, was sie hier taten, nicht ganz legal war. Vielleicht war es den Männern vom FBI ähnlich ergangen, was ihr rasches Verschwinden erklären würde.

Henry ging zu dem Bücherregal und legte den Kopf schräg. Unterdessen setzte Millner sich auf den Bürostuhl.

Auf dem Schreibtisch stand ein Bilderrahmen mit einem Bild. Es war ein altes Foto, das zwei Männer zeigte. Beide schauten ernst in die Kamera. Im Hintergrund war so etwas wie ein Labor zu erkennen. Millner stellte es zurück. Sein Knie stieß gegen einen Rollwagen. Als Millner die Schublade öffnen wollte, stutzte er. »Komm mal her, Henry.« Er rollte mit dem Bürostuhl zur Seite, um den Blick darauf freizugeben. »Wie sieht das für dich aus?«

»Als hätte jemand keinen Schlüssel gehabt«, stellte Henry trocken fest.

Millner suchte auf dem Schreibtisch nach einem Stift und öffnete damit vorsichtig die Schublade. Darin herrschte Chaos. Ein Eau de Toilette, ein Schwamm zum Polieren von Schuhen. Ein Deodorant. Ein paar Heftklammern. Eine Packung Kopfschmerztabletten. Nichts von Belang. Zumindest nicht mehr.

»Vielleicht unsere Freunde vom FBI«, bemerkte Henry.

Millner nickte. Er stand auf und fuhr mit den Fingern über die Schreibtischplatte.

Sein Blick blieb an der Statue einer Justitia hängen. Sie war nicht größer als dreißig Zentimeter und sah aus, als wäre sie aus Bronze. Ihre Augen waren verbunden, in der einen Hand hielt sie das Schwert, in der anderen die Waage. Offenbar war David Berger irgendwann zumindest einmal ein Anwalt mit Idealen gewesen.

Henry fluchte, als er in dem engen Raum versehentlich einige Papiere vom Schreibtisch fegte.

Millner bückte sich, um sie aufzuheben. Offenbar handelte es sich um Ausdrucke aus dem Internet. *»Medizinische Folgen von Schlaflosigkeit«*, las er laut vom obersten Blatt ab. Auch die anderen Seiten waren Ausdrucke von Artikeln, die sich mit Schlafproblemen beschäftigten. Außerdem war da ein Bericht über ein Bankhaus in Berlin, dessen Name Millner nichts sagte. Vermutlich ein Mandat von Berger. Solche Informationen durften sie ohne Gerichtsbeschluss nicht sehen. Er legte alles zurück. Millers Blick fiel auf einen Tischkalender. Für den heutigen Tag gab es nur einen einzigen Eintrag um neun Uhr morgens. *Institut für Schlafmedizin*. Dahinter eine Adresse.

»Scheint so, als hätte unser Junge Probleme einzuschlafen«, sagte Millner.

»Ginge mir genauso, wenn ich meine Freundin und meinen Kumpel getötet hätte«, entgegnete Henry. »Können wir jetzt? Hier ist kein Berger, und hier ist auch sonst nichts, was uns weiterbringt.«

Millner sah sich um. Er hatte das unbefriedigende Gefühl, irgendetwas übersehen zu haben.

Sie bog um die Ecke und stand mitten in dem Büro. Ein Tisch, ein Stuhl, ein Regal. Äußerst schlecht für das Karma. Sie schaltete das Licht ein und ging zum Schreibtisch. Darauf stand ein

Foto, das eine junge Frau mit einem Baby und einem etwas älteren Kind zeigte. »Mist«, fluchte Nina und ging zurück zur Tür. Sie las das Namensschild daneben. *Edward Hyden*. Nina kramte das Papiertaschentuch hervor und starrte darauf. Auf der Vorderseite hatte David den Namen der Tabletten notiert: *Stay tuned*. Auf der Rückseite zwei Zahlen, eine für das Stockwerk und eine für die Nummer seiner Bürotür, wenn man vom Fahrstuhl aus abzählte. Sie drehte das Taschentuch. Es war eine 9 und keine 6! Fluchend löschte sie das Licht und eilte zurück zum Treppenhaus. Zwei Stockwerke höher wiederholte sich das Prozedere. Sie lauschte kurz an der Tür, dann betrat sie den Flur. Es roch genauso wie in der sechsten Etage und sah genauso aus. Nina näherte sich nun hoffentlich dem richtigen Büro; die neunte Tür auf der linken Seite musste es sein. Sie trat ein und blieb wie angewurzelt stehen.

Mitten im Raum zeichnete sich vor dem Fenster die Silhouette der Justitia ab, die David ihr beschrieben hatte. Nina drehte sie um und löste vom Sockel den Bezug aus grünem Filz. Im Hohlraum darunter steckte tatsächlich die zusammengefaltete Aluminiumverpackung mit den Tabletten. Beim Anblick der Statue, deren Augen verbunden waren, konnte Nina sich ein Lächeln nicht verkneifen.

Keine fünf Minuten später stand sie wieder vor dem Hintereingang der Kanzlei und sog die kühle Luft ein.

Sie schob die Hände in die Jackentaschen. Das Tuch darin fühlte sich feucht und glitschig an. Sie entsorgte es samt Inhalt im nächsten Mülleimer.

Nina nahm das Taschentuch mit den von David gemalten Ziffern und trocknete ihre Finger damit, so gut es ging. Jetzt musste sie sich beeilen. David fragte sich vermutlich schon, ob sie überhaupt zurückkam.

45

New York

David hatte die Stirnlampe ausgeschaltet, um die Batterie zu schonen. So saß er in vollkommener Dunkelheit. In seinem Rücken spürte er den kalten Stein der Tunnelwand. Seine Hose fühlte sich feucht an, doch das war ihm jetzt gleichgültig. Er hatte Nina bis zum Ausstieg begleitet. Zunächst hatte er sich ein wenig umgesehen, ein paar Nebengänge erforscht, um sich die Zeit zu vertreiben. Gut zwanzig Meter von Ninas Ausstieg entfernt hatte er schließlich eine kleine Nische gefunden, die überwiegend trocken war. Nun wartete er auf ihre Rückkehr.

Normalerweise wäre er wohl eingeschlafen, während er hier in der Dunkelheit vor sich hin starrte. Aber nicht heute. Dabei wünschte er sich so sehr, für einen Moment mit seinem Geist diesen Körper zu verlassen. Alles tat ihm weh. Die Beine schmerzten vom vielen Laufen. An der Hand hatte er eine Schürfwunde. In seinem Kopf hämmerte ein Schmied glühendes Eisen auf dem Amboss. Und seine verletzte Nase fühlte sich an, als würde sie jeden Moment platzen. Wie schön wäre es, ins Reich der Träume abzudriften und all den Schmerz für ein paar Minuten oder gar Stunden nicht aushalten zu müssen. Doch er hockte hier und war gezwungen, ihn zu ertragen. Das galt vor allem für den vernichtenden seelischen Schmerz.

Bilder von Sarah tauchten vor seinem inneren Auge auf. Alex gesellte sich dazu. Beide lachten und sprachen zu ihm. Fetzen glücklicher gemeinsamer Momente quälten David. Und dann wurden die Bilder verdrängt von dem seines Vaters, der ihn mit seinem ernsten Blick zu ermahnen schien, sich zusammenzureißen. Sich zu konzentrieren. Wach zu bleiben.

Tatsächlich hatte David das Gefühl, für einen Moment

weggedämmert zu sein. Sollte die Wirkung der Tablette nun wirklich nachlassen? Er riss die Augen auf und veränderte die Sitzposition, doch dann ergab er sich sofort wieder dem Gefühl wohliger Müdigkeit. Über ihm hoben und senkten sich die Gully-Deckel unter dem Sog der darüberfahrenden Autos mit einem satten rhythmischen Geräusch wie von Trommeln, das ihn noch schläfriger machte.

»Du musst deine Unschuld beweisen«, hörte er Sarah sagen.

»Auch wenn du ein Arschloch bist, du hast mich nicht umgebracht, David«, fügte Alex hinzu.

»Aber wer dann?«, rief er selbst. »Wer außer mir kommt infrage?«

Plötzlich war David wieder hellwach und lauschte in den Tunnel hinein. War das tatsächlich er gewesen, der da gerade gesprochen hatte? *Wer außer mir kommt infrage*? Ja, das war die entscheidende Frage. Wenn er es nicht gewesen war: Wer sollte seine Freunde dann umgebracht haben? Oder war es Selbstmord gewesen? Hatte Alex mit der Schuld, ihn, seinen besten Freund, betrogen zu haben, nicht leben können? Und hatte Sarah sich vielleicht auch selbst umgebracht? In seiner Wohnung, damit er sie finden würde? Dann machte es keinen Sinn, dass die Polizei öffentlich nach ihm fahndete. Ein Selbstmord wäre wohl leicht festzustellen. Oder hatte Alex Sarah umgebracht? David erinnerte sich, wie Alexander ihm das Glas Wasser gereicht hatte. *Es tut mir leid, Kumpel. Es tut mir ehrlich so leid*! Vielleicht hatte er ja versucht, ihn zu vergiften, und er, David, war deshalb bewusstlos geworden. Und in dem Glauben, Sarah und ihn getötet zu haben, hatte Alex sich dann aus dem Fenster gestürzt? Diese Geschichte gab Sinn. Vielleicht sollte er doch zur Polizei gehen und ihr diese Version erläutern.

»Und was ist mit mir? Was habe ich mit alldem zu tun?«, fragte eine Stimme, die David nicht kannte. Wieder erschien das ernste Gesicht seines Vaters in der Dunkelheit. Ja, was hatte sein Vater mit alldem zu tun? Was dessen mysteriöser Brief? *Sollte das, was in dir schlummert, dir irgendwann die Augen öffnen ...*

David hatte die Zeilen in jener Nacht so oft gelesen, dass er sie auswendig konnte. *Sollte das, was in dir schlummert, dir irgendwann die Augen öffnen ...* Ein Satz, an dem er die ganze Zeit hängen geblieben war. Was hatte sein Vater damit gemeint? Was sollte in ihm schlummern? Meinte sein Vater so etwas wie ein Killer-Gen? David hatte vor einigen Jahren einen Bestseller gelesen, der sich damit beschäftigte, inwieweit das Böse im Menschen genetisch veranlagt ist. Er wusste praktisch nichts über seinen Vater. Hatte der etwa befürchtet, dass er einmal zum Mörder werden könnte? So wie es jetzt vielleicht geschehen war? Bei diesem Gedanken fühlte David sich äußerst unwohl. Aber was hatte er mit *Augen öffnen* gemeint? Offene Augen hatte er, denn er hatte seit Tagen nicht mehr geschlafen. Doch das hatte sein Vater ja unmöglich wissen können, als er vor beinahe dreißig Jahren den Brief verfasst hatte.

»Geh nach Berlin!«, hörte er wieder die Stimme. »Geh!«

David spürte, wie seine Arme und Beine ganz schlaff wurden. Er würde nirgendwo mehr hingehen, allenfalls ins Reich der Träume. Da sah er sie wieder. Sarah, Alex. Was hielt sie auf dem Arm? War das ihr Kater Jazz? An ihrem Ringfinger blitzte der Verlobungsring.

Ein schrilles Piepen ertönte, und das Bild löste sich auf. Dann erschien ein anderes Gesicht vor seinen Augen. Es war Randy. »Du musst fliehen, denn sie werden dich töten. Genau wie deinen Vater!«, wiederholte er die Worte, die Randy unten auf dem Bahnsteig zu ihm gesagt hatte. »Sie werden dich TÖTEN!« Das Piepen wurde lauter, und auch das Bild von Randy löste sich auf. Sein Wecker? Hoffnung keimte in ihm auf, dass alles nur ein böser Traum war.

»Scheiße, CO_2«, hörte er eine Stimme neben sich. »Er ist schon weg.«

»Wie viel?«

»Zu viel, um lange hierzubleiben.«

Jemand packte ihn am Arm. Dann spürte er Schläge an seinen Wangen. Jemand verpasste ihm Ohrfeigen. »Komm schon, Junge! Wach auf!« David öffnete blinzelnd die Augen, doch es war zu hell. Blinzelnd versuchte er, etwas zu erkennen, und brauchte einen Moment, um zu verstehen. Ein Mann mit einer Stirnlampe stand über ihn gebeugt.

»Alles gut, alles gut«, stammelte David. »Lassen Sie mich, mir geht es gut!« Endlich gelang es ihm, die Augen ganz zu öffnen. Er fühlte sich, als hätte er einen Kater.

»Hier unten ist zu viel CO_2. Sie waren bewusstlos«, sagte der Mann und tippte auf ein kleines Gerät an seinem Gürtel. »Wir müssen schnell von hier verschwinden.«

David versuchte, sich aus dem Griff zu befreien, aber er war zu fest. »Danke«, stammelte er. Tatsächlich fühlte er sich, als bekäme er nicht gut Luft. Er versuchte, sich aufzurichten, doch ihm wurde schwindelig. Er wollte nicht von hier fort, sonst würde Nina ihn nicht so leicht wiederfinden. Auf jeden Fall musste er erst einmal diesen Typen loswerden. »Ich finde mich schon allein zurecht.« Seine Worte klangen, als wäre er betrunken.

»Keine Sorge, wir begleiten Sie«, hörte er eine Stimme, mit einem anderen Akzent als die von eben.

Erst jetzt bemerkte David, dass rechts neben ihm ein weiterer Mann stand, der nun seinen anderen Arm ergriff. Gemeinsam stellten sie ihn auf die Füße.

»Danke, jetzt geht es wirklich. Ich verschwinde gleich von hier.« Er musste sich konzentrieren, um die Sätze akzentuiert herauszubringen.

»Wir gehen zusammen, Mr. Berger«, sagte der Erste.

David erstarrte. Jetzt erst sah er im Schein der beiden Stirnlampen, dass die Männer so etwas wie Kampfanzüge trugen. »Polizei?«, fragte er.

Das Licht der Stirnlampe schwenkte hin und her, offenbar schüttelte sein Gegenüber den Kopf. »Wir wollen Ihnen helfen, Mr. Berger.«

In diesem Augenblick erklang nicht weit entfernt ein metallisches Schaben. David kannte das Geräusch mittlerweile: Jemand schob einen Gully-Deckel beiseite. Das konnte nur Nina sein. Er setzte an, um sie zu warnen, doch plötzlich fühlte er etwas Spitzes an der Seite seines Halses. Als er den Kopf senkte, sah er im Licht einer der Stirnlampen ein Messer.

»Kein Laut«, zischte der Mann, der ihm die Klinge an den Hals drückte.

Das Schaben wurde lauter. Er musste Nina warnen. Im Moment war es ihm sogar egal, ob sie ihm den Hals aufschlitzten oder nicht. Er hatte Nina mit in diese Sache hineingezogen und war geradezu verpflichtet, sie zu beschützen. Auf seinen warnenden Ruf hin konnte sie nach ihrem Abstieg immerhin in die andere Richtung fliehen, tiefer in den Tunnel hinein. So hätte sie eine gute Chance, zu entkommen. Aber er musste warten, bis sie die eisernen Sprossen ganz hinabgestiegen war. Anderenfalls konnten die beiden Männer sie leicht abfangen. Ein dumpfer Aufprall war zu hören, dann noch einer. Offenbar hatte sie etwas in den Tunnel geworfen. Vermutlich ihre Tasche. Dann hörte er ein Ächzen und wieder das Geräusch von schleifendem Metall auf Stein. David vermutete, dass sie nun versuchte, von innen den Deckel zu schließen.

Er spannte jeden seiner Muskeln an. Vielleicht konnte er den Kerl mit dem Messer zur Seite stoßen und hatte so genügend Zeit, etwas zu rufen. Allerdings wirkten die beiden Männer ziemlich stabil. Er überlegte, was er Nina zurufen sollte. Vielleicht blieb ihm nur Zeit für ein einziges Wort.

»David!«, hörte er plötzlich Ninas Stimme. »Bist du da?«

Er spürte, wie das Messer sich tiefer in seine Haut bohrte, sodass er sich schon Sorgen machte.

»David! Hilf mir doch bitte mal mit dem Deckel! Wo bist du?«

Er biss sich auf die Lippe.

»Ich habe die Sachen für dich dabei und auch die Tabletten aus deinem Büro!«

In diesem Augenblick kam Bewegung in die beiden Männer. Der eine packte David, trat hinter ihn und legte einen Arm um seinen Hals, wobei er ihm so auf den Kehlkopf drückte, dass David keine Luft mehr bekam. Ein eintrainierter Würgegriff, der die Nahkampfausbildung des Mannes verriet. Zusätzlich spürte David noch immer das Messer an seinem Hals, nun allerdings nicht mehr nur die Spitze, sondern die gesamte scharfe Klinge. Unterdessen hatte der andere Kerl seine Stirnlampe ausgeschaltet und entfernte sich in Ninas Richtung. David sah, dass er jetzt auch ein Messer in der Hand hielt. Er versuchte, sich zu befreien, mit dem Fuß gegen den Felsen zu treten, um Nina zu warnen, was aber nur dazu führte, dass sein Gegner den Würgegriff verstärkte. Noch einige Millimeter, dann würde seine Halsschlagader abgedrückt und er würde bewusstlos werden. Er musste sich eingestehen, dass Gegenwehr zwecklos war. Sein Herz hämmerte gegen die Rippen. Panik stieg in ihm auf. Nicht aus Sorge um sich selbst, sondern aus Sorge um Nina. Er versuchte, etwas zu rufen, doch mehr als ein Krächzen bekam er nicht heraus. Der Druck auf seinen Kehlkopf war zu groß. Schon wurde David schwarz vor Augen. Aus Ninas Richtung ertönte ein spitzer Schrei. Jemand sagte etwas, dann vernahm er ein lang gezogenes Stöhnen, und es klang, als fiele ein Körper zu Boden. Danach war alles totenstill.

46

New York

David beschloss, es mit einer seitlichen Drehung zu versuchen. Bei einem Würgegriff von hinten war dies die effektivste Möglichkeit, sich zu befreien. Gleichzeitig würde er mit der Handkante dahin schlagen, wo es einem Mann am meisten wehtat. Im *Krav-Maga*-Unterricht, einer Selbstverteidigungstechnik, die von einem Israeli an Davids Highschool angeboten worden war, hatten sie es genau so zigmal geübt. Nur hatte damals ein pickliger Fünfzehnjähriger an seinem Nacken gehangen und keine einhundertzehn Kilo schwere Kampfmaschine. Auch hatte ihm damals niemand ein Kampfmesser an den Hals gedrückt. Aber wenn das Überraschungsmoment auf seiner Seite war und der andere ihn unterschätzte, könnte es ihm vielleicht gelingen, ohne dass ihm die Kehle aufgeschlitzt wurde. Zudem baute David darauf, dass sie ihn nicht töten wollten, denn dann hätten sie es schon lange getan und ihn gar nicht erst aus seinem CO_2-Rausch geweckt.

David spannte die Halsmuskulatur an, um den Druck von seinen Adern zu nehmen. Aus dem dunklen Tunnel hörte er Schritte; offenbar kam der Kerl, der Nina überwältigt hatte, zu ihnen zurück. Er musste sich befreien, bevor seine Gegner wieder zu zweit waren; dann hatte er vielleicht eine kleine Chance, durch den Tunnel zu entkommen. Er atmete tief ein, drehte sich mit einer explosiven Bewegung zur Seite und löste so den Druck des Arms von seinem Kehlkopf. Die Muskulatur an der Seite seines Halses war viel besser in der Lage, den Druck abzufangen. Gleichzeitig brachte er so einen Abstand zwischen das Messer und seinen Kehlkopf. Im nächsten Moment schlug David mit aller Kraft zwischen die Beine seines Gegners. Seine Faustkante traf auf etwas Weiches, was ihm verriet, dass er richtig gezielt hatte. Mit einem lauten Stöhnen lockerte sich der Griff des Armes, und als David sich nach unten fallen ließ, war er frei. Im nächsten Augenblick war er wieder auf den Beinen und wollte losrennen, doch der zur Seite taumelnde Körper seines Kontrahenten versperrte ihm den Weg. Also rannte er in die andere Richtung, dem zweiten Kerl entgegen. David kam im Dunklen nur wenige Meter weit, dann prallte er mit jemandem zusammen und fiel zu Boden. Noch im Fallen sah er hinter sich das Licht einer Lampe, begleitet von einem martialischen Schrei. Offenbar hatte der Mann, der ihn gewürgt hatte, den ersten Schmerz überwunden und setzte ihm nun nach. David wollte sich erheben, aber ein schmerzhafter Stich in der Rippengegend nahm ihm die Luft. Den einen Kerl neben sich, den anderen auf sich zustürmend, sah es schlecht für ihn aus.

»Halt!«, rief plötzlich eine Stimme neben ihm, und das Licht vor ihm hielt abrupt inne. »Und nun: schlaf ein!«, sagte die Stimme, sanft wie eine Mutter zu ihrem Kind, und im nächsten Moment kippte das Licht nach hinten, als fiele es zu Boden.

Dann war wieder alles still.

Eine Hand berührte ihn von hinten. »Alles klar mit dir, David?«

Er schaute nach rechts und erkannte im schwachen Lichtschein, der nun von der Decke zurückgeworfen wurde, Ninas Gesicht.

»Wir sollten von hier verschwinden«, sagte sie vollkommen ruhig. »Bevor noch mehr von denen kommen.«

47

New York

»Ein Labor?«

Sie standen am Ufer des Hudson River, wo sie sich ein wenig die Füße vertreten hatten, und Henry blies den Rauch seiner Zigarette in Millners Richtung. Der hatte den Wagen hierher gelenkt, um Henry einzuweihen. »Und du bist sicher, dass das auf dem Foto Berger war?«

»Ganz sicher.«

»Wie passt das zu dem Motiv Eifersucht?«

»Gar nicht«, sagte Millner. »Deswegen erzähle ich es dir.«

Die Glut von Henrys Zigarette glomm auf, als er am Filter zog. »Deswegen waren also eben auch die beiden Typen vom FBI in Bergers Büro.«

Millner nickte. »Das ist es ja. Die waren nicht vom FBI.«

Henry vergaß auszuatmen und bekam prompt einen Hustenanfall.

»Ich habe mit meinem Kontakt beim FBI gesprochen. Dort gibt es keinen Mitarbeiter namens Norwich. Und die haben auch niemanden zu Bergers Büro geschickt.«

»Und wer waren die beiden dann?«

An diesem Punkt wurde es kritisch. Dass Keller die Beteiligung des Pentagons an den Morden im Labor vermutete, musste er vorerst für sich behalten. »Keine Ahnung«, sagte Millner deshalb, und in gewisser Weise entsprach das auch der Wahrheit. Weder Keller noch er wussten, welche Abteilung des Pentagons hier genau seine Finger im Spiel hatte.

»Die sahen jedenfalls nicht aus wie Amateure«, bemerkte Henry. Sein Partner war nicht dumm, deshalb arbeitete Millner so gern mit ihm zusammen. »Also fangen wir ganz von vorne an.«

»Absolut nicht«, entgegnete Millner. »Es ist eben nur nicht die einfache Lösung.«

»Das heißt, mit Schlafen wird es erst einmal nichts!« Henry verzog das Gesicht und warf den Rest seiner Zigarette auf den Boden.

»In Bergers Kalender stand, dass er heute Morgen einen Termin im Institut für Schlafmedizin am Madison Square Park hatte. Sagt dir das was?«

Henry blickte ihn entgeistert an.

»Was?«, fragte Millner.

Ohne zu antworten, griff sein Partner zu seinem Handy und entfernte sich mit dem Telefon am Ohr ein paar Schritte. Eine Minute später kam er zurück. »Maria Estevez«, sagte er. Millner las in seinen Augen eine Mischung aus Überraschung und Bestürzung.

»Wer ist das?«

»Eine Angestellte des Instituts für Schlafmedizin. Sie war als vermisst gemeldet. Ich habe den Aushang heute Morgen im Revier gesehen.«

»*War* als vermisst gemeldet?«

Henry nickte. »Sie wurde heute Nachmittag gefunden. Ihre Leiche lag im Kofferraum ihres Wagens. Und der war auf einem öffentlichen Parkplatz in Uptown abgestellt.«

Millner atmete laut aus. Es war das alte Dilemma bei einer Mordserie: Mit jeder neuen Leiche explodierte die Spurenlage, lernte man mehr über den Täter und die Hintergründe der Taten und kam so der Lösung eines Falls näher. Und dennoch wünschte man sich bei jedem Toten, der gefunden wurde, dass es der letzte sein würde. »Wie alt?«

»Studentin«, entgegnete Henry. »Ich habe mir die Privatadresse des Arztes geben lassen, dem das Institut gehört.«

»Dann gehen wir ihn mal wecken«, sagte Millner und steuerte den Wagen an.

»Ach, noch etwas«, sagte Henry, als sie beide im Auto saßen und Millner den Motor startete. »Die Rechtsmedizin hat den Inhalt des Gefrierbeutels aus Bergers Tiefkühlschrank analysiert. Es handelt sich um eingefrorene Babys.«

»Babys?«, wiederholte Millner entsetzt.

»Kleine süße Mäusebabys.«

Millner verzog angewidert das Gesicht. »Wer macht denn so was?«

Henry zuckte mit den Schultern. »Einer, der Leute umbringt?«

48

New York

Sie saßen in einem Waschsalon. David starrte auf die Trommel vor ihnen. Darin drehten sich seine schmutzigen Anziehsachen samt Schuhen. Sie hatten es weniger verdächtig gefunden, nicht vor einer leeren Waschmaschine zu sitzen. Zudem war es eine elegante Art und Weise, sich seiner Kleidung zu entledigen und gleichzeitig alle Spuren zu verwischen. Jetzt trug David einen Kapuzenpullover, der noch neu roch, eine bequeme Jeans und sportliche Turnschuhe. Dazu eine modische Jacke. Nina hatte seine Größe genau getroffen. Davids Kopfhaut unter der Baseball-Cap, die Nina ihm ebenfalls mitgebracht hatte, juckte. Er lehnte sich gegen die Holzlehne der Bank.

Nach dem Vorfall mit den beiden Männern hatten sie es für das Beste gehalten, den Untergrund so schnell wie möglich zu verlassen. Mit Sicherheit würde man sie dort unten jetzt suchen. Und es war auch besser, man brachte sie nicht mit Randys Tod in Verbindung.

Mit der Schirmmütze hielten sie es für eher unwahrscheinlich, dass jemand ihn erkannte. Nachdem sie dem Kanal in einer verlassenen Seitenstraße entstiegen waren, wollten sie weg von der Straße, um keiner Polizeipatrouille zufällig in die Hände zu laufen. Ursprünglich hatten sie nach einer Bar oder einem Café Ausschau gehalten, doch dann hatte das rot blinkende Werbeschild des Waschsalons gelockt: *24 h/7* und *Free W-Lan* stand darauf. Zu dieser nächtlichen Stunde waren sie allein im Salon.

David schätzte, dass es zwei Uhr vierzehn war. Er zog Ninas Handy aus der Tasche, um die Uhrzeit zu checken, doch es war aus. »Leer!«, sagte er und gab es Nina zurück.

»Ich habe ja noch eines.«

»Warum eigentlich?«, wollte David wissen.

»Das eine hat man mir im Schlaflabor gegeben«, sagte sie. »Bekommt dort jeder Mitarbeiter. Ich glaube, aus Datenschutzgründen wollen die nicht, dass man sein eigenes benutzt.« Sie gab etwas ein und hielt ihm das Display des funktionierenden Smartphones entgegen. »Am besten, du merkst dir meine Telefonnummer, falls wir uns einmal verlieren.«

David warf einen flüchtigen Blick darauf. »Okay.«

»Du musst sie dir merken!«, protestierte Nina.

»Habe ich.«

Nina zog unsicher die Hand mit dem Telefon zurück.

»Es ist, als machte ich mit dem Gedächtnis ein Foto, das ich mir jederzeit anschauen kann«, sagte er.

Sie nickte und verzog beeindruckt die Mundwinkel.

»Schon Viertel nach zwei.« Er hatte die Uhrzeit auf Ninas Handy gesehen. Seine innere Uhr hatte richtig gelegen.

Nina widmete sich wieder ihrem Notebook. »Fertig!«, sagte sie, und ein zufriedenes Lächeln huschte über ihre Lippen. »Und eingecheckt sind wir beide auch schon. Jetzt müssen wir nachher nur noch durch die Passkontrolle, und dann geht es ab nach Berlin.«

»Nur« war gut. Er würde zum ersten und hoffentlich auch letzten Mal in seinem Leben mit einem gefälschten Reisepass fliegen und bekam jetzt schon Magenschmerzen bei der Vorstellung, die Sicherheitskontrollen passieren zu müssen. Dabei spielte er mit vollem Einsatz: Entweder er kam durch, oder sie würden ihn fassen. Eine zweite Chance zur Flucht würde es am Flughafen nicht geben.

Nina schien seine Gedanken zu erraten. »Das klappt schon. Der Pass sieht unheimlich echt aus.«

»Für uns Laien vielleicht. Aber was ist mit einem geübten Beamten an der Passkontrolle? Vielleicht lacht der sich darüber schlapp.«

Nina schüttelte den Kopf. »Wer so aufwendig einen Reisepass fälscht, der wird schon wissen, was er tut.«

Er hoffte, sie hatte recht. Das monotone Drehen der Trommel machte ihn müde. Er dachte daran, wie er im Kanal mehrfach weggedämmert war.

»Wie bist du eigentlich in mein Büro hineingekommen?«

»Ich hatte Glück«, entgegnete Nina. »Es kam gerade eine Frau heraus.«

»Und sie hat dich hineingelassen?«, fragte David ungläubig. Die Sicherheitsvorkehrungen waren doch beträchtlich, und er kannte die Vorsicht seiner Kollegen.

»Ich kann sehr überzeugend sein.« Nina lächelte.

David wollte nachhaken, doch er spürte plötzlich eine große Erschöpfung in sich aufsteigen. Eigentlich war es ihm auch egal, wie Nina in das Büro gekommen war. Hauptsache, er hatte die Tabletten.

»Vielleicht sollte ich jetzt lieber noch eine von den Tabletten nehmen«, sagte er und fühlte gleichzeitig Unbehagen in sich aufsteigen. Er hatte keine Ahnung, welche Nebenwirkung dieses Zeug hatte. Und er war mittlerweile seit mehr als fünf Tagen wach. Stimmte es, was er über die Folgen von Schlaflosigkeit gelesen hatte, kam er langsam in einen Bereich, der lebensgefährlich sein konnte.

»Bist du müde?«

Er horchte in sich hinein und wusste nicht, was er antworten sollte. »Ehrlich gesagt, weiß ich gar nicht mehr richtig, wie sich Müdigkeit anfühlt.«

Tatsächlich fühlte er sich eher erschöpft als schläfrig.

»Die Bewusstlosigkeit unten im Kanal kam mit Sicherheit durch das CO_2. Wenn du sagst, dass die Warnmelder der Typen angeschlagen haben. Bei archäologischen Ausgrabungen benutzen wir solche Geräte auch. Ich hätte selbst daran denken können.«

»Aber ich saß dort bestimmt eine Stunde, ohne dass es mir schlecht ging.«

»CO_2 ist geruch- und farblos. Kann sein, dass es von irgendwo heruntergefallen ist und dann durch eine Druckveränderung plötzlich in einer Wolke durch den Tunnel strömte. Genauso schnell verflüchtigt es sich auch wieder.«

»Ich habe da unten Alex gesehen. Und Sarah mit ihrem toten Kater. Sie haben sogar mit mir gesprochen.«

»Dann war es gut, dass die Kerle dich gefunden haben. Sonst wärst du jetzt vielleicht nicht mehr am Leben.«

Er atmete tief ein. War das wirklich gut? Er erinnerte sich an das wohlig warme Gefühl, das ihn durchströmt hatte, als die beiden ihm erschienen waren. In der Trommel der Waschmaschine sammelten sich die Schaumblasen vom Waschmittel, und David beobachtete, wie eine nach der anderen platzte.

»Was meinte Randy, als er zu mir gesagt hat, es gäbe ein Geheimnis, das ich kennen muss?«, fragte er aus seinen Gedanken heraus. »Er meinte, es ginge um Sarah und mich. Und dass ich wie er sei.« Er sah Randy vor sich, der unter der Stadt in der Kanalisation lebte und mit dem Armband einer psychiatrischen Klinik um das Handgelenk etwas von einer Weltverschwörung faselte. Was sollte er mit ihm gemeinsam haben? Außer vielleicht, dass auch er in letzter Zeit einige psychische Aussetzer zu haben schien. Dieser Gedanke machte ihm Angst.

»Was weißt du über den Unfalltod deines Vaters?«, erwiderte Nina, ohne auf seine Frage einzugehen.

»So gut wie nichts«, entgegnete er irritiert. »Warum?«

Nina tippte etwas in die Tastatur des Laptops auf ihrem Schoß.

»Und wo genau war dieser Unfall, bei dem er gestorben ist?«

»In Deutschland. Die Stadt heißt Potsdam.«

Sie nickte zufrieden und gab etwas ein.

»Warum?«, wollte er erneut wissen und beugte sich vor, doch sie hielt den Computer so, dass er nichts erkennen konnte.

Einen Augenblick war es still. Er sah auf den Ring, den er in der Hand hielt, weil er ihn aus der schmutzigen Hose genommen hatte, bevor er sie in die Waschmaschine gesteckt hatte. »Und warum hatte Randy Sarahs Ring? Was hatte sie mit einem wie ihm zu tun?« Er zermarterte sich das Hirn mit diesen Fragen. Hätte Nina nicht geglaubt, er sei in Gefahr, hätte Randy ihm all die Antworten liefern können. So wusste er nichts über Randy. David fiel wieder das Klinikbändchen ein, das er um das Handgelenk getragen hatte. Vielleicht hatte Randy Sarah aus der Klinik gekannt?

»Er war verrückt«, sagte Nina.

David schaute zu ihr auf. Wenn man bedachte, dass sie an Randys Tod die Schuld trug, könnte sie seiner Meinung nach ruhig etwas rücksichtsvoller über ihn sprechen.

»Vermutlich hat er den Ring gestohlen«, ergänzte sie.

David schüttelte den Kopf. »Er kannte unsere Namen.«

»Stehen die nicht in dem Ring?«, entgegnete Nina, die immer noch mit dem Computer beschäftigt war.

Das stimmte. David nahm den Goldring und hielt ihn so, dass die Inschrift zu lesen war: *David & Sarah*. Ohne Datum.

Das hatte er nach der Hochzeit nachgravieren lassen wollen. Dennoch erklärte es nicht, dass Randy unten auf ihn gewartet hatte. David spürte, wie die Kopfschmerzen wieder stärker wurden. Die vielen Fragen, die sich ihm stellten, und die wenigen Antworten, die er darauf hatte, machten ihn ungeduldig und gereizt. Und es gab eine weitere Frage, die Nina ihm noch immer nicht beantwortet hatte. »Du wolltest mir noch erzählen, was du da unten mit den beiden Typen gemacht hast.«

»Ich habe sie hypnotisiert«, antwortete Nina, ohne ihren Blick von dem Notebook abzuwenden.

»Hypnose?« Er überlegte. »Verarschst du mich?«

Nun schaute sie auf. Ihre Augen waren tatsächlich ungewöhnlich groß und dunkel. Beinahe glaubte er, sich in ihren Pupillen zu spiegeln.

»Ich habe beide hypnotisiert.«

Er versuchte, in ihrem Blick zu lesen, ob sie es wirklich ernst meinte. Ein Freund von ihm hatte einmal versucht, sich mittels Hypnose das Rauchen abzugewöhnen, und danach tatsächlich nie wieder eine Zigarette angerührt. Und David hatte in Las Vegas einmal eine Show gesehen, wo ein Magier Zuschauer auf der Bühne hypnotisierte. Aber er hatte noch niemals davon gehört, dass man mittels Hypnose innerhalb einer Sekunde einen über hundert Kilo schweren, aggressiven Angreifer ausknocken konnte. Und das, ohne ihn anzufassen.

»Es heißt *Blitzhypnose* oder *Blitzinduktion*«, sagte sie. »Früher nannte man das auch *Mesmerisieren*. Ein Ausdruck, den ich noch lieber mag.«

»Ich dachte, das wäre Humbug«, sagte David. »So etwas wie ein Zaubertrick.«

»Wenn es ein Zaubertrick ist, dann kann ich zaubern. Blitzhypnose ist die Königsdisziplin. Will man das so anwenden, wie ich es getan habe, braucht man ein Überraschungsmoment, um den Gegenüber zu öffnen. Das kann schon das

Wegziehen der Hand beim Handshake sein. Es genügt dann ein Wort wie *Schlaf*, und dein Gegenüber fällt in tiefen Schlaf. Ohne Überraschungsmoment gelingt es, wenn man den anderen an ganz bestimmten Triggerpunkten berührt. Zum Beispiel hier …« Sie wandte sich ihm zu und versuchte, die Hand in seinen Nacken zu legen, was er mit einer raschen Bewegung abwehrte.

»Schon gut, ich glaube dir!«

Sie lachte. »Klappt in neun von zehn Fällen. Allerdings …«

»Was?«

»Normalerweise sollte man den anderen danach auffangen. Ich schätze, die haben beide ziemliche Kopfschmerzen, wenn sie aufwachen.«

»Und woher kannst du so etwas?«

Sie hob die Schultern. »Ich hatte früher ziemlich viel Zeit, da habe ich es mir beigebracht. Und es fasziniert mich, Kontrolle über etwas zu haben. Ich bin, glaube ich, ein ziemlicher Kontrollfreak.«

»Den ›Freak‹ unterschreibe ich sofort«, sagte er und musste auch lächeln. Letztlich war ihm egal, wie eine so zierliche Person wie Nina es geschafft hatte, die beiden Gorillas auszuschalten, Hauptsache, es war ihr gelungen.

»Was meinst du, wer die waren?«, fragte er. »Polizei?«

»Danach sahen sie eigentlich nicht aus.«

»Sie kannten meinen Namen.«

Nina wirkte mit einem Mal sehr ernst. »Dann scheint es so, als wäre noch jemand hinter dir her.«

Einen Moment starrten beide auf die Waschmaschine, deren Rütteln den Boden unter ihren Füßen vibrieren ließ.

»Und hättest du nicht bei Randy auch einfach diese Hypnose anwenden können?«, brach es plötzlich aus David heraus. Die Frage hatte ihm schon die ganze Zeit auf der Zunge gelegen.

Nina drehte sich zu ihm. »Ich dachte, er erschießt dich gleich in der nächsten Sekunde ...« Sie stockte. »Glaub mir, ich werde das ein Leben lang mit mir herumtragen.« Er hörte, wie sie schwer schluckte. Wieder verfielen sie beide in Schweigen.

»Hast du nun eine Tablette für mich?«, fragte er schließlich, als er merkte, dass seine Augen brannten.

Nina kramte in ihrer Jackentasche und gab ihm den Blister mit den Tabletten. Wieder las er die Aufschrift *Stay tuned* und lachte bitter in sich hinein. Er fühlte sich durch den Namen beinahe verhöhnt. Vermutlich konnte er sich auch gleich vergiften, aber ihm blieb keine andere Wahl.

Er schaute zu dem kleinen Waschbecken, steckte sich eine Tablette in den Mund und spülte sie mit einem Schluck Wasser herunter. Auf dass er weitere fünf Tage wach blieb und es überlebte. »Hast du im Internet etwas zu der Sache in dem Labor in New Jersey gefunden?«

Nina schüttelte den Kopf. »Nichts.«

»Das verstehe ich nicht. Sonst berichten sie über jeden Handtaschenraub in dieser Stadt, und so etwas ist keine Meldung wert? Es gab mindestens eine Tote!« Schon im Schlaflabor kurz vor seiner Flucht hatte er Nina gebeten, nach Meldungen zu dem Vorfall bei *Better Human Biopharma* zu suchen. Jedoch ohne Erfolg. Langsam zweifelte er an seinem Verstand und daran, ob das alles überhaupt passiert war.

»Schau mal«, sagte Nina und zeigte auf ihr Notebook. »Ich glaube, ich habe etwas zu deinem Vater gefunden.« Sie hielt den kleinen Computer so, dass David mit auf den Bildschirm sehen konnte. »Recherche ist eine der wichtigsten Methoden der Archäologie und macht einen viel größeren Teil der Arbeit aus als Ausgrabungen. Über das archäologische Institut in Boston habe ich Zugang zu Tausenden von Datenbanken in aller Welt. Darunter sind auch Zeitungsarchive. Ich habe die Daten vom Unfalltag deines Vaters eingegeben und dies hier gefunden.« Sie klickte eine Datei an, die sich daraufhin öffnete.

Es handelte sich um einen Zeitungsartikel in tschechischer Sprache. Das Erste, was David auffiel, war das große Schwarz-Weiß-Foto, bei dessen Anblick er ein Ziehen in der Brust spürte. Die Auflösung war schlecht. Aber das Bild zeigte eindeutig ein total zerstörtes Autowrack. Die ursprüngliche Form des Wagens war nicht mehr zu erkennen; stattdessen stand dort auf einem Grasstreifen ein Blechknäuel, das zum Teil mit Decken verhangen war. Davids Blick wanderte zur Überschrift, und als er die drei Worte las, spürte er, wie ihm von einer Sekunde auf die andere eiskalt wurde.

»Was steht da?«, wollte Nina wissen. Ihre Augen glänzten, als kämpfte sie mit den Tränen.

»*War es Mord?*«, übersetzte er.

49

New York

»Ich warte auf Ihre Meldung.« General Jackson stand am Fußende des Bettes, in dem der Soldat lag. Ein Turban aus weißem Verband zierte seinen Kopf, ein Auge war vollkommen zugeschwollen.

»Sagen Sie denen hier, mir geht es gut!«

»Hätten Sie mal lieber da unten den starken Mann markiert. Was mir berichtet wurde, klang …« Der General suchte nach den richtigen Worten. »Erläuterungsbedürftig.«

»Es muss am CO_2 gelegen haben. Mein Detektor hatte angeschlagen, als wir ihn gefunden haben.«

»Ich hörte, eine junge Frau soll Sie beide überwältigt haben.«

»Mich nicht! Wie gesagt, plötzlich wurde ich bewusstlos.«

»Aber Berger und die Frau waren dort ...«

Der Soldat nickte widerwillig.

»Und Sie haben beide gehen lassen.«

»Wie gesagt, das CO_2 ...«

»In Ihrem Blut wurden keine erhöhten Werte festgestellt.«

»Ich bin kein Mediziner, Sir, doch es muss einen Grund dafür geben, dass ich da unten plötzlich ohnmächtig wurde.«

»Und Sie haben gehört, wie die Frau sagte, sie habe die Tabletten?«

»Das ist richtig, Sir. Sie wusste nicht, dass wir auf sie warten. Und sie rief Berger zu, sie habe die Tabletten.«

»Und das Überraschungsmoment konnten Sie nicht für sich nutzen?«

»Barkley hatte die Frau übernommen, ich hatte unterdessen Berger gesichert.«

Die Kiefermuskeln des Generals verrieten, dass er versuchte, sich zu beherrschen.

»Sir, wir müssen sie nun nur noch orten, dann haben wir alles, was wir brauchen.« Der Soldat versuchte, sich im Bett aufzurichten, doch der Tropf in seinem Unterarm hielt ihn zurück.

»Wir haben den Kontakt zum GPS-Sender verloren«, sagte der General. »In einem Waschsalon in Harlem.«

»Das tut mir leid.« Der Soldat ließ sich wieder in sein Kissen fallen.

»Wenigstens wissen wir jetzt, dass wir etwas Großem auf der Spur sind. Wir haben den Knaben total unterschätzt, und wir müssen unbedingt herausfinden, wer ihn begleitet.«

»Er hat nichts drauf!«, protestierte der Soldat.

»Das sehe ich«, erwiderte der General mit einem herablassenden Grinsen. »Ich erwarte Sie zum Dienst, Soldat.« Der General wandte sich zum Gehen.

»Sir, was ist mit Barkley? Niemand hier wollte mir etwas sagen.«

General Jackson blieb stehen, und seine ohnehin düstere Miene verfinsterte sich noch weiter. »Die Flagge für seinen Sarg habe ich heute bestellt. Und ich kann Ihnen versichern, Soldat, es war kein CO_2, das ihn getötet hat.«

50

Boston

»Zusammenfassend kann man sagen: Wenn Schlaf und Wachen ihr Maß überschreiten, sind beide böse!« Vlad Schwarzenberg legte eine Pause ein, um die Worte wirken zu lassen. Im Raum war es so still, dass das einzige Geräusch das Surren der veralteten Klimaanlage war. »So hat es jedenfalls vierhundert Jahre vor Christus der große Hippokrates von Kos festgestellt. Ich hoffe, mein Vortrag konnte ein wenig Licht ins Dunkel bringen.« Schwarzenberg schmunzelte über sein Wortspiel. »Auch wenn wir als Menschheit kurz davorstehen, das Zeitalter der künstlichen Intelligenz einzuläuten, und wir bald in der Lage sein werden, Menschen zu klonen – den Mythos Schlaf haben wir noch nicht ansatzweise entschlüsselt. Und so wie es aussieht, wird uns dies auch in den nächsten Jahrhunderten nicht gelingen. Herzlichen Dank für Ihre Aufmerksamkeit zu dieser späten Stunde und ... schlafen Sie gut!« Schwarzenberg nahm das Sektglas und prostete den Studenten zu. Begeisterter Applaus brach aus.

Ebenso routiniert wie zügig sortierte der Professor sein Manuskript und verschwand gerade noch rechtzeitig durch einen Hinterausgang der Bühne, um sich nicht den persönlichen Nachfragen einzelner Studenten stellen zu müssen.

»Wie war ich?«, fragte er Arthur, der ihm die Aktentasche abnahm, während sie zum Ausgang eilten.

»Brillant wie immer. Diese *Night at the Campus* ist der perfekte Rahmen für Ihren Vortrag.«

»Hauptsache, es wird nicht zur Regel. Nachts um drei sollten die Menschen lieber schlafen, statt Vorlesungen zu besuchen.«

»Es ist ein Spaßevent. Ich denke, es wird mehr getrunken als gelernt.«

Schwarzenberg schaute auf die Uhr an seinem Handgelenk. »Steht der Wagen bereit? Ich hoffe, im Jet gibt es etwas Anständiges zu essen. Ich habe einen Mordshunger!«

»Natürlich!«, sagte Arthur. »Und in Krumau erst einmal! Denken Sie an das sagenhafte Gulasch!«

»Das allein wäre schon ein Grund, dort ein Mal im Jahr hinzufahren.« Schwarzenberg beschleunigte seine Schritte.

»Ich muss Ihnen allerdings noch etwas berichten!« Arthur stolperte beinahe, während er versuchte, Schwarzenberg zu folgen. »Während Ihrer Rede habe ich eine E-Mail erhalten.« Mittlerweile hatten sie über ein schlichtes Treppenhaus die Empfangshalle des Colleges erreicht. »Ich konnte noch nicht mit ihm sprechen, aber der Sandmann schreibt, es sei noch jemand hinter David Berger her.«

Schwarzenberg blieb stehen und schaute Arthur irritiert an. »Noch jemand?«

»Er schreibt, es seien keine Cops gewesen. Sie haben versucht, ihn zu kidnappen.«

Schwarzenberg hob die Augenbrauen.

»Es konnte mit etwas Glück verhindert werden. Aber die Männer waren militärisch ausgebildet und offenbar Amerikaner.«

»Militär?« Schwarzenberg überlegte, dann tippte er Arthur mit dem Zeigefinger auf die Brust. »Mit der New Yorker Polizei werden wir fertig. Doch das Militär ist eine andere Kategorie. David Berger muss in ein paar Stunden in diesen Flieger nach Berlin steigen. Womöglich hängt unser aller Existenz davon ab. Berger gehört uns!« Schwarzenberg rang zwischen den Sätzen nach Atem. Sein Gesicht war vor Erregung rot angelaufen. Ein paar Studenten schauten verwundert zu ihnen herüber. »Wenn Berger dieses Virus tatsächlich in sich getragen hat, ist er der lebende Beweis dafür, dass es funktioniert. Damit ist er unser größter Albtraum. Solange er aber noch nichts davon ahnt, ist er gleichzeitig unsere größte Chance, das ein für alle Mal zu beenden. Verstehen Sie das?«

Arthur nickte.

Schwarzenberg senkte die Stimme. »Abartig genug von Karel, seinen eigenen Sohn dreißig Jahre nach seinem Tod zur Waffe zu machen«, fuhr er fort. »Das zeigt, was für ein verantwortungsloser Bastard er war. Aber wir werden ihn mit seiner eigenen Waffe schlagen. Und danach werden wir die Waffe vernichten.«

»Der Sandmann ist bereit dafür«, entgegnete Arthur.

Langsam beruhigte Schwarzenberg sich wieder. »Jedenfalls können wir nicht zulassen, dass uns hier jemand in Bezug auf Berger in die Quere kommt. Ich will wissen, wer die Männer waren, und ich will, dass das gestoppt wird! Wen haben wir beim Militär?«

Arthur zuckte mit den Schultern. »Den Oberbefehlshaber der amerikanischen Streitkräfte.«

»Dann sorgen Sie dafür, dass er mich anruft!«

»Gleich morgen früh, Sir.«

Schwarzenberg schüttelte den Kopf. »Jetzt. Ich denke nicht, dass er schläft.«

51

New York

David blieb wie angewurzelt vor dem Ständer mit den Zeitungen stehen. Nicht, weil auf der Titelseite der *New York Post* ein Foto von ihm prangte. Vielmehr erschraken ihn das Bild und die Überschrift daneben bis ins Mark. Das Foto zeigte Sarah, und es war die eine Hälfte eines Fotos. Auf dem Originalfoto, das in seinem Apartment stand, posierte er neben Sarah auf der Aussichtsplattform des Mount Bromo in Indonesien. Ihn hatten sie auf dem Foto in der Zeitung offenbar abgeschnitten.

Nina packte ihn an der Jacke. »Was machst du?«, raunte sie ihm zu. »Komm! Wir wollen nicht auffallen.«

»Schau!«, sagte er und zeigte auf die fett gedruckte Überschrift.

Ist er ein Vampir?, stand dort in großen schwarzen Lettern.

Nun nahm Nina die Zeitung und las halblaut die Bildunterschrift. »*Angeblich wies die Leiche von Sarah Lloyd am Hals Bisswunden auf.*« Sie steckte die Zeitung schnell zurück. »Das ist Blödsinn!«, flüsterte sie. »Und jetzt komm weiter!«

Nur widerwillig ließ er sich von ihr mitziehen. All das, was sich bislang wie ein nicht enden wollender Albtraum angefühlt hatte, wirkte jetzt, da es schwarz auf weiß in der Zeitung stand, plötzlich absolut real. Sarah war tot. David spürte, wie sich in ihm alles verkrampfte. Für einen Moment meinte er, dass seine Beine ihm den Dienst versagen würden.

Nina stieß ihm in die Seite. »David! Die Leute schauen schon!«

Langsam setzte er sich in Bewegung und folgte ihr.

Sie hatten lange überlegt, mit welchem Verkehrsmittel sie am ehesten unerkannt zum Flughafen kommen würden, und sich nach kurzer Diskussion auf ein Uber-Taxi geeinigt, das

Nina bezahlte. Die Wahrscheinlichkeit, von einem einzelnen Taxifahrer erkannt zu werden, war deutlich geringer als in einem U-Bahn-Waggon voller gelangweilter Fahrgäste, die womöglich noch die aktuelle Zeitung mit Davids Foto in der Hand hielten.

Nina hatte ihm in einem Drugstore eine schwarze Hornbrille mit wenig Dioptrien gekauft. Zusammen mit der Schirmmütze und der Kapuze, war er damit quasi nicht zu erkennen. Zudem hatte Nina ihm eine blonde Tönung besorgt, die sie ihm im Waschsalon in die Haare gestrichen hatte. David hatte es nicht nur aus Eitelkeit für eine Schnapsidee gehalten, zumal er die Tönung in dem kleinen Waschbecken des Waschsalons hatte ausspülen müssen. Während Nina mit seiner Maskerade sehr zufrieden war, fand David, dass er mit den blonden Haaren, der Brille und der Schirmmütze nun erst recht verdächtig aussah. Nichtsdestotrotz schien niemand von ihnen Notiz zu nehmen, was seine Theorie bestätigte, dass man als durchgeknallter Serienmörder in New York am wenigsten auffiel.

Nina rollte einen kleinen Trolley hinter sich her, David trug die Tasche, die Nina für ihn gekauft hatte. Darin befanden sich ein paar Wechselklamotten und das Nötigste an Kosmetikartikeln. Nicht, dass sie in Europa keine hätten kaufen können, aber Nina war der Auffassung, dass Reisen ohne Gepäck oder gar mit leeren Koffern zu verdächtig gewesen wäre. Auf dem Rücken trug Nina einen kleinen Rucksack, der Davids Umschlag mit dem Brief seines Vaters und ihre Reisedokumente enthielt.

Sie steuerten auf die Passkontrolle zu. Seitdem sie den Flughafen betreten hatten, war David vor Aufregung schlecht. Immerhin versuchte er, als Mordverdächtiger mit einem gefälschten Reisepass aus den USA auszureisen.

Vor dem Schalter hatte sich eine kleine Schlange gebildet. Direkt vor ihnen alberte eine Gruppe französischer Mädchen herum. Deren Unbekümmertheit war ansteckend und nahm David ein wenig die Nervosität. Die Französinnen passierten die Kontrolle ohne Probleme, dann waren Nina und er an der Reihe. Nina schob ihren Reisepass über den Tresen. Der Blick des Kontrolleurs wanderte zwischen ihrem Foto und ihr hin und her. Schließlich gab er ihr den Pass wortlos zurück und winkte sie weiter, durch die Schranke. Nun kam es darauf an.

David schob Reisepass und Ticket über den Tresen und setzte einen möglichst unbekümmerten Gesichtsausdruck auf. Der Mann hinter dem dicken Glas nahm den Pass und legte ihn auf einen Scanner. David versuchte, sich an frühere Reisen zu erinnern, ob dies das normale Prozedere war oder ob er sich vielleicht bereits verdächtig gemacht hatte. Ein Licht leuchtete blau, und der Grenzer vor ihm las etwas auf seinem Monitor ab. Dann nahm er den Pass und starrte David mit konzentriertem Blick direkt ins Gesicht. In diesem Augenblick wurde ihm bewusst, wie dumm die Idee gewesen war, ausgerechnet zum Flughafen zu fahren und zu versuchen, nach Europa zu fliegen. Sein Foto prangte auf sämtlichen Titelseiten. Vermutlich lag sogar sein Fahndungsaufruf vor dem Beamten auf dem Tisch, den David nicht einsehen konnte. Besser, sie wären über die grüne Grenze nach Kanada geflohen. Oder nach Mexiko und von dort weiter in irgendein südamerikanisches Land, das nicht in die USA auslieferte. Wieder wanderten die Augen des Beamten hinter der Glasscheibe zwischen dem Foto im Pass und Davids Gesicht hin und her. Dann deutete der Mann auf seinen Kopf.

David brauchte einen Moment, um zu verstehen, dass er die Cap abnehmen sollte. Er tat wie geheißen und versuchte zu lächeln. Hitze wallte in ihm auf. Seine Hände waren schweißnass. Er schaute nach links und rechts, wo jeweils zwei Sicherheitsbeamte in schusssicheren Westen standen und die Wartenden beobachteten, jederzeit bereit, auf ein Zeichen hin verdächtige Passagiere zu ergreifen. Der Mann in der Glaskabine neigte den

Kopf, dann schob er den Pass durch den Schlitz und gab David mit der Hand das Zeichen, dass auch er passieren durfte.

David blieb einen Augenblick wie versteinert stehen, so sicher war er gewesen, dass seine Flucht hier zu Ende sein würde. Erst dann gab er sich einen Ruck und ging durch die Schranke.

Hinter einer Wand wartete Nina und kaute an ihrem Daumennagel. Als sie ihn erblickte, huschte ein Lächeln über ihre Lippen. Sie nahm seine Hand, als wären sie ein Paar.

Eine Dreiviertelstunde später saßen Nina und David in ihren Flugzeugsitzen, und er beobachtete aus dem Fenster, wie der Flughafen unter ihnen langsam, aber sicher kleiner wurde.

Sie hatten es tatsächlich geschafft. Doch das erwartete Gefühl der Erleichterung blieb aus. Die wehmütige Empfindung von Abschied nahm von ihm Besitz. Das Flugzeug drehte. Irgendwo hinter ihnen erahnte er die Stadt. Und dort lagerten nun die toten Körper von Alex und Sarah in einem Leichenschauhaus. Irgendwo in Manhattan lag auch sein Apartment verlassen da, das für viele Jahre Sarahs und sein Zuhause gewesen war. In diesem Moment wurde David bewusst, dass all das für ihn unwiderruflich verloren war. Niemals wieder würde er gemeinsam mit Sarah lachen oder kuscheln. Den frischen Geruch ihres Haars einatmen. Am frühen Morgen mit nackten Füßen über die Holzdielen laufen. Nie wieder würde er mit Alex im *Headley's* bei ein paar Longdrinks über das Leben sinnieren.

Er war nun ein Gejagter, und vermutlich wollten ihn aktuell nicht wenige im Gefängnis sehen, wenn nicht sogar tot.

Aber er war nicht allein. Er sah zu der Frau neben ihm, die er vorgestern noch nicht einmal gekannt hatte und die ihm nun bei der Flucht half. Sie saß mit geschlossenen Augen weit zurückgelehnt in ihrem Sitz. Er spürte ein schlechtes Gewissen, dass er sie mit in diese Sache hineingezogen hatte. Aber sie hatte darauf bestanden, ihn zu begleiten, warum auch immer. Und sie hatte ihm bereits einmal das Leben gerettet.

Sein Blick wanderte zum Horizont, dem sie entgegenflogen.

So sicher, wie sein bisherigen Leben nun hinter ihm lag, so unsicher war, was die Zukunft für ihn bereithielt. Dennoch hatte er das Gefühl, dass es auch eine Reise in seine Vergangenheit war.

Vor ihnen lag ein gut siebenstündiger Flug, und David wusste, dass er kein Auge zubekommen würde. Die Tablette, die er im Waschsalon genommen hatte, tat ihre Wirkung.

Sollte das, was in dir schlummert, dir irgendwann die Augen öffnen …

Die Worte seines Vaters kamen ihm erneut in den Sinn, und mit einem Mal richtete er sich in seinem Sitz kerzengerade auf. War es das, was sein Vater damals gemeint hatte? Die plötzliche Schlaflosigkeit? Wie hatte sein Vater wissen können, dass Alex ihm diese Tabletten geben würde? Gar nicht. Es gab nur eine Erklärung: Es waren nicht die Tabletten, die ihn wachhielten.

Sondern etwas, das in ihm schlummerte.

David spürte, wie seine Fingerspitzen anfingen zu kribbeln. Was zum Teufel konnte in ihm schlummern, das ihn wachhielt? Und was hatte sein Vater damit zu tun? Das Schreiben an ihn war ganz eindeutig ein Abschiedsbrief. Er dachte an den Artikel, den Nina ihm gezeigt hatte, in dem der Unfall seines Vaters als möglicher Mord bezeichnet worden war. Es hatte keine Bremsspuren gegeben. Die Fahrzeuge waren auf schnurgerader Strecke frontal gegeneinandergeprallt.

Plötzlich überkam ihn ein ungutes Gefühl. Sollte sein Vater tatsächlich ermordet worden sein, war es dann ein Zufall, dass dessen Brief ihn ausgerechnet zu der Zeit erreichte, als Sarah und Alex starben? Was hatte es mit den Tabletten *Stay tuned* auf sich? Seitdem er die erste genommen hatte, schien sein Leben aus den Fugen geraten zu sein. Dazu passte auch das, was er bei seinem Besuch bei dem Hersteller in New Jersey erlebt hatte, die tote Frau am Empfang, die Schüsse. Und die Begegnung mit Randy, in dessen Besitz sich Sarahs Ring befunden hatte.

Plötzlich erschien es David nur logisch, dass es zwischen alldem einen Zusammenhang gab, auch wenn er ihn noch nicht sah. Dass all das, was in den vergangenen Tagen passiert war, kein Zufall war. Löste er ein Rätsel, würde er alle lösen.

Die Erkenntnis traf ihn mit solcher Wucht, dass er sich erneut zu Nina drehte, um zu schauen, ob sie von seinen beunruhigenden Gedanken etwas mitbekommen hatte.

Sie schien seinen Blick zu bemerken, denn sie öffnete plötzlich die Augen und lächelte ihn an.

Dann griff sie nach seiner Hand und drückte sie.

52

New York

»Verdammt!«, fluchte Millner, als er sich an einer der Nadeln stach, mit denen er versuchte, das Blatt Papier an dem Kork zu befestigen. »Wer benutzt im einundzwanzigsten Jahrhundert noch eine Pinnwand?«

»Dieselben Leute, die über dem Pissoir noch Zigarettenhalter angebracht haben«, entgegnete Henry.

»Beim FBI hatten wir ein White Board, auf dem wir …« Als Millner Henrys Grinsen sah, winkte er ab. »Vergiss es einfach!« Millner ging ein paar Schritte zurück und setzte sich auf einen der Schreibtische, um die Pinnwand zu betrachten.

Ganz oben prangte ein Foto von David Berger. Daneben hatten sie einige Informationen geschrieben, die sie über ihn in Erfahrung gebracht hatten: *Halbwaise, dreißig Jahre alt, aufgewachsen bei seinem Großvater, der zwischenzeitlich verstorben war, keine Verwandten. Jurastudium in Harvard, angestellt bei einer der renommiertesten Wirtschaftskanzleien der Stadt.*

Ein Aufsteiger. Nichts in der Biografie deutete darauf hin,

dass er einmal zum Mörder werden könnte. Bis zum gestrigen Tag war Berger nicht aktenkundig geworden, sah man von einem Vorfall in Boston ab, wo er auf einem Bahnsteig eine junge Frau vor zwei pöbelnden Betrunkenen beschützt hatte, was in einer Schlägerei und für Berger und die Angreifer im Krankenhaus geendet hatte. »Untadelig«, hatte sein früherer Chef über Berger gesagt.

Auf der rechten Seite der Pinnwand hingen Fotos der Opfer. Eines zeigte Sarah Lloyd; es war dasselbe Foto, das heute in vielen Zeitungen zu sehen war. Koslowski würde später seinen üblichen Aufstand machen, um herauszufinden, wie es in die Hände der Presse gelangen konnte. Noch immer war es ihnen nicht gelungen, Kontakt zu Sarahs Familienangehörigen aufzunehmen.

Daneben hing eine Aufnahme von Alex Bishop, die sie aus dem Internet gezogen hatten. Dass sie hier im NYPD überhaupt Internetzugang hatten, wunderte Millner immer noch. Das letztes Foto der Reihe zeigte Maria Estevez, die Studentin, die im Schlaflabor am Madison Square Park gearbeitet hatte und tot im Kofferraum ihres Wagens gefunden worden war.

Millner zeigte auf das Blatt Papier, auf dem nur ein großes Fragezeichen zu sehen war, das für die Opfer von *Better Human Biopharma* stand, was derzeit nur Henry und er wussten.

»Es hat mit den Tabletten zu tun«, sagte Millner und strich sich über das Kinn.

»Diese …«, Henry blätterte in seinem Notizbuch, »diese *Stay tuned?*«

Millner nickte. Am frühen Morgen waren sie bei dem Besitzer des Instituts für Schlafmedizin, einem gewissen Dr. Marc Klein, gewesen und hatten ihn an seiner Privatadresse aus dem Bett geklingelt. Der Arzt schien zumindest keine Probleme mit dem Schlafen zu haben, was aber auch an seiner jungen blonden Begleitung liegen konnte, die, bekleidet mit einem Bademantel, im Hintergrund das Geschehen beobachtet hatte. Mit seiner aalglatten, überheblichen Art war der Schlafmediziner Millner auf Anhieb unsympathisch gewesen, was sich ein wenig geändert hatte, als er seine ärztliche Schweigepflicht verletzte und munter aus dem Nähkästchen plauderte, ohne dass sie ihm einen Gerichtsbeschluss vorzeigen mussten.

Berger hatte den Arzt wegen tagelanger Schlaflosigkeit aufgesucht, für die er ein nicht zugelassenes Medikament mit dem Namen *Stay tuned* verantwortlich machte. Da er die Inhaltsstoffe nicht kannte, hatte er zugesagt, sie in Erfahrung zu bringen, und zwar bis zu seinem Termin im Schlaflabor, den er am vergangenen Abend gehabt hatte. Allerdings war Berger dann nicht erschienen, wie Dr. Klein am späten Abend durch eine E-Mail seiner Mitarbeiterin erfahren hatte.

Dies war wiederum nicht verwunderlich, fand Millner, nachdem Berger bei dem Hersteller der Tabletten für ein Massaker gesorgt und danach erst seine Freundin und dann seinen besten Freund Alexander Bishop ins Jenseits befördert hatte und seither auf der Flucht war.

»Vielleicht hatte Ihre Mitarbeiterin großes Glück, dass er nicht aufgetaucht ist«, hatte Henry gesagt. »Weniger Glück allerdings als Ihre andere Mitarbeiterin, Maria Estevez.«

Dr. Klein hatte ehrlich geschockt gewirkt, als sie ihm von deren Tod berichtet hatten, und das, obwohl sie dem Arzt die Einzelheiten ihres grausamen Endes aus taktischen Gründen zunächst verschwiegen hatten. Solange man den Täter nicht gefasst hatte, offenbarte man niemandem Täterwissen. Berger hatte Maria Estevez nach Auskunft des Arztes allerdings nicht bei seinem Termin in der Praxis kennengelernt; an jenem Vormittag war eine Vertretung da gewesen. Für die Nachtwache – und für gelegentliche Krankenvertretungen – beschäftigte Dr. Klein offenbar ausschließlich Studenten.

Maria Estevez war, wie die anderen studentischen Aushilfen

auch, von einer Zeitarbeitsagentur zum Schlaflabor geschickt worden. Ebenso wie Marias Vertretung, die am vergangenen Tag Dienst gehabt und am Abend vergeblich auf Berger gewartet hatte. Dr. Klein kannte nur ihren Vornamen: Nina.

»Dieser Berger war ziemlich durch den Wind«, hatte der Arzt ihnen noch berichtet. »Exzessiver Schlafmangel kann zu erheblichen psychischen Problemen führen, bis hin zur Psychose.«

Der Schlafmediziner schien auf Henry tatsächlich einschläfernd gewirkt zu haben, denn auf dem Rückweg zum Büro hatte Henry auf dem Beifahrersitz laut geschnarcht. Millner hingegen hatte die ganze Nacht über kein Auge zugetan.

»Diese Tabletten bräuchte ich jetzt auch«, sagte Henry und gähnte. »Ich fühle mich überhaupt nicht *tuned*.«

Millner hörte nur mit halbem Ohr zu. Er starrte weiter auf die braune Korkwand vor ihnen. Vor seinem geistigen Auge bewegten sich die Teile eines imaginären Puzzles, doch keines wollte zu einem der anderen passen.

Henry seufzte. »Pass auf: Berger ist rasend vor Eifersucht. Bringt im Affekt seine Freundin um. Dann wirft er ihren Liebhaber aus dem Fenster, der sein bester Freund ist. Nachdem seine Wut verraucht ist, ist Berger über seine eigenen Taten entsetzt und gibt den Tabletten die Schuld daran. Er fährt zu dem Hersteller und knallt im Labor alle ab.«

»Und da er gerade so wütend ist, friert er noch die geliebten Mäusebabys seiner Freundin ein und tötet Maria Estevez, vielleicht weil sie zufällig in dem Schlaflabor arbeitet, das er besuchen möchte. Und das alles hat er mit seinen beiden Komplizen geplant, den Männern, die wir in seinem Büro getroffen haben, als sie dort was auch immer getan haben. Komm, Henry, das passt doch alles nicht zusammen! Im Übrigen hat Berger zuerst im Labor gewütet und ist dann erst zu Alexander Bishop gefahren.«

Henry gähnte erneut. »Vielleicht ist das mit der Estevez nur ein Zufall und hat nichts mit den anderen Morden zu tun.«

Millner strich sich erneut über das Gesicht. Die Narbe von der alten Schusswunde auf seiner Wange schmerzte. Das war kein gutes Zeichen, meistens verkündete es ein nahendes Unheil.

»Hast du schon etwas über diese Nina herausgefunden, die gestern Abend in dem Schlaflabor auf Berger gewartet hat?«

Henry schüttelte den Kopf. »Die zuständige Sachbearbeiterin bei der Zeitarbeitsfirma war noch nicht da. Die rufen mich zurück.« Wieder gähnte Henry, und diesmal steckte er auch Millner an.

»Perverse Scheiße, das!« Koslowski kam durch die Schreibtischreihen herbeigeeilt. In der Hand hielt er zwei Fotos.

»Was?«, fragte Millner, von dunkler Vorahnung erfüllt.

Koslowski nahm drei Nadeln, parkte sie zwischen den Lippen und hängte das erste Foto auf.

Millner und Henry wandten sich angewidert ab.

»Wir haben noch nicht gefrühstückt!«, protestierte Henry.

»Umso besser, denn euer Frühstück will ich mir nicht auch noch angucken müssen«, sagte Koslowski und strich das Foto glatt.

»Was ist das?«, wollte Henry wissen, der vorsichtig in Richtung des Fotos blinzelte.

»Eine Hand mit vier Fingern«, sagte Koslowski. »Was fällt euch dabei auf?«

»Ein Finger fehlt«, antwortete Henry.

Millner schaute auf einen imaginären Punkt neben dem Foto. Tatsächlich war es für seinen Geschmack für solche Schnappschüsse aus der Rechtsmedizin noch zu früh am Morgen.

»Richtig, der Daumen fehlt. Perverse Scheiße«, sagte Koslowski noch einmal.

»Und warum kleben Sie das auf unsere Pinnwand im Fall Berger?«, wollte Millner wissen.

»Weil die Hand dieser jungen Dame gehört.« Koslowski nahm das andere Foto und befestigte die Fotografie einer selbstbewusst dreinschauenden jungen Frau auf der Pinnwand.

Henry runzelte die Stirn. »Wer ist das?«

»Sie ist Anwältin, und nun ratet, wo sie arbeitet.«

Millner erhob sich und ging auf die Pinnwand zu. »McCourtny, Coleman & Pratt«, sagte er mehr zu sich selbst als zu den Kollegen.

»Gotcha!«, rief Koslowski. »Sie wurde gestern Abend gefunden. Bewusstlos, nicht weit entfernt von der Kanzlei. Sie wurde auf dem Nachhauseweg von der Arbeit in einer Seitenstraße von hinten überfallen. Es wurde nichts geraubt außer ...«

»Ihrem Daumen«, vervollständigte Millner.

»Und ihrem Halstuch«, ergänzte Koslowski. »Ein sauberer Schnitt. Muss ein scharfes Messer gewesen sein.«

»Wie geht es ihr?«

»So macht sie derzeit jedenfalls nicht«, entgegnete Koslowski und reckte den rechten Daumen in die Höhe.

Millner zog eine missbilligende Grimasse. Es gab drei Sichtweisen auf die Dinge: eine positive, eine negative und eine humorvolle. Letztere half manches Mal, Negatives zu ertragen. Er wusste daher Koslowskis schwarzen Polizistenhumor einzuordnen, auch wenn er derzeit nicht darüber lachen konnte.

»Warum schneidet jemand einer jungen Frau den Daumen ab?«, fragte Henry.

»Um ihn zu benutzen«, entgegnete Koslowski, dem die kindliche Vorfreude ins Gesicht geschrieben stand, gleich eine Bombe platzen zu lassen. Offenbar wusste er mehr als sie.

»Als Schlüssel«, sagte Millner und verdarb Koslowski damit die Show. »Um in die Kanzlei zu gelangen. Ich verwette meinen Monatslohn darauf, dass die dort einen Fingerscanner haben.«

»Die paar Dollar kannst du behalten«, sagte Koslowski beleidigt.

In diesem Moment klingelte Henrys Telefon. Er nahm das Gespräch an und lauschte. Millner hörte, wie er mehrmals nachfragte, ob sein Gesprächspartner sich sicher sei, dann legte er wieder auf. »Die Zeitarbeitsfirma«, erklärte Henry.

»Und? Haben die den vollständigen Namen und die Adresse dieser Nina?« Aus irgendeinem Grund, den er sich selbst nicht erklären konnte, machte Millner sich Sorgen um die Studentin. Was, wenn Berger am vergangenen Abend doch noch zu seinem Termin erschienen war? Ein Schlaflabor bei Nacht war nicht der schlechteste Ort, um sich zu verstecken, wenn man von der Polizei gejagt wurde und nirgends sonst hingehen konnte. Vielleicht hatte er sie gezwungen, die E-Mail zu schreiben. Das war Millner allerdings erst klar geworden, als sie bereits wieder im Büro gewesen waren.

»Nein«, entgegnete Henry, der sichtlich durcheinander war. »Die sagen, die haben überhaupt keine Nina in das Institut für Schlafmedizin geschickt.«

53

Krumau, 1938

»Sie bekommen es nicht!« Der Mann im grauen Anzug hatte sich hinter dem Schreibtisch verschanzt und blickte voller Sorge auf die fünf Personen, die soeben sein Büro im Schloss gestürmt hatten. Alle trugen die typische Uniform der Wehrmacht. »Und das hatte ich Ihnen auch bereits geschrieben!«

»Deswegen bin ich hier«, sagte der kleinste der Männer. Eine Strähne seines sorgsam gekämmten Haares war aus dem Seitenscheitel gefallen und klebte ihm an der Stirn. Mit der Hand strich er seinen keine zwei Finger breiten Schnauzer glatt.

»Dann haben Sie den langen Weg von Berlin hierher umsonst auf sich genommen. Die Führung hat entschieden, dass wir Ihnen nichts mehr geben.«

»Die Führung?« Der Mann betonte die Konsonanten besonders hart. »Der Führer bin allein ich!« Bei diesen Worten rückte die gesamte Personengruppe auf das hölzerne Schreibpult zu. »Also, wo lagern Sie es?«

Der Überfallene erhob sich von seinem Stuhl und machte einen Schritt nach hinten, stieß dabei gegen eine Anrichte, von der zwei Gläser zu Boden fielen und splitternd zerbrachen.

Der Anführer der Eindringlinge, der um den Oberarm eine Binde mit dem Hakenkreuz trug, verschränkte die Arme auf dem Rücken. Dann wandte er sich zu seinen bewaffneten Begleitern um. »Wartet draußen!«, befahl er. Nachdem sie sich zurückgezogen hatten, richtete er seine Aufmerksamkeit wieder auf den Schlossherrn. »Wo standen Sie hier noch vor ein paar Wochen? In Tschechien. Und wo stehen wir heute hier? In Deutschland!« Er hob den Kopf und ließ seine Worte eine Weile wirken. »Dieses Land, dieses Schloss, alles steht nun unter meiner Verwaltung. Ich verlange von Ihnen nur die Früchte.«

Sein Gegenüber zog sich noch weiter in die Ecke zurück, in der ein antikes Stehpult stand. »Wir haben seit Jahrhunderten feste Regeln, von denen wir nicht abweichen können. Das Elixier ist keine Waffe, sondern ein Heilmittel. Wir setzen es ein, um die Welt zu verbessern.«

»Das ist hervorragend! Heil ist, was ich über die Welt bringe!«

»Das Einzige, was Sie über die Menschheit bringen, ist Unheil! Wir lassen nicht zu, dass Sie die Macht, die es mit sich bringt, weiter missbrauchen.«

»Wo missbrauche ich es?«, empörte der Besucher sich und hob drohend die Hand. »Alles, was ich tue, tue ich ausschließlich für das deutsche Volk!« Speichelfäden flogen durch das Sonnenlicht, das sich im vergitterten Fenster brach.

Der Bedrohte stützte sich auf dem Stehpult ab. »Ich habe Ihr Buch gelesen«, sagte er mit bebender Stimme. »Und es ist falsch. Alles, was Sie darin schreiben, ist falsch. Genauso falsch wie die Verfolgung Unschuldiger. Sie kategorisieren die Menschen nach unlauteren Eigenschaften!«

Ein hämisches Grinsen erschien auf dem Gesicht desjenigen, der sich »Führer« genannt hatte. »Und das tun Sie nicht? Glauben Sie etwa nicht, dass wir, die bei Nacht wachen, genetisch überlegen sind? Wer in einem Haus aus Glas sitzt, sollte nicht mit Steinen werfen. Also, wo ist es versteckt? Ich weiß, dass das Lager sich hier auf dieser Burg befindet. Wo ist der Zugang?«

Nun war es der Mann im grauen Anzug, der zu grinsen begann. »Nur hier drin.« Er tippte sich gegen die Stirn. »Es ist alles nur hier drin. Alle anderen sind fort.«

Er wandte sich zum Stehpult, und plötzlich hielt er eine Pistole in der Hand, mit der er auf sein Gegenüber zielte.

»Und jetzt wollen Sie mich erschießen? Ihre weiße Weste, das Ansehen Ihrer Bruderschaft mit meinem Blut besudeln?«

Die Pistole begann, hin und her zu wackeln. Dann brach der Mann plötzlich in schrilles Gelächter aus. »Nein, das wäre in der Tat zu einfach, Ihnen auf diesem Weg den ewigen Schlaf zu schenken, wo Sie noch die Hölle auf Erden vor sich haben! Ich werde jetzt schlafen gehen, Sie nicht!«

In diesem Moment setzte er die Waffe an die Schläfe und drückte ab.

54

Berlin

»Willkommen in Berlin, Martin Husbauer!«, sagte Nina und stellte sich David mit ausgebreiteten Armen in den Weg. »Hier sucht dich bestimmt keiner!«

David zwang sich zu einem Lächeln. In der Tat hatte er, nachdem sie auch hier problemlos die Passkontrolle durchlaufen hatten, bei seinen ersten Schritten auf deutschem Boden eine gewisse Erleichterung gespürt. Der stundenlange Flug und der unendliche Ozean zwischen New York und Berlin vermittelten ihm ein Gefühl von Sicherheit. So wenig, wie er wusste, was in Berlin vor sich ging, würde man in Berlin wissen, was in New York passiert war.

»Du musst todmüde sein«, sagte er zu Nina. Während er den Flug über zunächst zwei Filme geschaut und sich im Anschluss daran den Kopf zerbrochen hatte, war Nina ebenfalls die ganze Zeit über wach gewesen.

»In Flugzeugen bekomme ich nie ein Auge zu«, erwiderte sie und steuerte auf den Taxistand vor dem Flughafengebäude zu.

So ging es David auch. Zwar war er schon um die ganze Welt geflogen, aber wirklich wohl hatte er sich in einem Flugzeug nie gefühlt. An kaum einem anderen Ort war man so sehr abhängig von der Sorgfalt anderer wie in der Luft. »Ich schulde dir eine Menge Geld für die Klamotten«, sagte er.

»Das stimmt«, antwortete Nina.

Seine Kreditkarte hatten sie zusammen mit seinen anderen echten Papieren und Ausweisen in einer Mülltonne in New York entsorgt.

»Ich gewähre dir ein Darlehen. Allerdings verlange ich hohe Zinsen.« Sie lächelte. Mittlerweile warteten sie in einer kleinen Schlange vor einer Reihe beigefarbener Taxis.

»Apropos Zinsen«, sagte er. »Fahren wir noch zu dieser Bank?«

Nina schaute auf die Uhr, die sie am Handgelenk trug. Eine Digitaluhr, wie David sie noch aus seiner Kindheit kannte. »Sie wird vermutlich um diese Zeit nicht mehr geöffnet haben, aber wir können einmal schauen, wo wir morgen früh hinmüssen.«

David griff sich an die hintere Hosentasche, in der er den Zettel mit der Adresse der Bank aufbewahrte, und stutzte. Er war nicht mehr da. In diesem Moment fiel ihm ein, dass er die Hose gewechselt hatte. Der Zettel musste in der Jeans sein, die sie im Waschsalon zurückgelassen hatten. Den deutschen Namen der Straße hatte er sich nicht merken können.

Also musste Ninas Smartphone herhalten. Der Taxifahrer

kannte die Adresse, und so quälten sie sich durch das abendliche Berlin. David war das erste Mal in Deutschland. Natürlich war die Stadt überhaupt nicht vergleichbar mit New York, doch manche der Gebäude erinnerten ihn an Prag. Sie passierten Viertel, die ihm gar nicht typisch deutsch erschienen. Aber was er von Deutschland aus den Medien kannte, stammte wohl eher aus dem südlichen Teil. Mit dem Taxi fuhren sie nun jedoch breite, schnurgerade Straßen entlang. Dachte David an Deutschland, dachte er an Ordnung und Sauberkeit, an Fleiß und Disziplin. Erwartet hatte er eine effiziente und sparsame Bauweise, die dem Klang der Sprache entsprach. Aber hier, mitten in der Hauptstadt, war es bunt und chaotisch, laut und international.

Regen setzte ein, und die Lichter der Autos und Leuchtreklamen verschwammen vor seinen Augen. Für den Taxifahrer kam eine Unterhaltung offenbar nicht infrage, denn er hatte das Radio laut aufgedreht und beschallte sie mit deutscher Musik.

Plötzlich fiel David etwas ein. »Was, wenn sie in der Bank meinen echten Ausweis sehen wollen?«

»Du hast das Schreiben deines Vaters«, sagte Nina und deutete auf den Rucksack.

David war sich nicht sicher, ob dies genügen würde, aber er hatte keine Wahl. Je länger sie unterwegs waren, desto größer wurde seine Nervosität. Sie passierten ein riesiges Tor, auf dem ein Pferdegespann thronte und das David aus dem Fernsehen kannte. Er wusste, dass nicht nur Deutschland, sondern auch Berlin früher zweigeteilt war. Soweit er aus einer Dokumentation erinnerte, war die Grenze genau an diesem Tor verlaufen.

»Das Brandenburger Tor«, sagte Nina. Eine Reihe moderner Bauten wechselte sich mit historischen Gebäuden ab, und schließlich hielten sie vor einem altehrwürdig anmutenden Haus.

Nina zahlte das Taxi mit ihrer Karte, und kurz darauf standen sie mit ihrem spärlichen Gepäck vor dem Eingang eines stolzen Gebäudes aus hellem Stein. Feiner Sprühregen wehte David ins Gesicht, was er als erfrischend empfand. Er suchte vergeblich nach einem größeren Eingang oder einer Schalterhalle. Stattdessen blickte er auf eine braune Holztür, die von zwei Statuen flankiert wurde und eher an den Eingang in ein Museum erinnerte. Erst beim Näherkommen erkannte er im Licht der Außenleuchte, dass es sich bei den beiden Steinfiguren um Dämonen handelte. Einer hielt den Kopf gesenkt und hatte den Finger auf den Mund gelegt, der andere drohte mit einem Schwert in der Hand.

Ungewöhnlich für eine Bank, dachte David, den das ungute Gefühl beschlich, dass er an dieser Adresse kein Bankhaus mehr finden würde. Wie hatte er auch davon ausgehen können, dass man ihn hier, im fernen Berlin, beinahe dreißig Jahre nach dem Tod seines Vaters erwarten würde? Wahrscheinlicher war, dass sie die lange Reise umsonst angetreten hatten.

»Da!« Nina zeigte auf ein eingefasstes Messingschild neben der Tür. *Walter & Söhne*, stand darauf in nüchternen schwarzen Lettern und darunter, so klein, dass man es beinahe nicht erkennen konnte, *Bankhaus seit 1884*.

Für ihr Marketing konnte diese Bank jedenfalls nicht berühmt sein. Beinahe wirkte es so, als würbe sie überhaupt nicht um Kunden. David suchte die Mauer im Eingangsbereich nach einer Klingel ab und fand einen kleinen, beinahe unscheinbaren Knopf. Darüber befand sich ein hochmodernes Kameraauge. Er atmete tief durch und drückte auf die Klingel. Es war bereits Abend, und er rechnete nicht damit, dass tatsächlich jemand öffnen würde.

Erwartungsgemäß rührte sich nichts. Er klingelte erneut. Wieder geschah nichts, und schon wollte er sich abwenden, als plötzlich die Tür geöffnet wurde und ein Mann vor sie trat.

David war so überrascht, dass er einen Schritt zurückwich. Der Mann war kleiner als er, doch doppelt so breit, trug einen grauen Anzug und erinnerte David eher an jemanden arabischer Abstammung als an einen Deutschen.

Der Mann sagte etwas in deutscher Sprache, klang freundlich, aber bestimmt.

»Ich habe einen Termin«, antwortete David auf Englisch, was zumindest halb der Wahrheit entsprach.

»Wie ist Ihr Name?«, erwiderte der Mann, nun ebenfalls auf Englisch.

David zögerte. Er hatte keine große Lust, seinen echten Namen zu nennen. Den Namen eines in New York als mordverdächtig Gesuchten. Andererseits hatte er wohl kaum eine andere Wahl. »David Berger«, sagte er und fügte, einem Impuls folgend, hinzu: »Der Sohn von Karel Berger.« Jetzt erst bemerkte David, dass der Mann einen kleinen Kopfhörer im Ohr trug, von dem ein Kabel im Kragen seines Hemdes verschwand.

»David Berger?«, wiederholte der Mann. Dabei kniff er die Augen zusammen, als gefiele ihm an diesem Namen etwas nicht. »Einen Moment«, bat er und schloss die Tür.

David blickte zu Nina, die neben ihm stand und die Szenerie beobachtet hatte. Wenn er sich nicht irrte, machte sie einen angespannten Eindruck. Zum ersten Mal, seitdem er sie kannte. »Meinst du, er hat ...«, setzte er an, doch da wurde die Tür erneut geöffnet, und der Mann lächelte ihn an.

»Treten Sie ein, Mr. Berger!« Hinter ihm konnte David eine Marmortreppe erkennen, die in ein Obergeschoss führte. Dahinter schien ein weiterer Eingang zu sein.

David machte einen zögerlichen Schritt und passierte den Mann, als dieser plötzlich hervortrat und Nina den Weg versperrte.

»Sie nicht!«, hörte er den Mann sagen. Als David sich umdrehte, sah er an dessen breiten Schultern vorbei in Ninas verdutztes Gesicht.

»Sie gehört zu mir!«, protestierte er und legte die Hand auf den Arm des Mannes.

Dieser drehte sich zu ihm um und erwiderte mit absolut ruhiger wie freundlicher Stimme. »Ich habe Anweisung, nur Sie hereinzulassen, Mr. Berger.«

David runzelte die Stirn. Herumkommandiert zu werden hatte er sein Leben lang gehasst.

»Es ist schon gut!«, meinte Nina plötzlich und lächelte ihm zu. »Geh hinein, ich warte hier auf dich.«

Er spürte, wie Unbehagen in ihm aufstieg. Einerseits wollte er sie nicht allein im Dunkeln stehen lassen. Andererseits hatte er sich an ihre Begleitung gewöhnt.

»Hier, nimm den Rucksack mit den Papieren«, sagte sie und reichte ihn an dem Mann zwischen ihnen vorbei. David griff danach und hängte ihn sich über die Schulter.

»Vielen Dank für Ihr Verständnis, Miss«, erklärte der Mann. Das Letzte, was David von Nina sah, war ihr tapferes Lächeln. Dann fiel die Tür hinter ihm ins Schloss.

»Dort entlang. Herr Walter junior erwartet Sie bereits, Mr. Berger.«

David nahm die Treppe nur zögerlich. Er konnte nicht genau sagen, was es war, aber irgendetwas störte ihn daran, wie der Mann seinen Namen betonte.

Beinahe so, als glaubte er ihm nicht, dass er David Berger war.

55

New York

»Einen Moment!«, sagte Millner und ging mit dem Mobiltelefon am Ohr in die Küche.

»Expanding Full Metal Jacket«, wiederholte Keller. »Vollmantelgeschosse mit einem Zylinder aus einem hochmodernen Kautschukgemisch. Hochwertig, so etwas kann man auf dem freien Markt derzeit nicht kaufen. So was hat nur das Militär.«

»Und kein David Berger«, ergänzte Millner.

»Es sei denn, er ist Geheimagent oder so etwas.«

Millner fiel die Weltkarte in Bergers Apartment ein. In der Welt herumgekommen war er zumindest. »Das schließe ich eher aus«, sagte er dennoch.

»Vielleicht tschechischer Geheimdienst?«

»Er war keine zwei Jahre alt, als er in die USA kam. Dann hätten sie ihn beim Babyschwimmen anwerben müssen.«

»Dann hat er mit der Schießerei in dem Labor nichts zu tun.« In Kellers Stimme schwang Enttäuschung mit. Millner hingegen spürte aus einem Grund, den er noch nicht verstand, so etwas wie Erleichterung. »Aber warum war er dann dort?«, fragte Keller. »Außerdem haben wir da überall sein Blut gefunden. An der Klingel, auf dem Boden ...«

»Dann war er wohl verletzt. Ich schätze, er war aus dem demselben Grund in dem Labor wie diejenigen mit den Gewehren und den Vollmantelgeschossen«, sagte Millner.

»Und der wäre?«

»Die Tabletten.« Millner hatte so eine Ahnung, worum es hier ging, auch wenn nicht alle Teile zusammenpassten. Aber es war zu früh, um Keller einzuweihen.

»Sie sprechen in Rätseln. Im Labor haben wir so gut wie

nichts gefunden, außer ein paar Aspirin in der Schublade einer toten Laborantin.«

Das bestätigte nur Millners Verdacht.

Henry kam in die Küche gepoltert. »Kommst du jetzt, oder soll ich da drüben Wurzeln schlagen?«

»Ich melde mich«, sagte Millner ins Telefon und legte auf.

»Alles vom Feinsten.« Henry deutete auf einen Gasherd in Millners Rücken. »Allein das Sofa kostet zehntausend Dollar«, sagte er, während sie zurück ins Wohnzimmer gingen.

»Woher weißt du das? Wolltest du dein Jahresgehalt in eine Couch investieren?«

»Die Rechnung war bei den Unterlagen, die wir bei der Durchsuchung beschlagnahmt hatten.«

Sie standen in Alexander Bishops Wohnzimmer und sahen sich um.

»Laut Bericht des Rechtsmediziners wurde er gefoltert, bevor er aus dem Fenster flog. Töten allein reichte also nicht. Berger wollte, dass er leidet. Passt zum Eifersuchtsmotiv.«

»Oder jemand wollte etwas von ihm wissen, und Bishop wollte es nicht sagen«, erwiderte Millner.

»Zum Beispiel wie man sich einen solchen Flat-Screen leisten kann?« Henry zeigte auf den Fernseher, der beinahe die gesamte Wand einnahm.

»Sein Vater ist einer der reichsten Menschen an der Ostküste. Ich finde, dafür ist die Bude hier noch recht bescheiden«, entgegnete Millner. Tatsächlich hatte er bei dem Sohn eines Milliardärs etwas anderes erwartet. Aber der Trend bei vielen Superreichen ging dahin, ihre Kinder am Reichtum nicht zu beteiligen, damit diese selbst etwas aus ihrem Leben machten. Ein guter Ansatz, fand Millner. Bei Alexander Bishop war diese Rechnung allerdings nicht aufgegangen, denn er war nun tot. »Außerdem war Bishop junior ein recht erfolgreicher Anwalt«, ergänzte Millner.

»Wir bekommen wenig Geld, um Verbrecher in den Knast zu bekommen, und die viel Geld, um sie wieder rauszuholen. Schon eine komische Welt«, bemerkte Henry und setzte sich in einen Relax-Sessel in der Nähe des Fensters. Er nahm eine kleine Fernbedienung, und plötzlich fuhr die lederne Rückenlehne langsam zurück. »Hole mich in zwei Stunden hier wieder ab; ich denke noch ein wenig über den Fall nach«, sagte er und schloss die Augen.

Auch Millner spürte die Müdigkeit. Tatsächlich hatten sie bis auf eineinhalb Stunden Schlaf auf der Liege im Sanitätsraum des Reviers, auf der sie sich abwechselnd ausgestreckt hatten, seit gestern kein Auge zugemacht. »Irgendeine Spur von dieser Nina?«

»Nichts. Die Videoüberwachung im Gebäude, in dem das Schlaflabor untergebracht ist, war an dem Abend kaputt. Der Hausmeister meinte, jemand habe sie sabotiert. Vermutlich heißt die junge Dame, die wir suchen, nicht einmal Nina.«

Dies schien eine Sackgasse zu sein. An die Pinnwand im Büro hatten sie jedoch einen weiteren Zettel mit dem Namen Nina gehängt, und zwar auf die Seite mit den Verdächtigen.

Millner drehte sich einmal im Kreis. »Auch hier: keine Kameras, nichts. Ohne Geständnis werden wir niemals herausfinden, was hier geschehen ist. Alles, was wir wissen, ist, dass David Berger hier war. Die Zeugen haben ihn zumindest unmittelbar nach Bishops Sturz in die Tiefe am Fenster gesehen. Bergers DNA war am Wasserglas, und wir haben Kleidung mit seinem Blut gefunden.«

»Das wird vor Gericht genügen, um ihn lebenslang hinter Gitter zu bringen«, sagte Henry, der noch immer mit geschlossenen Augen und vor dem Bauch verschränkten Armen auf dem Sessel lag. »Er kann auch nicht das Gegenteil beweisen.«

Im Zweifel für den Angeklagten, dachte Millner, doch er ersparte sich den Hinweis. Als Polizist brauchte man immer einen

Verdächtigen, an dessen Schuld man glaubte, um sich durch den beschwerlichen Ermittlungsalltag zu hangeln. Nichts war schlimmer, als komplett im Dunkeln zu tappen. Für ihn war der Fall indes nicht so klar. Er ging zum Fenster, das nun geschlossen war. Es reichte ihm gerade mal bis zur Hüfte und war eher schmal. Man brauchte schon Kraft, um einen großgewachsenen Mann wie Alexander Bishop hier hinauszubefördern.

»Er hat ihn betäubt und dann rausgeworfen«, sagte Henry, der immer noch so aussah, als schliefe er. »In dem Wasserglas war ein Gift, das das Labor noch nicht identifizieren konnte. Die toxikologischen Untersuchungen werden mindestens sechs Wochen dauern. Doch sie haben gesagt, die Menge genügte, um ein Pferd zu betäuben.«

»Am Rand des Glases war aber überwiegend Bergers DNA«, gab Millner zu bedenken.

»Auch Bishops. Und die von vier anderen Personen. Offenbar hat Alexander Bishop es mit dem Spülen der Gläser nicht so genau genommen.« Henry bewegte die Schultern und seufzte genüsslich. »Jetzt massiert das Teil auch noch!«

»Ich weiß nicht«, murmelte Millner.

»Sieh es doch endlich ein: Berger hat ihm was in das Getränk getan, seine perversen Rachefantasien an dem Bewusstlosen ausgelebt und ihn dann aus dem Fenster befördert. Ich meine, der Typ hatte gefrorene Babymäuse in seinem Tiefkühlfach.«

Millner zog die Gardine zur Seite und schaute auf die Straße hinunter. »Alexander, wie bist du gestorben?«, fragte er laut.

»Ich bin mir leider nicht sicher«, sagte eine freundliche Frauenstimme.

Millner fuhr erschrocken herum, doch hinter ihm im Raum stand niemand.

Henry hatte die Augen aufgerissen und schaute ihn irritiert an.

Millner suchte mit dem Blick den Raum ab, doch alles sah aus wie zuvor. »Was war das?«

Henry zuckte mit den Schultern. »Vielleicht sein Geist«, sagte er und richtete sich nun ganz auf. Millner bemerkte, dass er eine Hand an seinen Gürtel legte, nahe dem Halfter mit der Waffe. »Alex bist du da?«, sagte Henry laut.

Sofort erklang wieder die Stimme. »Ja, ich bin da. Ich höre zu!«

Sie sahen beide hinüber zu einem kleinen Beistellwagen, auf dem diverse Flaschen mit Spirituosen standen. Aus deren Mitte leuchtete es bläulich.

Millner nährte sich langsam, während Henry sichtlich nervös zurückblieb. Als er nahe genug war, erkannte Millner zwischen all den Whiskey- und Cognacflaschen einen zylindrischen weißen Lautsprecher. »Alexanders Geist ist es jedenfalls nicht«, stellte er fest.

»Darauf habe ich leider keine Antwort!«, sagte die Frauenstimme.

Millner drehte sich triumphierend zu Henry um. »Ruf im Revier an. Wir brauchen einen Verhörraum. Ein bisschen Strom und einen fiesen Schraubenzieher. Wäre doch gelacht, wenn wir die Dame hier nicht zum Reden bringen.«

56

Berlin

Es war keine Bank, wie David sich eine Bank gemeinhin vorstellte. Alles glich eher einem Anwaltsbüro. Es gab einen kleinen Wartebereich, in dem er auf Bitten des Mannes, der ihn eingelassen hatte, Platz nahm. David blätterte eine deutsche Tageszeitung durch, deren Inhalt er nicht verstand. Er nahm jedoch erleichtert zur Kenntnis, dass nirgends ein Artikel mit seinem Namen oder ein Foto von ihm zu sehen war. Tatsächlich schien es so, als interessierte der »Vampir-Mord« aus New York in Berlin niemanden.

Zehn Minuten wartete David und begann schon, sich Sorgen zu machen, dass man nach Nennung seines Namens doch die Polizei verständigt hatte, als ein schmaler Mann mit runder Brille an ihn herantrat. David hatte aufgrund der Ankündigung, dass Herr Walter junior ihn empfangen würde, mit jemand deutlich jüngerem gerechnet.

»Mr. Berger?«, begrüßte der Mann ihn höflich und gab ihm die Hand. Er war kleiner als David und wirkte mit seinem grau melierten Haar, das sorgsam zur Seite gekämmt war, sehr honorig.

Jetzt erst wurde David bewusst, dass er nach seiner Flucht durch die New Yorker Kanalisation und der Katzenwäsche im Waschsalon in der von Nina gekauften, wahllos zusammengestellten Kleidung vermutlich keinen besonders vertrauenswürdigen Eindruck machte. »Verzeihen Sie meinen Aufzug«, sagte er deshalb und versuchte, dieses Manko durch sein Benehmen wettzumachen.

»Folgen Sie mir bitte in mein Büro, Mr. Berger.« Auch Walter junior betonte seinen Namen auf ungewöhnliche Art und Weise, wie David fand.

Der Mann führte ihn durch den Vorraum zu einer breiten Flügeltür. Dahinter lag ein Büro, das die Arbeitszimmer der Seniorpartner in Davids Kanzlei noch übertraf: Neben dem Eingang stand ein beinahe mannshoher Globus. An der Wand hingen Ölgemälde wie in einer mittelalterlichen Ahnengalerie. Der Schreibtisch am Ende des Raumes war so riesig, dass man ohne Weiteres darauf Snooker hätte spielen können.

Walter junior deutete auf eine kleine Sitzecke. »Darf ich Ihnen etwas zu trinken anbieten?«, fragte er höflich.

David schenkte sich ein Glas Coke ein, da er sich nach dem langen Flug unterzuckert fühlte.

Walter junior goss sich aus einer goldenen Thermoskanne eine Tasse Tee ein. Dann lehnte er sich im Sessel weit zurück und schlug die Beine übereinander. »Verzeihen Sie, dass wir Ihre Begleitung nicht hereinlassen konnten. Aber Herzstück unserer Bank ist unsere unterirdische Schließanlage, und aus diesem Grund gibt es sehr beschränkte Zutrittsrechte. Zudem folgen wir damit nur einer Anweisung Ihres Vaters.«

Ihres Vaters. Auch diese Worte hatte der Bankdirektor wieder mit einem zweideutigen Unterton ausgesprochen.

David beschloss, in die Offensive zu gehen. »Ich habe leider keinen Ausweis dabei. Aber ich habe ein Schreiben meines Vaters erhalten, in dem er mich auffordert, Ihr Bankhaus aufzusuchen.« Er griff in den Rucksack und zog den Umschlag mit dem Brief hervor.

»Lassen Sie, ich kenne das Schreiben«, sagte Walter junior und winkte ab.

David stutzte. »Woher? Es ist an mich persönlich gerichtet, und ich habe es selbst erst vor wenigen Tagen erhalten ...«

Walter junior legte die Hände zusammen und musterte ihn. »Ich möchte ganz offen zu Ihnen sein, Mr. Berger: Ich weiß nicht, ob Sie tatsächlich der Sohn von Karel Berger sind.«

Genau das hatte David befürchtet. »Ich bin natürlich sein Sohn!«, sagte er mit Nachdruck. »Jemand Fremdes würde wohl kaum mit dem Schreiben meines Vaters hier erscheinen.«

Sein Gastgeber lächelte müde. »Und wenn ich Ihnen jetzt sage, dass gerade gestern, genau dort, wo Sie nun sitzen, ein junger Mann gesessen hat, der Ihnen nicht unähnlich war, vielleicht weniger blond und ohne Brille, der felsenfest behauptete, er sei David Berger, der Sohn von Karel Berger, und mir mit beinahe den gleichen Worten wie Sie heute das Schreiben seines Vaters vorgelegt hat?«

Vollkommen überrascht starrte David den Bankdirektor an. Mit allem hatte er gerechnet, aber nicht damit.

»Und der junge Mann hatte im Gegensatz zu Ihnen sogar einen Reisepass dabei, der ihn als David Berger aus New York auswies.«

Davids Gedanken überschlugen sich. Wer hatte sich hier für ihn ausgegeben? Und hieß das, er kam zu spät für das, was auch immer sein Vater in dieser Bank für ihn hinterlegt hatte? »Das ist …«

»Keine Sorge, er war nicht David Berger«, unterbrach Walter junior ihn. »Sondern ein Hochstapler.«

»Wenn er sogar einen Ausweis dabeihatte, wie haben Sie den Betrug dann herausgefunden?«

»Ihr Vater hat das von ihm angemietete Schließfach mit einem Zugangscode versehen, den nur David Berger entschlüsseln kann.«

David spürte, wie ihm warm wurde. Als sein Vater starb, war er gerade ein Jahr alt gewesen, und er wusste so gut wie nichts über diesen Mann namens Karel Berger. Wie sollte er in der Lage sein, einen Code zu knacken, den angeblich nur er kannte?«

Walter junior beugte sich vor und nahm ein Plastikröhrchen vom Tisch, das dort die ganze Zeit über gelegen hatte. David hatte ihm aber bis zu diesem Augenblick keine Beachtung geschenkt. »Wissen Sie, was das ist?«, fragte Walter junior.

David schüttelte den Kopf.

»Wenn Sie tatsächlich derjenige sind, für den Sie sich ausgeben, dann ist das hier Ihre Eintrittskarte.« Er öffnete den Verschluss und beförderte einen schmalen Gegenstand hervor, den David erst auf den zweiten Blick erkannte: Es war ein Wattestäbchen.

57

New York

General Jackson betrachtete die Gegenstände vor sich auf dem Tisch. Ein Paar Lederschuhe, eine Jeans, ein Sweatshirt und eine leere Flasche Haartönung. Von einem der Schuhe war der Absatz entfernt worden. Daneben lag der kleine GPS-Sender.

»Als wir in dem Waschsalon ankamen, wo wir den letzten Kontakt gehabt hatten, befanden die Sachen sich noch in einer der Maschinen. Berger muss sich dort umgezogen und seine Kleidung dann gewaschen haben.«

»Etwas heller als vorher«, sagte der General.

»Sie haben anscheinend kein Color-Waschmittel benutzt«, entgegnete einer der Soldaten.

»Ich meine die Haare, du Idiot!« Jackson zeigte auf die leere Flasche mit dem Haarbleichmittel. »Er ist jetzt blond.«

»Ohne Ortung werden wir sie kaum finden«, bemerkte der Einzige im Raum, der keine Uniform trug. Im Gegensatz zu den anderen war er nicht austrainiert. Unter dem knallgelben T-Shirt zeichnete sich ein Bauchansatz ab, und die Haare des Mannes waren deutlich länger als die der anderen Anwesenden. Er nahm den GPS-Sender und betrachtete ihn. »Das Wasser hat ihn zerstört.«

Jackson hob den kleinen gelben Zettel auf, der ebenfalls auf dem Tisch lag. »Was ist das?«

»Der steckte in der Hosentasche, hinten rechts.«

Jackson hielt ihn näher an die Lampe, die über dem Tisch baumelte. »Es stand etwas darauf, aber das Wasser hat es offenbar weggewaschen.«

Der Techniker legte den GPS-Sender beiseite und hielt Jackson die Hand entgegen. »Darf ich einmal?«

General Jackson gab ihm den Zettel. »Haben Sie in Ihrer

Spielzeugkiste ein Gerät, um die Schrift wieder sichtbar zu machen?«

Ein Grinsen breitete sich auf dem Gesicht des Technikers aus. »Allerdings«, sagte er. Dann ging er zu einem Koffer und holte einen Bleistift heraus. Er legte das Papier auf den Tisch und begann, mit der flach angelegten Bleistiftmine zu schraffieren. Nach kurzer Zeit wurden in dem grauen Wirrwarr von Strichen Buchstaben sichtbar. »*Walter & Söhne, Bankhaus*«, las er vor.

»Was bedeutet das?«, fragte Jackson.

»Ich glaube, das ist Deutsch, Sir. Ich war in Rammstein stationiert«, meldete sich einer der Soldaten zu Wort.

»Versuchen Sie herauszubekommen, was das heißt!«

»Etwas habe ich noch!«, sagte der Techniker und öffnete triumphierend seinen Laptop. »Der Waschsalon verfügt über W-Lan, das sie offenbar benutzt haben. Mithilfe der Server der NSA habe ich geschaut, wofür sie es benutzt haben. Irgendwelche Webseiten mit Archiven für Zeitungsartikel. Interessanter ist aber dies.« Er öffnete etwas auf dem Monitor. »Es wurde eine E-Mail geschrieben an den Account eines gewissen Arthur McCarter. Absender ist eine Nina.«

»Dann ist das die Frau, die Berger begleitet und die unsere Leute ausgeschaltet hat?«

Der Techniker zuckte mit den Schultern.

»Ich will alles über sie wissen. Und schauen Sie, ob sie in den letzten Stunden ihre Kreditkarte benutzt hat oder geflogen ist.« Jackson nahm den Bleistift, den der Techniker auf den Tisch gelegt hatte, und musterte ihn nachdenklich. Dann hielt er ihn in die Höhe. »Wir schreiben heute mit Tastaturen, mit Kugelschreibern, sogar mit Fingern auf Touchscreens. Und dennoch hat dieser Bleistift bis heute alle Innovationen überlebt. Wisst ihr, weshalb, Männer?« Jackson blickte in die Runde, ohne eine Antwort zu erwarten. »Weil er aus demselben Holz geschnitzt ist wie ich. Weil er sich niemals unterkriegen lässt. Stumpft er einmal ab, spitzt man ihn wieder an. Und er tut, was die Leute von ihm erwarten. Nicht mehr, aber auch nicht weniger. Jeder weiß, man kann sich auf ihn verlassen.« Jackson prüfte die Wirkung seiner Worte. »Besinnt euch auf eure Tugenden, Männer. Ihr seid keine Avenger, doch ihr seid gute Soldaten vom alten Schlag. Deshalb habe ich euch ausgewählt. Tut, was man von euch erwartet. Und nun an die Arbeit!«

Jackson reichte den Bleistift dem Techniker. »Sie müssen ihn mal wieder anspitzen«, sagte er und deutete auf dessen Mine. Dann fuhr er sich durch die Haare und unterdrückte ein Gähnen.

58

Berlin

»Nichts«, sagte er.

Nina blickte ihm irritiert entgegen. Sie stand, wo er sie zurückgelassen hatte, die Hände tief in den Jackentaschen vergraben. Es regnete noch immer, und obwohl sie sich die Kapuze tief ins Gesicht gezogen hatte, war sie klitschnass. Sofort meldete sich sein schlechtes Gewissen.

»Sie haben mit einem Wattestab aus meinem Rachen eine DNA-Probe genommen. Sie melden sich morgen, ich habe deine Telefonnummer angegeben.«

Nina schaute verwundert drein. Genauso verwundert musste er selbst geguckt haben, als der Chef des Bankhauses das Wattestäbchen hervorgeholt hatte.

»Es ist eine Anweisung Ihres Vaters«, hatte Walter junior gesagt, und David hatte die Prozedur nach kurzem Zögern über sich ergehen lassen.

»Der Bankdirektor sagte, gestern war jemand hier und hat sich als David Berger ausgegeben; er hat sogar einen Ausweis vorgelegt, der auf meinen Namen ausgestellt war.« Erneut erntete David einen erstaunten Blick von Nina. »Was meinst du, wer das gewesen sein könnte?«

Nina antwortete nicht.

»Wohin gehen wir eigentlich?«, wollte er wissen. Gemeinsam waren sie die Straße in Richtung Brandenburger Tor hinuntergelaufen. Er hatte Nina die Tasche abgenommen, während sie den Rollkoffer zog.

»So wie es ausschaut, brauche ich dringend eine warme Dusche«, sagte sie. »Und ein Bett. Während du in der Bank warst, habe ich telefonisch ein Zimmer gebucht. Es ist nicht weit von hier entfernt.«

Eine warme Dusche klang verlockend. Und ein wenig Ruhe würde auch ihm guttun. In Davids Kopf dröhnte es, vermutlich eine Folge des langen Flugs. Allerdings fühlte David nach wie vor keinerlei Müdigkeit. Der Besuch in der Bank hatte in seinem Körper zu einer so großen Adrenalinausschüttung geführt, dass David sich am liebsten irgendwie abreagiert hätte.

Kurz darauf standen sie in der beeindruckenden Eingangshalle des Hotels, das direkt am Brandenburger Tor lag. Der mit rotem Stoff überdachte Eingang, der Brunnen in der Empfangshalle, der helle Marmor – alles deutete darauf hin, dass es eines der besten Häuser der Stadt war. Nina zahlte einmal mehr mit der Kreditkarte.

»Weniger luxuriös ging's nicht?«, raunte David, während sie mit dem Lift in den dritten Stock hinauffuhren.

»In der Stadt ist ein Kongress; alle anderen Hotels in der Nähe der Bank waren ausgebucht«, entgegnete Nina. »Ich hoffe, es stört dich nicht, dass ich ein Zimmer für uns beide gebucht habe.«

»Du kannst das Bett haben, ich bin nicht müde«, entgegnete

David. »Und noch mal danke, dass du alles auslegst. Sobald ich kann, zahle ich es dir zurück.« Tatsächlich hatte er keine Ahnung, wann und ob er überhaupt wieder über seine Konten würde verfügen können. Als Anwalt hatte er genügend verdient, um ein bisschen was zurückzulegen. Doch abgesehen davon, dass jede Kontobewegung verräterisch gewesen wäre, hatte man das Konto bestimmt eingefroren.

Die Türen des Fahrstuhls öffneten sich, und sie gingen einen hellen und nobel eingerichteten Flur hinab. Vor einer der Türen blieb Nina stehen und öffnete sie mit ihrer Chipkarte. Das Zimmer war groß und exklusiv ausgestattet. Kirsch- und Myrtenholzmöbel, Polster in Wildlederoptik, raumhohe französische Fenster. Im Bad wechselte sich schwarzer Granit mit hellem Marmor und Holz ab. David hatte nicht oft in luxuriösen Hotels wie diesem gewohnt. Auf seinen Fernreisen bevorzugte er meist Hostels; bei den wenigen Geschäftsreisen, die er für die Kanzlei bislang unternommen hatte, hatten sie meist in besseren Businesshotels gewohnt. Auch wenn er sich der Gemütlichkeit der Einrichtung nicht entziehen konnte, hätte ihm ein einfaches Zimmer durchaus genügt. Normalerweise brauchte er nur ein Bett, ein Bad mit Dusche und Toilette und morgens einen starken Kaffee. Und derzeit benötigte er noch nicht einmal ein Bett. Das Hotelbett in ihrem Zimmer war jedoch riesengroß und sah mit den diversen Decken und Kissen äußerst verlockend aus. Der Meinung war offenbar auch Nina, die sich mit ausgestreckten Armen hineinfallen ließ.

David legte ihr Gepäck ab und setzte sich ans Fußende.

Nina rollte sich zur Seite und schaute ihn an. »Kaputt siehst du aus«, sagte sie und lächelte. Ihr Lächeln war wirklich hübsch. Obwohl auch sie seit dem vergangenen Tag kein Auge mehr zugetan hatte, sah man es ihr nicht an. »Was dagegen, wenn ich baden gehe?«, fragte sie.

David zuckte mit den Schultern. »Unten gibt es einen Fitnessraum und einen Swimmingpool, hab ich gesehen. Während du badest, gehe ich eine Runde schwimmen.«

»Du kannst ruhig hierbleiben«, sagte sie und streckte den Arm aus, sodass sie mit der Hand sein Bein berührte.

»Ich habe das Gefühl, ich muss mich bewegen«, erwiderte er. »Danach komme ich dich holen, und wir gehen eine Kleinigkeit essen.« Er zögerte. »Wenn du mich einlädst.«

Sie rückte ein Stück näher zu ihm, legte ihre Hand nun auf seinen Oberschenkel und ließ sie dort. »Das überlege ich mir noch«, flüsterte sie. So wie sie da neben ihm lag, wirkte sie zierlich, fast zerbrechlich. Gar nicht so taff, wie er sie nun schon bei mehreren Gelegenheiten erlebt hatte.

»Ich habe keine Klamotten. Noch nicht einmal eine Badehose!«, sagte er und erhob sich.

»Du kannst meine haben.« Sie gluckste. »Oder du rufst in der Rezeption an. Das ist der Vorteil von Hotels wie diesem, die besorgen dir alles!«

Tatsächlich klopfte es keine zehn Minuten später, und eine junge Frau brachte David eine graue Sporthose und ein T-Shirt sowie eine Badehose in seiner Größe. Er lauschte an der Tür zum Bad, in das Nina verschwunden war. Wasser rauschte. Offenbar ließ sie sich ein Bad ein.

David zog sich um und nahm einen der Bademäntel vom Bett. Auf dem Weg zur Tür hörte er plötzlich ein leises Klingeln. Er folgte dem Geräusch und sah etwas in Ninas Jackentasche leuchten. Ihr Smartphone. Als er es herauszog, fiel ihr Reisepass auf den Boden. Ein *Arthur* rief an, meldete das Display. Kurz überlegte David, ob er Nina das Telefon bringen sollte, dann entschied er sich jedoch dagegen und steckte es zurück in ihre Jackentasche. Er nahm den Reisepass, der beim Fallen aufgeklappt war, und warf einen Blick hinein.

Karenina Petrova, stand neben dem Passfoto, auf dem Nina deutlich jünger wirkte. Doch das mochte daran liegen, dass sie auf dem Foto viel längere Haare hatte. Als Geburtsort war Budapest angegeben, aber sie war amerikanische Staatsbürgerin. David steckte den Pass in die Tasche seines Bademantels und zog beim Verlassen des Zimmers leise die Tür hinter sich ins Schloss.

In der Lobby hatte er eine kleine Kabine mit einem Telefon gesehen, wie man es heutzutage nur noch aus Filmen kannte. Aber dies war ein Grandhotel, und dazu gehörte es offenbar, sich einen nostalgischen Touch zu bewahren. David entsperrte das Telefon mit der Zimmerkarte und wählte aus dem Gedächtnis eine New Yorker Telefonnummer.

»Ja?«, meldete sich eine vertraute Stimme.

»Ich bin es, David.«

Einen Moment war es still in der Leitung. »Sag mal, bist du irre?«

Mit dieser Reaktion hatte David gerechnet. »Freddy, ich brauche deine Hilfe!«, sagte er. Freddy und er hatten zusammen studiert und trafen sich gelegentlich mit einigen anderen ehemaligen Studienkollegen zum Stammtisch. Im vergangenen Jahr waren sie sogar zu fünft über das Wochenende in die Hamptons gefahren. Freddy arbeitete bei der Staatsanwaltschaft; deshalb war der Anruf bei ihm auch nicht ganz risikolos – für sie beide.

»Wo bist du?«

»Das sage ich dir lieber nicht.«

»Ganz New York sucht dich. Auf allen Titelseiten prangt dein Foto.«

»Ich weiß, aber ich bin unschuldig.«

Er hörte, wie Freddy laut in den Hörer atmete. »Du kannst mich hier nicht anrufen. Was erwartest du von mir? Wenn die das rausfinden und ich melde es nicht, bin ich meinen Job los.«

»Ja, ich weiß«, sagte David. »Aber wenn du es meldest und

die mich verhaften, wandere ich für den Rest meines Lebens ins Gefängnis – unschuldig.«

»Was willst du? Ich kann dir nicht helfen!«

»Doch. Ich brauche dringend eine Info. Ihr habt doch dieses Register, wo man einen Namen eingibt, und der Computer spuckt alles über die betreffende Person aus ...«

Freddy schwieg einen Moment. »Wie heißt die Person?«, fragte er dann.

»Karenina Petrova.« David buchstabierte den Namen und nannte auch das Geburtsdatum. Er hörte, wie Freddy etwas auf einer Tastatur eingab.

»Das dauert jetzt einen Moment«, sagte Freddy. »Mensch, du hast vielleicht Nerven! Was zum Teufel ist da passiert?«, wollte er wissen, während der Computer rechnete.

»Ich kann es dir jetzt nicht erklären. Es ist kompliziert.« Tatsächlich hätte er es gar nicht erklären können. Er verstand es ja selbst noch immer nicht.

»Nichts«, sagte Freddy.

»Was heißt das?«

»Eine Frau dieses Namens gibt es nicht.«

»Ich habe hier den Reisepass.«

»Wie lautet die Passnummer?«

Er diktierte sie.

»Nichts«, wiederholte Freddy.

»Das heißt?«

»Den Reisepass gibt es nicht. Wenn du einen Pass mit der Nummer hast, ist der gefälscht.«

David spürte, wie sich in ihm alles zusammenkrampfte. »Wie kann es sein, dass man damit ausreist?«

»Ausreist?«

»Ich meine, wenn man mit dem Flugzeug die USA verlässt. Fällt es bei der Passkontrolle nicht auf, dass der Pass gefälscht ist?«

»Nicht unbedingt«, antwortete Freddy. »Die Kontrollen bei der Ausreise aus den USA sind viel lockerer als bei der Einreise ... Datenbankabgleiche finden nur stichprobenartig statt oder bei Verdachtsmomenten.«

»Danke, Freddy.«

»In was für eine Scheiße bist du da hineingeraten, David?«

»Ich habe keine Ahnung, ehrlich nicht.« In seinem Kopf drehte es sich wie in einem Karussell. »Ich schulde dir etwas«, sagte er und hängte den Hörer ein.

David steckte den Pass zurück in den Bademantel, fuhr in das Kellergeschoss und folgte der Beschilderung zu dem kleinen Fitnessraum. Glücklicherweise war er allein. Er stellte das Laufband auf eine hohe Geschwindigkeit und lief los. Als seine Beine zu brennen begannen, erhöhte er die Laufgeschwindigkeit noch, bis seine Oberschenkel hart wurden. Sport hatte ihm schon immer geholfen, einen klaren Kopf zu bekommen, und derzeit herrschte in seinen Gedanken ein Chaos wie lange nicht mehr. In die Trauer, die er seit Tagen fühlte, mischte sich seit dem Besuch in der Bank die Aufregung, was ihn dort erwarten würde, wenn der DNA-Test seine Identität bestätigte. Und dann war da noch ein Gefühl, gegen das er versucht hatte, sich zu wehren. Ein Gefühl von Sympathie für Nina, das er nicht zulassen konnte. Das war er Sarah schuldig. Und nun erfuhr er, dass Ninas Reisepass gefälscht war, dass sie offenbar nicht diejenige war, für die sie sich ausgab.

Nach dem Laufen ging er schwimmen. Bahn für Bahn zog er durch das Wasser, bis seine Muskeln vor Kälte zu zittern begannen. Er duschte heiß, rasierte sich mit einem Einmal-Rasierset, das in der Umkleidekabine neben einer Auswahl verschiedener Düfte bereitlag. Zum ersten Mal seit Tagen gefiel ihm wieder der Mann, der ihm aus dem Spiegel entgegenschaute, trotz der dunklen Augenränder.

Im Bademantel machte er sich auf den Weg zurück ins Zimmer. Eine Uhr im Flur vor den Fahrstühlen verriet ihm, dass er beinahe eineinhalb Stunden weg gewesen war. Etwas in ihm hoffte, dass Nina bereits schlief. Er würde sich anziehen und noch auf einen Drink in die Bar gehen.

Möglichst leise öffnete er die Tür und schob sich ins Zimmer. Das Licht war gedämpft, das Bett leer. Die Tür zum Badezimmer war noch immer geschlossen. Er schlich zu Ninas Jacke und steckte den Pass zurück in die Tasche. Vorsichtig umrundete er das Bett. Gerade wollte er an der Tür zum Bad lauschen, als diese geöffnet wurde.

Heraus trat Nina, und alles, was sie trug, war ein um den Kopf geschlungenes Handtuch.

59

New York

»Diese Sprachbox ist im Grunde wie ein Hund«, sagte Bob aus der IT. Er stammte aus Honolulu und trug stets grellbunte Hawaiihemden, um die Millner ihn beneidete.

Gemeinsam mit Henry und Koslowski standen sie um den Tisch im Verhörraum und starrten auf den kleinen Lautsprecher aus Alexander Bishops Wohnung.

»Und ihr habt so etwas tatsächlich noch nie gesehen?« Bob schüttelte resigniert den Kopf.

»Zu meiner Zeit hatte man noch echte Hunde«, entgegnete Millner. »Und ich wüsste nicht, wozu man so ein Ding braucht.«

Bob lächelte. Millner war im Revier für seine Technikfeindlichkeit bekannt. Er hatte sogar seine alte Kaffeefiltermaschine mitgebracht, weil er mit der Bedienung des modernen Kaffeevollautomaten in der Teeküche nicht zurechtkam. »Schon, Millner. Dann wissen Sie jedenfalls, dass ein Hund alles hört, was wir sagen, aber nur auf bestimmte Key-Wörter wie ›Gassi gehen‹, ›Knochen‹ oder ›Leckerli‹ reagiert. Genau wie diese Dame hier.« Bob streichelte über das Gerät. »Sie belauscht die Unterhaltung im Raum, leitet jedoch nur eine Aktion ein, wenn sie ein bestimmtes Codewort hört. In diesem Fall hat sie auf den Namen ›Alexander‹ reagiert und daraufhin zu euch gesprochen. Pass auf, ich zeige es euch!«

Bob trat einen Schritt zurück und wandte sich an den schlanken Zylinder. »Alexander!« An der Oberseite leuchtete ein blaues Licht. »Erzähle einen Polizisten-Witz!«

»Was ist gut bezahlt und trägt eine Polizei-Uniform?«, erklang dieselbe freundliche Frauenstimme wie vorhin in Bishops Wohnung. *»Ein Stripper!«*, gab sie sich selbst die Antwort.

Henry und Koslowski brachen in lautes Gelächter aus.

»Die ist ja der Hammer!«, sagte Henry.

»Das heißt, sie nimmt die Unterhaltung im Raum nicht auf und speichert sie auch nicht?«, fragte Millner enttäuscht.

»Ganz genau«, antwortete Bob. »Allerdings mit einer Einschränkung: Sagt man das Codewort, in diesem Fall das ähnlich klingende ›Alexander‹, speichert sie alles, was danach gesagt wird und was sie für einen Befehl hält. Mithilfe des FBI habe ich Alexander Bishops Zugang zu der Box gehackt, was normalerweise sehr schwierig ist. In meinem Fall eben hat sie also beispielsweise folgende Worte aufgezeichnet …« Bob hantierte an einem Smartphone, stellte es auf »laut« und hielt es ihnen entgegen. *»Erzähle einen Polizisten-Witz«*, war seine Stimme klar und deutlich aus dem Telefon zu hören. »So hat sie auch Folgendes aufgezeichnet«, fuhr er fort und tippte erneut auf das Display seines Smartphones. *»Wie bist du gestorben?«*, erklang Millners Stimme.

»Man kann es sich anhören, und sie zeichnet alles im Transkript auf. Hier!« Bob hielt ihnen das Mobiltelefon entgegen.

»Geist ist es jedenfalls nicht!«, las Millner von Bobs Smartphone die Worte ab, die er zu Henry gesagt hatte, nachdem er das Gerät in Bishops Wohnung entdeckt hatte.

»Ich verstehe. Das Codewort speichert das Gerät nicht mit. Ich sagte vorhin: ›Alexanders Geist ist es jedenfalls nicht.‹ Dieses Ding speichert alles nach dem Wort ›Alexander‹. Weil es denkt, es handle sich um Befehle, die es ausführen soll.«

Bob nickte. »Genau. Sinn dieser Funktion ist, dass das Gerät lernt. Und der Nutzer kann so nachvollziehen, was für Befehle er in letzter Zeit erteilt hat.«

»Hat das Ding an dem Tag, als Alexander starb, etwas aufgezeichnet?«, fragte Millner.

Bob scrollte durch das Archiv in der App auf seinem Smartphone. »Ja, hier! Man kann es auch abhören.« Er hielt das Telefon in die Höhe.

Henry und Koslowski kamen näher.

»... sag uns, wo du sie versteckt hast.«

»Und weiter?«, wollte Millner wissen, der mit einem Mal wie elektrisiert war.

»Sie zeichnet meist nur ein paar Wörter oder ein, zwei Sätze auf. Wenn Sie erkennt, dass darin kein Sprachkommando enthalten ist, das sie kennt, stoppt sie die Aufnahme.«

»Können wir es noch mal hören?«

»... sag uns, wo du sie versteckt hast. Oder wir werden dir wehtun.«

»Oha. Wer zum Teufel spricht da?«, fragte Koslowski.

»Hier ist mehr.« Bob startete die nächste Sequenz.

»... als Nächstes nehmen wir uns deinen schlafenden Freund dort vor. Soldat, sind Sie endlich fertig mit dem Blutabnehmen?«

»Einen habe ich noch«, meinte Bob.

»... willst du dafür wirklich sterben?«, sagte dieselbe Stimme wie eben.

»Das klingt nicht nach David Berger, wenn ihr mich fragt. Kann ich das Letzte noch mal hören?«

Bob spielte die Sequenz ein weiteres Mal vor. »Es klingt, als würde im Hintergrund jemand schreien, dem der Mund zugehalten wird.«

»Oder dessen Mund mit Klebeband verschlossen wurde«, sagte Henry.

»Waterboarding«, fügte Koslowski an. »Als schnappte jemand nach Luft.«

Einen Moment lang war es ganz still im Raum.

»Es waren jedenfalls mehrere. Und Berger hat geschlafen.«

»Sie haben Bishop gefoltert und dann aus dem Fenster geworfen. Entweder sollte es nach Selbstmord aussehen, oder sie wollten es auf Berger schieben, um ihre Spuren zu verwischen.«

»Er nannte den einen ›Soldat‹«, sagte Millner.

Henry nickte. »Die Scheiße ist zu groß für uns. Wir sollten jemanden informieren.«

Millner dachte an Keller. Zumindest ihn musste er gleich anrufen.

»Also hat Berger diesen Mord offenbar nicht begangen.«

»Er ist sogar das Opfer«, sagte Millner. »Und bei dem Labor in New Jersey ist er auch aus dem Schneider. Wie ich hörte, handelte es sich bei der verwendeten Munition um Hochleistungsgeschosse ...«

»Die nur das Militär benutzt«, vervollständigte Henry den Satz. »Also Soldaten, so wie hier bei Bishop.«

Millner nickte. »Bleibt nur noch der Mord an Sarah Lloyd.«

Koslowski schnalzte mit der Zunge. »Sie ist nicht tot!«

»Sie sah aber tot aus!«, entgegnete Millner, dem sich plötzlich alle Nackenhaare aufstellten. Die Bissmale am Hals fielen ihm wieder ein.

»Ich meine, die Tote ist nicht Sarah Lloyd. Gerade kam der Bericht vom Rechtsmediziner. Sie haben einen Zahnvergleich gemacht mit Röntgenbildern, die wir von Sarah Lloyds Mutter erhalten haben. Sie passen nicht zusammen. Dasselbe gilt für

Röntgenbilder des Armes. Sarah hat sich als Kind den linken Unterarm gebrochen. Der Arm der Toten war unversehrt.«

»Und wer ist die Tote dann?«, fragte Henry.

Millner fühlte sich wie vor den Kopf gestoßen. Er griff nach einem der Stühle und setzte sich. »Und wenn Sarah Lloyd lebt, wo ist sie dann? Schließlich hat so ziemlich jede Zeitung des Landes diese Story gebracht, ohne dass Sarah sich bei uns gemeldet hat.«

»Alexander«, sagte Millner zu seiner neuen zylinderförmigen Freundin. »Wo ist Sarah Lloyd?«

»*Darauf habe ich leider keine Antwort!*«, entgegnete die Stimme mit höflichem Bedauern.

»Mach dir nichts draus«, meinte Millner und erhob sich mit einem lauten Ächzen. »Den Rest erledigen wir, Kleine.«

60

Berlin

Als Schattenriss stand sie im Türrahmen vor ihm. Ihre Nacktheit konnte er gegen das Licht der Badezimmerleuchte nur erahnen. Obwohl extrem athletisch, verriet ihre Silhouette nun eine überaus frauliche Figur mit auffallend schlanker Taille. Ihre Gestalt hatte etwas Amazonenhaftes.

»Ich habe schon auf dich gewartet«, sagte sie mit einer Wärme in der Stimme, die David bislang noch nicht an ihr wahrgenommen hatte.

Nina trat einen Schritt vor, und nun sah er, dass er sich nicht geirrt hatte: Sie war tatsächlich splitternackt. »Ich bin fertig, jetzt kannst du ins Bad.«

»Ich bin unten ein paar Runden im Pool geschwommen und habe dort bereits geduscht«, entgegnete er und versuchte zu lächeln. Er war sich nicht sicher, worauf das hier hinauslaufen sollte. Erlaubte Nina sich nur einen Spaß mit ihm?

Plötzlich stand sie direkt vor ihm, glitt mit ihren warmen Händen unter seinen Bademantel und streichelte seine Brust. Sie verströmte einen frischen Duft nach Seife und Parfüm.

»Alles ist nur ein Spiel«, flüsterte sie und brachte ihr Gesicht nahe an seines. Ihre Lippen waren viel voller, als er bislang bemerkt hatte.

Er legte die Hände an ihre Hüften, um sie auf Distanz zu halten. Ihre Haut fühlte sich warm und weich an. »Ein Spiel?«

»Ich meine das mit der Liebe. Sie ist nichts als ein großes Spiel. Mal gewinnt man, mal verliert man. Man darf es aber nicht zu ernst nehmen, und man sollte niemals ein schlechtes Gewissen haben, wenn man auf seinen Instinkt hört. Vielleicht sind wir beide morgen schon tot.« Sie verlagerte das Gewicht auf die Zehenspitzen und biss ihm sanft in die Unterlippe, wobei sie die Brüste fest an seinen Körper drückte.

»Ich weiß nicht«, sagte er und fasste sie vorsichtig an der Schulter.

Sie schaute ihm tief in die Augen. »Sie ist tot, David. Und sie hat mit dir Schluss gemacht.«

In diesem Moment machte sie einen kleinen Schritt zur Seite und gab ihm mit beiden Händen einen Stoß, sodass er über ihr ausgestelltes Bein stolperte und rückwärts auf dem Bett landete. Sofort sprang sie auf ihn und drückte seine Arme nach unten. Dann beugte sie sich zu ihm hinunter und küsste ihn lange und intensiv. »Ich finde, du hast in den vergangenen Tagen genug gelitten«, flüsterte sie ihm ins Ohr.

Er spürte ihr Gewicht auf sich und war versucht, es einfach geschehen zu lassen.

Nina richtete sich auf, nahm das Handtuch von ihrem Kopf und warf es zur Seite. Wassertropfen spritzten ihm ins Gesicht, als sie ihre Haare ausschüttelte. Dann begann sie, den Knoten des Gürtels zu lösen, der seinen Bademantel zusammenhielt. Sie zog ihn aus den Schlaufen und band ein Ende um sein rechtes Handgelenk, wobei sie die Seite seines Halses mit Küssen bedeckte.

Er sollte auf seinen Instinkt hören, hatte sie gesagt, und etwas in ihm beschloss, ihrem Rat zu folgen. Gerade als sie den Stoffgürtel um sein anderes Handgelenk legen wollte, hob er ruckartig die Hüfte in die Höhe. Eine Technik aus dem Bodenkampf, die Nina sofort aus dem Gleichgewicht brachte und ohne Vorwarnung über seinen Kopf aufs Bett hinter ihm katapultierte. Er hielt sie noch im Flug sanft an den Hüften fest, um ihren Aufprall auf den weichen Kissen zusätzlich abzufedern. Im Nu drehte er sich um und lag nun halb über ihr. Dem ersten Schrecken in ihrem Gesicht folgte ein breites Grinsen. Sie legte die Arme um seinen Kopf und streichelte ihm den Nacken.

»Ich kann das nicht«, sagte er und löste sich aus ihrer Umarmung, indem er sich neben sie auf den Rücken fallen ließ. »Verstehe es nicht falsch, aber ich kann es einfach nicht.« Er löste den Gürtel von seinem Handgelenk. Einen Moment schwiegen sie beide, und er hörte nur ihren schnellen Atem neben sich. »Für mich ist es nie ein Spiel gewesen«, sagte er in das Schweigen zwischen ihnen, während er die gespreizten Finger mit dem Verlobungsring vor ihr Gesicht hielt.

Sie streckte den Arm aus und drehte den Ring an seinem Finger hin und her. Dann rollte sie sich auf die Seite, zog die Bettdecke über sich und lächelte ihn an. »Ich hoffe, sie wäre dir genauso treu«, sagte sie und strich ihm eine Strähne aus dem Gesicht.

Er ließ es geschehen. Plötzlich tat sie ihm leid. »Hast du jemanden?«, fragte er.

»Ich habe mich.«

»Was ist mit deinen Eltern?«

Sie schüttelte den Kopf. »Mein Vater starb, als ich noch ein Baby war.«

»Meiner auch.«

Sie hob den Kopf und legte ihn auf seine Brust. »Meine Mutter kam in eine psychiatrische Klinik, als ich sechs Jahre alt war. Ihr ist alles über den Kopf gewachsen. Ich musste in verschiedene Pflegefamilien. Ich war schwierig, immer anders als die anderen. Als ich fünfzehn war, bin ich abgehauen, seitdem bin ich auf mich allein gestellt.«

David spürte Mitleid mit der zierlichen jungen Frau in seinem Arm. Er hatte wenigstens seinen Großvater gehabt. Beinahe beschämte es ihn, wie er dennoch oft mit seinem Schicksal gehadert hatte. »Und du hast keinen Freund?«

Sie hob den Kopf und blickte ihn an. »Ich arbeite dran«, sagte sie und lächelte. »Keine Angst, war nur ein Scherz!«

Er strich ihr über den Rücken, hielt dann aber abrupt inne. »Dein Name, woher stammt der?«

»Nina ist nur mein Spitzname. Eigentlich heiße ich Karenina.«

»Und mit Nachnamen?«

Sie stutzte und kniff ihm leicht in die Brust. »Was wird das? Ein Verhör?«

»Ich interessiere mich einfach für dich.«

»Petrova«, sagte sie. »Ich bin in Russland geboren.«

»Komisch.« David versuchte, ihr ins Gesicht zu schauen. »In deinem Pass steht, dass du in Budapest geboren bist. Das liegt nicht in Russland, soweit ich weiß.«

Nina fuhr mit einem Ruck hoch und schlug ihm auf den Arm. »Hast du mich etwa gestalkt?«

»Dein Pass fiel zufällig aus deiner Jackentasche. Ich wollte mir nur das Foto anschauen.«

»Der Geburtsort im Pass ist falsch«, sagte sie. »Geboren wurde ich in Moskau, aber als meine Adoptiveltern später mit mir in die USA ausgewandert sind, haben sie dort einfach Budapest als meinen Geburtsort angegeben, weil sie dachten, das macht weniger Probleme als Moskau.«

Sie brachte etwas Abstand zwischen sie beide, zog sich die Decke bis zum Kinn und starrte mit düsterem Blick vor sich hin. »Ich rette dir das Leben, und das ist der Dank dafür? Du schnüffelst mir hinterher!«

Er verschränkte die Arme hinter dem Kopf und fixierte den Rauchmelder über sich. Seine rechte Schulter schmerzte nach dem Schwimmen. In seinem Kopf jagten sich die Gedanken. Er wusste nicht, wie viel Wahrheit er in der jetzigen Situation ertrug. Aber es musste sein. »Dein Reisepass ist gefälscht«, sagte er und begann lautlos zu zählen. Er kam bis zwölf.

»Ist er nicht.«

»Ich habe einen Freund bei der New Yorker Staatsanwaltschaft. Er hat es gecheckt. Deinen Pass gibt es nicht.«

Nina fuhr herum und stützte sich auf einen Arm auf. »Du hast einen Freund bei der Staatsanwaltschaft angerufen? Dann wissen die jetzt, wo wir sind?«

»Wie gesagt, er ist ein *Freund*, er wird uns nicht verraten.«

Sie ließ sich nach hinten fallen und vergrub das Gesicht in den Händen. Dann lachte sie schrill auf. »O mein Gott! So ein guter Freund wie dieser Alexander? Der es mit Sarah getrieben hat?«

Dieser Punkt ging an sie. Aber sie lenkte vom eigentlichen Thema ab.

»Also, was ist mit deinem Pass?« Wenn er genau überlegte, war es ihm von Anfang an merkwürdig vorgekommen, wie entschlossen Nina seine Nähe gesucht und ihn unbedingt hatte begleiten wollen. »Wer bist du wirklich?«

Sie setzte sich auf und schlang die Arme um die Beine, wobei die Decke runterrutschte und wieder den Blick auf ihren nackten Oberkörper freigab.

David schwang sich vom Bett, sodass er nun vor ihr stand, die Zimmertür in seinem Rücken. »Bist du eine Bundesagentin? Hat das FBI dich auf mich angesetzt?«

Sie schüttelte den Kopf. »Setz dich wieder!« Sie klopfte mit der flachen Hand auf die Matratze neben sich. »Ich muss dir was erklären.«

Er zögerte.

»Zu Hause habe ich kein Bett«, sagte sie und blickte ihn aus großen braunen Augen direkt an. Er spürte, dass er ihr nur zu gern glauben wollte. »Ich habe kein Bett, weil ich keines brauche«, fuhr sie fort.

Immer noch machte er keine Anstalten, sich zu bewegen.

»Mir geht es wie dir: Ich kann nicht schlafen. Oder besser: Ich muss nicht schlafen.« Sie senkte die Stimme und schauderte. »Ich bin immer wach.«

61

Prag 1988

»Nehmen Sie es!« Schwarzenberg überreichte Karel das Fläschchen, der es so vorsichtig nahm, als wäre darin Nitroglycerin.

»Das ist es also«, sagte Karel Berger und hielt es gegen das Licht seiner Laborlampe. »Das sagenumwobene Mittel.«

Schwarzenberg lächelte. »Es gibt Menschen, die würden dafür töten. Es ist die einzige Möglichkeit für uns, Schlaf zu finden. Erholsamen Schlaf für einige Stunden, der die Halluzinationen und den Wahnsinn heilt und für uns den Schlaf eines normal Schlafenden für einen ganzen Monat kompensiert. Ich muss Ihnen nicht erklären, dass wir als Organisation einen Teil unserer Anerkennung und Macht daraus ziehen, dass wir über dieses Mittel verfügen und es nach unseren Vorstellungen verteilen.«

»Wo bewahren Sie es auf?«

Schwarzenberg lachte. »Das ist natürlich geheim. Die Fürstin war sehr sorgfältig und hat es an einem Ort gelagert, der sich bis heute zur Aufbewahrung eignet. Wir konnten es nicht wagen, die alten Glasflaschen umzulagern, und haben den Ort stattdessen im Laufe der Jahrhunderte immer besser gesichert.«

»Und wurde es schon einmal analysiert?«

»Immer wieder, doch ich muss Ihnen nicht erzählen, dass die Methoden von Jahr zu Jahr fortschrittlicher werden. Und wir haben dies hier.« Schwarzenberg nahm einen Folianten und legte ihn auf die Arbeitsplatte neben ihnen. Er hatte einen schweren Ledereinband, dessen Ränder wegen des augenscheinlichen Alters an einigen Stellen bereits abgewetzt waren. Schwarzenberg klappte ihn auf und gab den Blick frei auf ein großes Stück Pergament, wie es schien, dessen Aufbewahrung offenbar einziger Zweck des Folianten war. Darauf war in verblasster Schrift etwas geschrieben. »Dies ist die originale Liste der Ingredienzien der Fürstin selbst.«

Karel Berger trat heran und beugte sich über das Schriftstück. »Ist es auf Stoff geschrieben?«

Schwarzenberg grinste. Er fasste das Dokument an den Seiten und hob es so in die Luft, dass Karel Berger die Rückseite sehen konnte. Darauf gemalt war das Porträt einer blassen Frau mit Hochsteckfrisur und hoheitsvollem Blick.

»Es ist ein Stück Leinwand«, sagte Schwarzenberg nicht ohne Triumph in der Stimme. »Die Fürstin war eine sehr vorsichtige Frau und hat die Rezeptur auf die Rückseite eines Porträts von sich und ihrem Sohn schreiben lassen. Offenbar ging die Fürstin völlig zu Recht davon aus, dass das Gemälde sie um Jahrhunderte überleben würde. Also ein perfekter Ort, um den vom Morpheus-Gen betroffenen Nachkommen ein Geheimnis zu hinterlassen. Nachdem die Unseren es vor Jahrhunderten entdeckt haben, schnitten sie diesen Teil aus dem Gemälde heraus. Das Porträt hängt noch heute im Schloss in Krumau. Allerdings wurde ein neuer Kopf eingenäht.« Schwarzenberg legte die Leinwand zurück in das Buch.

»Ich kann es kaum entziffern«, sagte Karel. »Es scheint auch nicht in unserer Sprache verfasst zu sein.«

»Im Wesentlichen handelt es sich bei dem Trank um Schlangengift«, erklärte Schwarzenberg. »Wir haben nur ein großes Problem: Die Schlange, von der es stammt, gibt es nicht mehr.«

»Gibt es nicht mehr?«, wiederholte Karel Berger.

»Ausgestorben. Die Natur hat es uns gegeben, und sie hat es uns im Laufe der Jahrhunderte wieder genommen. Wir haben Gott sei Dank noch einen Vorrat, den die Fürstin damals angelegt hat. Aber es war einmal mehr als doppelt so viel, und die Bestände gehen zur Neige. Daher müssen wir sehr sparsam damit umgehen.«

»Ich weiß nicht, ob es gelingt ...«, sagte Berger.

»Spielen Sie Gott, Karel, und kopieren Sie es für uns. Wir stellen Ihnen dafür jegliches Budget zur Verfügung.« Schwarzenberg klappte den Folianten wieder zu und verschloss ihn mit elastischen Bändern auf beiden Seiten.

Karel Berger legte die Flasche in einen Styroporkarton. »Ich hoffe, bald muss niemand mehr hierfür töten«, sagte er und steckte die Hände in die Taschen seines Laborkittels.

Schwarzenberg nahm den Folianten und lächelte. »Das hoffe ich auch. Glauben Sie mir, es sind niemals leichte Entscheidungen«, erwiderte er und ließ Karel Berger allein zurück.

62

Berlin

»Soll ich dich nun Karenina oder Nina nennen?«, fragte er.

»Nina genügt.«

Eine Weile starrten sie schweigend auf die beiden Gin Tonic zwischen ihnen. David hatte die Gurkenscheibe aus dem Glas gefischt und auf die Serviette gelegt. Der Pianist am Klavier im Hintergrund der Bar spielte einen traurigen Song, dessen Titel David nicht kannte, mit dem er aber Erinnerungen an melancholische Winterabende verband.

»Also, ich höre«, sagte er und nahm sich eine Handvoll Cashewkerne. Nach ihrer Auseinandersetzung im Hotelzimmer hatten sie beschlossen, ihre Unterhaltung an der Hotelbar fortzusetzen. Es war spät und die Bar bis auf ein Pärchen am anderen Ende des Raumes leer.

»Es ist eine Krankheit«, sagte Nina. »Eine Form von Insomnie, die verhindert, dass die Betroffenen schlafen können.«

»Eine Krankheit?« David dachte an seine eigene Schlaflosigkeit. »Und wie bekommt man diese Krankheit?«

»Man hat sie bereits von Geburt an. Sie wird durch einen Gendefekt ausgelöst.«

Das beruhigte ihn. Bis vor einigen Tagen hatte er niemals Probleme gehabt, zu schlafen.

»Wir nennen es auch das ›Morpheus-Gen‹, benannt nach dem Gott des Schlafes.«

»Ich dachte, Hypnos wäre der Gott des Schlafes.« Vor einigen Jahren hatte David auf einem Antikmarkt in Brooklyn ein Buch über griechische Mythologie gekauft und es regelrecht verschlungen.

»Du hast recht, aber als Sohn des Hypnos wird Morpheus auch als ein Gott des Schlafes angesehen. Er ist jedoch vor allem der Gott der Träume. Mit seiner Gestalt als geflügelter Dämon passt er perfekt zu uns, finde ich. Vielleicht hat man ihn auch als Namenspaten ausgesucht, weil manche ihn als Gott des Todesschlafs verehren.«

»Des Todesschlafs?«

»Ich meine das Einschlafen am Ende, das Sterben. Wenn wir schlafen, sind wir tot. Vielleicht haben wir das Gen deshalb so genannt.«

»Und wen meinst du mit ›wir‹?«

»Die meisten, die an dieser Krankheit leiden, haben sich in einer Gruppe zusammengeschlossen.«

»Einer Selbsthilfegruppe?«

Nina schüttelte den Kopf. »Eine Bruderschaft, die ursprünglich aus einer eingeschworenen Gemeinschaft byzantinischer Mönche hervorgegangen ist. Sie gründeten um vierhundert nach Christus ein Kloster in Konstantinopel und nannten sich damals die ›Akoimeten‹, was so viel wie die ›Schlaflosen‹ bedeutete. Bekannt geworden sind sie als die ›schlaflosen Mönche‹, weil sie rund um die Uhr beteten.«

»Eine Bruderschaft? Das klingt total verrückt!«, merkte David an und nahm einen großen Schluck aus seinem Glas.

»Für Außenstehende vielleicht. Auch wenn der Begriff ›Bruderschaft‹ etwas verschroben klingt, so ist die Bruderschaft der Schlaflosen heute doch sehr mächtig.« Nina machte eine Pause, bevor sie hinzufügte: »Weil deren Mitglieder sehr mächtig sind.«

»So etwas wie die Illuminati?«, fragte David, der sich ein Grinsen nicht verkneifen konnte.

»Ganz einfach«, sagte sie. »Stell dir vor, du hättest dein ganzes Leben lang nicht geschlafen. Was hättest du alles tun können in der Zeit, in der du mit geschlossenen Augen im Bett gelegen hast!« Nina zog an dem Strohhalm, neben einer Gurkenscheibe die zweite Todsünde in einem Gin Tonic, wie David fand. »Tatsächlich haben wir Schlaflosen bei gleichem Lebensalter sehr viel mehr Lebenszeit, und das führt zu einem uneinholbaren Wettbewerbsvorsprung gegenüber den Schlafenden. Zudem geht die Krankheit oft mit besonderen Talenten einher.«

Der Pianist stimmte ein neues Lied an, zu dem er zu singen begann. Kurz überlegte David, ob er dies alles nur träumte. So surreal erschien die Situation ihm, als nun vom Klavier *New York, New York* erklang.

»Viele der Schlaflosen sind in sehr einflussreichen Positionen. Manche von uns sind bedeutende Manager, aber auch Künstler, Wissenschaftler oder Politiker.«

»I wanna wake up in a city that doesn't sleep«, sang der Pianist.

»Hast du dich bei vielen Persönlichkeiten noch niemals gefragt, wie sie all das auf die Reihe bekommen, was sie leisten?«, fuhr Nina unbeirrt fort. »Sie hetzen von Termin zu Termin. Veröffentlichen ein Buch nach dem anderen. Bekleiden Dutzende Ämter gleichzeitig. Auch viele historische Persönlichkeiten waren Mitglieder in unserer Bruderschaft.«

»Du bist selbst Teil dieser Bruderschaft der Schlaflosen?«

Sie nickte. »Entweder man ist für sie oder gegen sie. Und besser, man ist für sie.«

»Das klingt, als wären die gefährlich«, sagte David.

Nina presste die Lippen zusammen. »Sie sind fanatisch. Sie halten sich aufgrund des Gendefekts nicht für normale Menschen, sondern für eine eigene Spezies. Manche sind auch noch immer sehr religiös und meinen, nicht schlafen zu müssen sei eine Art Geschenk der Schöpfung. Die Bruderschaft will unseren evolutionären Vorsprung bewahren.«

»If I can make it there, I'll make it anywhere, it's up to you, New York, New York«, endete der Klavierspieler.

David wusste nicht, was er von Ninas Geschichte halten sollte. Sie klang verrückt. Aber wenn er eines in seinem bisherigen Leben über die Menschheit gelernt hatte, dann war es, dass sie zu einem nicht unerheblichen Teil aus Verrückten bestand.

»Die Bruderschaft wacht nicht nur über uns Wachen, sondern sie bewacht auch die Schlafenden. Sieht sie unsere Spezies bedroht, schreckt sie vor nichts zurück. Dabei bedient sie sich skrupelloser Killer wie des Sandmanns.«

»Sandmann?«

»Er ist innerhalb der Bruderschaft eine Legende. Segen und Schrecken zugleich. ›Wenn du nicht artig bist, kommt der Sandmann dich holen‹ ist innerhalb der Bruderschaft und unter ihren Mitgliedern ein geflügelter Satz. Seit Jahrhunderten ist er in der Bruderschaft der Mann fürs Grobe. Natürlich nicht immer derselbe, aber das Amt wird innerhalb einer Familie von Generation zu Generation weitergegeben. Er hält alles zusammen. Man sagt ihm erbarmungslose Taten nach, die die fanatischen Mitglieder der Bruderschaft ehrfürchtig feiern, während sie andere verschrecken. Als einmal gegen die Anführer der Bruderschaft wegen Steuervergehen ermittelt wurde, soll der Sandmann den zuständigen Staatsanwalt samt seiner Frau und den drei Kindern mit einer Autobombe ins Jenseits befördert haben. Und der Erfinder eines besonders wirksamen Energydrinks, der sein Unternehmen nicht an Schwarzenberg verkaufen wollte, starb bei einem Flugunfall, der keiner war. Genauso verschwinden Schlaflose für immer spurlos, die sich gegen die Bruderschaft stellen. Geächteten schneidet der Sandmann die Augenlider ab, als Warnung an alle anderen!«

»So wie Randy, der im Untergrund lebte«, sagte David aus seinen Gedanken heraus. »Dann stimmte alles, was er erzählt hat …« Er atmete tief durch und leerte seinen Drink in einem Zug. So verrückt das klang, was Nina ihm da erzählte, so sehr war er geneigt, ihr zu glauben. Er wusste nicht, ob es die Art war, wie sie es erzählte, die Tatsache, dass er selbst einige Tage wach war, oder aber die Begegnung mit Randy in der Kanalisation.

»Ich dachte, die Bruderschaft hätte Randy geschickt … um dich zu töten«, sagte sie mit traurigem Gesichtsausdruck.

»Mich zu töten? Warum sollten die mich töten wollen?«

»Wegen deines Vaters.« Nina legte den Strohhalm endlich beiseite und nahm einen großen Schluck aus ihrem Glas.

»Was hat mein Vater damit zu tun?« David spürte, wie ihm plötzlich kalt wurde. Etwas in ihm kannte ihre Antwort, bevor Nina sie ausgesprochen hatte.

»Er war auch einer von uns.«

Unter ihm schien sich der Boden zu öffnen, und für einen Moment wurde ihm schwindelig. Nina schien zu ahnen, was in ihm vorging, denn sie sah ihn mit besorgtem Gesichtsausdruck an. David strich sich über die Augen und legte den Kopf zur Seite. »Aber wenn es eine Erbkrankheit ist ...« Er brachte es nicht über sich, die Frage zu Ende zu führen.

»Es hat mit den Tabletten, die du genommen hast, nichts zu tun«, sagte sie und legte die Hand auf seine, die er sofort zurückzog.

»Ich bin ... einer von euch?«, stammelte er.

Nina nickte.

»Du meinst, ich habe dieses Morpheus-Gen?«

Wieder nickte sie.

»Aber ...«, setzte er an und verstummte. »Ich habe mein Leben lang geschlafen. Bis vor einigen Tagen!«

»Das ist der Grund, warum dein Vater sterben musste.«

David kniff die Augen zusammen, weil er nicht verstand. Und weil er noch immer hoffte, aus einem bösen Traum zu erwachen. *I wanna wake up in a city ...* Er schaute sich um, doch der Pianospieler war nicht mehr da.

»Dein Vater hat einen Weg gefunden, unseren Gendefekt zu heilen, und dir als Säugling ein Mittel verabreicht, das den Defekt im Morpheus-Gen beseitigt. Temporär. Bis die Wirkung nachlässt. Bei dir passierte das vor ein paar Tagen.«

»Was für ein Mittel wirkt denn dreißig Jahre?«

»Schon mal von einem Gen-Taxi gehört?«

David dachte an die Patentschrift seines Vaters. Soweit er verstanden hatte, handelte die patentierte Erfindung genau davon: von der Möglichkeit, mittels eines veränderten Virus Informationen in die DNA zu schleusen.

»Sie fürchteten deinen Vater und seine Erfindung, daher töteten sie ihn.«

Zum wiederholten Male in den vergangenen Tagen überforderte ihn, was er erfuhr. »Und was hast du mit alldem zu tun?«

»Ich stehe auch auf ihrer Liste«, sagte sie. »Wenn die Bruderschaft die Gelegenheit dazu bekommt, wird sie mich töten.«

»Warum?«

»Weil ich vorhabe, sie zu vernichten.« In Ninas Augen sah er Hass funkeln. Dies war eine ganz andere Nina als die, die vor einer Stunde noch versucht hatte, ihn zu verführen. »Ich habe deshalb schon vor langer Zeit meine Identität geändert. Daher auch der falsche Reisepass.«

»Von wem hast du ihn?«

»Falsche Freunde. Die hat man, wenn man mit fünfzehn von zu Hause abhaut.« Zum ersten Mal, seit sie hier saßen, huschte die Andeutung eines Lächelns über ihre Lippen.

»Und wie willst du das anstellen? Die Bruderschaft vernichten, meine ich.«

»Mit deiner Hilfe.«

»Mit meiner Hilfe?« Er runzelte die Stirn. »Dann war es also kein Zufall, dass wir uns getroffen haben?«

Sie schüttelte den Kopf. »Du kannst dir vorstellen, wer die Schlaflabore kontrolliert. Die meisten sind in der Hand der Bruderschaft. Eine Freundin von mir arbeitet im Institut am Madison Square Park, und nachdem du dort einen Termin vereinbart hattest, hat sie mich informiert und mit mir die Schicht getauscht.«

»Du musstest mich dann nur noch überreden, mit dir zu kommen.«

Nina nickte.

»Und wieso glaubst du, dass ich dir helfen kann?«

»Ich glaube, dein Vater kann es. Er hat damals etwas geplant und hat es noch nicht beendet.«

David lehnte sich zurück und verschränkte die Arme.

»Übermorgen Abend ist ein wichtiger Tag für die Bruderschaft«, sagte Nina. »Dann findet ihr jährliches Fest in Krumau statt. Immer an diesem Tag. Seit zweihundert Jahren. Dabei werden die volljährigen Jungen und Mädchen in die Gesellschaft eingeführt.«

David runzelte die Stirn. »Klingt archaisch.«

»Ist es auch, aber die Bruderschaft ist als Bewahrer in vielen Dingen rückwärtsgewandt.«

»Und dort willst du hin?«

Sie zuckte mit den Schultern. »Übermorgen findet man sie alle auf einem Fleck. Sonst sind sie über die ganze Welt verteilt.«

»Und du willst sie da alle in die Luft sprengen?« Er hatte es absichtlich so gesagt, dass es wie ein Scherz klang.

»Am liebsten ja«, antwortete sie völlig ernst.

Mittlerweile waren sie allein in der Bar. Auch der Barkeeper hatte seinen Posten hinter dem Tresen verlassen.

»Woher dieser Hass, Nina?«

»Sie haben auch meinen Vater getötet!«

»Wann?«

»Sie haben ihn gezwungen, etwas zu tun, was er nicht tun wollte. Andernfalls drohten sie, meine Mutter und mich zu töten. Wir oder er.«

»Was hat er getan?«

»Er hat das Auto deines Vaters gerammt und ihn dabei getötet!«

63

Prag, 1989

»Sie wollten mich sprechen?«

Karel nickte und schloss die Tür hinter sich. Zögerlich, beinahe schüchtern, ging er auf einen der Stühle vor dem Schreibtisch zu.

»Setzen Sie sich, Karel!«, sagte Schwarzenberg.

Karel Berger nahm ganz vorne auf dem Besucherstuhl Platz. Seine fliehende Stirn und das schmale Gesicht verliehen ihm ein ernstes Aussehen. Ein Eindruck, der dadurch unterstrichen wurde, dass er nicht lachte. »Also, haben Sie Fortschritte gemacht?«

»Es wird nicht so einfach gelingen«, sagte Karel Berger mit leiser, aber fester Stimme. »Was die Natur erzeugt hat, können wir nicht so einfach imitieren. Es mag Stoffe geben, die wir synthetisch ersetzen können. Aber Schlangengift ist sehr komplex. Biochemisch gesehen besteht es überwiegend aus Polypeptiden und Proteinen. Die Enzyme können wir nur schwer kopieren. Dass diese Schlangenart ausgestorben ist und wir nur geringe Mengen des Giftes als Vorlage erhalten, macht es nicht einfacher ...« Er verzog das Gesicht, als bereitete es ihm Schmerzen, dies auszusprechen.

Schwarzenberg atmete tief ein. »Karel, Sie wissen, dass wir Sie eingestellt haben, weil wir dachten, wenn es einer kann, dann Sie.«

Karel Berger schlug die Beine übereinander und legte die gefalteten Hände auf die Knie. »Ich habe einen besseren Weg gefunden, Mr. Schwarzenberg.«

»Einen besseren?«

»Es ist der Königsweg.«

Schwarzenberg richtete sich auf. »Das klingt gut, ich bin ganz Ohr.«

»Wie Sie wissen, haben wir es hier vor allem mit einem genetischen Problem zu tun. Das heißt, mit dem Mittel aus dem Schlangengift bekämpfen wir immer nur die Symptome. Damit führen wir diejenigen, die es einnehmen, in einen schlafähnlichen Zustand, der ihren Speicher für Wochen auffüllt. Letztlich ist es aber nicht anders als bei Schmerztabletten, die nur die Symptome lindern, nicht aber die Ursache des Schmerzes bekämpfen.«

Schwarzenberg legte die Stirn in Falten und wirkte mit einem Mal besorgt. »Ich hoffe, Sie wollen nicht auf das hinaus, was ich denke«, sagte er mit düsterer Stimme.

»Ich habe einen Weg gefunden, die Ursache zu heilen. Genetisch!«

Schwarzenberg lehnte sich in seinen Ledersessel zurück. »Dazu braucht es keiner großen Wissenschaft. Es muss sich nur einer von uns mit einer normal Schlafenden paaren, dann besteht eine gute Chance, dass die genetische Anomalie bei den Nachfahren nicht mehr auftaucht.«

Karel nickte. »Das ist richtig. Aber ich spreche nicht von einer Heilung der genetischen Veränderung im Rahmen der Fortpflanzung, also bei den Folge-Generationen. Nein, ich meine, es zu heilen, bei lebenden Personen wie Ihnen und mir.«

Schwarzenbergs Miene verfinsterte sich weiter. »Heilen?«, fragte er misstrauisch.

Karel Berger nickte. »Sie können es auch ›ausmerzen‹ nennen. Wir leiden unter einem Gendefekt. Gelänge es uns, diesen zu reparieren, dann wären wir ganz normal.«

»Und wie soll das gelingen?«

Karel Berger schwieg einen Moment, als suchte er nach einer einfachen Erklärung. »Mit einem Taxi. Ich mache es mit einem Taxi.«

»Einem Taxi«, wiederholte Schwarzenberg. »Wohin wollen Sie damit?«

Beinahe wirkte es so, als zeigten Karel Bergers Lippen tatsächlich den Ansatz eines Lächelns. »Nicht ich fahre mit dem Taxi. Sondern das gesunde Gen. Es muss in die DNA transportiert werden, um dort das beschädigte Gen zu ersetzen. Und damit es dort hinkommt, bedarf es eines Taxis. Genauer gesagt eines Virus, das als Taxi dient«, fügte er hinzu, als Schwarzenberg skeptisch die Augenbrauen hob. »Sie können es auch ›Fähre‹ nennen, wenn der Ausdruck Ihnen besser gefällt. Ich habe eine Methode gefunden, gesunde Gene mithilfe von Adenoviren in die Zellen einzuschleusen.« Karel Berger schwieg und wartete auf die Reaktion seines Gegenübers.

»Sind Viren nicht gefährlich?«, fragte Schwarzenberg und sah ihn über den Rand seiner Lesebrille hinweg zweifelnd an.

»Gen-Fähren sind veränderte Viren, die keine krank machende Wirkung haben.«

»Und die Reparatur erfolgt auf Dauer?«

Karel Berger rutschte auf seinem Sitz hin und her. »Es kommt wohl auf das Virus an, das man verwendet. Unsere Experimente mit Mäusen haben gezeigt, dass Adenoviren als Gen-Taxis wohl nicht auf Dauer heilen, weil sie zwar das Erbmaterial hervorragend in den Zellkern transportieren, aber es offenbar nicht in die Chromosomen einbauen. Doch für gewisse Zeit würde es wirken, und es gibt zahlreiche andere Viren wie Retroviren oder Herpes-

viren, die auch dauerhaft die DNA reparieren könnten. Bei diesen Viren erscheinen indes die Nebenwirkungen noch nicht gut kalkulierbar.«

»Nebenwirkungen?«

»Sie können krank machen. Vielleicht auch Schlimmeres ...«

»Schlimmeres?« Schwarzenberg hielt einen Moment die Luft an, dann atmete er laut aus und fuhr mit dem Bürostuhl ein Stück nach hinten. »Das klingt für mich alles nach Science-Fiction, Karel.«

»Wenn Sie Science-Fiction als Synonym für die Zukunft verwenden, haben Sie recht.«

Eine Weile blieb es still im Raum.

»Ich weiß Ihre Leistung wirklich zu schätzen. Vermutlich sind Sie so etwas wie ein Genie«, begann Schwarzenberg. »Aber nichtsdestotrotz scheinen Sie nicht ganz erfasst zu haben, worum es hier geht. Wir wollen das einzig bislang entdeckte Mittel, das die Schlaflosen nach Einnahme schlafen lässt und dessen Entwicklung wir Eleonore von Schwarzenberg verdanken, synthetisch herstellen. Damit steht uns ein Mittel zur Verfügung, die Nebenwirkung der Schlaflosigkeit für einige von uns zu mildern, die aufgrund ihrer Position Besonderes vollbringen müssen oder zu besonderen Leistungen in der Lage sind. Wir wissen beide, Karel, wie hinderlich die psychischen Begleitumstände sein können. Jetzt stellen Sie sich einmal vor, Sie sind Präsident eines Landes und leiden unter Halluzinationen.« Er machte eine Pause und lehnte sich vor. »Aber wir wollen die Schlaflosigkeit doch nicht abschaffen!« Er lachte nervös. »Auch wenn das permanente Wachen so seine Tücken hat, ist es doch unser größter Trumpf! Sie und ich, wir wären nicht, was wir heute sind, hätten wir nicht diese wahnsinnige Begabung der Schlaflosigkeit und den damit einhergehenden Gewinn an Zeit gehabt! Es ist ein Geschenk Gottes!« Wieder lachte er, diesmal lauter und heller. »Und welcher vernünftig denkende Mensch würde ein Geschenk Gottes freiwillig ausschlagen?«

»Da muss ich Ihnen leider widersprechen«, entgegnete Karel Berger in ruhigem Ton. »Es als Geschenk zu bezeichnen ist eine schlimme Verherrlichung. Es ist kein Geschenk, sondern eine Behinderung. Ein Gendefekt. Es ist nichts weiter als ein Irrtum der Natur. Und dieser Fehler führt zu erheblichen Symptomen. Das muss ich Ihnen wohl kaum erläutern. Wir sind

eine Gefahr für uns selbst und für andere. Und dass wir in diesem Zustand, gefördert durch Sie und die Bruderschaft, in führenden Positionen tätig sind, ist unverantwortlich!« Nun redete auch Karel sich in Rage. »Oder lassen Sie mich anders fragen: Welcher vernünftig denkende Mensch würde einen übermüdeten Lastwagenfahrer mit einer gefährlichen Ladung im Rücken ans Steuer lassen?« Er sank zurück in seinen Stuhl und rang nach Atem. »Wir können es beheben, ich kann es! Ein für alle Mal!«

Schwarzenberg beugte sich vor. Sein Gesicht verriet unterdrückten Zorn. »Karel, Sie haben mich nicht richtig verstanden. Als Ihr Chef verbiete ich Ihnen, daran weiterzuforschen. Konzentrieren Sie sich auf die Herstellung des synthetischen Stoffes! Dafür haben wir Sie geholt. Und damit erweisen Sie unserer Gemeinschaft einen Dienst, der Ihnen mit Sicherheit niemals vergessen wird.«

Karel Berger schüttelte den Kopf. »Das kann ich nicht.«

»Denken Sie an Ihren kleinen Sohn, Karel. Wie heißt er noch? Daniel?«

»David.«

»Denken Sie an seine Zukunft.«

»Ist das eine Drohung?«, fragte Karel Berger tonlos.

»Ich möchte nur, dass Sie mir Ihre Forschungsergebnisse zu den Viren morgen früh um neun Uhr übergeben und danach alles auf Ihrem Computer dazu löschen. Und dann möchte ich, dass Sie nie wieder davon sprechen. Haben wir uns verstanden?«

Karel Berger erhob sich. »Sie hätten sich nicht klarer ausdrücken können.«

Schwarzenberg nickte. »Und wir ziehen weiter an einem Strang?«

Karel Berger zögerte kurz. »Das tun wir, Mr. Schwarzenberg«, sagte er schließlich und ging zur Tür. »Fragt sich nur, an welchem Ende«, fügte er hinzu und verschwand.

Schwarzenberg starrte ihm hinterher, dann griff er zu seinem Telefon. »Ich brauche den Sandmann. Wir haben ein Problem. Ein riesengroßes Problem.«

64

Berlin

Der Anruf kam um acht Uhr dreißig und erreichte sie beim Frühstück. Während Nina nach ihrem Besuch in der Bar aufs Zimmer gegangen war, hatte David einen nächtlichen Spaziergang unternommen. Er kannte keine Stadt wie Berlin. Sie war groß und modern und wirkte gleichzeitig doch provinziell und altmodisch. An einigen Plätzen protzte sie mit geschichtsträchtigen Bauten oder futuristischer Architektur; keine zwei Straßenzüge entfernt hatte man plötzlich das Gefühl, nicht zwei Blocks, sondern zwei Jahrzehnte zurückgelaufen zu sein. Berlin wirkte auf David wie ein Waisenkind aus armen Verhältnissen, das mittels eines Stipendiums hatte aufsteigen dürfen, und vermutlich mochte er die Stadt deshalb auf Anhieb so gern. Berlin war wie er. Es war bei Nacht kühler als in New York und deutlich dunkler. Aber die Luft war klar, und er genoss die nahezu ausgestorbenen Straßen.

Ninas Erklärungen gingen ihm durch den Kopf. David suchte in seinen Taschen nach der Packung mit den Tabletten und zog sie hervor. Einen Moment war er versucht, sie in einem Gully zu entsorgen, tat es aber doch nicht. »Eine Krankheit« hatte sie es genannt, als spräche sie über HIV oder Hepatitis. Und er sollte an dieser Krankheit leiden. Zum wiederholten Male fühlte David sich wie auf den Kopf gestellt, und auch der Spaziergang brachte keine Ordnung in seine Gedanken.

Am meisten durcheinandergebracht hatte ihn Ninas Geständnis, dass ihr Vater der Mörder seines Vaters war. Für den Bruchteil einer Sekunde hatte er sie dafür verantwortlich machen wollen. Anstelle ihres Vaters sie hassen wollen. Doch er hatte sofort gemerkt, dass das nicht ging. Genau wie er hatte sie bei dem Unfall den Vater verloren. Sollte ihr Vater tatsächlich dazu gezwungen worden sein, sein Leben zu opfern, um seinen Vater zu ermorden, hatte es bei diesem Unfall zwei Opfer gegeben. Und es hatten an jenem Tag zwei Kinder ihre Väter verloren. Sie saßen im selben Boot. Auch was ihre Gefühle gegenüber dieser Bruderschaft anging. Nicht nur Nina wollte Rache üben, auch er. Rachegelüste waren keine positiven Empfindungen. David spürte förmlich, wie der Wunsch nach Vergeltung in ihm fraß und mit jeder Vorstellung von Revanche, die er durchspielte, etwas in ihm abtötete. Aber seit ihm der Gedanke an Rache gekommen war, spürte er wieder Energie in sich. Auch wenn er ständig wach war, kam er sich seltsam ausgebrannt und leer vor. Seit Tagen war er nun auf der Flucht gewesen, fühlte sich rastlos und getrieben.

Es lag nahe, dass die Bruderschaft auch für den Tod von Alex und Sarah verantwortlich war. In dieser Nacht erschien David alles in einem anderen Licht.

Mit der zarten Idee, gemeinsam mit Nina Rache zu nehmen für all das, was die Bruderschaft ihm und den Menschen, die er liebte, angetan hatte, bekam er zum ersten Mal das Gefühl, selbst wieder über seine nächsten Schritte bestimmen zu können.

Er war erst ins Hotel zurückgekehrt, als es schon hell wurde, und hatte Nina im Frühstücksraum gefunden.

Schweigend hatten sie einen Kaffee getrunken, und obwohl das Hotel eines der opulentesten Frühstücksbuffets auftischte, das er je gesehen hatte, konnte David nur eine Schale mit Porridge essen. Aber selbst das wollte ihm nicht besonders gut schmecken.

»Bist du wütend?«, fragte sie irgendwann.

»Nicht auf dich«, entgegnete er.

Ein Lächeln huschte über ihre Lippen. »Es tut mir leid, dass ich nicht ganz ehrlich war«, sagte sie. »Doch es ist schwer, jemandem zu vertrauen, den man gern hat, wenn diejenigen, denen man Gefühle entgegenbringt, einen im Leben am meisten enttäuscht haben.«

Er legte die Hand auf ihre und drückte sie kurz.

»Ich hatte Angst, dass du mir nicht glaubst. Oder dass du mich nicht mitnimmst, wenn ich dir gleich die Wahrheit gesagt hätte«, fuhr sie fort.

»Hätte ich wahrscheinlich auch nicht«, sagte er und nahm einen großen Schluck Kaffee. »Ab jetzt sind wir ehrlich zueinander, okay?«

Sie hob die Hand. »Ehrenwort!«

»Und du hast wirklich noch niemals geschlafen?«

Nina schaute sich um. Sie saßen etwas abseits zwischen zwei Säulen, sodass niemand sie belauschen konnte. »Noch nie. Manchmal dämmert man so dahin, aber es tritt niemals ein Tiefschlaf ein.«

»Was ist mit Schlafmitteln?«

»Die üblichen Schlafmittel wirken bei uns nicht, weil uns aufgrund des Gendefekts entsprechende Rezeptoren fehlen. Es gibt nur ein einziges Mittel, das uns überhaupt schlafen lässt, aber das ist sehr selten und steht den meisten von uns nicht zur Verfügung.«

»Du sagtest gestern, du würdest unter dieser Krankheit leiden. Für mich klingt das toll, nicht mehr schlafen zu müssen!«

»Du hast recht: Es ist wunderbar. Ich bin zweiunddreißig Jahre alt und habe mehr gelebt als Gleichaltrige, die ein Drittel ihres Lebens verschlafen haben. Ich habe quasi von meinen Eltern Zeit geerbt.« Nina, die bisher fröhlich gewirkt hatte, sah plötzlich tieftraurig aus. »Aber es ist auch grausam. Ich bin schon immer anders als alle anderen. Ich beneide meine Mitmenschen darum, ausruhen zu können. Mein größter Wunsch ist es, einmal im Leben innezuhalten. Meinen Ohren, meinen Augen und vor allem meinen Gedanken eine Pause zu gönnen.

Ich sehne mich nach dem Ende eines langen Tages, das es für mich jedoch niemals geben wird. Das nächste Mal, wenn ich schlafe, bin ich tot.«

David verstand, was sie meinte. Obwohl er selbst erst seit einigen Tagen nicht schlief, sehnte auch er sich immer häufiger nach Ruhe. Er hatte das Gefühl, als drehte sich das Karussell aus Farben, Lärm und Gedanken in seinem Kopf immer schneller.

»Nicht schlafen zu *müssen* bedeutet gleichzeitig, nicht schlafen zu *können*«, sagte Nina. »Um das zu erkennen, braucht man vielleicht einige Zeit, doch die Erkenntnis ist eine schwere Bürde. Auch wegen der Nebenwirkungen.«

»Nebenwirkungen?«

Nina lächelte gequält. »Wenn man es genau nimmt, sind wir Schlaflosen alle psychisch krank, denn leider verschont das Morpheus-Gen uns nicht vor den Auswirkungen der Schlaflosigkeit. Psychosen, Verfolgungswahn. Man muss sehr auf sich aufpassen, um nicht durchzudrehen. Ich kann dir ein paar Tipps geben.«

Plötzlich hatte David keinen Appetit mehr. Er legte den Löffel ins Porridge, erinnerte sich an die Halluzinationen in der New Yorker Kanalisation. Vielleicht war doch nicht das CO_2 der Grund dafür gewesen.

»Etwa zwanzig Prozent von uns erben mit der Schlaflosigkeit gleichzeitig eine Porphyrie«, sagte Nina. »Eine Stoffwechselkrankheit, die zu einer Überempfindlichkeit gegenüber Sonnenlicht führt. Bei manchen schrumpfen die Lippen, wodurch die Zähne hervortreten. Die Haut wirkt noch blasser und fahler als ohnehin schon. Der Saft von Knoblauch wirkt für die Betroffenen wie Gift, und die einzige Linderung der Symptome, die man früher kannte, bestand im Trinken von Blut.«

David setzte sich mit einem Ruck auf und verzog das Gesicht. »Du sprichst von ... Vampiren?«

»Ich spreche davon, dass man die Unsrigen lange Zeit für Vampire gehalten hat. Wir machen den Menschen Angst. Wir wurden verfolgt, verbannt, verbrannt. Das ist der Grund, warum die Bruderschaft überhaupt so stark werden konnte. Und daher agieren wir seit Jahrhunderten im wahrsten Sinne des Wortes im Dunkeln.«

»Aber du hast diese Nebenwirkung, also ich meine diese Krankheit mit dem Blutdurst, nicht?«, fragte David.

Sie öffnete den Mund und drückte mit dem Zeigefinger gegen ihre Zähne. »Siehst du hier irgendwo fiese Hauer?«

David fiel ein, dass auch er den Geschmack von Blut nicht unbedingt unangenehm fand.

Eine Weile saßen sie schweigend zusammen, als plötzlich das Mobiltelefon auf dem Tisch zwischen ihnen klingelte.

»Guten Morgen, Herr Berger«, meldete sich Walter junior. »Verzeihen Sie meine Reserviertheit gestern Abend. Aber nach dem Erlebnis mit dem angeblichen David Berger vom Vortag waren wir alle alarmiert.«

Nina saß David gegenüber und formte mit den Lippen ein stummes »Was?«. Doch David lauschte weiter dem Mann am anderen Ende der Leitung.

»Ich darf Ihnen die frohe Botschaft überbringen, dass Sie der Sohn von Karel Berger sind. Das hat der DNA-Test mit Sicherheit ergeben. Das Labor hat die ganze Nacht daran gearbeitet.« Er räusperte sich.

David spürte, wie sein Herz vor Freude einen Sprung machte. Das erste Mal seit einer gefühlten Ewigkeit eine positive Nachricht.

»Wir haben seit fast dreißig Jahren auf diesen Tag gewartet, daher ist dies auch ein großer Moment für uns.« Beinahe klang Walter junior gerührt.

»Wie geht es weiter, Mr. Walter?«, wollte David wissen. Nina fuchtelte noch immer nervös mit den Händen herum und zeigte abwechselnd mit dem Daumen nach unten und oben. Er beschloss, sie noch ein wenig auf die Folter zu spannen.

»Nennen Sie mich Karl. Können Sie in einer Stunde hier sein? Wir wollen nun keine Zeit verlieren. Und, Herr Berger: Kommen Sie allein. So steht es in den Anweisungen Ihres Vaters.«

David bedankte sich, beendete das Gespräch und schob das Mobiltelefon zu Nina. »Ich bin Karel Bergers Sohn.«

»Herzlichen Glückwunsch!«, sagte sie.

»Ich habe niemals daran gezweifelt. Aber nach dem, was du mir gestern erzählt hast, bin ich mir unsicher, ob ich es lieber nicht wäre.«

»Wir sind, was wir sind«, entgegnete Nina. »Und da gibt es kein Entrinnen.«

»Ich soll in einer Stunde dort sein.«

Nina schob ihren Stuhl nach hinten und wollte sich erheben. »Dann mal los!«

David bedeutete ihr, sitzen zu bleiben. »Er sagt, du darfst nicht mit.«

Es war nicht Enttäuschung, was er in Ninas Gesicht lesen konnte. Es war Panik.

65

New York

»Kein Zweifel«, sagte Henry und deutete auf die vergrößerten Abdrücke. »Eigentlich hatten wir nach den Fingerabdrücken der beiden angeblichen FBI-Agenten gesucht. Die hier haben wir auf der Bürolampe in Bergers Büro gefunden.«

»Und gibt es dazu ein Foto?«, wollte Millner wissen.

»Hier. Der Schlaf-Doktor hat schon bestätigt, dass sie es ist.

Ich habe ihm dieses Foto per E-Mail geschickt. Er sagt, diese Frau hat in der Nacht im Schlaflabor gearbeitet, als Berger den Termin hatte.«

Millner nahm die Fotografie und betrachtete die Frau. Es handelte sich um einen Mugshot, ein Porträtfoto, gefertigt bei der Aufnahme in einem Gefängnis. Aufgenommen war es in Marion County, Florida. Die Frau trug die typische weiß-orange gestreifte Gefängnisbekleidung und bewahrte sich dennoch die Würde. Sie war eine angenehme Erscheinung. Gepflegtes dunkles Haar, auffallend helle, reine Haut. Hohe Wangenknochen, volle Lippen. Aber es waren die Augen, die Millner besonders auffielen. Er kannte diesen Blick. Menschen, die verhaftet und anschließend in ein Gefängnis eingeliefert wurden und sich dabei fotografieren lassen mussten, konnte man in verschiedene Kategorien einteilen. Es gab die Abgestumpften, die die Prozedur in ihrem Leben bereits viele Male über sich hatten ergehen lassen müssen und die gelangweilt in die Kamera schauten. Es gab die Feindseligen, deren Blicke töten konnten. Die verrückt Dreinschauenden, die auf Droge oder tatsächlich psychisch gestört waren. Die Lächelnden, die ihre Unsicherheit überspielten, indem sie sich witzig oder betont harmlos gaben. Die Geschockten, meist Teenager, die wegen Fahrens ohne Führerschein oder mit einer kleinen Menge Haschisch aufgegriffen worden waren. Man sah ihnen an, dass sie eben noch geweint hatten und dass sie gleich nach der peinlichen Aufnahme Mum und Dad anrufen würden, um sie zu bitten, den Familienanwalt zu schicken. »Wie heißt sie?«, wollte Millner wissen.

»*Janina Sega*«, las Henry von einem Fax ab.

Millner schaute wieder auf die Augen und den Mund. Janina Sega gehörte zu keiner der genannten Gruppen. Sie war weder ängstlich noch verschreckt. Nicht routiniert und auch nicht aggressiv. Und sie lächelte auch nicht. Nein, sie schaute hochkonzentriert. Professionell. Man konnte förmlich sehen, wie es in ihr arbeitete. Sie schaute aus wie jemand, der einen Fehler begangen hatte und nun überlegte, wie er ihn wiedergutmachen konnte. Einen Berufsfehler. Millner hatte nicht viele mit diesem Gesichtsausdruck gesehen, aber diejenigen, die auf Fotos nach der Verhaftung so dreingeschaut hatten wie Janina Sega, waren professionelle Killer.

»Weshalb war sie verhaftet worden?«

»Waffenbesitz. In ihrem Fahrzeug wurden bei einer Fahrzeugkontrolle eine Pistole und ein Messer gefunden. Später wurde das Verfahren eingestellt. Erfasst ist auch ein Aufenthalt in einer psychiatrischen Klinik. Ist aber schon länger her.«

»Weshalb?«

»Das kann ich der Akte nicht entnehmen.«

»Und liegt uns irgendein Lebenslauf vor?«

»In jungen Jahren in Weißrussland zur Adoption freigegeben. Durchlief mehrere Pflegefamilien, kam dann irgendwann in die USA. Erstaunlich ist ihre Ausbildung: hat Archäologie studiert. Und Psychologie. Und sie hat einen Abschluss in Medizin.«

Millner hob die Augenbrauen. »Wie geht das denn?«

»Sie scheint viele Talente zu haben«, entgegnete Henry.

Millner stutzte, als er Henrys Mundwinkel sah. »Rück schon raus damit.«

»Was?« Nun konnte Henry das Grinsen nicht mehr länger verbergen.

»Sag es! Oder ich erzähle Koslowski, wer im *Tenderloin Club* die Nutten vor den Razzien warnt.«

Henry blickte sich erschrocken um. »Es ist nicht, wie du denkst, ich würde da niemals hingehen. Aber die Schwester meiner ...«

Millner hob die Hände. »Es ist mir egal, Henry. Sag mir einfach, was du noch hast.«

Das Grinsen kehrte zurück auf Henrys Lippen. »Wir haben die Fingerabdrücke dieser Janina Sega noch woanders gefunden.«

Millner fürchtete, dass sein Partner vor lauter Geheimnistuerei gleich platzen würde. Doch er konnte es ausnahmsweise nicht erraten, und das ärgerte ihn.

»Beim toten Generalstaatsanwalt!«

Millner hob die Augenbrauen. »In seinem Haus?«

»Kalt!«

»An seiner Leiche?«

»Wärmer!«

»Henry!«

»Du erinnerst dich an die Verstümmelung?«

»Die abgeschnittenen Augenlider?«

Henry nickte.

»Und ihr Fingerabdruck war genau wo?«

»Auf seiner linken Kontaktlinse!« Nun grinste Henry wie ein Honigkuchenpferd.

»Wenn sie also nicht seine Augenoptikerin war ...«

»War sie es«, vollendete Henry.

Millner schaute auf das Foto in seiner Hand. »Ich glaube, David Berger steckt tief in der Scheiße«, sagte er. »Aber anders, als wir dachten. Fragt sich, wo er sich aufhält.«

66

Berlin

Nur mit Mühe hatte David Nina davon überzeugen können, im Hotel auf ihn zu warten. Er ging zu Fuß zur Bank, und so kam er genau zur vereinbarten Zeit an.

Das Empfangskomitee bestand heute aus einem nicht minder durchtrainierten Wachmann, der allerdings deutlich freundlicher war, und aus Walter junior persönlich. Die Begrüßung konnte beinahe als herzlich bezeichnet werden.

Sie gingen nicht wieder nach oben in Walters Arbeitszimmer, sondern zu einem Fahrstuhl, der sich erst in Bewegung setzte, nachdem eine Kamera Karl Walters Iris gescannt hatte. Der Lift fuhr nach unten und benötigte erstaunlich lange.

»Dies ist keine normale Bank«, sagte David.

Walter junior lächelte. »Wir haben auch keine normalen Kunden.«

Die Türen öffneten sich, und sein Gastgeber bedeutete ihm voranzugehen. Vor dem Fahrstuhl trafen sie auf zwei weitere Wachmänner. Diese trugen Uniformen und automatische Gewehre. Sie befanden sich in einem Kellergeschoss, in dem auf den ersten Blick nichts von der pompösen Eleganz der oberen Etagen zu sehen war. Fußboden und Wände bestanden aus nacktem Beton, der dunkelgrau gestrichen war. Auf den zweiten Blick fielen allerdings die hochmodernen Glaswände auf, die den Raum vor ihnen in mehrere Gänge und Räume teilten. Zudem waren modernste Sicherungsanlagen verbaut. Sie passierten zwei weitere Zugangskontrollen, für die ein Code und eine Karte erforderlich waren, und blieben vor einer mächtigen Tresortür stehen.

»Hier unten befindet sich das Herzstück unserer Dienstleistung. Wir lagern für unsere Kunden bei Weitem nicht nur Geld. Ich denke, hinter dieser Tür befindet sich das modernste Schließfachsystem der Welt.«

»Heißt das, mein Vater hat ein Schließfach gemietet?« David spürte, wie ihn Erregung ergriff. Ein Schließfach würde bedeuten, dass sein Vater ihm etwas hinterlassen hatte.

»Im Falle Ihres Vaters kann man nicht von einem typischen Schließfach sprechen. Sein Auftrag war deshalb so besonders, weil wir für ihn erst ein neuartiges Aufbewahrungssystem bauen mussten. Technisch hochanspruchsvoll.« Karl Walter lächelte. Mittlerweile hatte er auch diese Tresortür geöffnet, und sie betraten einen weiteren Raum. Er war deutlich kühler als die anderen Räume. Riesige Ventilatoren an der Decke sorgten für Frischluft. In die Wände waren Hunderte rechteckiger Stahltüren unterschiedlicher Größe eingelassen. David war bereits einmal in einem Tresor mit Schließfächern gewesen, der mit diesem jedoch nicht vergleichbar war. Manche Türen in Bodennähe waren so groß, dass man dahinter problemlos ein kleines Auto hätte lagern können.

»Was bewahren Ihre Kunden hier auf?«, wollte David wissen.

»Alles, von dem sie glauben, dass es bewahrt werden muss. Geld, Schmuck oder auch nur ein Geheimnis. Was, wissen wir natürlich nicht. Wir stellen nur die Kapazitäten.« Zum ersten Mal empfand David das Lächeln seines Begleiters als unheimlich.

Hinter ihnen fiel die Tür des Tresors mit einem lauten Krachen zurück in ihr tausendfach gesichertes Schloss. Der Raum verschluckte das Geräusch ihrer Schritte. In der Mitte fiel David eine Box auf, die ihn an die Zellen für Raucher erinnerte, die nach den strengen Rauchverboten auch in New York überall aus dem Boden schossen, nur, dass diese meist verglast waren. Dieser Quader bestand aus schwarzen Wänden.

Sie steuerten direkt darauf zu. Als sie nahe genug waren, erkannte David eine Tür. Walter junior öffnete sie und bat ihn einzutreten. Sie standen in einem etwa zwölf Quadratmeter großen Raum, der zweckmäßig, aber edel eingerichtet war. Vier Stühle, ein Tisch. In der Ecke ein Waschbecken, darauf Seife und Desinfektionsmittel. Keine Fenster, keine Kameras.

Karl Walter deutete auf zwei Stühle und nahm auf einem Platz. »Also, Herr Berger, es ist mir eine Ehre, Sie hier unten begrüßen zu können. Ich durfte Ihren Vater leider nicht kennenlernen, da er vor dreißig Jahren noch von meinem Vater betreut wurde.« Wieder lächelte er auf diese geheimnisvolle Art und Weise. »Man kann also sagen, die Söhne vollenden das, was ihre Väter miteinander ausgemacht haben.«

David musste an Nina denken. Der Satz passte auf makabre Art auch auf sie beide.

»Unsere Rolle ist dabei denkbar einfach: Wir händigen Ihnen aus, was Ihr Vater uns für Sie zur Verwahrung gegeben hat. Danach ist unsere Aufgabe erfüllt. Haben Sie Fragen?«

»Was hat mein Vater hier für mich verwahrt?«

»Das ist sein Geheimnis gewesen, das er offenbar nur mit Ihnen teilen wollte. Daher auch der DNA-Test, für unser Haus ein absolutes Novum. Und seine Anweisung, nur Sie allein hier hereinzulassen. Den Rest müssen Sie mit Ihrem Vater ausmachen.« Walter junior erhob sich. »Dann wollen wir es einmal holen.«

Gemeinsam verließen sie den Kubus und steuerten auf die Wand mit den großen Schließfächern zu. Mit der wachsenden Spannung stieg Davids Puls. Tatsächlich blieben sie vor einer der Boxen stehen, die locker ein Meter mal ein Meter maß.

Walter junior zückte ein Gerät, das aussah wie ein kleiner Taschenrechner, las einen Zahlencode ab und gab ihn in ein Tastenfeld außerhalb der Box ein. »Bitte treten Sie zurück, es wird extrem kalt«, sagte er.

David folgte seiner Anweisung. Die Tür öffnete sich mit einem lauten Zischen, und im nächsten Moment stieg ihnen weißer kalter Dampf entgegen.

67

Berlin

»Hat mal jemand daran gedacht, dass Escalades in Berlin viel mehr auffallen als in New York? Da hätten wir gleich mit zwei Humvees vorfahren können.« General Jackson saß auf dem Beifahrersitz und betrachtete im Rückspiegel den hinter ihnen fahrenden Wagen.

»Ich habe bei der Botschaft darum gebeten, zwei Zivilfahrzeuge zum Flughafen zu schicken. Japaner haben die leider nicht im Fuhrpark.«

Der schwere SUV sprang in die Höhe, als sie über eine Bodenwelle preschten.

»Fahren Sie langsamer!«, herrschte der General den Fahrer an. »Wir müssen nicht auch noch durch zu schnelles Fahren auffallen. Das Ziel liegt unmittelbar vor uns. Besser, wir trennen uns hier und fahren es von zwei Seiten an.« Jackson sprach etwas in das Funkgerät, dann beobachtete er, wie das Auto hinter ihnen rechts abbog.

»Wir wissen nicht, ob er überhaupt zu der Bank geht. Vielleicht war er auch schon dort«, sagte einer der Soldaten, der hinten saß und auf sein Laptop schaute.

»Es ist unsere beste Spur«, entgegnete Jackson. »Am besten, Nat geht hinein und fragt einfach nach ihm. Ein bisschen mit dem Ausweis winken, und die brechen ein. Die amerikanische Regierung kann einer deutschen Bank eine Menge Probleme bereiten, wenn sie auf bestimmten Listen auftaucht.«

Der Wagen wurde langsamer.

Jacksons Handy klingelte.

»Das Weiße Haus fragt, ob das Pentagon hinter einem David Berger her ist«, meldete sich eine Stimme.

»David wer?« Jackson legte den Kopf zur Seite.

»Jedenfalls sollen wir jegliche Aktivitäten in Bezug auf diese Person sofort einstellen.«

»Und was hat das mit mir zu tun?«

»Wie man hört, kommt die Bitte direkt vom POTUS.«

»Da hat dieser David aber mächtige Freunde.«

»Oder jemand anders will sich ihn schnappen.«

»Oder so.«

»Wie dem auch sei, General. Ab jetzt sind Sie auf sich allein gestellt. Ich will nicht wieder vor einem Untersuchungsausschuss für Sie lügen müssen.«

»Und wenn wir Erfolg haben? Darf ich dann mit Captain America durch die Talkshows ziehen, oder übernehmen Sie das?«

»Sie wissen, wie das bei uns läuft. Derjenige, der es ausbaden muss, wenn es schiefgeht, ist niemals derselbe, der den Ruhm erntet, wenn es gelingt.«

Das Gespräch wurde beendet, und Jackson starrte mit düsterem Blick geradeaus.

»Dort, das Gebäude muss es sein.« Der Fahrer zeigte auf eine unscheinbare Häuserfront vor ihnen. Auf der gegenüberliegenden Seite näherten sich ihre Kameraden im zweiten Escalade.

»Sieht gar nicht aus wie eine Bank«, sagte der Soldat im Fond.

»Ich sehe ja auch nicht aus wie ein Idiot«, sagte Jackson ätzend.

68

Berlin

Als der kalte Rauch sich verzogen hatte, sah David einen stählernen Kasten in dem Fach, das der Bankdirektor mit einem Knopfdruck langsam zu ihnen herausfahren ließ. Der Kasten erinnerte ihn an eine moderne Schatzkiste aus Edelstahl. An der Oberseite befand sich eine digitale Temperaturanzeige, die −78 *Grad Celsius* anzeigte.

»Was ist das?«, fragte David.

»Wir haben dies eigens für Ihren Vater konstruiert.« Walter junior drückte einen Knopf, und die Truhe öffnete sich. Erneut stieg ihnen weißer Dampf entgegen. Karl Walter zog sich zwei schwere Gummihandschuhe über, die bis zu den Ellbogen reichten. Dann griff er in die Truhe und holte einen kleineren Kasten heraus, der wie eine Geldkassette aussah.

»Folgen Sie mir«, sagte er und trug sie in den Raum mit den beiden Stühlen. Dort stellte er sie auf den Tisch und zog sich die Handschuhe wieder aus. »Warten Sie einfach einen Moment, dann können Sie die Kassette problemlos öffnen.« Walter junior nahm die Handschuhe und ging zur Tür. »Dort auf dem Tisch finden Sie ein Telefon. Wenn Sie fertig sind, heben Sie den Hörer ab und drücken die Eins. Dann sprechen Sie mit dem Empfang. Im Boden in der Ecke finden sie zwei Einlässe. Im linken können Sie Elektromüll entsorgen. Er wird sofort geschreddert. Der rechte Einlass ist für normalen Abfall, der nicht geheim entsorgt werden muss. Für vertrauliche Dokumente steht dort in der Ecke noch ein Aktenvernichter. Getränke finden Sie auf der Anrichte an der Wand.«

»Sie sind ja hervorragend ausgestattet.«

»Erfahrung«, sagte Walter junior. »Unsere Kunden schätzen Diskretion. Ach ja, Sie müssen noch den Code eingeben, bevor Sie die Schatulle öffnen können.«

David blickte auf das Kästchen vor sich und bemerkte ein kleines Display mit Tastenfeld. »Welchen Code?«, fragte er.

Karl Walter hob bedauernd die Schultern. »Das ist eine Sache zwischen Ihnen und Ihrem Vater. Ich kenne ihn nicht. Wir haben damals alles so eingerichtet wie von Ihrem Vater verfügt.« Er verabschiedete sich und ließ David allein.

Selbstverständlich wusste er nichts von irgendeinem Code. Wie auch? Als sein Vater starb, hatte er noch in den Windeln gelegen.

David starrte auf das Display, dann hatte er eine Idee. Er suchte nach den Zifferntasten für sein Geburtstagsdatum und erschrak. Die Tasten enthielten gar keine Ziffern, nur Buchstaben. Er drückte das *A*, und das Display schaltete sich ein. Darauf erschien ein blinkendes *A*. Er fand auf der Tastatur einen Pfeil und löschte es wieder.

Er gab seinen Namen ein und drückte die Enter-Taste. Das Wort blinkte zweimal auf, dann verschwand die Zeile, und der Cursor wartete erneut auf seine Eingabe. Sonst passierte nichts. David gab den Namen seines Vaters ein –, das Gleiche. Er hatte keine Idee, was er sonst versuchen sollte. Alles, was er hatte, war das Schreiben seines Vaters. David schloss die Augen und sah jedes Wort des Textes vor sich. Dank seines fast fotografischen Gedächtnisses kannte er ihn schon lange auswendig. Er gab *tatínek* ein, den tschechischen Kosenamen für *Papilein*, mit dem sein Vater das Schreiben unterzeichnet hatte. Er fand, dass dies ein würdiges Codewort wäre, aber wieder wurde seine Eingabe gelöscht. Offenbar gab es wenigstens keine Beschränkung auf wenige Versuche. So hoffte er zumindest. Er berührte das Kästchen vorsichtig. Es war zwar noch kalt, aber er konnte es anfassen. David hob es an und drehte es in den Händen. Es war aus schwerem Stahl. Ohne Eingabe des Codes gab es keine Chance, es zu öffnen. David vermutete, dass Walter junior es ihn auch nicht mitnehmen ließ, und selbst wenn, hätte David nicht gewusst, wie er es hätte öffnen sollen.

Panik stieg in ihm auf. Er war so dicht daran, das Rätsel, das sein Vater ihm hinterlassen hatte, zu lösen.

So viele Dinge, die ich dir gezeigt hätte, und so viele Antworten auf Fragen, die du vermutlich noch gar nicht gestellt hast, hatte sein Vater ihm geschrieben. David hatte nun tatsächlich einige Fragen mehr.

Und er hoffte, dass sich in dieser Kassette die Antworten fanden, von denen sein Vater gesprochen hatte. Was, wenn es ihm nicht gelang, sie zu öffnen?

Er gab den Namen seines Großvaters ein. Nichts. Er wusste einfach nicht mehr weiter.

Und solltest du einmal nicht weiterwissen, denk daran, dass deine Mutter von dort, wo sie jetzt ist, immer ein Auge auf dich hat und dir hilft, einen Ausweg zu finden. Denke an sie, und sie wird dir beistehen, kamen ihm weitere Worte aus dem Schreiben seines Vaters in den Sinn.

David gab den Namen seiner Mutter ein, und ein lautes Schnappen verkündete das Aufspringen der Box.

Sein Herz begann zu rasen.

Er hob langsam den Deckel und schaute hinein. Kalte Luft strömte ihm entgegen.

In der Kassette lagen ein Umschlag, eine Ampulle und etwas, das ihn schaudern ließ.

69

New York

Millner lag im Bett und stöhnte. Seine Bandscheibe protestierte gegen die durchgelegene Matratze. Er schob sich ein Kissen unter den Rücken und seufzte. Dann widmete er sich wieder seiner Neuerwerbung. *Endlich wieder schlafen!*, versprach das Sachbuch, das er zu lesen angefangen hatte. Er gähnte. Wie befürchtet hielt ihn das Buch eher vom Schlafen ab, als ihm zu verraten, wie man den Weg ins Land der Träume finden konnte. Millner blätterte durch die Seiten, las das Ende zuerst, was ihm auch nicht weiterhalf, und legte das Buch schließlich auf den Nachttisch neben sich. Er brauchte dringend ein paar Stunden Schlaf. Doch wie so oft lag er auch jetzt wieder hellwach in seinem Bett und dichtete im Licht, das die Werbetafel vom Haus gegenüber in sein Apartment warf, den Schimmelflecken an der Decke Gestalten an.

Unter seinem Kopfkissen vibrierte es. Er drehte sich um, was sein Rücken mit einem stechenden Schmerz kommentierte, und tastete nach dem Mobiltelefon.

Das Opfer aus Bergers Wohnung ist identifiziert: Elly Bukowski, lautete die Textnachricht von Henry.

Der Name sagte Millner nichts. Er war sicher, dass Henry bereits in Auftrag gegeben hatte, das Umfeld der Toten nach Verbindungen zu Berger und Sarah Lloyd zu überprüfen.

Danke und gute Nacht!, antwortete er und legte das Smartphone zur Seite. Die Identifizierung eines Opfers war der erste Schritt zur Lösung eines Falls. Er drehte sich auf die Seite und schloss die Augen. Millner war schon beinahe weggedämmert, als ihn das Geräusch des vibrierenden Handys auf dem Nachttisch aufschrecken ließ.

Treffer!, stand auf dem Display. Absender war diesmal Keller.

Himmel, war er denn der Einzige auf dieser Welt, der dringend schlafen musste?!

Nina Sega und David Berger sind in Berlin, Deutschland.

Millner hatte Keller sofort Janina Segas richtigen Namen mitgeteilt. Das FBI hatte ganz andere Möglichkeiten, Personen zu durchleuchten, als sie bei der Polizei. Millner hatte vor allem auf BOSS gehofft, das *Biometric Optical Surveillance System,* das Gesichter aus großer Entfernung erkennt und identifiziert.

Eine Nachricht mit einem Foto ging ein. Es zeigte zwei Personen mit Gepäck. Aufgenommen offenbar an einem Flughafen. Die eine war unverkennbar die Frau, deren Mugshot Millner einige Stunden zuvor noch in der Hand gehalten hatte. Der andere war David Berger. Wie hatte er aus den USA fliehen können?

Laut Flugdaten heißt er jetzt Martin Husbauer, textete Keller weiter.

Also war Berger mit falschem Reisepass geflogen. Das überraschte Millner, für den David Berger sich in den letzten vierundzwanzig Stunden immer mehr vom Täter zum Opfer gewandelt hatte. Wieso aber hatte er Zugriff auf einen falschen Reisepass?

Sie fliegt als Karenina Petrova, schrieb Keller.

Vielleicht war das die Erklärung: Janina Sega hatte ihnen beiden falschen Pässe besorgt. Dieser Frau traute Millner es zu. Aber was genau wollte sie von Berger?

Danke und gute Nacht!, textete er und legte das Mobiltelefon erneut neben sich.

Berlin also. Was zum Teufel wollten sie dort?

Millner nahm das Handy wieder zur Hand und betrachtete das Foto. Janina Sega sah entspannt aus, Berger abgekämpft.

Er hatte Keller auch die Aufnahme von der kleinen Sprachassistentin aus Alexanders Apartment geschickt, in der Hoffnung, dass das FBI die sprechenden Personen identifizieren konnte.

Wieder vibrierte es in seiner Hand.

Diejenigen, über die wir neulich sprachen, sind auch in Berlin.

Nun reichte es mit den Rauchzeichen-Spielen. Millner nahm das Telefon und wählte Kellers Nummer.

»Nicht am Telefon, Greg«, meldete der sich gleich.

»Wieso wisst ihr, dass die in Berlin sind, aber nicht, wer die sind?«, fragte Millner dennoch.

»Ich sagte doch, wir konnten im Labor in New Jersey Aktivitäten von Mobiltelefonen orten, die dem Pentagon zuzuordnen sind. Dieselben Telefone sind seit ein paar Stunden in Berlin aktiv. An den Stimmenproben sind wir noch dran.«

Millner verstummte. Gerade hatte er das Gefühl, als wäre er auf einer langweiligen Party, während woanders die Post abging. »Könnt ihr mir ein Flugticket besorgen?«, hörte er sich sagen und fluchte innerlich. Fliegen war das Einzige, was er noch mehr hasste als Zahnarztbesuche.

»Sie brauchen wohl mehr als ein Flugticket, oder ist Berlin mittlerweile auch ein Vorort von New York?«

Keller hatte recht. Er war kein FBI-Ermittler mehr, sondern ein New Yorker Polizist. »Könnt ihr mich nicht ...«, er suchte nach dem Wort, »... ausleihen oder so?«

Keller lachte. »Wer würde so einen alten Sack wie Sie ausleihen wollen?«

»Derselbe, der den alten Sack erst neulich auf Knien angefleht hat, ihm zu helfen, während er sein Smartphone hat ficken lassen.«

Wieder lachte Keller. »Ich spreche mit Ihrem Department. Dann packen Sie schon mal den Koffer.«

Millner starrte an die Decke. Der schwarze Fleck, der seit seinem Einzug kontinuierlich wuchs, verwandelte sich erst in ein Flugzeug, dann in einen lachenden Kobold und schließlich in ein großes Glas Whiskey mit Eis.

An Schlaf war nicht mehr zu denken.

70

Prag

»In einer guten Stunde sind wir in Krumau. Die Straßen sind frei.« Arthur streckte sich.

»Gibt es etwas Neues vom Sandmann?«

»Unser Doppelgänger ist am DNA-Test gescheitert. Aber alles läuft nach Plan. Morgen ist der große Tag.«

Schwarzenberg öffnete das Fenster und blies den Rauch seiner Elektrozigarette hinaus in den Fahrtwind. »Und was ist mit dem Pentagon? Konnte unser Mann im Weißen Haus etwas erreichen?«

»Ich habe mit dem Stabschef gesprochen. Es scheint nicht

so einfach zu sein, die Verantwortlichen zu identifizieren. Offenbar sind manche Operationen so geheim, dass selbst die Regierung davon nichts weiß.«

Schwarzenberg zog an seiner E-Zigarette. »Er hat seinen Laden nicht im Griff. Sagen Sie ihm, wenn er sich nicht drum kümmert, tun wir es.«

»Wir sollten es uns mit ihm nicht verscherzen«, gab Arthur zu bedenken. »Er ist der mächtigste Mann der Welt.«

Schwarzenberg legte die Stirn in Falten. »Ich dachte, das wäre ich.«

»Ich meine natürlich nach Ihnen«, korrigierte Arthur sich.

Erneut atmete Schwarzenberg eine Wolke Dampf aus, die diesmal das Innere des Wagens in weißen Nebel hüllte. »Und für den Ball ist alles vorbereitet?«, wollte er wissen.

»Es wird ein grandioses Fest. Einige Debütanten sind mit ihren Familien bereits in Krumau. Wir haben nahezu alle Hotels vor Ort belegt. Und die Vorbereitungen im Schloss laufen auf Hochtouren. Es wird ein würdiges Jubiläum.«

»Der zweihundertste Ball«, sagte Schwarzenberg. »Wer kann schon auf so eine lange Geschichte zurückblicken?«

Arthur nickte. »Und wir haben bereits Hunderte von Ehen vermittelt. Mit Tausenden von Nachkommen.«

Schwarzenberg begutachtete das Gerät in seiner Hand, bevor er erneut daran zog. »Es ist eine ungeheure Anstrengung, ein rezessives Gen über so viele Jahrhunderte am Leben zu erhalten«, sagte er. »Haben Sie die Matches für mich?«

Arthur öffnete seine Tasche und reichte Schwarzenberg die Liste, die dieser überflog.

An einer Stelle blieb er hängen und grinste. »Ich wusste schon immer, dass die beiden zusammenpassen!« Er überflog den Rest, nickte zustimmend und gab die Liste Arthur zurück. »Ich denke, wir haben die richtige Wahl getroffen, auch für meine Tochter!«

»Du bist widerlich«, ertönte plötzlich eine Frauenstimme von vorne.

Schwarzenberg streckte einen Arm aus und legte die Hand auf die Schulter der Frau. »Du wirst ihn mögen, glaub mir. Unser Computer irrt sich niemals!«

Die junge Frau schob seine Hand weg. »Ich habe meinen Partner fürs Leben schon gefunden«, sagte sie mit trotziger Stimme.

Schwarzenberg stieß einen verächtlichen Laut aus. »Nur über meine Leiche.«

»Meinetwegen!«

»Ganz der Vater«, bemerkte Arthur und erntete einen lauten Lacher von Schwarzenberg.

»Hast du gehört, was er sagt, Sarah? Du kannst mich gar nicht hassen, denn du hast meine Gene in dir. Wenn du mich hasst, hasst du quasi dich selbst!«

Sarah drehte sich um und warf den beiden Männern auf der Rückbank einen bitterbösen Blick zu. »Das tue ich«, sagte sie. »Glaubt mir, das tue ich!«

71

Berlin

»Alles erledigt?«, fragte Walter junior.

David nickte. »Wie spät ist es?«

Karl Walter schaute auf seine luxuriöse Armbanduhr. »Sie waren lange dort unten, beinahe drei Stunden.«

David war es vorgekommen wie wenige Minuten. Immer wieder hatte er das Schreiben, das er in der Box seines Vaters gefunden hatte, gelesen und dabei eine Achterbahn der Gefühle durchlebt. Da er es hatte vernichten sollen, hatte er sich jedes

Wort genau einprägen müssen. Und er hatte eine schwierige Entscheidung zu treffen gehabt. Vielleicht war er deswegen so lange dort unten gewesen.

»Das Fach ist leer?«

Wieder nickte er.

»Dann können wir alles entsorgen, was sich jetzt noch unten im Raum befindet?«

David nickte zum dritten Mal.

»Dann hoffe ich, die beinahe dreißigjährige Verwahrung hat sich gelohnt.«

David reagierte nicht. Ihm war ein wenig schwindelig.

»Bevor ich Sie entlasse, muss ich Ihnen leider noch etwas sagen.« Der Bankdirektor trat auf ihn zu. »Während Sie dort unten waren, hat ein Herr nach Ihnen gefragt.«

»Ein Herr?« David schaute ihn irritiert an.

»Ein Amerikaner. Er zeigte einen Ausweis vom amerikanischen Verteidigungsministerium und wollte wissen, ob Sie hier gewesen sind oder einen Termin haben.«

»Was haben Sie gesagt?«

»Ich habe auf das Bankgeheimnis verwiesen. Aber sie warten noch vor der Tür, in zwei großen SUVs. Besser, Sie gehen nicht vorne raus.«

David fühlte sich noch immer benommen. »Was können die von mir wollen?«

Der Bankdirektor zuckte mit den Schultern. »Ich maße mir nicht an, das zu wissen. Könnte es nicht mit dem zu tun haben, was Ihr Vater Ihnen hinterlassen hat?«

Selbstverständlich kann es damit zusammenhängen, dachte David.

»Wir stehen allerdings in der Pflicht, Ihnen als unserem Kunden sicheres Geleit zu geben. Folgen Sie mir bitte!« Walter junior führte ihn gemeinsam mit dem Wachmann in den hinteren Teil des Gebäudes. Schließlich blieben sie vor einem Fahrstuhl stehen, der weit weniger modern als die übrige Einrichtung wirkte. »Wir nutzen dieses Gebäude seit 1989. Ihr Vater hat uns noch in unseren alten Räumlichkeiten besucht. Bevor wir dieses Gebäude übernommen haben, hat es viele Jahrzehnte als Botschaft gedient. Dieser Fahrstuhl führt zu einem Tunnel, der über die ehemalige Grenze von hier bis nach West-Berlin reicht. Rashid wird Ihnen den Eingang zeigen und Sie bis zum Ausgang geleiten. Dort sollte Sie niemand erwarten. Erschrecken Sie nicht, wenn es ein wenig vibriert; es wird gerade eine neue U-Bahn gebaut, die nahe an den Tunnel heranreicht. Aber unsere Statiker sagen, er ist sicher.«

»Sie sind tatsächlich eine erstaunliche Bank.« David hielt Walter junior die Hand zur Verabschiedung entgegen, die dieser beherzt ergriff. »Eine Frage habe ich noch«, sagte David. »Sie erwähnten, Sie hätten das Kühlfach eigens für meinen Vater eingerichtet. Und Sie haben den Nachlass meines Vaters dreißig Jahre mit hohem Aufwand verwahrt. Wie hat mein Vater das alles bezahlt?«

»In bar«, antwortete Karl Walter. »Er hat den Unterlagen zufolge damals alles in bar bezahlt.«

»Wie viel? Und sagen Sie nicht, das fällt unter das Bankgeheimnis.«

Walter junior setzte wieder sein sibyllinisches Lächeln auf und wiegte den Kopf hin und her. »Das fällt unter das Bankgeheimnis. Aber es ist ein Geheimnis mit vielen Nullen. Ihr Vater war ein reicher Mann.«

Der Tunnel, den sie im Schnellschritt passierten, war gut ausgebaut und wirkte beinahe wie ein offizieller Weg, war jedoch, wenn David den Security-Mann, der ihn begleitete, richtig verstand, hochgeheim. Das Ende lag versteckt in einem ungenutzten Ladengeschäft, das laut Rashid auch der Bank gehörte und dessen Scheiben mit Folie verklebt waren. So trat David hinaus auf einen belebten Bürgersteig, als wäre nichts gewesen.

Er fühlte in seine Jackentasche, spürte die Umrisse der Ampulle aus dem Schließfach. Er war seinem Vater noch niemals so nahe gewesen wie in den vergangenen Stunden.

David versuchte, sich zu orientieren, und beschloss, auf dem Weg zurück zum Hotel einen Umweg zu gehen, um über all das nachzudenken, was er aus dem Brief seines Vaters erfahren hatte, den er in dem Schließfach gefunden hatte. Er war deutlich länger als der letzte gewesen, und beim Lesen hatte David tatsächlich das Gefühl gehabt, als spräche sein toter Vater zu ihm. Immer wieder hatte er versucht, sich in die Lage seines Vaters zu versetzen. Wie es sein musste, zu seinem einjährigen Sohn zu sprechen, in dem Wissen, dass dieser das Schreiben, wenn überhaupt, erst als erwachsener Mann lesen würde. Aus jeder Zeile hatte David ein Vertrauen herausgelesen, wie es nur zwischen Vater und Sohn herrschen konnte. Und er würde sich dieses Vertrauens als würdig erweisen. David hatte irgendwo einmal gelesen, der Sohn sei der verlängerte Arm des Vaters. Und vielleicht hatte es selten so zugetroffen wie in seinem Fall.

Von nun an war er nicht mehr auf der Flucht.

Er war auf einer Mission.

72

Berlin

Nina schaute zum wiederholten Mal auf die Uhr. Dann beschloss sie, zur Bank zu gehen. Sie hatte verschiedene Szenarien durchgespielt, großzügige Zeitspannen für die einzelnen Stationen von Davids Bankbesuch veranschlagt, doch mittlerweile waren alle ihre Schätzungen, wie lange er in der Bank maximal brauchen würde, weit überschritten. Für den Fall, dass er doch noch zurückkommen würde, hinterließ sie eine Nachricht am Empfang. Dann verließ sie das Hotel, um sich auf die Suche zu machen.

Auf dem Weg zur Bank rannte sie beinahe. Sie hätte ihn nicht allein gehen lassen dürfen, hätte wie am Tag zuvor vor der Bank auf ihn warten sollen. Aber sie hatte ihn nach der letzten Nacht und dem Misstrauen, das ihr falscher Name bei ihm geweckt hatte, auch nicht zu sehr bedrängen wollen. Ein Fehler, wie sie nun merkte, denn offenbar misstraute er ihr auch so genügend.

Sie ging denselben Weg wie am vergangenen Tag, hielt unter den ihr entgegenkommenden Passanten erfolglos nach ihm Ausschau. Sie überlegte, was sie tun konnte. Es würde ihr nichts anderes übrig bleiben, als bei der Bank zu klingeln und nach ihm zu fragen. Immerhin kannte man dort vom Vortag ihr Gesicht, wusste, dass sie zu ihm gehörte. Sie würde einen Notfall vortäuschen. Alles, was sie wissen musste, war, ob David noch dort war oder sich ohne sie davongemacht hatte. In diesem Fall hatte sie in einer Stadt wie Berlin kaum eine Chance, ihn wiederzufinden. Wieder haderte sie mit sich. Sie gehörte zu den Menschen, die sich keine Fehler verziehen. Als Mädchen hatte sie sich zur Bestrafung selbst geritzt, mittlerweile hatte sie gelernt, sich zu hassen, ohne sich selbst körperlich zu verletzen.

Nina bog um die Ecke, in die Straße, in der sich die Bank befand.

Auch hier keine Spur von David. Vor dem Eingang blieb sie stehen und versuchte, ruhiger zu atmen, um nicht zu aufgeregt zu wirken, was nur Misstrauen schüren würde. Dann klingelte sie. Als nichts geschah, betätigte sie die Klingel erneut. Wieder passierte nichts. Sie klopfte gegen die Tür, und als auch dies ohne Reaktion blieb, hämmerte sie mit der Faust dagegen, doch die Tür blieb verschlossen. Als ihre Hand schmerzte, hielt sie inne und rang nach Atem.

In diesem Moment durchzuckte sie vom Nacken her ein Schmerz wie tausend Nadelstiche, der ihre Glieder lähmte und sie zu Boden gehen ließ.

»Das ist das kleine Miststück, ganz sicher!«, hörte sie eine Stimme über sich, dann wurde sie an Armen und Beinen gepackt und davongetragen.

73

Berlin, 1989

»Unterzeichnen Sie hier.« Der Notar zeigte auf eine freie Zeile am unteren Ende des Blattes.

»Die vom Käufer gezahlten sechshunderttausend Mark werde ich Ihnen wie von Ihnen gewünscht per Geldboten überbringen lassen. Sind Sie wirklich sicher, dass wir das Geld nicht überweisen sollen?«

»Ich bin sicher.« Karel Berger nahm den Füllfederhalter und setzte seine Unterschrift unter das Papier.

»Sehr gut, Herr Berger. Damit gehört das Patent nun der Gesellschaft und Ihnen im Gegenzug die Hälfte der Anteile, welche treuhänderisch von Ihrem Mitgesellschafter gehalten werden. Den Arbeitsvertrag haben Sie bereits gegengezeichnet.«

Karel Berger nickte zufrieden. »Und meine Verfügung für meinen Todesfall ist auch berücksichtigt und kann nicht mehr aufgehoben werden?«

»So ungewöhnlich sie ist, so wirksam ist sie. Ihre Anteile bleiben auf dreißig Jahre unverkäuflich, Ihre Beteiligung geheim. Wir haben ein Firmengeflecht geschaffen, das bis auf die Cayman-Inseln reicht. Mit dem dreißigsten Geburtstag Ihres Sohnes werden Ihre Anteile von Ihrem Mitgesellschafter meistbietend versteigert. Der Erlös geht auf das Konto beim Bankhaus Walter & Söhne. Also alles wie von Ihnen gewünscht.«

Karel Berger quittierte die Bestätigung mit einem zufriedenen Seufzen. Dann erhob er sich und streckte dem Notar die Hand entgegen.

Dieser drückte sie widerwillig und blickte ihn besorgt an. »Als Notar habe ich viele Klienten erlebt. Aber keinen wie Sie. Wenn Sie von Ihrem vorzeitigen Tod sprechen, klingt das nicht wie die Vorsorge für einen unwahrscheinlichen Fall, sondern ...« Er suchte nach den richtigen Worten. »Als rechneten Sie mit Ihrem baldigen Ableben. Brauchen Sie vielleicht Hilfe?«

»Sie haben mir schon sehr geholfen, vielen Dank!«, sagte Karel Berger ernst. »Und Sie haben recht: dass wir alle am Ende sterben, ist absolut sicher.«

»Ein gekühltes Schließfach?« Gernot Walter legte die Stirn in Falten.

»In dem Koffer hier sind sechshunderttausend Mark in bar. Sie können dieses Geld behalten, als Aufwandsentschädigung. Wenn Sie dafür das Schließfach nach meinen Plänen einrichten und diese Verfügung beachten.« Karel Berger legte ein Dokument auf den Konferenztisch vor ihnen.

»Sechshunderttausend Mark?« Die Miene des Bankdirektors hellte sich auf.

Karel Berger nickte. »In meiner Verfügung steht die Telefonnummer der Blutbank, in der es zwischengelagert ist. Wenn Sie hier die baulichen Voraussetzungen geschaffen haben, rufen Sie dort an, und der Inhalt des Schließfaches wird Ihnen geliefert. Bedingung ist, dass Sie alles streng geheim halten.«

»Handelt es sich um etwas Illegales?«

Karel Berger schüttelte den Kopf.

»Gefährliches?«

Wieder schüttelte er den Kopf.

Walter nahm seine Brille ab, ein schweres Modell mit dicken Gläsern, und rieb sich die Nasenwurzel. »Das ist ein sehr ungewöhnlicher Wunsch, Herr Berger. Ich denke, dass wir in der langen Geschichte der Bank noch niemals mit so einem Anliegen konfrontiert wurden.«

»Genau deswegen komme ich zu Ihnen. Ich hörte, dass Sie für besondere Kunden besondere Lösungen finden.«

Walter holte ein Stofftaschentuch hervor und begann, die Gläser seiner Brille zu reinigen. »Das stimmt«, sagte er. Dabei fixierte er sein Gegenüber.

Dann setzte er die Brille wieder auf und faltete das Taschentuch ordentlich zusammen. »Gut, Herr Berger, wir machen es. Für wie lange planen Sie, das Schließfach zu mieten?«

»Längstens dreißig Jahre«, entgegnete Karel Berger. »Aber nur, wenn mir etwas passieren sollte.«

Walter verzog anerkennend den Mund. »Sie scheinen weit im Voraus geplant zu haben.«

»Es steht alles in dieser Verfügung. Wichtig ist nur eins: dass Sie sie ganz genau befolgen.«

»Das werden wir. Wenn wir ins Geschäft kommen, können Sie sich ganz auf uns verlassen. Dies hat Ihr Kontakt Ihnen hoffentlich auch gesagt.«

Karel Berger beugte sich vor und deutete auf den Umschlag. »Sie brauchen vielleicht noch eine Information von mir: Wissen Sie, was eine DNA ist?«

Lieber David, herzlichen Glückwunsch zu deinem dreißigsten Geburtstag, begann er den zweiten Brief, hielt inne und schnäuzte sich einmal. Er holte tief Luft und schrieb weiter. Als er fertig war, steckte er den Brief in einen Umschlag, befeuchtete den Kleberand mit der Zunge und klebte ihn sorgfältig zu. Er ging zum Fenster und schob den Vorhang zur Seite. Der dunkle Wagen stand noch immer auf der anderen Straßenseite.

74

Über dem Atlantik

Warum tat er sich das eigentlich an? Sein bescheidenes Gehalt konnte es nicht sein. Der Spaß bei der Tätigkeit war begrenzt, es sei denn, man stand auf Leichen und irre Typen. Auch wollte er kein traumatisches Erlebnis aus der Kindheit kompensieren. Blieb nur noch die Gerechtigkeit. Konnte er tatsächlich so naiv sein, daran noch zu glauben?

Millner löste die Krawatte und stürzte unter dem missbilligenden Blick der Stewardess bereits den dritten Whiskey herunter. Vermutlich überlegte sie schon, wo die Utensilien zum Fixieren betrunkener Passagiere lagerten. Mit dem Brennen in der Kehle ließ auch langsam die Flugangst nach, an deren Stelle eine beruhigende Benommenheit trat.

Der Flug nach Berlin sollte viele Stunden dauern, und Millner wusste genau, wozu er die Zeit nutzen würde: zum Schlafen.

Vor dem Abflug hatte Keller noch eine gute Nachricht für ihn gehabt: Ein junger Staatsanwalt hatte einen Anruf Bergers gemeldet. David Berger hatte die Reisepassdaten seiner Begleiterin kontrollieren wollen. Dies verriet Millner nicht nur den Aufenthaltsort, denn der Anruf hatte in ein Hotel in Berlin zurückverfolgt werden können, sondern auch, dass Berger schlau genug war, um an der Aufrichtigkeit seiner Begleiterin zu zweifeln. Das ließ Millner hoffen, dass David Berger eine kleine Chance hatte zu überleben.

Er stopfte sich sein Jackett unter den Kopf, lehnte sich zur Seite und schloss die Augen.

Die nächste berechtigte Frage, die auch Henry ihm gestellt hatte, während er ihn zum Flughafen gefahren hatte, war, warum er eigentlich nach Europa flog. Koslowski hatte er gesagt, dass es immer noch darum ginge, mithilfe des FBI David Berger dingfest zu machen. Zwar war Berger praktisch entlastet, was die Taten in New Jersey und den Tod Alexander Bishops anging, aber immerhin war in seinem Apartment die tote Elly Bukowski gefunden worden, die sie lange für seine Freundin Sarah Lloyd gehalten hatten. Wo Sarah war, wussten sie zudem noch immer nicht. Und bei den anderen Taten war Berger zumindest der wichtigste Zeuge.

Das wäre aber gelogen gewesen. Tatsächlich flog er nach Europa, um David Berger zu beschützen. Und das war auch der Grund, warum er Polizist geworden war: um Menschen zu beschützen.

Die Erkenntnis verlieh ihm ein wohliges Gefühl, und darüber schlief er endlich ein.

75

Berlin

Im Hotel traf er Nina nicht an. Er suchte im Zimmer, in der Bar, im Schwimmbad, im Fitnessraum und sogar in der Sauna. Doch nirgends fand er eine Spur von ihr. Im Zimmer stand allerdings noch ihr Gepäck. David versuchte, das Laptop anzuschalten, kannte aber Ninas Passwort nicht. Danach rief er von dem Telefon in der Lobby ihr Smartphone an, doch nach dem fünften Freizeichen meldete sich nur die Mailbox.

Es war unwahrscheinlich, dass sie ohne ihr Gepäck abgereist war. Vermutlich machte sie nur einen Spaziergang. Er war lange weg gewesen, und sie war mit Sicherheit ungeduldig geworden.

David ging an den Computer, der in der Lobby für Gäste bereitstand, und suchte im Internet ein digitales Telefonbuch von Prag. Dort recherchierte er nach einem Namen und einer Adresse und fand zwei, die infrage kamen.

Danach setzte er sich in den Empfangsbereich und bestellte sich ein Clubsandwich und einen Cappuccino.

Doch auch nach einer weiteren Stunde des Wartens tauchte Nina nicht auf.

Der falsche Reisepass kam David in den Sinn. Auch die Tatsache, dass sie ihn belogen hatte, damit er sie mitnahm. Vielleicht fühlte sie sich doch von ihm enttarnt und hatte es vorgezogen, sich aus dem Staub zu machen. Im Nachhinein betrachtet, hatte er sie voreilig aus ihren Lügen entlassen.

Was, wenn sie die Polizei informiert und ihn verraten hatte? Er schaute zur Rezeption, bildete sich ein, dass die Frau mit dem blonden Zopf hinter dem Tresen ihn beobachtete.

Oder war das nur wieder sein Verfolgungswahn? Tatsächlich hatte er in den vergangenen Stunden Empfindungen gehabt, die ihm Sorge bereiteten. Mehrmals hatte er gedacht, dass sein Smartphone am Körper vibrieren würde, und erst, wenn er danach gegriffen hatte, war ihm eingefallen, dass er gar keines bei sich trug. Und er hörte eine Stimme, die ihm vorschreiben wollte, was er zu tun hatte. Jetzt sagte sie ihm, dass er das Hotel verlassen und Nina oder wie immer sie hieß einfach sich selbst überlassen sollte, um das zu erledigen, was sein toter Vater ihm aufgetragen hatte.

David ignorierte die Stimme und ging zu der Dame am Empfang.

»Ich hatte schon nach Ihnen geschaut, war aber nicht sicher, ob Sie es sind. Herr Berger? Sie reisen mit Miss Petrova?«

Als er bejahte, reichte sie ihm einen gefalteten Zettel.

Habe mir Sorgen gemacht. Bitte warte auf mich. Nina

Er rief Nina erneut auf dem Mobiltelefon an, erreichte wieder nur die Mailbox. Dann setzte er sich in die Hotelbar und bestellte ein deutsches Bier. Dort blieb er geschlagene eineinhalb Stunden sitzen, bis die Stimme in ihm die Überhand gewann. Irgendetwas stimmte nicht. Er verließ das Hotel, lief den Bürgersteig zweihundert Meter hinauf, kehrte um und ging ebenso weit in die andere Richtung. An der Rezeption hatte man in der Zwischenzeit nichts von Ninas Rückkehr mitbekommen. Dennoch beschloss David, noch einmal auf dem Zimmer nachzuschauen. Auf dem Weg zum Lift fiel sein Blick erneut auf das Telefon in der Lobby. Er entschloss sich zu einem letzten Versuch.

Wieder klingelte es, und schon wollte David auflegen, um die Ansage ihrer Mailbox nicht ein drittes Mal zu hören, als sich jemand meldete. Allerdings war es nicht Nina.

»Berger, sind Sie es?«

David antwortete nicht.

»Sagen Sie etwas, oder ich lege auf, und Sie sehen sie nie wieder.«

»Wer spricht da?«, fragte er.

»Wir wollen Ihnen einen Tausch vorschlagen: Ihre kleine Freundin gegen das, was Sie haben.«

Er stutzte. »Was habe ich?«

»Sie wissen genau, wovon ich spreche.«

»Sind Sie von der Bruderschaft?«, sagte er.

Einen Moment war es still in der Leitung.

»Ich weiß nicht, was für einen Mist Sie da reden! Hören Sie zu, ich sage Ihnen, wie es läuft, Berger.«

Die barsche Reaktion seines Gesprächspartners verriet David, dass der Mann nicht zur Bruderschaft gehörte, sie offenbar nicht einmal kannte.

»Sie geben uns einfach die Tabletten, und dafür bekommen Sie Ihre Freundin unversehrt zurück.«

»Tabletten?« Nun war David ehrlich perplex. »Ich will mit ihr sprechen!«

»David?«, ertönte ihre Stimme. Sie klang fest und trotzig.

»Das genügt.« Nun war wieder der Mann am Apparat. »Kommen Sie in einer Stunde …«

David legte einfach auf. Während er auf das Telefon starrte, schnappte er nach Luft. Er hatte nicht nachgedacht, war eher einem Gefühl gefolgt, um Zeit zu gewinnen.

In Harvard hatte er im letzten Semester seines Studiums ein Seminar zum Thema »Verhandlungstechnik« besucht. Dozent war ein ehemaliger Polizist gewesen, der auf die Verhandlung bei Entführungen spezialisiert war. Der hatte ihnen die verschiedenen Strategien vorgestellt, mit Entführern zu verhandeln. Bei der Entführung von Personen stand immer das Leben der Geisel im Vordergrund; daher war es ratsam, auf alle Forderungen der Entführer einzugehen. Geld, um das es meistens ging, war ersetzbar, ein Menschenleben nicht. Primäres Ziel war es daher, alle Forderungen bedingungslos zu erfüllen und die entführte Person zu retten. Anders bei Erpressungen, bei denen es beispielsweise um angedrohte Anschläge oder vergiftete Lebensmittel ging. Hier konnte man auf die Forderungen nur scheinbar eingehen. Primäres Ziel war, die Bedrohungslage zu beseitigen, indem man die Täter fasste.

David schloss die Augen und forschte in seinem Gedächtnis. *Wer sich die Mühe einer Entführung macht, verrät damit, dass er für dasjenige, was er erpressen möchte, nahezu alles tun würde, häufig sogar töten*, sah David ein Skript des Dozenten vor seinem geistigen Auge. *Diese absolute Bereitschaft ist gleichzeitig die Schwäche eines jeden Erpressers oder auch Entführers, denn in erster Linie ist er derjenige, der unbedingt etwas haben möchte. Die hohe Kunst der Verhandlung mit Erpressern wäre daher, den Spieß einfach umzudrehen. Das indes traut sich kaum jemand. Denn im Gegensatz zum Pokern geht es hier nicht bloß um Plastikchips, sondern um Menschenleben.* Diese Ausführungen hatten David damals beeindruckt, vor allem ein Satz, an den er sich erinnerte: *Tötet der Entführer die Geisel schon während der Verhandlungen, hätte er sie ohnehin umgebracht.*

David versuchte, ruhig in den Bauch zu atmen. Hier ging es um Ninas Leben. Vernünftig wäre es daher gewesen, bedingungslos auf alle Forderungen einzugehen. Aber das konnte er nicht. Weil er selbst auf der Flucht war, war es ihm nicht möglich, zu ihrer beider Schutz die Polizei einzuschalten. Ohne die Polizei jedoch war die Gefahr zu groß, dass die Entführer Nina trotz der Übergabe töteten oder, noch schlimmer, bei einer Übergabe nach ihren Regeln auch ihn schnappten. Und dann würden sie beide sterben, schon um unliebsame Zeugen zu beseitigen. David griff in die Tasche und fühlte die Packung mit den Tabletten.

Was zum Teufel wollten sie nur damit? Er lehnte sich zurück und stieß mit dem Kopf gegen die mit Filz ausgekleidete Wand der Telefonkabine.

Letztlich konnte ihm das egal sein. Er musste nur eine Möglichkeit finden, die Tabletten so gegen Nina auszutauschen, dass die Entführer mit Ninas Freilassung in Vorleistung gingen und er nicht in ihre Reichweite kam. Wenn dies nicht schon der Fall war. David lehnte sich aus der Telefonkabine und ließ den Blick durch die Lobby wandern.

Das Schreiben seines Vaters aus dem Schließfach fiel ihm ein, die Mission, auf der er war.

Er musste morgen Abend unbedingt in Krumau in Tschechien sein. Das war sein Plan gewesen, den er mit Nina hatte teilen wollen, nachdem er aus der Bank zurückgekehrt war.

In ihm arbeitete es.

Er griff zum Hörer und wählte erneut Ninas Nummer.

»Sind Sie wahnsinnig?«, meldete sich dieselbe Stimme wie eben. »Wissen Sie, mit wem Sie sich anlegen?«

»Ich kenne Nina kaum«, entgegnete David mit trockener Kehle. »Machen Sie mit ihr, was Sie wollen!« Dann legte er wieder auf und kämpfte mit einer Welle von Übelkeit, die ihn überkam.

Er zwang sich, bis dreißig zu zählen, bevor er erneut anrufen wollte, doch als er bei achtundzwanzig angelangt war, klingelte plötzlich das Telefon vor ihm. Er starrte darauf, dann wurde ihm bewusst, was das bedeutete: Wenn sie ihn anrufen konnten, wussten sie, wo er war. Vermutlich hatte er bei seinem Anruf die Nummer mitgesendet. Das bedeutete aber auch, dass sie herausfinden konnten, dass dies ein Anschluss des Hotels war, und sie jederzeit hier auftauchen würden – wer immer sie waren. David ließ es klingeln, ohne abzunehmen. Es dauerte eine

Ewigkeit, bis das Klingeln aufhörte. Wieder lehnte er sich aus der Telefonkabine. Weiterhin schien alles den unverdächtigen Gang eines Grandhotels zu gehen.

Dann traf er eine spontane Entscheidung. Er wählte zum dritten Mal Ninas Handy an.

»Sie halten sich für clever, oder?« Nun klang der Mann tatsächlich wütend. »Sie haben bald eine ganze Armee gegen sich!«

»Ich habe es mir überlegt«, erklärte er. »Wir machen den Tausch. Ich rufe Sie morgen unter dieser Nummer wieder an und sage Ihnen, wann und wo. Wenn ihr etwas geschieht, vernichte ich die Tabletten.« Er legte auf, ohne eine Antwort abzuwarten. Keine Minute später war er am Ausgang. Er wusste nicht, wohin er gehen sollte, doch er musste auf jeden Fall erst einmal schleunigst von hier verschwinden. David schaute sich nach einem Taxi um, doch weit und breit war keines zu sehen.

»Mister Berger, Sie reisen mit Miss Petrova?«

Vorsichtig drehte David sich um und nickte. Ein Hotelpage hielt einen Autoschlüssel in die Höhe.

»Der Mietwagen, den Miss Petrova heute Morgen bestellt hat, wurde eben geliefert. Er steht hier.«

Davids Blick wanderte zu einem silbernen Kleinwagen, der ein paar Meter entfernt am Straßenrand parkte.

Der Page lächelte. »Nicht der. Sie bat um einen schnellen deutschen Wagen.« Der Mann drückte auf den Schlüssel, und direkt vor ihnen blinkten die Warnblinkleuchten eines schwarzen Porsche 911 auf.

76

Krumau

»Und Sie haben es mehrmals probiert?«

Arthur nickte. »Ich bekomme derzeit keinen Kontakt.«

Schwarzenberg stieß einen Seufzer aus. »Vielleicht kann der Sandmann nur nicht sprechen.«

»Unser Informant in der Bank sagt, Berger war allein dort, und das Schließfach wurde danach aufgelöst.«

»Das heißt, er hat es jetzt bei sich?«

»Wenn es dort lagerte, müssen wir davon ausgehen.«

Sie standen in einem der Räume des Schlosses und blickten aus dem Fenster über die roten Dächer der Stadt.

»Ausgerechnet jetzt verlieren wir den Kontakt! Ich hätte doch mehr Männer abstellen sollen!« Schwarzenberg fluchte. »Man kann es noch so sehr durchplanen, am Ende hängt es immer an den einzelnen Personen. Wir müssen es ihm abnehmen!«

»Ich versuche es weiter. Wir müssen aber damit rechnen, dass sie hier morgen erscheinen.«

»Hoffen wir es!«, sagte Schwarzenberg. »Vorsorglich sollten Sie noch einmal das Sicherheitspersonal instruieren.«

Arthur nickte.

»Ansonsten ist alles vorbereitet?«

»Alles läuft wie geplant. Die Gäste treffen ein, und die Stadt ist fest in unserer Hand.«

»Hat Sarah sich wieder beruhigt?«

»Sie kennen sie! Sie ist immer noch erschüttert wegen der Sache mit ihrer Freundin und auch wegen des Todes dieses Alexander Bishop. Und von ihrem Zukünftigen, den Sie für sie ausgesucht haben, ist sie auch nicht gerade begeistert. Sie hängt noch immer an David Berger.«

»Die Sache mit Bishop und der toten Freundin bereitet auch mir Sorgen«, entgegnete Schwarzenberg. »Wir können nicht zulassen, dass jemand unsere Leute tötet, ohne zu wissen, warum und wer. Konnten Sie schon mehr dazu herausfinden?«

»Ich warte noch auf Rückmeldung.«

Schwarzenberg trat zurück und schloss das Fenster. »Kommen Sie, Arthur. Wir müssen uns um unsere Vorräte kümmern. Das Kanzleramt in Berlin hat um eine neue Lieferung gebeten. Je weniger Rationen es da unten werden, desto instabiler erscheint mir die Temperatur. Ich denke, der Zeitpunkt ist gekommen, um die Flaschen umzulagern.«

»Umlagern?« Arthur wirkte erschrocken.

»Wir werden sie auf einen Lkw verladen und erst einmal in mein Haus nach Österreich schaffen. Aber es muss geheim bleiben! Nicht wenige würden dafür töten oder gar sterben.«

77

Berlin

Es war sein alter FBI-Dienstausweis, den Keller zusammen mit den Flugtickets am Flughafen für ihn hinterlegt hatte. Das Foto darauf zeigte Millner einige Jahre jünger, mit derselben in diversen Faustkämpfen ramponierten Nase, aber mit noch vollerem Haar und vor allem ohne die Narbe von der Schusswunde auf der Wange, die er sich als FBI-Beamter später zugezogen hatte. Als er seinen Dienst quittiert hatte, hatte Keller seine Kündigung erst nicht annehmen wollen. Offenbar hatte er seinen Ausweis seit damals aufbewahrt. Millner wusste nicht, ob es alles seine dienstrechtliche Richtigkeit hatte, aber das musste ihn auch nicht interessieren. Jetzt war er froh, dass er der Mitarbeiterin an der Hotel-Rezeption einen Ausweis vorzeigen konnte, der international Respekt genoss. Und zwar so viel Respekt, dass er keine zwei Minuten später mit der stellvertretenden Hoteldirektorin sprach.

Millner war direkt vom Flughafen zu dem Hotel gehetzt, zu dem sie Bergers Anruf bei dem jungen Staatsanwalt am Abend zuvor hatten zurückverfolgen können, und so nahm er das Angebot gern an, eine Tasse Kaffee zu trinken, während die Direktorin die Gästedaten prüfte.

Er saß an einem Tisch nahe dem Eingang und überprüfte instinktiv die Gesichter der ankommenden und abfahrenden Gäste, ohne das von Berger oder seiner Begleiterin zu entdecken.

»Sie haben noch nicht ausgecheckt.« Die Hoteldirektorin war etwas älter als Millner und hatte mit den markanten Gesichtszügen und dem straff nach hinten gebundenen Zopf den Charme einer strengen Klavierlehrerin. Millner selbst hatte als Kind Klavierunterricht nehmen müssen, und sosehr er die Fingerübungen gehasst hatte, so sehr hatte er die Hartnäckigkeit bewundert, mit der seine damalige Lehrerin von ihm Disziplin an den Tasten eingefordert hatte.

»Die Zimmermädchen sagen, das Gepäck steht noch auf dem Zimmer. Meine Mitarbeiterin Mandy hat Miss Petrova heute gegen Mittag das Hotel verlassen sehen. Sie hatte bei ihr eine Nachricht für Herrn Berger hinterlegt, die Mandy ihm ein paar Stunden später übergab. Er wartete daraufhin noch einige Zeit in der Bar und verließ das Hotel gegen Nachmittag. Der Portier sagt, er habe ihm den Schlüssel für den Mietwagen aushändigen lassen, den Miss Petrova geordert hatte. Herr Berger fuhr damit fort. Seitdem hat keiner die beiden mehr gesehen. Es ist aber auch so, dass wir unsere Gäste nicht überwachen. Daher können wir nicht mit Sicherheit sagen, ob sie sich im Hotel befinden oder nicht, und auch nicht, wann sie kommen oder gehen.« Die Direktorin hatte schnell gesprochen. Millner kamen die Anweisungen aus seinen Klaviernoten in den Sinn. *Rapidamente*, hätte man zu ihrem Vortrag gesagt.

»Kann ich mit dem Pagen sprechen?«, fragte er.

»Lieber nicht«, entgegnete die Hoteldirektorin. »Wir sind eines der ersten Häuser der Stadt, und ich bitte Sie im Sinne unserer Gäste um Diskretion.« Nun flüsterte sie im *piano possibile* und schaute sich nach den übrigen Gästen um.

»Kann ich das Zimmer sehen?«

»Ich fürchte, ohne Gerichtsbeschluss kann ich auch das nicht zulassen. Der Schutz unserer Gäste geht über alles.« Unerwartete Härte lag in ihren Worten, *con durezza*.

»Es eilt, und wir dachten, es ist Ihnen lieber, wenn eine einzelne Person in Zivil zu Ihnen kommt wie ich, anstatt dass eine ganze Armada von Polizeiautos vorfährt und meine Kollegen von der Spurensicherung ihre silbernen Kisten in Ihr Haus tragen. Wenn Sie allerdings darauf bestehen, dann besorge ich einen Gerichtsbeschluss, und wir verfahren nicht *ad libitum*, sondern *legato*, wenn Sie verstehen, was ich meine?«

Er erntete einen irritierten Blick, sah aber auch, dass sie verstanden hatte. Keine fünf Minuten später stand er in Bergers Zimmer und durchsuchte das wenige Gepäck, ohne eine aufregende Entdeckung zu machen.

Weder Geldbörsen noch Reisepässe oder Unterlagen fanden sich. Millner setzte sich auf das Bett, als die Tür geöffnet wurde und ein blasser Junge eintrat, den er eher auf der Schulbank als in einem Grandhotel erwartet hätte. Er stellte sich als Gehilfe des Portiers vor.

»*Ich* habe Herrn Berger den Autoschlüssel gegeben«, sagte er.

»Er war allein?«

»Ja.«

»Und wissen Sie, wohin er mit dem Auto wollte?«

Der Junge schüttelte den Kopf. »Er war irgendwie ... hektisch. So als hätte er es sehr eilig.«

Millner strich sich über das Kinn. »Und Sie haben keine Ahnung, wohin er mit dem Auto fahren wollte?«

Der Page verneinte.

Millner schaute sich um. Keinerlei Hinweise darauf, wo die beiden sein konnten. Eventuell hatten sie sich sogar getrennt.

Kein Handy, das sie orten konnten. Es schien so, als wäre Berlin für ihn eine Sackgasse. Er musste wohl oder übel auf Amtshilfe der deutschen Polizei hoffen.

»Was für ein Mietwagen ist es denn?«, fragte Millner. Trotz des Kaffees überkam ihn plötzlich Müdigkeit.

Der Page grinste. »Ein Porsche 911 Targa 4 GTS.«

Millner schaute auf. »Sie haben einen Porsche gemietet?«

»Die Frau wollte etwas Schnelles.«

Schlagartig änderte sich Millners Laune.

»Sie mögen Porsche?«, fragte der Junge.

»Ich liebe Porsche«, entgegnete Millner. »Vor allem wenn sie gestohlen werden!«

78

Bei Dresden

Er war der wohl langsamste Porsche-Fahrer der Welt. Das Auto war glücklicherweise vollgetankt gewesen, als er losgefahren war. Das Navi zeigte ihm, dass es bis Krumau noch knapp vierhundert Kilometer waren. Die Tankanzeige nannte eine Reichweite von noch fünfhundert Kilometern. Und er hatte kein Geld zum Tanken dabei. In seiner Hosentasche befand sich noch ein Geldschein, den Nina ihm gegeben hatte und der ihm eine warme Mahlzeit an einer Raststätte bescheren würde. Für mehr würde es allerdings nicht reichen. Und so kroch David über die Autobahn, stets auf der rechten Spur, und spürte, wie das Auto unter dem Schleichtempo litt, dankbar für jeden kurzen Sprint, den er ihm zugestand.

Jahrelang war es sein Traum gewesen, ein solches Auto zu fahren, und nun, da er am Steuer saß, war es ihm nahezu gleichgültig. Viel Wichtigeres ging ihm durch den Kopf.

David wusste, dass er Nina durch sein Vorgehen gefährdete, aber er sah keine andere Möglichkeit. Er musste versuchen, einen Rest an Kontrolle zu behalten, wenn Nina und er nicht bei der Übergabe beide getötet werden sollten. Wenn die Entführer ihnen sogar nach Berlin gefolgt waren, würden sie auch nach Prag kommen.

Bis morgen hatte er noch genügend Zeit, sich eine konkrete Strategie für die Übergabe zurechtzulegen. Gleichzeitig brauchte er einen Plan, um das zu vollenden, was sein Vater ihm aufgetragen hatte.

David spürte, wie die Fahrt seine Augen ermüdete, und nahm sich vor, in Dresden eine Pause einzulegen. Von dort war es laut Navi nur noch eine gute Stunde bis Prag, und von der tschechischen Hauptstadt aus waren es zwei weitere Stunden bis ins böhmische Krumau. Krumau lag im Süden Tschechiens. David hatte am Hotelcomputer recherchiert und gelesen, dass die kleine Stadt wunderschön sein sollte. Aber auch dafür würde er keinen Sinn haben. Immer wieder dachte er über das nach, was sein Vater ihm geschrieben und im Schließfach hinterlassen hatte.

Während die Landschaft vor dem Seitenfenster vorbeizog, wanderten seine Gedanken zurück nach New York.

Es konnte kein Zufall sein, dass alles beinahe gleichzeitig geschehen war. Es musste dafür eine kausale Erklärung geben. Als Jurist war David es gewohnt, für alles eine Erklärung zu haben. Damit tat er sich hier immer noch schwer.

Sarahs Tod, Alexanders Tod, die Sache mit dem Labor, Nina, Ninas Entführung ...

Wenn er eine Zukunft haben wollte, musste das alles aufgeklärt werden.

Zwar hatte er einen Blackout gehabt, aber auch mit einigen Tagen Abstand war David sich sicher, dass er mit Alexanders und Sarahs Tod nichts zu tun hatte. Als er elf oder zwölf Jahre alt gewesen war, war sein Großvater mit ihm einmal angeln gewesen. Und damals hatte David darauf bestanden, alle gefangenen Fische wieder zurück ins Wasser zu werfen. Jede Maus, die Großvaters Katze ihnen als Präsent vor die Gartentür gelegt hatte, hatte David mit allen Mitteln versucht wiederzubeleben. Niemals hätte er seinen Freunden etwas antun können.

Vermutlich konnte seine Unschuld aber nur bewiesen werden, wenn für all das ein anderer Schuldiger gefunden wurde. Diesbezüglich hatte David wenig Hoffnung. Er wusste nicht, wer in New York in all diesen Fällen ermittelte, doch David fürchtete, dass es eine verlockende Lösung war, ihn für all diese Morde verantwortlich zu machen. Er überlegte, ob er bereit war, nötigenfalls ins Gefängnis zu gehen. Und die Antwort erschreckte ihn. Niemals würde er als Gefangener in die USA zurückkehren, eher würde er ... David verbot sich, weiterzudenken.

Der Gedanke daran, dass zu Hause in New York das Gefängnis auf ihn wartete, verlieh ihm mit einem Mal ein Gefühl von Freiheit, das er so niemals zuvor empfunden hatte. Auch beflügelte ihn die Gewissheit, schon bald seinen Eltern nahe zu sein.

Er drückte das Gaspedal voll durch und wurde zurück in den Sitz gepresst.

79

Berlin

Nina saß auf einem Stuhl.

Der Soldat, der ihre Hände mit Kabelbindern hinter der Lehne gefesselt hatte, hatte von einer der Werkbänke einen Bürostuhl herbeigeschoben und ihn genau vor sie gestellt. Seitdem warteten der Stuhl und ihr Bewacher darauf, dass jemand darauf Platz nahm.

Im Hangar herrschte rege Betriebsamkeit. Einige Soldaten arbeiteten an den Hubschraubern, andere waren hochkonzentriert mit dem Reinigen von Waffen beschäftigt. Eines der riesigen Tore wurde einen Spalt aufgeschoben, und ein großgewachsener hagerer Mann in der Uniform eines Generals betrat die Flughalle. Er steuerte auf Nina zu und setzte sich auf den Stuhl vor ihr. Seine Haut war sonnengebräunt, ebenso die Glatze, die nur noch von einem schmalen Kranz kurz geschorener blondgrauer Haare gesäumt wurde.

»Wie haben Sie es gemacht«, fragte er ernst.

Nina schaute ihn aus halb geschlossenen Augen an, ohne etwas zu sagen.

»Ich meine die Männer in der Kanalisation. Einer tot, der andere schwer verletzt.« Er schaute an ihr herab. »Sie sehen nicht besonders furchterregend aus.«

Nina lächelte. »Und dennoch haben Sie Angst vor mir.« Sie zog zur Unterstreichung ihrer Worte an ihren Fesseln.

»Haben Sie eine militärische Ausbildung?«

Immer noch lächelnd, schüttelte sie den Kopf.

»Mossad?«

»Nein.« Sie nickte dem Soldaten, der mit hinter dem Rücken verschränkten Armen stocksteif neben ihr stand, aufmunternd zu. »Ich sage es ihm, aber leise«, erwiderte sie.

Der Soldat sah den General fragend an und näherte sich ihr erst auf dessen Zeichen.

Sie flüsterte etwas, zu leise, als dass der Mann es verstehen konnte. Er schob sein Ohr näher an ihren Mund, und im nächsten Moment schnellte sie nach vorn und biss hinein. Mit einem Schrei zog der Soldat den Kopf zurück und fasste sich an die Seite, die schon jetzt voller Blut war. Nina spuckte ein blutiges Stück Fleisch auf den Fußboden vor den General, der sie entgeistert anschaute.

Vom lauten Schrei ihres Kameraden alarmiert, stürzten mehrere der Männer heran. Während zwei den wimmernden Soldaten wegführten, packte ein anderer Nina und drückte sie zurück in den Sitz.

»Also, was kann ich für Sie tun, ich bin ganz Ohr«, sagte sie und grinste. Etwas Blut lief aus ihrem Mundwinkel ihr Kinn hinab.

Der General sah dem verletzten Soldaten hinterher. Dann wandte er sich wieder Nina zu. »Dafür werden Sie büßen«, sagte er ungerührt. »Brian, schneide ihr ein Ohr ab!«

Der Soldat neben ihr zog ein großes Messer aus dem Gürtel und setzte es an ihrem linken Ohr an. Dann hielt er inne und blickte zum General.

»David Berger sagte ›unversehrt‹«, bemerkte Nina mit vollkommen ruhiger Stimme.

Für einige Sekunden kreuzten sich ihre Blicke, dann gab der General dem Soldaten ein Zeichen, von ihr abzulassen. »Wir haben noch Zeit«, sagte er.

Der Soldat steckte das Messer wieder ein, blieb aber direkt neben Nina stehen.

»Was wissen Sie über die Tabletten«, fragte der General.

»Genug, um sicher zu sein, dass sie absolut wertlos sind«, entgegnete Nina.

Nun grinste der General. »Guter Versuch. Ich weiß, dass

David Berger seit Tagen nicht geschlafen hat, nachdem er einige dieser Tabletten genommen hat. Also verkaufen Sie mich nicht für dumm!«

Nina schwieg.

»Wir bekommen sie sowieso, ob Sie mit uns kooperieren oder nicht. Sie können es sich leicht oder schwer machen.«

Nina leckte sich langsam das Blut von den Lippen. »Was wollen Sie mit den Tabletten?«

Nun lachte der General laut auf. »Was wohl? Wenn sie das bewirken, was wir glauben, sind sie der heilige Gral der Militärtechnik.«

Nina runzelte die Stirn.

»Sie sind keine Soldatin«, stellte der General fest. »Sie haben noch niemals gekämpft, sonst wüssten Sie, wovon ich spreche. Haben noch nie gesehen, wie Ihre Kameraden im Friendly Fire umkamen. Sie haben noch niemals hinter feindlichen Linien gelegen und gegen die Müdigkeit angekämpft, wohl wissend, wenn du schläfst, bist du tot!«

»Ihr Feind ist der Schlaf?«, stellte Nina verächtlich fest.

»Die Army gibt seit Jahrzehnten Millionen aus, um den Schlaf zu besiegen. Es ist wissenschaftlich bewiesen, dass der Leistungsabfall unter Schlafmangel bei Soldaten in sämtlichen kampfrelevanten Bereichen enorm ist. Damit sie eine Waffe abfeuern können, brauchen sie Mustererkennung, um ein potenzielles Ziel anzuvisieren. Sie benötigen aber auch logisches Denken, um die Notwendigkeit eines Schusses einzuschätzen. Und sie brauchen im Einsatz ein gutes Kurzzeitgedächtnis, um den aktuellen Standort ihrer eigenen Truppe nicht zu vergessen. All diese Fähigkeiten sind bei Schlafmangel substanziell beeinträchtigt.«

»Wie ich die Army kenne, haben Sie das untersuchen lassen«, sagte Nina.

»Das Research Institute of Environmental Medicine hat

Navy Seals nach einem Einsatz, bei dem sie in drei Tagen nur eine einzige Stunde schlafen durften, Reaktionstests unterzogen. Die Leistung übermüdeter Soldaten war dabei schlechter als die eines Betrunkenen. Die mittlere Zahl der Fehler erhöhte sich dabei von einem bis zwei auf mehr als fünfzehn! Wissen Sie, was für Auswirkungen es hat, wenn ein Navy Seal im Einsatz auch nur einen einzigen Fehler begeht?«

»*Sie* begehen gerade einen Fehler. Vielleicht sind Sie auch übermüdet!«

»Es gibt Untersuchungen, dass im Korea-Krieg achtzehn Prozent unserer Soldaten im Eigenfeuer starben, in Vietnam neununddreißig Prozent und im Irak über fünfundvierzig Prozent. Jedem einzelnen Vorfall lag ein Fehler zugrunde. Ein gottverdammter Fehler.«

Nina kniff die Augen zusammen und fixierte den General.

»Wen haben Sie durch einen solchen Vorfall verloren? Ihren Sohn?«, fragte sie und nickte dann langsam. »Ich habe recht, nicht? Starb er durch den Schlafmangel eines anderen?«

Der General blinzelte und lockerte die Schultern.

»Das ist es!«, rief Nina triumphierend aus. »Sind Sie deshalb bereit, für diese vermeintlichen Schlafkiller zu töten? Mit der Entschuldigung, Leben retten zu wollen?« Wieder rüttelte sie an den Handfesseln.

Der General starrte sie einen Augenblick an. »Leben zu retten ist eines der legitimsten Motive für das Töten. Wenn nicht sogar das einzige«, sagte er. »Daher frage ich Sie jetzt zum letzten Mal: Was wissen Sie über diese Tabletten?«

»Genug, um klar zu sehen, dass Sie einer fixen Idee nachjagen«, entgegnete sie. »Die Tabletten sind nicht der Grund für Davids Schlafprobleme.«

»Sondern?«

»Ich würde es Ihnen ins Ohr flüstern, doch ich vermute, Sie haben darauf keine Lust.«

Der General gab dem Mann neben Nina ein Zeichen, worauf dieser einen Schritt zurücktrat und ihr mit voller Wucht auf die Wange schlug. Ihr Gesicht wurde zur Seite geschleudert, und nur die Tatsache, dass sie gefesselt war, verhinderte, dass sie vom Stuhl kippte.

Betont langsam drehte sie sich zurück. Die Haare fielen ihr wirr ins Gesicht. Erst als sie eine Haarsträhne zur Seite pustete, sah man das Blut, das aus ihrem rechten Nasenloch lief. »Er schlägt wie eine Pussy«, sagte sie und lächelte.

Der Soldat holte zu einem zweiten Schlag aus, doch der General gebot ihm Einhalt.

»Wissen Sie, wir forschen nicht nur am Schlaf«, fügte der General hinzu. »Unser Ziel ist es, den Menschen so zu optimieren, bis wir den perfekten Soldaten geschaffen haben. Wir nennen es das *Avenger-* oder auch *Perfect-Soldier-Programm*. »Sie kennen den Film?« Als Nina nicht antwortete, fuhr er fort. «Wahrscheinlich läuft uns die Zeit davon, denn schon bald werden wir Roboter in den Kampf schicken, die um ein Vielfaches effizienter sind, als wir Menschen jemals sein werden. Aber bis dahin tun wir unser Bestes.« Er gab einem der anderen Soldaten ein Zeichen.

Dieser trat vor, in der Hand ein kleines Etui.

»Ich hoffe, Sie haben keine Angst vor Spritzen.«

Der Mann, der eine hellere Uniform als die anderen trug, entnahm dem Etui eine Spritze, hielt sie in die Höhe. Ein kleiner Tropfen trat aus.

Nina begann, mit den Beinen auszuschlagen, und warf sich nach hinten, sodass der Stuhl mit ihr beinahe umfiel. Aus dem Hintergrund traten drei weitere Männer heran. Einer legte die Hände von hinten um ihren Kopf, ein anderer hielt ihre Beine fest. Der dritte schob den Ärmel ihres Pullovers hoch. Dann injizierte der vierte Soldat ihr etwas in den Oberarm. Alle traten zur Seite und ließen sie allein.

Nina keuchte und stöhnte dann.

»Das ist ein Narkotikum. Es stellt Sie nicht nur ruhig, sondern ist gleichzeitig ein Wahrheitsserum. Unsere neueste Errungenschaft. Es wirkt innerhalb einer halben Minute.« Der General schaute auf seine Armbanduhr. »Die Zeiten, in denen man den Willen durch so unmenschliche Methoden wie Waterboarding brechen musste, sind lange vorbei. Und das Beste ist, wir werden nicht mehr nass.« Er fixierte weiter seine Uhr, dann nickte er zufrieden. »Also, wie heißen Sie?«, fragte er.

Nina hing mit geschlossenen Augen auf dem Stuhl, ohne zu antworten. Der Soldat neben ihr trat auf sie zu und drückte ihren Oberkörper gegen die Lehne, wobei ihr Kopf beinahe kraftlos nach hinten fiel. Nur langsam öffnete sie die Augen. »Karenina Petrova!« Sie sprach schwerfällig.

»Haben Sie einen meiner Männer in der Kanalisation getötet?«

»Ja.«

Der General lehnte sich nach vorne und stützte die Ellbogen auf die Knie. »Warum haben Sie ihn getötet?«

»Um David Berger zu beschützen.«

»Und weshalb wollen Sie Berger schützen?«

»Weil er ein Schlafloser ist.« Ihr Kopf sackte nach vorn, und der Soldat neben ihr packte sie an den Haaren und hielt sie aufrecht.

»Seien Sie unbesorgt: Müdigkeit ist eine Nebenwirkung des Serums«, sagte der General. Er schien über seine nächste Frage länger nachzudenken. »In wessen Auftrag sollen Sie die Tabletten an sich bringen, Miss Petrova?«

Nina schloss die Lider. Als sie sie wieder öffnete, war nur das Weiße in ihren Augen zu sehen. »KGB.«

80

Prag 1989

Seine Knie wurden weich, als er sich dem Kinderbett näherte. Auch er hatte als Baby schon darin gelegen. Mit offenen Augen. Er fürchtete, dass ihn auf den letzten Metern doch noch der Mut verlassen würde. Mit der freien Hand schob er den Himmel aus dünnem, durchsichtigem Stoff zur Seite. Der Kleine blickte ihm mit weit geöffneten Augen entgegen. Dem fröhlichen Glucksen folgte ein munteres Brabbeln; mit viel Fantasie konnte man erste Worte verstehen. Die kleinen Finger, die eben noch mit dem Reißverschluss des Schlafsacks gespielt hatten, streckten sich ihm entgegen, versuchten, ihn zu berühren. So fröhlich, so neugierig, so arglos. Der kleine Mensch vor ihm ahnte nicht im Geringsten, was ihm in diesem Leben bevorstand.

Er zögerte kurz, brach sein Vorhaben in Gedanken ab. Sah sich aus dem Raum hinauslaufen, die Treppe hinabstürzen, durch den Flur, durch die Gartenpforte hinaus auf die Felder, auf denen um diese Zeit noch der Frühnebel stand. Er sah, wie er die Spritze in den kleinen Bach warf, wo sie sofort versank.

Doch all das geschah nur in seiner Vorstellung. War nichts als eine der Halluzinationen, mit denen er gelernt hatte zu leben. Nein, die er ertrug.

Tatsächlich stand er noch immer an dem Kinderbett und spürte, wie nun Tränen seine Wangen hinabliefen. Die Hand mit der Spritze hielt er so, dass das Kind sie nicht sehen konnte.

Er strich mit dem Zeigefinger über die zarte Wange, die so weich war, dass er sie augenblicklich küssen wollte. Er kitzelte das kleine Kinn und spürte, wie sich in ihm all die widerstreitenden Gefühle miteinander zu einem bunten Kaleidoskop vermischten, wie es normalerweise nur Regen bei Sonnenschein vermochte. Angst. Trauer. Freude. Hoffnung.

Er würde seinem Sohn ein Leben in Leid ersparen.

»Schlaf gut!«, hauchte er, als er die Hand mit der Spritze hob und sie hochkonzentriert am Oberarm des Kindes ansetzte. David begann zu wei-

nen, als Karel den Kolben über der bläulich schimmernden Flüssigkeit vorsichtig herunterdrückte.

»Was haben Sie getan?«, erklang hinter ihm die panische Stimme einer Frau. Er drehte sich um und starrte in das Gesicht des Kindermädchens.

81

Berlin

»KGB?« Der General richtete sich ruckartig auf und blickte zu einem seiner Männer. »Sie arbeiten für den KGB?«

Ninas Kopf drohte, nach vorne zu fallen.

»Den gibt es aber schon seit 1995 nicht mehr. Der russische Geheimdienst heißt jetzt FBS«, sagte Jackson misstrauisch.

»Ich meine den weißrussischen KGB«, entgegnete Nina.

Jackson blickte zu einem seiner Männer, der ihm bestätigend zunickte.

»Weißrussland also?« Jackson schien von dieser Information vollkommen überrascht. »Was will Weißrussland mit diesen Tabletten?«

»Das Gleiche wie Sie.« Nina lallte beinahe wie eine Betrunkene. »Wir arbeiten am perfekten Soldaten.«

Nun verzog Jackson belustigt die Augenbrauen. »Und wie weit ist man dort mit den Forschungen?«

»Wir haben einen Umhang, der unsichtbar macht.«

Jacksons Gesichtszüge froren augenblicklich ein, und er schaute vorwurfsvoll zu dem Mann, der Nina das Wahrheitsserum injiziert hatte.

Der zuckte mit den Schultern. »Das Serum funktioniert zu einhundert Prozent. Sie sagt die Wahrheit.«

»Was haben Sie noch?«, fragte Jackson.

»Zeitreise.«

»Zeitreise?«, wiederholte er sichtlich unsicher.

»Wir konnten hier als Experten Dr. Emmet Brown für uns gewinnen.«

»Nie gehört! Wer zum Teufel ist das?«

»Wir haben auch einen Agenten aus einer Art Teflon; er ist unverwundbar. Ein anderer kann sich mittels Spinnenfäden von Haus zu Haus schwingen. Ach ja, und uns steht ein Zaubertrank zur Verfügung, der übermenschliche Kräfte verleiht.«

»Was redet sie da?« Jackson sprang auf. »Will sie mich auf den Arm nehmen?«

Plötzlich ging ein Ruck durch Nina, mit dem die Schlaffheit der letzten Minuten schlagartig aus ihrem Körper verschwand. »Die Wahrheit ist, dass Ihr Wahrheitsserum bei mir nicht funktioniert, General«, sagte sie ganz ruhig und begann, laut zu lachen. »Genauso wenig wie all die anderen Taschenspielertricks.« Ihr Blick war voller Spott.

Jackson stand mit hochrotem Gesicht vor ihr und suchte nach Worten. »Das Zeug funktioniert also zu einhundert Prozent?«, zischte er in Richtung des Soldaten mit der Spritze.

»Wir können auch mit Toten sprechen«, fuhr Nina fort. »Zum Beispiel mit Ihrem Sohn. Er sagt, er starb nicht durch Friendly Fire, sondern weil Sie ihn gezwungen haben, zur Armee zu gehen. Er meint, Sie seien an seinem Tod schuld!«

Den General durchzuckte es, als wäre er vom Blitz getroffen worden.

»Setzen Sie sich!«, sagte Nina plötzlich in scharfem Befehlston.

General Jackson machte zwei mechanische Schritte zurück und ließ sich wieder auf den Stuhl sinken.

»Und jetzt sagen Sie Ihren Leuten, dass Sie mich losbinden sollen!«

»Bindet Sie los!« Der General sprach mit monotoner Stimme.

Keiner seiner Männer reagierte, stattdessen starrten sie ihren Befehlshaber ungläubig an.

»Sagen Sie ihnen, sie sollen gehorchen!«

»Bindet sie los!«, wiederholte der General.

Der Soldat, der ihr am nächsten stand, zog sein Messer und ging in die Hocke, um den Kabelbinder aufzuschneiden. In diesem Moment stürmte von hinten ein anderer Soldat heran, dessen Gesicht wie nach einem Boxkampf gezeichnet aussah, und stieß seinen Kameraden zur Seite.

»Sie tut es wieder!«, brüllte er und stülpte Nina eine braune Papiertüte über den Kopf.

82

Prag

David erreichte die tschechische Hauptstadt am Abend. Eine längere Rast vor der Grenze war problemlos verlaufen. Den falschen Reisepass, der zusammen mit den Dokumenten seines Vaters und Ninas Laptop in dem Rucksack auf dem Beifahrersitz lag, hatte er nicht gebraucht. Die Grenze zwischen Deutschland und Tschechien war als solche gar nicht erkennbar gewesen. Europa sei Dank hatte es keinerlei Kontrollen gegeben. Die Autobahn zwischen Dresden und Prag war überwiegend neu und gut ausgebaut, dennoch hatte David sich sklavisch an das Tempolimit gehalten. Einerseits, um unter keinen Umständen aufzufallen, andererseits, um Benzin zu sparen.

Die Autofahrt gab ihm Gelegenheit, die vergangenen Tage Revue passieren zu lassen, wobei er alle möglichen Gefühlszustände durchlebte. Sobald seine Gedanken zu Sarah wanderten, fühlte er tiefe Verzweiflung. Er versuchte, sich einzureden, ihren Verlust verkraften zu können, weil sie ihn mit Alex betrogen hatte. Aber eine innere Stimme sagte ihm, dass er sich nur etwas vormachte. Und es war nicht die Stimme, die er hörte, seitdem er nicht mehr schlief, und die immer lauter zu werden schien. Nein, es war die Stimme, die ihn ein Leben lang begleitete und die stets mehr wusste als sein Verstand. Ähnlich erging es ihm, wenn er an Alex dachte. David hatte nicht nur keine Eltern, sondern auch keine Geschwister gehabt. Wenn aber jemand wie ein Bruder für ihn gewesen war, dann war das Alex. Vieles hatte er mit ihm gemeinsam zum ersten Mal erlebt, Gutes und Schlechtes. Bei dem Gedanken schnürte sich ihm die Kehle zu, und David lenkte sich schnell ab, indem er darüber grübelte, wer und was hinter alldem stecken konnte.

Seit dem Nachmittag wusste er es: Es ging offenbar um die Tabletten. Alex hatte sie ihm gegeben, und nun war er tot. Im Labor des Herstellers war er auch auf eine Tote gestoßen. Und Nina war entführt worden, um sie gegen die Tabletten auszutauschen. Es stellten sich mindestens drei Fragen. Die erste war, warum Sarah sterben musste. Vielleicht hatten sie in seiner Wohnung nach den Tabletten gesucht, und Sarah war ihnen dabei in die Quere gekommen. Doch dies würde nicht die Vampirmale erklären, die in der Presse erwähnt worden waren. Die zweite Frage lautete, mit wem er es zu tun hatte. Tabletten, die wachhielten, waren sicher eine praktische Erfindung. Aber offenbar wirkten diese Tabletten auch nicht viel länger als ein normaler Energydrink. Wie David spätestens seit seinem Besuch im Bankhaus Walter & Söhne wusste, war seine Schlaflosigkeit auf andere Gründe zurückzuführen. Und wer würde schon für ein profanes Aufputschmittel töten? Es sei denn, diejenigen wussten nicht, woher seine Schlaflosigkeit rührte, und gingen davon aus, sie sei von den Tabletten hervorgerufen worden. Dieser Gedanke führte direkt zur dritten Frage: Wie waren sie überhaupt auf ihn gekommen? Woher wussten sie, dass er die Tabletten von Alex erhalten hatte?

Dies wussten nur Alexander und ... Percy White. Der hatte ihn mit den Tabletten erwischt und merkwürdige Fragen gestellt. Ihm hatte David auch gesagt, von wem er sie bekommen hatte.

Percy Whites Verbindungen zum Militär kamen ihm in den Sinn. Konnte es tatsächlich sein, dass er all das White zu verdanken hatte? David hatte unbewusst den Wagen beschleunigt, und nun hatte er Mühe, das Tempo zu drosseln. Wieder spürte er ein schlechtes Gewissen, weil er Nina nicht sofort ausgelöst hatte, sondern versuchte, den Austausch hinauszuzögern. Er wusste, dass er dadurch womöglich ihr Leben gefährdete. Aber er konnte nicht zur Polizei gehen. Und blind in eine Falle zu laufen hätte am Ende sicher ihnen beiden das Leben gekostet. »Wenn sie ihr jetzt etwas antun, haben sie es ohnehin vor«, hatte er wie ein Mantra wiederholt, und mittlerweile glaubte er beinahe daran. Irgendwann am Abend musste er die Entführer anrufen, um sie bei Laune zu halten. Einen groben Plan für die Übergabe hatte er auf der Autofahrt bereits entworfen, er brauchte nur noch ein Telefon.

Das Navi führte ihn zu der Adresse in Prag, die er in der Hotellobby im Internet recherchiert hatte. Er hatte gleich zwei potenzielle Namen und Adressen gefunden, und so standen seine Chancen immerhin fifty-fifty, dass er hier richtig sein würde. Es war eine unspektakuläre Wohngegend. In diesem Teil der Stadt dominierten hohe Betonbauten, und David beschlich ein ungutes Gefühl, als er den Sportwagen an der kaum beleuchteten Straße parkte. In dem Komplex aus Hochhäusern hatte er zwischen dem Gewirr aus Gängen Probleme, die Hausnummer zu finden. Endlich entdeckte er den richtigen Eingang und unter gut hundert Namen auf dem Klingelbrett auch denjenigen, den er suchte. Plötzlich kam es ihm überstürzt vor, ohne Ankündigung vorbeizuschauen. Aber er hatte weder Geld zum Telefonieren noch ein Mobiltelefon, und er war auch auf die Reaktion der Person gespannt. Am Telefon hätte sie ihn nach so langer Zeit vielleicht abgewimmelt.

Der Türsummer erklang, und er betrat den Hausflur. Es war dunkel und roch nach Essen. David hatte die Klingelreihen abgezählt und vermutete, dass er in den vierten Stock musste. Die Wohnungstüren waren dünn, und so drang von jedem Stockwerk, das er passierte, der Lärm schreiender Kinder, tönender Fernseher und klappernden Geschirrs zu ihm ins Treppenhaus.

Im vierten Stock blickte er den Gang hinunter und bemerkte eine Tür, die einen Spalt geöffnet war. Vorsichtig steuerte er darauf zu. Tatsächlich stand die hellgrau gestrichene Wohnungstür offen. Erst auf den zweiten Blick sah er die vorgelegte Sicherheitskette. Dahinter erahnte er das Gesicht einer älteren Frau, die die Tür bei seinem Anblick wieder ein Stück schloss.

Sie sagte etwas auf Tschechisch zu ihm, was er wegen der Geräuschkulisse im Haus nicht verstand. Er entschied sich, zunächst nur seinen Namen zu nennen. Als er ihn ausgesprochen hatte, geschah nichts. Die Frau im Türspalt starrte ihn nur reglos an. Ich bin hier falsch, sagte er sich und wollte sich schon für die Störung entschuldigen, als die Tür geschlossen wurde. David wandte sich zum Gehen, als die Wohnungstür sich wieder öffnete. Diesmal war keine Kette vorgelegt.

»David?«, sagte die Frau mit zitternder Stimme und streckte ihm die Arme entgegen.

83

Berlin

»VTS – *Vehicle Tracking System*«, frohlockte Millner. »Wer seinen Porsche liebt, rüstet ihn damit nach. Dann kann man wenigstens verfolgen, wo der Dieb mit dem gestohlenen Wagen seinen Spaß hat.«

Der Mitarbeiter der Berliner Außenstelle des FBI blickte konzentriert auf das Tablet vor sich. »Ich habe die App heruntergeladen und die Tracking-Daten, die Sie von dem Autovermieter erhalten haben, eingegeben. Gleich sehen wir, wo er steckt.«

Beide starrten auf das kleine Display.

»Und die haben Ihnen die Daten freiwillig herausgegeben?«, fragte der junge Mann, während der Ladebalken sich weiter füllte.

»Sagen wir, genauso freiwillig, wie Eurydike auf der Flucht vor Orpheus in die Unterwelt abgestiegen ist.«

Der junge Kollege stutzte.

Millner hatte schon damit gerechnet, dass sein Gesprächspartner nichts verstehen würde. Mal wieder. Die jungen Leute schlossen heute die Schule ab, bevor sie Bartwuchs bekamen, studierten in Rekordgeschwindigkeit und trugen mehr Studienabschlüsse mit sich herum, als die Queen Titel hatte. Aber sie hatten keine Allgemeinbildung.

»Wie heißt es so schön in einem Song: ›Manchmal braucht es einen Dieb, um einen Dieb zu fangen‹«, murmelte der junge Mann vor sich hin.

Das Schlaueste, was die Jugend heutzutage hinbekam, war, aus irgendeinem dieser neumodischen Rap-Songs zu zitieren. »Orpheus und Eurydike waren Götter der griechischen Mythologie«, sagte Millner und seufzte.

Der junge Mann grinste nur. Vermutlich hatte er keine Ahnung, wovon Millner redete. »Sie waren keine Götter«, bemerkte der junge Deutsche plötzlich. »Orpheus war Sänger und Eurydike nur eine Dryade. Und Eurydike ging keineswegs freiwillig in die Unterwelt. Sie starb auf der Flucht vor Orpheus an einem Schlangenbiss.«

Millner schaute den jungen Mann entgeistert an. Nicht nur, dass er offenbar mehr über die antike Sage wusste als er selbst. Irgendetwas von dem, was er gerade gesagt hatte, ließ bei Millner alle Alarmglocken schrillen. Während er noch versuchte zu verstehen, was genau ihn so alarmiert hatte, erschien auf dem Bildschirm vor ihnen ein blinkender Punkt.

»Da haben wir ihn«, sagte der FBI-Kollege triumphierend und stieß einen leisen Pfiff aus. Er verkleinerte die Landkarte mit spreizenden Bewegungen seines Zeige- und Mittelfingers. »Er ist in Prag.«

»In Prag?«, wiederholte Millner, der noch immer einem Gedanken hinterherhing, den er nicht richtig fassen konnte. »In der tschechoslowakischen Republik?«

Wieder huschte ein Lächeln über die Lippen des jungen Mannes. »Ich fürchte, da sind Sie nicht ganz up to date. So sagte man bis 1992. Seit dem ersten Januar 1993 heißt es nur noch Tschechien.«

Millner blickte in das jungenhafte Gesicht des Mannes, der ihn innerhalb einer Minute zum zweiten Mal geschulmeistert hatte. Hatte er tatsächlich gerade gesagt, er sei nicht ganz *up to date*? »Wie genau können wir den Standpunkt bestimmen?«, wollte Millner wissen, immer noch irritiert.

»Bis auf ein paar Meter. Derzeit scheint der Wagen in einem Randbezirk von Prag zu stehen.«

Eine Weile starrten sie wieder auf den Bildschirm.

»›Nur ein Dieb kann einen Dieb fangen‹ – welcher Rapper?«, fragte Millner schließlich und erntete erneut ein mitleidiges Lächeln.

»*Moonlight*. Bob Dylan, Literaturnobelpreisträger. Ich mag keinen Rap.« Der FBI-Kollege lehnte sich zurück, verschränkte die Arme hinter dem Kopf und summte die ersten Takte der Melodie. Millner begann, den Streber zu hassen. »Soll ich dann mal die Kavallerie schicken, um Berger verhaften zu lassen?«

»Ein Hubschrauber würde mir genügen«, antwortete Millner gedankenverloren. »Woran starb Eurydike doch gleich?«

84

Prag

Als sie ihn umarmte, fühlte es sich nicht fremd an. Doch auch, wenn David froh war, sie gefunden zu haben, hinderte ihn irgendetwas daran, echte Zuneigung zu empfinden. Vor seinem inneren Auge flimmerte ein Vorhängeschloss, das an seinem Herzen baumelte und auf dem ein großes *Warum?* stand. Er rieb sich die Augen, um das Bild zu vertreiben, und löste die Umarmung. Sie trug einen Morgenmantel, und ihre Füße steckten in flauschigen Hausschuhen. Im Halbdunkel des Flures sah David, dass sie weinte.

»Komm rein!«, sagte sie auf Tschechisch, und er folgte ihr durch einen kurzen Flur, vorbei an einer kleinen Küche, in das Wohnzimmer. Es war nicht groß, aber gemütlich eingerichtet. David registrierte den Duft von Lilien. Kaum waren sie ins Licht getreten, blieb sie vor ihm stehen, legte die Hände auf seine Wangen und betrachtete ihn. »Hübsch sieht er aus«, sagte sie, und wieder füllten sich ihre Augen mit Tränen. Ihr Gesicht war vom Leben gezeichnet. Unter den Augen lagen tiefe Schatten; die Haut glänzte im Schein der Wohnzimmerlampe zwar seidig, war aber von Falten und Furchen durchzogen. Auf den ersten Blick hätte er gesagt, dass diese Frau, die da vor ihm stand, im Leben viel Leid erfahren hatte. Und dennoch war hinter dieser Fassade zu erahnen, dass sie in ihrer Jugend einmal sehr schön gewesen war.

»Setz dich!« Sie zeigte auf das Sofa, ein fast schon antikes Möbelstück mit Holzrahmen und einem groben braungelben

Mohair-Bezug. »Ich hole dir etwas zu trinken. Und ich habe Kekse«, sagte sie und verschwand.

Er schaute auf den alten Röhrenfernseher. Den Tisch mit der Obstschale. Die Schrankwand, in deren Vitrine alte Porzellanfiguren ausgestellt wurden. Der PVC-Fußboden war genauso unmodern wie die Möblierung. Hätte David es nicht besser gewusst, er hätte geglaubt, wieder in den Siebzigern zu sein. Sein Blick fiel auf ein Foto, das im Schrank stand, und sofort verspürte er einen stechenden Schmerz in der Körpermitte. Er erhob sich, balancierte um den flachen Couchtisch herum und nahm das Bild. Es war in einen silbernen Rahmen gefasst, doch das Foto war das gleiche, das er in seinem Büro stehen hatte und das seinen Vater zusammen mit dem Kollegen im Labor zeigte. Aber auf diesem Foto war etwas anders, denn über dem Gesicht des Kollegen prangte ein dickes schwarzes Kreuz, als hätte es jemand mit einem Filzschreiber durchgestrichen. David stellte den Bilderrahmen zurück und bemerkte erst jetzt das Foto eines Babys. Der Rahmen hatte die Form eines Herzens und sah abgegriffen aus. Auf der vergilbten Fotografie war die Farbe des Bettzeugs nicht mehr zu erkennen. Der Säugling schlief.

»Das bist du!«, hörte er eine Stimme hinter sich. »Das ist das Einzige, was ich in all den Jahren von dir hatte. Ich weiß nicht, wie oft ich mit diesem Bild im Arm weinend eingeschlafen bin.« Seine Mutter trug ein Tablett mit einer Kanne, aus der die Papieretiketten von Teebeuteln heraushingen, zwei Tassen und einem Teller voller Kekse.

Anna stellte es auf dem Wohnzimmertisch ab, und David setzte sich wieder auf die Couch. Als sie ihm Tee einschenkte, sah er, wie stark sie zitterte. »Das kommt vom Schlafmangel«, sagte sie und nahm auf einem Sessel neben David Platz. Diese Frau entsprach so gar nicht dem Bild, das er sich in einsamen Momenten von seiner Mutter gemacht hatte. In seiner Vorstellung war sie jung und hübsch gewesen. Mal hatte sie schwarz schimmerndes Haar, das ihr bis zu den Hüften reichte, mal war sie blond, mit blauen Augen und einem gütigen, strahlenden Lächeln. Das war die schöpferische Freiheit eines Waisenkindes gewesen, nachdem sein Großvater über sie nicht hatte sprechen wollen. Er hatte keine Ahnung gehabt, dass er gar keine Vollwaise war, sondern dass seine Mutter noch lebte. Erst an diesem Morgen hatte er es aus dem Brief seines Vaters erfahren. Dies führte ihn nun zurück zu der Frage, die immer noch zwischen ihm und dieser Frau stand, die seine Mutter sein sollte.

»Warum?«, entfuhr es ihm, und es klang viel anklagender als beabsichtigt.

In ihren Augen sah er Traurigkeit. »Diese Frage habe ich mir auch so oft gestellt.«

»Ich habe heute Morgen erst erfahren, dass du nicht bei meiner Geburt gestorben bist, wie man mir mein Leben lang erzählt hat.«

Anna schaute auf. »Wie hast du es erfahren?«

»Vater hat mir einen Brief hinterlassen.«

»Und darin hat er es dir gesagt?« Sie wirkte überrascht.

»Er hat aber nicht gesagt, warum ...«

Sie musterte ihn. »Du weißt, was du bist?«

»Ein Schlafloser, meinst du?«

Sie nickte. »Bist du dein Leben lang schon wach?«

Er schüttelte den Kopf. »Erst seit ein paar Tagen.«

»Dann hat er es tatsächlich getan! Und es hat funktioniert!«

»Du sprichst von dem Virus?«

Anna nickte stumm. »Karel war damals, kurz vor deiner Geburt, beinahe so weit, dass es funktionierte. Er hat immer davon gesprochen, seinem Kind ein Leben in Leid ersparen zu wollen. Aber ich habe es nicht ernst genommen. Ich habe geglaubt, er denkt es sich aus, um mich zu trösten. Um mir neuen Lebensmut zu geben.«

»Lebensmut?«

»Was weißt du über unsere Krankheit?«

»Wir können nicht schlafen.«

»Das ist nur ein Symptom von vielen. Vielleicht noch das angenehmste.«

»Es treten Nebenwirkungen auf. Halluzinationen und so etwas.«

Seine Mutter lächelte. »Ich denke, du bist noch nicht lange genug wach, um es wirklich zu verstehen. Es sind nicht nur *Neben*wirkungen. Die Krankheit macht einen unter Umständen wahnsinnig. Bei dem einen ist es schlimmer als bei dem anderen. Aber wir alle leiden darunter. Manche können es kanalisieren und tragen es in ihren Beruf. Künstler zum Beispiel. Oder Forscher. Doch am Ende des Tages sind wir alle auf die eine oder andere Art nicht ganz bei Sinnen.«

»Du auch?«, fragte David.

Ihr Lächeln wirkte gequält. »Mittlerweile geht es. Vielleicht liegt es am Alter oder an dem da.« Anna nickte in Richtung eines kleinen Tisches, auf dem David eine Vielzahl von Medikamentenpackungen sah. »Sie helfen nicht gegen die Schlaflosigkeit, aber gegen all die düsteren Gedanken.« Während sie sprach, wippte sie mit dem Oberkörper hin und her, als müsste sie sich selbst beruhigen. »In jungen Jahren war es nicht auszuhalten. Viel schlimmer als bei deinem Vater. Am schlimmsten war es vor deiner Geburt. Vielleicht lag es an den Hormonen. Oder daran, dass ich mit deinem Leben Verantwortung in mir trug. Jedenfalls habe ich es irgendwann nicht mehr ausgehalten und wollte es beenden. Für mich und für dich, bevor es für dich überhaupt losging.«

David versuchte zu verstehen, was sie ihm da sagte.

»Schlaftabletten nehmen konnte ich ja nicht, die wirken bei uns nicht.« Wieder lächelte sie, aber es war kein frohes Lächeln. »Ich habe es anders probiert.« Sie hob die Arme, sodass die Ärmel ihres Morgenrocks herunterrutschten und den Blick auf ihre Handgelenke freigaben. Auf der Haut waren lange Narben zu erkennen.

»Du hast versucht, dich umzubringen?«

»Uns!« Nun begann sie wieder zu weinen. »Dein Vater fand mich in letzter Sekunde. Sie konnten mich retten und dich auch, indem sie die Geburt einleiteten. Danach war nichts mehr wie zuvor.« Ihr Blick ging ins Leere. »Sie brachten mich in eine Anstalt, wo ich Jahre blieb. Dein Vater beantragte das alleinige Sorgerecht und verlangte, dass ich niemals mehr in euer Leben trete. Am schlimmsten war dein Großvater. Er hasste mich für das, was ich getan hatte. Einmal versuchte ich, Kontakt zu dir aufzunehmen. Du warst damals acht Jahre alt. Er drohte mir, dir zu erzählen, was ich getan hatte, und verhinderte es.« Sie hielt inne und starrte geradeaus. Ihre Unterlippe zitterte. Die Erinnerungen schienen sie zu überwältigen. »Irgendwann habe ich mich damit abgefunden. Habe mir eingeredet, dass ich es nicht anders verdient habe. Und dass der Schmerz, den ich durch deinen Verlust gespürt habe, Teil meiner Strafe ist.«

Ihre Worte rührten David.

»Ich gehe regelmäßig zum Grab deines Vaters und spreche mit ihm. Das hilft mir, mich nicht ganz so einsam zu fühlen.«

Er strich ihr über den Arm.

Sie drehte sich zu ihm, ihre dunklen Augen glänzten. »Verzeihst du mir?«, fragte sie, während ihre Stimme brach.

Ohne nachzudenken, erhob er sich und umarmte sie, wobei sie laut aufschluchzte. Er streichelte sanft ihren Rücken. Für Minuten blieben sie so, dann ließ er sie los und setzte sich wieder.

David trank den Tee und aß einen Keks. Einen Moment überlegte er, seiner Mutter zu erzählen, was in den vergangenen Tagen geschehen war, entschied sich aufgrund ihrer Verfassung dann aber dagegen. So sprachen sie über seine Kindheit, seine

Jugend. Er zählte die Orte auf, an denen er gelebt hatte. Berichtete von Momenten, in denen seine Eltern ihm am meisten gefehlt hatten. Vom Abschlussball an der Highschool. David erzählte von seinem Studium, in dem er seinen besten Freund Alexander kennengelernt hatte. Von Sarah, die Krankenschwester war, genau wie seine Mutter, und mit der er in New York lebte. Die Lüge kam ihm nur schwer über die Lippen, doch er wollte seine Mutter auf keinen Fall noch mehr beunruhigen.

Sein Blick fiel auf das Telefon, ein altes grünes Modell mit schwarzen Tasten. Er musste bald Ninas Entführer anrufen. Dieses Telefon konnte er dafür aber nicht benutzen. Andererseits jedoch konnte er auch jetzt noch nicht gehen. »Ist auf der Karlsbrücke eigentlich immer noch so viel los wie früher?«, fragte er.

Seine Mutter schaute ihn irritiert an. »Natürlich! Es wird sogar immer noch schlimmer. Kein vernünftiger Prager würde dort tagsüber hingehen.«

Er wollte seine Gedanken von Sarah und New York ablenken. »Was weißt du über den Ball der Bruderschaft in Krumau?«

Seine Mutter erschrak sichtlich. »Warst du da?«

Er schüttelte den Kopf. »Aber er findet morgen Abend statt, und ich habe vor, daran teilzunehmen.«

»Warum?« Er glaubte, Furcht aus ihrer Frage herauszuhören.

»Vater hat es mir aufgetragen. Im selben Brief, in dem er mir verraten hat, dass du noch lebst.«

Sie runzelte die Stirn. »Weißt du, dass ich deinen Vater dort kennengelernt habe? Wir Schlaflosen finden alle dort unseren späteren Partner. Es ist ein gigantischer Heiratsmarkt, wenn man es wohlwollend ausdrücken möchte.« David bemerkte, wie ihr Körper in sich zusammensackte. »Eine widerliche Kuppelei, würde man sagen, wenn man es nicht beschönigen will.«

»Ich verstehe es nicht: Was ist der Sinn?«

»Um das Morpheus-Gen zu vererben, müssen beide Elternteile es in sich tragen. Doch wir sind so wenige, dass es ein Wunder wäre, wenn ein Mann und eine Frau, die beide diese Anomalie aufweisen, sich zufällig ineinander verlieben und Nachwuchs zeugen würden.«

Das leuchtete ihm ein.

»Ziel der Bruderschaft ist es aber, das Gen zu bewahren, es über die Jahrhunderte zu erhalten. Oder wenn man so will: ständig neue Schlaflose zu erzeugen. Doch all das soll unter ihrer Kontrolle geschehen. Daher findet schon seit Jahrhunderten dieser Ball statt, auf dem die Schlaflosen ihre Nachkommen miteinander verkuppeln.«

»Und Papa und du, ihr wart beide dort?«

Sie nickte. »Wir waren jeder eigentlich für jemanden anders bestimmt. Aber wir haben uns dort kennengelernt und sind gegen den Willen unserer Eltern zusammengekommen.« Zum ersten Mal schien das Lächeln in ihrem Gesicht tatsächlich Ausdruck von Glück zu sein. »Was willst du da?«, fragte sie.

»Ich muss dort etwas erledigen. Für Papa.«

Ihre Miene verfinsterte sich. »Wenn du so sprichst, erinnerst du mich an ihn. Er konnte sehr verbohrt sein.«

Davids Blick fiel wieder auf den Telefonapparat. Er musste dringend telefonieren. »Hast du etwas Geld für mich?«

Seine Mutter zögerte kurz, dann ging sie zum Schrank und nahm eine Geldbörse heraus. Er stand auf und trat zu ihr. Sie gab ihm ein paar Scheine.

»Das Bild dort habe ich auch.« David zeigte auf das Foto von seinem Vater.

»Es ist das einzige, das ich noch habe«, sagte sie.

»Warum ist das Gesicht seines Freundes durchgestrichen?«

»Sein *Freund*?«, wiederholte sie und schnaubte verächtlich. »Das ist nicht sein Freund, das ist der Teufel!« Sie musste in Davids Gesicht das Erstaunen gesehen haben, denn sie fügte hinzu: »Er heißt Vlad Schwarzenberg. Er ist heute der Anführer der Bruderschaft, und er ist schuld am Tod deines Vaters. Ich habe ihn gehasst seit dem Tag, an dem wir ihm zum ersten Mal begegnet sind. Er hat deinen Vater eingestellt, und er wollte verhindern, dass er dieses Virus entwickelt. Ich weiß nichts Genaues, aber nach dem Unfall deines Vaters habe ich aus sicherer Quelle erfahren, dass Vlad Schwarzenberg dahintersteckt. Er hat mich sogar einmal in der Anstalt besucht und wollte herausfinden, was ich über dieses Virus weiß. Er war beruhigt, als die Pfleger ihm erzählten, dass ich Nacht für Nacht wach bin. Da wusste er, dass dein Vater mir nicht das Virus injiziert hat.«

David atmete tief durch. Konnte das sein? Warum hatte der Mann ihn dann zweimal aus brenzligen Situationen befreit und ihm das Schreiben seines Vaters ausgehändigt, was ihn erst nach Berlin in die Bank geführt hatte? David nahm das Geld und steckte es ein.

»Kommst du wieder?«, fragte sie, als sie ihn zur Tür begleitete.

David zögerte kurz und dachte nach. Dann beugte er sich plötzlich hinunter und gab seiner völlig überraschten Mutter einen Kuss mitten auf den Mund.

Er eilte durch das Treppenhaus und durch das Labyrinth der Gänge zwischen den Hochhäusern, die in Anbetracht der Menschenmassen, die hier lebten, erstaunlich verlassen wirkten. David war erleichtert, als er den Porsche unversehrt fand, wo er ihn abgestellt hatte. Er öffnete die Tür mit der Fernbedienung und schwang sich in den tiefen Fahrersitz. Die Tür fiel mit einem satten Geräusch ins Schloss, und gerade als er den Wagen starten wollte, bemerkte er neben sich auf dem Beifahrersitz die Umrisse einer massigen Gestalt und fuhr erschrocken herum.

»Die Toten reiten schnell«, sagte der Fremde und grinste ihn an.

85

Krumau

»Der Sandmann hat sich noch immer nicht gemeldet. Langsam mache ich mir wirklich Sorgen.« Schwarzenberg sprang von der Ladefläche und schloss die Tür des Lastwagens. »Haben Sie ein wenig Gottvertrauen, Arthur«, erwiderte er und deutete auf die Kirche direkt neben ihnen. »Es wird schon alles gut gehen. Wir müssen nur vorbereitet sein, falls Berger hier auftaucht. Und ich sage Ihnen, er wird auftauchen. Das Ganze kann kein Zufall sein. Ich kenne Karel. Welcher Ort wäre besser geeignet als dieser, um seine irren Ideen umzusetzen? Der Hass seines Vaters wird David Berger genau in unsere Arme treiben.«

»Sie hätten ihm das Schreiben nicht aushändigen dürfen.«

Schwarzenberg kratzte sich mit der rechten Hand, die in einem gelben Arbeitshandschuh steckte, an der Stirn. »Arthur, wenn Ihnen jemand sagt, im Keller hinter einer Tür wohnt ein Monster, und Sie wissen, wo der Schlüssel ist, können Sie Ihr Leben lang Angst vor dem Monster haben, oder Sie können eines Tages aufschließen und nachschauen. Genau das haben wir getan.« Er schloss die andere Tür des Lastwagens. »Solange das Virus irgendwo existiert, so lange ist es eine Gefahr für uns. Und David Berger ist womöglich der einzige Schlüssel dazu. Nun haben wir ihn benutzt und müssen beide nur noch vernichten: das Virus und ihn.« Er zog die Handschuhe aus und schaute sich um. Die schmalen Gassen um die St.-Veit-Kirche waren in der Dunkelheit wie ausgestorben. »Scheint niemand etwas mitbekommen zu haben«, sagte er. »Lassen Sie den Laster dennoch bewachen. Nach dem Ball fahre ich ihn persönlich zu mir nach Hause. Wir können diesbezüglich niemandem vertrauen.« Schwarzenberg blickte auf seine Uhr. »Morgen um diese Zeit ist der ganze Spuk hoffentlich vorbei.«

»Ich hätte nicht nachgeschaut«, sagte Arthur.

Vlad Schwarzenberg schaute ihn verständnislos an.

»Ich meine, nachgeschaut, ob hinter der Kellertür ein Monster lebt. Ich hätte die Tür einfach zugelassen und den Schlüssel vernichtet.«

86

Prag

»Ich habe die Tabletten nicht bei mir«, sagte David. »Wenn Sie mich töten, werden Sie sie nie bekommen!«

»Tun Sie mir einen Gefallen, Mr. Berger, legen Sie Ihre Hände auf das Lenkrad, sodass ich sie sehen kann«, entgegnete der Mann mit ruhiger Stimme. Dem Akzent nach zu urteilen, war er Amerikaner.

David tat wie geheißen und starrte geradeaus. Eine Waffe hatte er nicht gesehen. Er vermutete aber, dass der Mann sie verdeckt auf ihn richtete. Mit einem gezielten Ellbogenstoß konnte er ihn vielleicht ausknocken und dann fliehen. Traf er allerdings nicht gleich beim ersten Mal und war der Mann tatsächlich bewaffnet, konnte das böse enden. »Lebt Nina noch?«, fragte David.

»Warum sollte sie nicht?«

»Ich wollte Sie gerade anrufen.«

»Das hätte mich sehr gefreut; ich bekomme immer gern Anrufe. Sie müssen wissen, das Leben als Cop ist oft einsam.«

David drehte den Kopf nach rechts. »Wer sind Sie?«

»Greg Millner. NYPD.« Er stockte. »Derzeit eher FBI. Also irgendwie beides. Ich habe Sie gesucht.«

David runzelte die Stirn. »Dann sind Sie hier weit weg von zu Hause.«

»Sie auch«, entgegnete Millner. Ein Satz, der in Davids Ohren erstaunlich falsch klang. In Prag war er geboren, hier hatte er sich verlobt, hier lag sein Vater begraben, und nun wusste er, dass seine Mutter hier lebte. Das klang für ihn nach Heimat.

»Haben Sie einen Ausweis?«, fragte David, um Zeit zu gewinnen. Auch wenn er froh war, dass der Kerl neben ihm offenbar nicht zu denen gehörte, die Nina in ihrer Gewalt hatten, und anscheinend auch nicht zu dieser Bruderschaft, so konnte er sich es dennoch nicht leisten, jetzt verhaftet zu werden. Was würde aus Nina werden? Und was war mit seinem Plan bezüglich des Balls in Krumau?

»Der Ausweis ist in meiner Gesäßtasche«, entgegnete der Cop. »Und bei diesen tiefen Sportsitzen würde ich mir den Arm auskugeln, wenn ich versuchen würde, ihn jetzt herauszuziehen. Bin schon kaum in das Auto reingekommen. Bin zu alt für so eine Kiste.«

Etwas in der Stimme des Polizisten wirkte auf David beruhigend. Er schätzte den Mann auf Mitte fünfzig. Auch wenn er schwarze Haare und einen dunklen Dreitagebart hatte, erinnerte sein Aussehen ihn an einen irischen Boxtrainer, bei dem er als Jugendlicher einmal Training gehabt hatte. Und das lag nicht allein an der breiten, etwas schiefen Nase des Mannes. »Ich habe Sarah nicht getötet«, sagte David.

»Ich weiß«, entgegnete Millner. »Sie können sie gar nicht ermordet haben«, ergänzte er. »Denn sie ist nicht tot.«

David spürte, wie in seinem Kopf etwas explodierte. Zum ersten Mal seit Tagen hatte er das Gefühl, dass die Wolken, die über ihm schwebten, aufbrachen und Licht in sein Leben ließen. Doch dann meldete sich sofort der Zweifel. Er dachte an die Zeitungen am Flughafen. Konnte es tatsächlich stimmen, dass Sarah lebte? »Was ist mit der Leiche in meiner Wohnung?«

»Der Name der Toten lautet Elly Bukowski.«

»Elly?« Davids Stimme überschlug sich. »Sind Sie sicher? Es war nicht Sarah?«

»Ganz sicher.«

»Aber was hat Elly in meiner Wohnung gesucht?«

»Ich hatte gehofft, dass Sie es mir sagen können.«

»Ich habe auch Elly nicht ermordet!«

»Ich weiß, denn auch sie wurde nicht ermordet.«

David verstand überhaupt nichts mehr. »Sie sagten doch gerade, ihre Leiche wurde in meinem Apartment gefunden.«

Millner nickte. »Sie haben gefrorene Babymäuse im Kühlschrank.«

David konnte dem Themenwechsel nicht folgen. »Für die Schlangen«, sagte er. »Als Futter für Sarahs Schlangen.«

Millner lächelte. »Waren es Giftschlangen?«

»Ja.« David war von Sarahs Schlangen niemals begeistert gewesen, konnte die gefrorenen Mäuse in seinem Kühlschrank kaum ertragen. Aber für Sarah hatten die Schlangen irgendeine tiefere Bedeutung, die er niemals verstanden hatte. »Das ist Natur«, hatte sie die Verfütterung der kleinen Mäuse zu rechtfertigen versucht. »Weißt du, dass wir jedes Jahr Milliarden von männlichen Küken schreddern, damit Leute wie du Eier und Geflügelfleisch essen können?«, hatte sie hinzugefügt, wenn er protestiert hatte. »Und was glaubst du überhaupt, woher die Tiere kommen, die du isst? Und womit werden die Tiere im Zoo gefüttert?« Alles Argumente, mit denen sie recht hatte, ihn aber dennoch nicht davon hatte überzeugen können, Babymäuse zu verfüttern. Eher überlegte er, bei ihren Worten Vegetarier zu werden. Er hatte ihr das Hobby gelassen, auch wenn er es nicht mochte.

»Elly Bukowski starb durch einen Schlangenbiss in den Hals«, sagte Millner.

David schluckte. »Das ist schrecklich!«

»Als wir die Tote gefunden haben, haben wir allerdings in der Wohnung kein Schlangenterrarium oder Ähnliches entdeckt, sonst wäre ich früher darauf gekommen.«

»Sarah hat es mitgenommen, als sie ausgezogen ist.«

»Eine Schlange war offenbar noch da«, entgegnete Millner. »Kennen Sie Orpheus und Eurydike aus der griechischen Mythologie? So bin ich darauf gekommen, und der Rechtsmediziner hat es mir eben bestätigt. Elly Bukowski wurde gebissen und hat selbst noch den Notruf gewählt, allerdings nichts mehr sagen können, bevor sie bewusstlos geworden ist.«

Abermals schien Davids Welt wie auf den Kopf gestellt. Er hatte Elly nicht besonders gut gekannt, aber die Nachricht von ihrem Tod machte ihn betroffen. Gleichzeitig bedeutete ihr Tod, dass Sarah lebte. Er spürte, wie sein Herz einen erneuten Sprung tat. »Was ist mit Sarah?«

»Wir konnten sie bisher nicht finden, doch sie ist laut einer Passagierliste gestern mit einem Learjet von New York nach Prag geflogen.«

»Nach Prag?«, wiederholte David ungläubig.

Millner nickte.

»Und von dort weiter zu einem Flughafen in České Budějovice.«

»Wo ist das?«

»Die nächstgrößere Stadt ist Krumau«, sagte Millner. »Insofern denke ich jedenfalls, Sarah lebt. Haben Sie eine Idee, was sie dort will?«

Davids Puls schnellte in die Höhe. Sarah in Krumau? Das konnte nur bedeuten, dass die Bruderschaft dahintersteckte. Vielleicht hatten Schwarzenberg und seine Männer sie entführt.

»Kennen Sie einen Randy Sullivan?«, riss Millner ihn aus seinen Gedanken.

Bei der Erwähnung des Namens Randy durchzuckte es David erneut. Das grausame Ende des Mannes direkt vor seinen

Augen hatte er noch nicht verarbeitet, nur verdrängt. »Warum?«, fragte er vorsichtig.

»Er starb vorgestern in einem verlassenen Bahnhof der Subway. Wurde überrollt. Der Lokführer hatte keine Chance zu bremsen und meinte, jemand habe ihn gestoßen. Waren Sie da unten?«

David antwortete nicht.

»Jedenfalls trug dieser Randy an dem Arm, der neben anderen Körperteilen gefunden wurde, das Registrierungsbändchen einer Klinik. Derselben Klinik übrigens, in der Sarah Lloyd arbeitete. Laut Dienstplan kannte sie ihn sogar.«

David atmete tief durch. Diesen Schluss hatte er schon gezogen, wusste aber noch nicht, was es bedeuten sollte.

»Irgendeine Idee?«, fragte Millner.

David spürte seinen Herzschlag. Die Nachricht, dass Sarah lebte, hatte in ihm grenzenlose Euphorie ausgelöst, doch gleichzeitig drängten sich nun tausend neue Fragen in den Vordergrund. »Was ist mit Alexander Bishop?«

»Dasselbe wollte ich Sie gerade fragen«, sagte Millner.

»Ich war es nicht!«

»Ich weiß.«

»Er ist aber tot ...?«, fühlte David vorsichtig vor.

»Leider ja. Was wissen Sie darüber?«

»Ich war in diesem Labor«, sagte David und stockte. Vielleicht war es nicht klug gewesen, das zu erwähnen, doch jetzt war es zu spät. »Bei *Better Human Biopharma* in New Jersey. Ich bin danach zu Alex und habe mich gewaschen, wegen all dem ...« Wieder sprach er nicht weiter. Was war nur los mit ihm? Als Anwalt müsste er es eigentlich besser wissen, aber für taktische Spielchen hatte er jetzt keine Zeit. »Er hat mir jedenfalls etwas zu trinken gegeben, und als ich erwachte, stand das Fenster offen und er ...« Bei der Erinnerung lief ihm ein Schauer über den Rücken. »Ich bin dann aus der Wohnung gelaufen, nach Hause.

Glaube ich zumindest. Ich war wie betäubt. Wenn meine Erinnerung mich nicht täuscht, muss ich in meinem Apartment Elly gefunden und für Sarah gehalten haben, und dann erwachte ich erst richtig wieder in einem Coffee-Shop in der Nähe meiner Wohnung.«

Millner nickte.

»Und wer hat Alex getötet?«, wollte David wissen.

»Der Mord wurde aufgezeichnet, also wenigstens zum Teil. Von so einem Dingens in seinem Wohnzimmer, einer sogenannten Sprachassistentin. Wir konnten die Täter noch nicht identifizieren, aber es scheint ...« Nun stockte Millner. »Ich kann nicht darüber sprechen, Regierungsgeheimnis«, korrigierte er sich.

Kurz hingen beide ihren Gedanken nach.

»Was ist mit dem Labor in New Jersey?«, fragte Millner.

»Ich war dort, wegen der Tabletten. Am Empfang fand ich eine tote Frau, und dann wurde sofort auf mich geschossen. Ich floh durch einen Nebeneingang zu Alex.«

»So ähnlich habe ich es mir gedacht«, sagte Millner.

»Und wer hat das in dem Labor getan?«

»Regierungsgeheimnis«, entgegnete Millner wieder.

»Ich muss Nina retten!«, entfuhr es David.

»Sie meinen Janina Sega?«

David schüttelte den Kopf. »Nina Petrova.«

»Der Name ist falsch«, entgegnete Millner.

»Wie immer sie auch heißt, sie wurde entführt, und die Entführer wollen sie im Austausch gegen die Tabletten freilassen. Anderenfalls tun sie ihr etwas an«, sagte er.

Millners Kiefer mahlten, während er die Information zu verarbeiten schien. »Wie haben Sie sie kennengelernt?«

»In einem Schlaflabor. Im Institut für Schlafmedizin am Madison Square Park.«

»Vorher kannten Sie sie noch nicht?«

David verneinte.

»Und wieso hat sie Sie überhaupt begleitet?«

»Sie hat darauf bestanden. Und zu dem Zeitpunkt war ich dankbar für ihre Hilfe.«

»Und Sie haben ihr vertraut?«

David zögerte. Jetzt klang es tatsächlich naiv, dass er ihr geglaubt hatte. »Bis ich herausgefunden habe, dass sie unter falschem Namen reist. Aber sie hat es mir erklärt.«

»Haben Sie die Tabletten bei sich?«, wechselte Millner das Thema.

»Darf ich die Hände vom Lenkrad nehmen?«

»Lieber noch nicht«, entgegnete Millner.

David zögerte erneut. »Ich habe die Tabletten versteckt.«

»Wo?«

»An einem sicheren Ort.«

Millner lächelte. »Sie sind nicht dumm, Mr. Berger. Aber mir können Sie vertrauen.«

»Kann ich das?«, fragte David. »Ich bin noch nicht sicher.«

»Wem Sie allerdings nicht vertrauen können, ist Janina Sega«, sagte Millner. »Ich schätze, sie ist auch hinter den Tabletten her.«

David runzelte die Stirn. Dass das nicht stimmte, wusste er. Sie hatte sie aus seinem Büro geholt. Statt sie ihm hinunter in den Tunnel zu bringen, hätte sie ohne Weiteres damit verschwinden können. Auch wusste sie, dass die Tabletten bei ihm gar nicht wirkten, sondern dass er ein Schlafloser war. Davon hatte dieser Millner aber keine Kenntnis. »Warum glauben Sie das?«, fragte David.

»Janina Sega ist eine Killerin.«

Zum zweiten Mal innerhalb weniger Minuten hatte David das Gefühl, den Boden unter den Füßen zu verlieren. »Eine Killerin?«

»Haben Sie das von Dillinger gehört?«

»Der Generalstaatsanwalt, der ermordet wurde?«

»Wir haben ihre Fingerabdrücke an der Leiche gefunden.«

David überlief eine Gänsehaut. Nein, das konnte nicht sein! Doch dann kam ihm in den Sinn, wie Nina ihn im Hotel aufs Bett geworfen und versucht hatte, ihn zu fesseln.

»An jenem Abend im Schlaflabor hatte eigentlich eine Frau namens Maria Estevez Dienst. Eine einundzwanzigjährige Medizinstudentin. Wir haben ihre Leiche im Kofferraum ihres Autos gefunden. Vertreten wurde sie an dem Abend, an dem Sie im Institut für Schlafmedizin auftauchten, von Janina Sega.«

Davids Kehle fühlte sich so trocken an, dass er nicht schlucken konnte. Er erinnerte sich an die Szene in der Kanalisation, als Nina die beiden Männer ausgeschaltet hatte, die ihn hatten entführen wollen.

»Insofern hatten Sie offenbar Glück, dass sie Ihnen nichts getan hat.«

David rang nach Luft. »Darf ich das Fenster öffnen?«

Millner nickte.

Die kalte Luft tat David gut. Er überlegte. Auch wenn das logisch klang, was der Polizist ihm gerade mitgeteilt hatte, so wollte ein Teil von ihm nicht glauben, dass Nina nicht der Mensch war, für den er sie gehalten hatte. »Ich war da unten, als Randy starb.«

Millner wirkte nicht überrascht.

»Nina hat ihn vor den Zug gestoßen. Sie sagte allerdings, sie habe geglaubt, er wollte mich angreifen.«

Millner verzog die Mundwinkel, ohne etwas zu erwidern. Stille trat ein.

»Also, was tun wir jetzt?«, wollte David schließlich wissen.

»Das, was wir Cops immer tun«, entgegnete Millner. »Die Bösen einkassieren und ihnen die Fragen stellen, die noch offen sind. Damit wären dann auch Sie endgültig entlastet. Helfen Sie mir dabei?«

»Und wie?«

»Als Sie einstiegen, sagten Sie, Sie wollten die Entführer dieser Frau gerade anrufen. Ich denke, es wird Zeit.«

David war in Gedanken immer noch bei der Nachricht, dass Sarah lebte und sich höchstwahrscheinlich in Krumau aufhielt, nur gute zwei Stunden von hier entfernt. Den Cop konnte er in seine Pläne bezüglich der Bruderschaft nicht einweihen. Gleichzeitig spürte er Scham, dass er sich von Nina so hatte blenden lassen. Sie war nicht hinter den Tabletten her gewesen, sondern hinter dem, was er im Schließfach seines Vaters gefunden hatte und was sich mittlerweile in dem Rucksack auf der Rückbank befand.

»Ich helfe Ihnen«, sagte David. »Unter einer Bedingung.«

87

Berlin

Jackson steckte das Mobiltelefon in die Brusttasche. »Der Scheißkerl hat aufgelegt!«, sagte er in die Runde der Soldaten, die dem Gespräch gespannt gefolgt waren. »Er scheint tatsächlich nicht sehr an ihr zu hängen.« Er deutete auf Nina, die mit verbundenen Augen gefesselt an der Wand lehnte. »Lebt sie noch?«, fragte er einen seiner Untergebenen.

Der nickte. »Ich glaube, sie schläft.«

Einen Moment hielt Jackson inne, dann befahl er, alle zusammenzurufen. Kurz darauf bildete die gesamte Einheit einen Halbkreis um eine der Werkbänke.

»Berger möchte, dass die Übergabe auf der Karlsbrücke in Prag stattfindet, und zwar morgen Mittag um zwölf. Etwa in der Mitte der Brücke befindet sich eine Statue. Er nannte sie den ›heiligen Nepomuk‹. Dort ist der Treffpunkt.«

Im Raum entstand Unruhe.

»Ich weiß, es ist alles andere als ideal. Die Karlsbrücke ist um diese Zeit voll mit Touristen. Ich glaube, sie ist sogar der meistfrequentierte Ort Prags. Und sie ist für den Autoverkehr gesperrt. Das bedeutet, wir haben es mit vielen Zeugen zu tun, und uns ist der rasche Rückzug versperrt. Deshalb hat der Mistkerl den Ort ausgesucht.« Jackson nahm eine Patrone aus einer Packung Munition und stellte sie mittig auf die Werkbank. »Berger«, sagte er. Zwei weitere Patronen platzierte er in einiger Entfernung. »Die Schlampe und ich«, kommentierte er. »Wir kommen vom Westufer.« Er nahm zwei ganze Munitionspackungen und stellte sie an beiden Enden der Werkbank auf. »Je eines unserer Fahrzeuge wartet auf jeder Seite der Brücke. Wir fahren so dicht heran wie möglich. Ich möchte, dass sich jeweils zwei von euch in Zivil unter die Passanten mischen und nach Berger Ausschau halten. Leichte Bewaffnung. Ich erwarte dort keine Armee. Berger kann nicht zur Polizei gehen, dann würde er sofort verhaftet werden.«

Einige der Männer um ihn herum nickten zustimmend.

»Die Übergabe wird so laufen.« Jackson bewegte die Patronen auf der Werkbank aufeinander zu, bis sie sich beinahe berührten. »Ich treffe Berger auf der Karlsbrücke, hole mir die Tabletten, und dann ziehen wir uns zurück. Für den Einsatz eines Snipers ist es auf der Brücke zu unübersichtlich. Wir können es nicht riskieren, versehentlich einen Touristen zu treffen. Das würden selbst wir politisch nicht überleben.«

»Ich kenne die Brücke«, sagte einer der Soldaten. »Strategisch ist sie für uns ein Desaster!«

Jackson nickte. »Das Problem ist, wie gesagt, der Rückzug. Wir werden keine Zeit haben, in aller Seelenruhe zurück zum Auto zu marschieren. Sollte jemand die Polizei alarmieren, säßen wir in der Falle. Wenn wir laufen, fallen wir auf. Es sei denn, alle auf der Brücke rennen.« Jackson zeigte auf einen der

Umstehenden. »Stevenson, Sie halten sich während der Übergabe in meiner Nähe auf.« Jackson stellte eine weitere Patrone auf die Bank. »Wenn es erledigt ist, schießen Sie in die Luft, um eine Panik zu erzeugen. Wir verlassen die Brücke dann im Strom der Flüchtenden und werden hier aufgenommen.« Jackson bewegte zwei Patronen in Richtung der einen Munitionspackung.

»Die Karlsbrücke ist nun mal von Wasser umgeben. Für den Notfall nehmen Stevenson und ich das hier mit.« Er legte einen schwarzen Gegenstand auf den Tisch, der im ersten Augenblick aussah wie eine Pistole, auf den zweiten Blick einer gebogenen Taschenlampe mit zwei angedickten Enden glich, in deren Mitte ein großes durchsichtiges Mundstück befestigt war.

»Nicht alle von euch kennen dies. Es entstammt einer Kommandoaktion unseres *Avenger*-Programms aus dem letzten Jahr und ermöglicht langes Tauchen ohne Gasflasche und Schnorchel.« Er nahm es und steckte das Mundstück zur Demonstration einmal zwischen seine Lippen. Dann hielt er es in die Höhe. »Einfach auf das Mundstück beißen und eintauchen. In dem Gerät befinden sich ein batteriebetriebener Kompressor und Membranen, die so fein sind, dass sie den Sauerstoff aus dem Wasser herausfiltern können. Das bedeutet, mit diesem Gerät ist Unterwasseratmung möglich. Die Moldau ist kalt, und wir tragen Kleidung; daher wäre dies nur der allerletzte Ausweg, sollte uns der Rückzug auf der Brücke verstellt werden. Dickens und Jackman werden in Prag ein Boot mieten und uns im Notfall etwas abseits der Karlsbrücke aufnehmen, den genauen Aufnahmepunkt werden wir vor Ort verabreden.«

»Wir können die Hexe und Berger aber nicht am Leben lassen!«, sagte der Soldat mit dem lädierten Gesicht und erntete sogleich zustimmende Rufe der Umstehenden.

»Werden wir auch nicht.« Jackson griff sich an den Gürtel. »Ich sagte nur, wir können auf der Brücke keine Schusswaffen benutzen. Ich selbst werde das erledigen. Und zwar lautlos.« Er legte sein Jagdmesser auf die Werkbank vor sich. »Noch Fragen?«

88

Prag

Er war viel zu früh auf der Brücke. Er schlenderte, von der beeindruckenden Altstadt kommend, durch das Tor eines riesigen Turms, das direkt auf die Karlsbrücke führte. Die würdige Schönheit der Stadt und ihrer Bauwerke überwältigte ihn jedes Mal aufs Neue. Auch wenn es bereits Oktober war, war die Stadt noch immer überfüllt. Touristengruppen aus Asien drängten sich zwischen Europäern; auch hörte er immer wieder vertraute Sprachfetzen seiner Landsleute. Er tastete nach der kleinen Packung mit den Tabletten in seiner Tasche. Immer noch konnte er nicht glauben, dass jemand bereit war, dafür zu töten. Sein Blick wanderte zur Burg, die sich auf der anderen Seite der Moldau weit über der Brücke in den Himmel erhob. Offenbar verhielt es sich mit dem Töten so wie mit einem Investment: Alles, was zählte, war die Fantasie, die etwas auslöste. Waren die Luftschlösser groß genug, waren Investoren bereit, Millionen zu investieren – oder aber über Leichen zu gehen, und zwar im wahrsten Sinne des Wortes. In jedem männlichen Passanten, der ihm entgegenkam, sah er einen Feind oder Freund. Er suchte instinktiv nach Verkabelungen und kleinen Lautsprechern im Ohr, was in der grellen Mittagssonne, die vom Wasser der Moldau reflektiert wurde, nicht so einfach war. Für Ende Oktober war es noch erstaunlich warm, und so überquerte er die Brücke einmal bis zum Ende und ging dann wieder zurück. Im Abstand weniger Meter präsentierten Künstler ihre Werke, dazwischen boten Porträtmaler mit mobilen Leinwänden ihre Dienste an. Die Brücke füllte sich immer weiter, und als er kurz vor zwölf zum zweiten Mal vor der Statue des heiligen Nepomuk stand, merkte er, wie sich langsam das Adrenalin in seinem Körper ausbreitete. Er beugte sich vor und streichelte am Fuße der Statue das Relief eines Hundes, das von Millionen von Händen glänzend gescheuert war, weil die Berührung einer alten Legende nach Glück bringen sollte. In den Gesichtern der Menschenmassen suchte er nach dem von Nina Petrova alias Janina Sega. Als er zum wiederholten Male angerempelt wurde, beschloss er, woanders zu warten. Sein Blick fiel auf einen der Porträtmaler, der mit einem Bleistift hinter dem Ohr keine fünf Meter entfernt auf einem Schemel saß und mit gelangweiltem Blick den vorbeiziehenden Strom der Touristen beobachtete. Die beiden Klappstühle dem Mann gegenüber waren leer, offenbar lief das Geschäft zur Mittagszeit nicht besonders gut. Er suchte in seiner Tasche nach einem Geldschein und ging hinüber.

Er trug Zivil. Ein Pullover war lässig über seinen Arm geworfen und verdeckte die Pistole, die er der Gefangenen in Höhe der Nieren in den Rücken presste. Mit der anderen Hand umklammerte Jackson ihren Oberarm. Sie hatte sich als widerspenstig erwiesen. Deshalb konnte er auf eine Waffe nicht verzichten. Er hatte ihr auf dem Weg eingeschärft, dass er jeden Fluchtversuch damit bestrafen würde, ihr ins Rückenmark zu schießen, und am Ende war er sicher gewesen, dass sie ihm glaubte. Stevenson ging schräg hinter ihnen und ließ sie nicht aus den Augen. Er trug eine braune Lederjacke und eine große Sonnenbrille und sah nach allem aus, nur nicht wie ein Tourist. Am Gürtel spürte Jackson die Scheide mit dem Messer. In der Innentasche seiner Jacke trug er wie Stevenson auch das Unterwasseratemgerät, das sie intern *Projekt Aquaman* genannt hatten. Es klang zwar ein wenig infantil, doch Untersuchungen hatten eindeutig belegt, dass kreative Namen die Moral der Truppe stärkten.

Der Andrang auf der Brücke war noch größer, als Jackson befürchtet hatte. Immer wieder musste er ausweichen, was mit der Frau vor sich gar nicht so einfach war, zumal sie ganz und gar nicht kooperativ war. Er hatte keinen Blick für die zahlreichen Statuen, die die Brücke alle paar Meter säumten und die für die Menschen um sie herum beliebte Fotomotive waren. Was ihm Sorgen bereitete, war, dass Berger noch nicht aufgetaucht war. Jedenfalls hatte keiner der Männer, die er an beiden Seiten der Karlsbrücke platziert hatte, ihn bislang zwischen den Besuchern, die auf die Brücke strömten, entdecken können. Vielleicht war es aber auch so voll, dass er ihnen schlicht entgangen war, oder sie hatten ihn einfach nicht erkannt.

In Gedanken ging Jackson noch einmal seinen Plan durch. Sobald die Übergabe der Tabletten erfolgt war, würde er die Waffe gegen das Messer tauschen müssen, der heikelste Moment, da er die Frau für eine Sekunde würde loslassen müssen. Daher war es wichtig, dass er sie zuerst ausschaltete, zumal von ihr die größere Gefahr auszugehen schien. Er würde für sie einen einzigen sauberen Schnitt von hinten benötigen und Berger dann in einer fließenden Bewegung von unten erstechen. Wegen des vielen Blutes keine Sache, die er gern tat. Aber es war nicht das erste Mal, dass er zu einem solchen Vorgehen gezwungen war, und Jackson wusste unter seinen Männern niemanden, der es besser konnte als er. Eine Kirchturmuhr schlug zwölf, als er die Statue erreichte, die laut seiner Internetrecherche den heiligen Nepomuk darstellte. Jackson presste sich mit dem Rücken gegen das Brückengeländer und schaute sich um. Weit und breit keine Spur von Berger.

Er sah sie sofort. Unverkennbar die feinen Gesichtszüge wie auf dem Foto, die jetzt wie versteinert wirkten. Dazu die verkrampfte Körperhaltung. Hinter der Frau ragte, gut zwei Köpfe größer, die kantige Figur eines Mannes auf. Selbst aus der Entfernung konnte man sehen, wie er mit ruckartigen Kopfbewegungen die Umgebung absuchte. Während seine eine Hand wenig liebevoll um den Arm der Frau gelegt war, war sein anderer Arm gar nicht zu sehen. Höchstwahrscheinlich lag der Finger der verdeckten Hand am Abzug einer Pistole, mit der er Nina in Schach hielt. Entsprechend seiner militärischen Ausbildung drückte der Mann den Rücken gegen das Geländer und eliminierte somit die Gefahr von hinten. Genau wie er selbst, der nun auch mit dem Rücken zum Geländer saß. Keine zwei Meter von Ninas Begleiter entfernt stand ein weiterer Mann, offenbar sein Wingman. Der Mann bei Nina beobachtete eine Weile die vorbeiziehenden Passanten, dann wurde er sichtlich unruhig und nutzte eine Lücke, um auf die andere Seite der Brücke zu wechseln, die Seite, auf der er saß. Hätte er den Arm ausgestreckt, hätte er Ninas Bein berühren können.

»Setzen Sie sich doch!«, sagte eine Stimme, die sehr amerikanisch klang.

Irritiert blickte Jackson sich um. Erst jetzt nahm er den Mann wahr, der direkt zu seinen Füßen auf einem Schemel saß, vor sich eine leere Leinwand. Er sah wie ein typischer Künstler aus. Kurze, aber schlecht frisierte Haare, ein ungepflegter Dreitagebart, dazu ein etwas abgetragenes Sakko. Hinter seinem Ohr steckte ein Bleistift.

»Sie beide sind so ein hübsches Paar. Ich male Sie!«

Jackson schüttelte den Kopf und widmete sich wieder der Umgebung. Für einen Moment hatte er sich tatsächlich ablenken lassen.

»Seien Sie nicht so ein Kunstmuffel. Für Sie mache ich es umsonst«, sagte der Maler.

»Lassen Sie uns in Ruhe!«, herrschte Jackson ihn an. Die

Unruhe in ihm wuchs. Berger war immer noch nicht aufgetaucht.

»Wir machen einen Tausch. Sie beide setzen sich hier gemütlich hin, ich male ein hübsches Bild von Ihnen. Dann gebe ich Ihnen die Tabletten. Sie lassen die Lady hier, bezahlen das Bild und verschwinden dahin, wo Sie hergekommen sind. Klingt das nach einem Deal?«

Entgeistert sah Jackson nach unten in das Gesicht des Mannes, der seinen Blick erwiderte, ein Auge gegen die Sonne zugekniffen. »Wo ist Berger?«, fragte er.

Der Mann lächelte und zeigte auf die Klappstühle vor sich.

Jackson warf einen Blick zu Stevenson, der genauso ratlos wirkte wie er. Immerhin standen die Stühle etwas abseits des Gedränges. Er bugsierte die Frau in die ihm gewiesene Richtung und drückte sie auf den Stuhl neben sich, ohne den Druck der Waffe in ihrem Rücken zu verringern.

Der Mann ihnen gegenüber lächelte und zog den Stift hinter seinem Ohr hervor. Dann begann er zu zeichnen, ohne dass Jackson sehen konnte, was es war.

»Wer sind Sie? Und wo ist David Berger?«

Der Mann mit dem Stift schien ihm gar nicht zuzuhören, sondern war offenbar ganz aufs Zeichnen konzentriert, wobei seine Zunge von einem Mundwinkel zum anderen schnellte. »Mein Name ist Greg Millner. Herr Berger bat mich, Ihnen hier auf der Brücke etwas zu geben. Er hatte Sorge, dass Sie ihm nach dem Leben trachten.« Der Mann hielt inne und schaute an der Leinwand vorbei zu ihm und der Frau, dann zu Stevenson, der mit der Hand in der Jacke gleich neben ihm stand. »Und so wie ich das sehe, nicht ganz zu Unrecht, oder?« Er lächelte und widmete sich wieder der Zeichnung.

»Wo sind die Tabletten?«, fragte Jackson und beugte sich vor, um sein Gegenüber besser erkennen zu können. Jetzt sah er auf der Wange des Mannes eine große Narbe.

»Nicht so hektisch bewegen«, entgegnete der.

»Es ist mir scheißegal, was Sie da malen!«, brach es aus Jackson hervor, dem plötzlich heiß wurde.

Wieder lugte der Mann hinter der Leinwand hervor. »Ich meine nicht wegen des Bildes. Sondern wegen der Scharfschützen.« Er wies in die Ferne. »Da, da, da und da. Tschechische Spezialeinheiten. Die sollen trotz des guten Pilseners, das es hier gibt, hervorragend zielen.«

Jackson fuhr halb herum und versuchte, auf den Dächern der Häuser, in deren Richtung der Mann gezeigt hatte, etwas zu erkennen. Doch er sah nichts als rote Ziegel. Auch in seine Begleiterin kam jetzt Bewegung. Jackson drückte den Lauf der Pistole tiefer in ihr Fleisch, worauf sie sich krümmte und leise aufschrie. »Sie bluffen«, sagte er.

Ein Lächeln huschte über die Lippen des Malers, der wohl keiner war. »Vielleicht«, erwiderte er. »Vielleicht aber auch nicht.«

»Geben Sie mir jetzt die Tabletten, oder ich erschieße sie.«

»So wie die Angestellten des Labors in New Jersey? Was war da los? Warum haben Sie dort keine der Tabletten gefunden? Weshalb sind Sie ausgerechnet hinter Bergers Exemplaren her? Sind es tatsächlich die letzten?«

»Stellen Sie sich vor: Einen Tag, bevor wir kamen, wurde das Pharma-Unternehmen aufgekauft. Die erste Verfügung des neuen Besitzers war, alle Unterlagen und Tabletten zu vernichten.«

Nina neben ihm lachte auf.

»Wer macht so etwas?«, fragte Millner erstaunt.

»Wer wohl? Irgendeine ausländische Macht!« Jackson schnaubte verächtlich. »Die müssen auch von der Wirkung der Tabletten erfahren haben und waren schneller als wir. Umso wichtiger, dass wir Bergers Packung in die Hände bekommen. Stellen Sie sich vor, was für einen Vorteil Soldaten auf dem

Schlachtfeld mit sich bringen, die nicht schlafen müssen. Vielleicht geht es gar nicht mehr darum, dass wir durch die Tabletten einen Vorsprung erhalten, sondern dass wir den Vorsprung anderer Armeen ausgleichen können, wenn die Tabletten tatsächlich bereits in feindlichen Händen sind!« Jackson hatte sich in Rage geredet.

»Und das rechtfertigt, die Angestellten der Pharmafirma zu erschießen und Alexander Bishop aus dem Fenster zu werfen? Weiß man davon im Pentagon? Seit wann ermordet unsere Armee unschuldige Amerikaner im eigenen Land?«

»Was wissen Sie schon!«, blaffte Jackson und rutschte auf seinem Stuhl unruhig hin und her. »Wenn das Labor tatsächlich in feindliche Hände gefallen ist, hatten wir keine andere Wahl! Es diente nur zum Schutz unseres Volkes. Zu *Ihrem* Schutz! Manchmal findet der Krieg eben nicht Tausende Kilometer entfernt, sondern direkt vor unserer Haustür statt! Und dann sieht man sein schreckliches Gesicht, und alle jammern und wehklagen!«

»Als ich noch zu Ihrem Verein gehörte, hat man diejenigen, die Amerikaner ermordet haben, erschossen. Sie haben sich verirrt, Ihren Kompass verloren!«, sagte der Mann, der sich als Millner vorgestellt hatte, und warf Jackson einen abfälligen Blick zu. Dann verschwand er wieder hinter der Leinwand. Es schien tatsächlich so, als malte er weiter.

»Geben Sie auf, Jackson!«, sagte Nina Petrova neben ihm und beugte sich weit nach vorn, sodass seine Waffe für einen kurzen Augenblick nicht mehr ihren Rücken berührte.

»Bleiben Sie ruhig, oder ich drücke ab. Selbst wenn Sie nicht sterben sollten, für eine Querschnittslähmung genügt es allemal«, drohte Jackson. Stevenson postierte sich direkt neben dem Maler.

»Hören Sie lieber auf ihn, Miss Sega«, sagte der. »Wenngleich er, sollte er sie töten, dem Henker ein wenig Arbeit abnehmen würde. Mir scheint, als wären Sie nicht viel besser als unser tollwütiger Soldat hier. Ein Generalstaatsanwalt, eine junge Studentin, Randy – wahrscheinlich reicht es bei Ihnen sogar für Lebenslänglich.«

Jackson schaute verblüfft zu der Frau, die nun sichtlich erschrak.

»Sie sehen, Ihre Geisel ist mir völlig gleichgültig«, sagte der Mann, der unterdessen weiter die Leinwand bearbeitete. »Geben Sie auf. Werfen Sie und Ihr Freund die Waffen auf den Boden und legen Sie sich hin. Auf der Brücke wimmelt es von Polizisten in Zivil. Sie können nicht entkommen. Es muss niemandem etwas geschehen.«

Jackson spürte, wie er die Kontrolle verlor. In Gedanken spielte er seine Optionen durch. Aufgeben war keine davon. So wie es aussah, würde nur die Flucht nach vorne helfen. Er tastete mit der freien Hand nach dem Messer; den falschen Maler würde Stevenson übernehmen.

Er fühlte die Tauchmaske in seiner Innentasche. Sollte der Mann nicht bluffen, mussten sie gleich nach Durchführung der Aktion springen. Jackson schaute zu Stevenson, der auf das kaum merkliche Zwinkern als Zeichen nur gewartet hatte. Zehn, neun, acht ...

»Fertig!«, rief er und griff mit beiden Händen nach der Leinwand. Ihm war der Blick des Soldaten neben Nina, den Millner aufgrund des dominanten Auftretens für den Anführer hielt, nicht entgangen. Der Wingman, der nun direkt neben ihm stand, verlagerte das Gewicht von einem Fuß auf den anderen, konnte von seiner Position aber auch nicht auf die Leinwand sehen. Millner beugte sich vor und drehte sie um. Gleichzeitig nahm er die Bewegung vor sich wahr.

Jackson hatte sich erhoben und hielt plötzlich ein Messer in der Hand. Im nächsten Moment vernahm Millner ein Geräusch, als platzten in unmittelbarer Nähe zwei Flaschen Wasser. Der Knall der beiden Schüsse folgte erst einige Millisekunden später. Um ihn herum brach Panik aus. Das gleiche panische Entsetzen erkannte Millner in Janina Segas Augen. Ungläubig schaute sie auf den Körper vor sich, aus dessen zerplatzter Schädeldecke Blut und Hirnmasse auf die Brücke sickerten. Den gleichen Anblick bot der andere Soldat. Millner ließ die Leinwand sinken. *SHOT*, stand darauf in Großbuchstaben geschrieben. Als er sich Janina Sega zuwandte, wusste er, dass es zu spät war. Die Panik in ihrem Blick war verschwunden, und an ihre Stelle war kalte Entschlossenheit getreten. Während sie sich bückte, langte Millner nach seinem Holster, doch noch bevor er den Griff seiner Waffe zu fassen bekam, hatte Janina Sega sich schon wieder aufgerichtet und streckte ihm die Hand entgegen. Darin glänzte ein schwarzer Gegenstand. Eine Pistole, wie Millner gegen das Licht der Sonne vermutete.

89

Krumau

Die Fahrt ging die meiste Zeit über Land. Gegen zwölf Uhr schaute David auf die Uhr im Armaturenbrett des Porsches und fragte sich, was wohl gerade auf der Karlsbrücke vor sich ging.

Nachdem Millner und er den gestrigen Abend gemeinsam in Prag verbracht hatten, hatte der Polizist ihn zu seiner Überraschung ziehen lassen. »So wie ich es sehe, sind Sie tatsächlich unschuldig. Und ich bin hier in Tschechien kein Cop, sondern nur Tourist«, hatte Millner mit einem Lächeln gesagt und ihm zum Abschied die große Hand entgegengestreckt.

So ganz hatte Millner sich allerdings nicht auf sein Touristen-Dasein beschränken wollen, sondern hatte zuvor gemeinsam mit David noch die scheinbare Übergabe für heute Mittag geplant. David hatte in Millners Beisein die Entführer kontaktiert und ihnen Treffpunkt und Uhrzeit der Übergabe mitgeteilt. Tatsächlich ging es nicht mehr darum, Nina frei zu bekommen, sondern mit der Unterstützung der Prager Polizei möglichst alle Beteiligten zu verhaften.

So, wie David den New Yorker Polizisten kennengelernt hatte, war er optimistisch, dass dies gelingen würde. Auch wenn sie beide sich gut verstanden hatten, hatte David Millner nicht alles anvertraut. Es stimmte, dass er nach Krumau fuhr, um Sarah zu suchen. Aber das war nur die halbe Wahrheit. Vermutlich hätte Millner ihm auch gar nicht geglaubt. Allein die Existenz der Bruderschaft der Schlaflosen musste für einen Außenstehenden nur schwer nachvollziehbar sein.

Andererseits war es David jedoch nicht schwergefallen, Millner auf dessen Wunsch die restlichen Tabletten auszuhändigen. Er war sogar froh, sie los zu sein, denn mit ihnen schien das ganze Übel seinen Anfang genommen zu haben.

Das Navi zeigte ihm, dass es nun nur noch wenige Kilometer bis zum Ziel waren. Die Landschaft war flach und eintönig, und man konnte sich kaum vorstellen, dass der *Himmel von Tschechien*, wie die Stadt Krumau wegen ihrer außerordentlichen Schönheit auch genannt wurde, hinter der nächsten Biegung der lang gezogenen Landstraße liegen sollte.

David drückte das Gaspedal durch und beschleunigte. In seinem Bauch begann es zu kribbeln. So nah am Himmel, so nah bei Sarah.

90

Prag

Millner beugte sich über das Geländer und starrte in den Fluss unter sich. Er war in den vergangenen Sekunden mehrere Tode gestorben und lebte immer noch.

Als Janina Sega mit dem, was er für eine Waffe hielt, auf ihn gezielt hatte, war im Bruchteil einer Sekunde sein ganzes Leben an ihm vorübergezogen. Aber dann hatte sie die Pistole plötzlich gedreht und sich selbst in den Mund gesteckt. Doch statt in auswegloser Lage Selbstmord zu begehen, wie Millner vermutet hatte, war sie mit dem Ding im Mund auf das Brückengeländer und in die Tiefe gesprungen.

Von der Stelle, wo sie aufgekommen sein musste, zogen sich immer weitere Kreise durch das Wasser. Boote mit blinkenden Sirenen näherten sich von allen Seiten. Millner drehte sich um und betrachtete die beiden toten Soldaten auf dem Boden.

»Alles klar mit Ihnen?«, fragte der tschechische Offizier, mit dem er in der Nacht den Einsatz geplant hatte. Der Kollege kniete nieder und fühlte den Puls der beiden Soldaten, in der anderen Hand immer noch eine halbautomatische Waffe. Man musste kein Mediziner sein, um zu sehen, dass die Männer tot waren.

Millner schaute sich um. Auf der Karlsbrücke wimmelte es nun von Polizisten, deren plötzliches Erscheinen er sich nicht so recht erklären konnte. Entweder sie hatten sich zuvor extrem gut getarnt, oder sie waren äußerst schnell auf der Brücke gewesen. Von den Hunderten Passanten und Touristen, die sich eben noch hier getummelt hatten, war kein einziger mehr zu sehen. Über ihnen kreisten zwei Hubschrauber.

Der Verbindungsoffizier erhob sich. »Wir haben sechs Amerikaner verhaftet«, sagte er. »Zwei auf dem Wasser, insgesamt vier an der Brücke. Ein verdächtiges Auto wird aktuell noch verfolgt.«

Millner nickte anerkennend. Die Tschechen hatten hervorragende Arbeit geleistet.

Der Offizier ging zum Geländer und schaute hinab. »Falls sie den Sprung überlebt hat, fischen meine Leute sie heraus.«

Millner beugte sich weit vor, um unter die Brücke zu schauen. »Wenigstens sind keine Flammen zu sehen«, stellte er lakonisch fest und erntete einen irritierten Blick seines tschechischen Kollegen. Millner deutete hinter sich zur Statue des heiligen Nepomuk. »Die fünf Sterne um seinen Kopf symbolisieren die fünf Flammen, die ihn auf der Moldau umgaben, als er von genau dieser Stelle hier hinuntergeworfen und ertränkt wurde.«

Der Offizier lächelte spöttisch. »Das sind nur Legenden«, sagte er, lehnte sich zurück und steckte die Waffe weg.

»Wer weiß?«, entgegnete Millner. »Ich habe vorhin den Hund an der Statue gestreichelt und lebe noch.«

»Das ist etwas anderes.« Der tschechische Kollege ging auf die andere Seite der Brücke und rieb mit der Hand über das Relief. »Wie sagt man? Das Unglück schläft nie.«

91

Krumau

Vielleicht war es tatsächlich die schönste Stadt Tschechiens: Die Häuser der Altstadt mit ihren in der Oktobersonne rot leuchtenden Dächern lagen eingebettet in eine Schleife der Moldau, sodass sie von allen Seiten von Wasser umgeben waren. Am gegenüberliegenden Ufer des Flusses thronte die mächtige Burg auf einem Felsen und ließ die restliche Stadt winzig klein wirken. Über allem wachte, einer riesigen Fackel gleich, der Burgturm.

Ein Parkleitsystem führte David zu einem Parkplatz außerhalb der Stadt. Er nahm den kleinen Rucksack und machte sich auf den Weg in die Altstadt. Sein Plan endete genau hier: mit der Ankunft in Krumau. David hatte keine Ahnung, wann genau der Ball beginnen würde, und er wusste auch nicht, wie es ihm gelingen sollte, zur Festgesellschaft vorgelassen zu werden. Eines stand fest: Er würde die Zeit bis zum frühen Abend totschlagen müssen. Sein Vater hatte ihm geschrieben, dass hier der ideale Ort sei, um ihr Vorhaben in die Tat umzusetzen, und er hatte ihm einige Tipps gegeben, wie es gelingen konnte. Aber das Schreiben war beinahe dreißig Jahre alt, und David vermutete, dass in dieser Zeit der Ablauf des großen Bruderschaftsfestes zumindest teilweise verändert worden war. Auch hatte sein Vater die Briefe an ihn in großer Eile verfasst, in einer Ausnahmesituation, als er bereits um sein Leben fürchtete. Der Plan seines Vaters war nicht wirklich durchdacht, es war eher eine vage Idee. Und ihm allein, David, oblag nun die Umsetzung.

Zudem war die Situation jetzt, da Sarah höchstwahrscheinlich auch in Krumau war, eine völlig andere. Er nahm die Ampulle aus dem Rucksack und steckte sie in die Jackentasche. Dann schlenderte er durch die engen Gassen. Wie so viele Touristenmagnete schien die Stadt einen Teil ihrer Seele verkauft zu haben. Souvenirshops reihten sich aneinander, und die Restaurants warben in allen möglichen Sprachen mit regionalen Gerichten und Bier. In der Mitte der Stadt befand sich ein kleiner Platz, von dem eine Straße zu einer Kirche führte. David spürte mit einem Mal Hunger und entschloss sich trotz aller Vorbehalte, in eines der Restaurants einzukehren.

Zu seiner Überraschung bekam er auf Anhieb einen Tisch im hinteren Teil des Gastraums. Er entschied sich für Gulasch mit Knödeln, verlor jedoch nach einigen Bissen den Appetit und bestellte sich ein Bier. Müdigkeit stieg in ihm auf, und er orderte noch einen Kaffee. Aus dem Eingangsbereich des Restaurants hatte er einen Stadtplan mit einem Hotel-Verzeichnis mit zu seinem Tisch genommen. Es gab viele kleine Hotels und Pensionen und nur einige wenige größere Häuser. Da er bis zum Abend noch viel Zeit hatte, fasste er den spontanen Entschluss, die Hotels nach Sarah abzuklappern. Wenn sie tatsächlich hier war, musste sie irgendwo untergebracht sein. Er bezahlte mit dem restlichen Geld, das er von seiner Mutter bekommen hatte. Bei seinem Gang durch die Stadt war ihm ein Touristenoffice aufgefallen. David beschloss, dorthin zurückzukehren. Vielleicht gab es da einen Computer mit Internetanschluss.

Er hatte Glück. Mithilfe einer freundlichen Mitarbeiterin druckte er das Profilbild von Sarahs Instagram-Account aus. Auf dem großen Platz gegenüber der Touristeninformation befand sich gleich das erste Hotel seiner Liste. David zeigte am Empfang Sarahs Foto vor und nannte ihren Namen, erntete aber nur ein bedauerndes Kopfschütteln. Genauso erging es ihm bei den nächsten beiden Unterkünften. Er passierte die Kirche, als die Kirchturmuhr drei Uhr schlug. Bei zwei weiteren Hotels wies man ihn ab. Bei dem nächsten Gasthof schöpfte er zunächst Hoffnung, als die Rezeptionistin mit dem Ausdruck von Sarahs Foto zu einer Kollegin in einem Hinterzimmer ging und beide einen Moment über das Foto zu diskutieren schienen. Schließlich kehrte sie aber zurück und bedauerte, ihm nicht helfen zu können. Auch wenn die Stadt selbst nicht überfüllt wirkte, schienen die Hotels allesamt gut belegt zu sein. Es musste an der bevorstehenden Feier der Bruderschaft liegen, was möglicherweise auch die auffallend vielen jungen Menschen erklärte. Zweifel an der Sinnhaftigkeit seines Tuns erfassten David, als er in einem halben Dutzend weiterer Hotels eine abschlägige Antwort bekam. Langsam taten ihm die Füße weh. Aber er hatte immer noch Zeit bis zum Ball am Abend und wollte zumindest das Gefühl haben, sie zu nutzen, um Sarah zu finden. Auch im nächsten Haus, dem bisher größten und elegantesten, betrachteten die Mitarbeiter an der Rezeption das Foto eine ganze Weile und bedauerten dann höflich, aber bestimmt, ihm nicht weiterhelfen zu können.

Als David wieder auf die Straße trat und auf der Karte nach dem nächstgelegenen Hotel suchte, legte sich plötzlich ein Schatten über seinen Übersichtsplan. Als er aufschaute, blickte er in ein Gesicht, das ihm bekannt vorkam. Vor ihm stand der Beifahrer aus dem SUV, der ihn vor einigen Tagen in New York vor der Jugendgang gerettet hatte.

»Sie suchen Miss Lloyd, Mr. Berger?«, sagte der Mann freundlich. Während er sprach, zog er sich ein schwarzes Paar Latexhandschuhe über.

David blickte sich um. Vor dem Hotel herrschte reges Treiben; es wäre für ihn ein Leichtes gewesen, um Hilfe zu rufen. Aus dem Augenwinkel sah David keine fünf Meter entfernt einen weiteren Mann stehen, der sie beide mit vor dem Bauch verschränkten Armen beobachtete. »Lassen Sie mich raten«, sagte David, ebenso ruhig und freundlich. »Sie wissen, wo sie ist. Können Sie mich zu ihr bringen?«

Ein Lächeln huschte über das Gesicht des Mannes, der nun ungefragt nach Davids Rucksack griff, ihn öffnete und vorsichtig schüttelte, während er hineinschaute. Dann schloss er den Reißverschluss wieder. »Haben Sie irgendwelche Waffen dabei?«, fragte er.

»Sind Sie von der Polizei?«, gab David spöttisch zurück.

Der Mann überhörte die Frage. »Oder spitze Gegenstände?«

David antwortete nicht.

Daraufhin tastete der Mann ihn ab, griff in die Jackentasche und zog die Ampulle hervor.

»Ein Medikament, das ich brauche«, behauptete David.

Der Mann hielt die Ampulle vorsichtig in der Hand und

prüfte mit ausgestrecktem Arm, ob sie verschlossen war. Nun trat von hinten der andere Mann heran. Auch er trug Latexhandschuhe, was David erst jetzt bemerkte. Der Mann zog einen durchsichtigen Plastikbeutel aus der Innentasche seines Jacketts und öffnete ihn. Behutsam legten die Männer die Ampulle hinein und verschlossen den Beutel mit einem Zip-Verschluss. Der zweite Mann verschwand mit der Ampulle, während der erste David erneut sorgfältig abzutasten begann. Offenbar war man auf seine Ankunft gut vorbereitet.

»Folgen Sie mir bitte«, sagte der Mann, als er fertig war, und deutete auf einen schwarzen Audi, der in diesem Moment vorfuhr. Der Mann öffnete die hintere Tür und bedeutete ihm einzusteigen. David zögerte nur einen kurzen Augenblick, dann kam er der Aufforderung nach. Während der Wagen langsam losfuhr, kam ihm die Beschreibung des *Gen-Taxis* aus der Patentschrift seines Vaters in den Sinn, und er musste lächeln.

Er saß in einem Auto auf dem Weg zur Burg.

Das Taxi war unterwegs.

92

Prag

»Sie ist nicht mehr aufgetaucht. Vermutlich wird ihre Leiche in den nächsten Tagen irgendwo flussabwärts gefunden. Meist bleiben sie in den Schleusen hängen. Oft sind sie von den Schiffsschrauben dann so entstellt, dass man Wochen braucht, um sie zu identifizieren.«

Millner stand wieder an der Stelle, an der Janina Sega in die Moldau gestürzt war. Zwischenzeitlich war er an beiden Enden der Brücke gewesen und hatte versucht, mit den verhafteten Männern zu sprechen, was diese nur mit trotzigen Blicken und Schweigen quittiert hatten. Millner war sich allerdings sicher, dass sie später auspacken würden, um ihre Haut zu retten, nachdem ihr Anführer auf der Brücke gestorben war. Das Berufen auf bloße Befehlsausführung war ein beliebtes und erfolgreiches Verteidigungsmittel bei Untergebenen. Mit einem guten Verteidiger an ihrer Seite würden sie den Großteil der Schuld auf die beiden toten Kameraden schieben können. Mittlerweile war Millner an den nun abgesperrten Tatort zurückgekehrt, an dem die Mitarbeiter der Spurensicherung damit beschäftigt waren, ein Zelt zu errichten. So glücklich er war, überlebt zu haben und die vermeintlichen Mörder von Alexander Bishop überführt zu haben, so sehr nagte es an ihm, dass Janina Sega entkommen war. Er hatte keine Ahnung, in wessen Auftrag sie handelte. Nur eines stand fest: Sie arbeitete nicht für diejenigen, die hier tot am Boden lagen. Auch konnte er sich nicht erklären, was der tote Staatsanwalt mit alldem zu tun hatte. Ebenso wenig der Mord an dem Obdachlosen in der Subway. All diese Fragen hätte Janina Sega ihm im Rahmen eines Deals mit der Staatsanwaltschaft beantworten können, und nun trieb sie womöglich irgendwo dort unten tot im Fluss. Er selbst war daran nicht ganz unschuldig. Offensichtlich hatte er sie unterschätzt.

»Was ist das dort?«, fragte er einen Mitarbeiter der Spurensicherung, der in einem weißen Overall über der Leiche des zweiten Soldaten kniete. Der Mann schaute ihn über seinem großen Mundschutz fragend an. Millner trat heran und zeigte auf einen schwarzen Gegenstand, der aus der Jacken-Innentasche des Soldaten ragte. Der Mann griff mit seinen behandschuhten Händen danach und zog ihn langsam heraus.

Millner wusste nicht, worum es sich handelte, aber er hatte so einen Gegenstand schon einmal gesehen: in Janina Segas Hand. Da hatte er ihn zunächst für eine Waffe gehalten. »Was ist das?«, fragte er und erntete ein Schulterzucken. Er ging näher heran und beugte sich darüber. Von Nahem ähnelte es nicht mehr einer Pistole. Zwei v-förmig zulaufende Enden aus geriffeltem Plastik, jedes so lang und dick wie eine kleine Banane, endeten in einem durchsichtigen Mundstück, das an einen großen Schnuller erinnerte.

»Sieht aus ... wie ein Schnorchel!«, murmelte der Mann hinter seinem Mundschutz.

»Ein Schnorchel?«, wiederholte Millner, während sein Blick zurück zur Moldau wanderte.

Der Mann im Schutzanzug nahm es und legte es in einen großen durchsichtigen Beutel, den er sofort beschriftete. Millner griff danach und steckte es ein. Mit dem Kopf wies er ans Ende der Brücke, um anzudeuten, dass er das Beweisstück dort den tschechischen Kollegen übergeben würde. Ein leises Klingeln in unmittelbarer Nähe riss ihn aus seinen Gedanken. Millner suchte mit den Blicken den Boden ab und wurde fündig. Unter den Flüchen des Kriminaltechnikers griff er in die Jacke des toten Anführers und beförderte ein klingelndes Mobiltelefon hervor. Der Name Arthur leuchtete auf dem Display. Millner nahm den Anruf entgegen und lauschte.

»Janina? Wir haben Berger in Krumau geschnappt, aber wo zum Teufel bist du? Janina? Die Leitung ist gestört, ich höre dich nicht ... Komm sofort her!«

Millner legte auf und steckte das Telefon kurzerhand ein.

Dabei berührte er eine Packung Pfefferminz-Kaugummis in seiner Innentasche, von denen er sich eines in den Mund steckte. Der Kollege von der Spurensicherung schien die Unterschlagung des Beweismittels nicht hinnehmen zu wollen und begann, in tschechischer Sprache auf ihn einzureden.

»Wie weit ist es von hier nach Krumau?«, fragte Millner und überging den Ärger des Mannes einfach.

»Zweieinhalb Stunden mit dem Auto, wenn man gut durchkommt«, entgegnete der widerwillig in gebrochenem Englisch und hielt Millner mit strengem Blick die ausgestreckte Hand entgegen.

»Danke.« Millner legte das Kaugummipapier hinein, bevor er sich auf die Suche nach einem Auto machte, das er sich leihen konnte.

93

Krumau

Der Audi brachte sie bis unmittelbar vor die Burg. Das letzte Stück mussten sie zu Fuß gehen. Die beiden Männer nahmen David in die Mitte, ohne ihn allzu sehr zu bedrängen. Dennoch war klar, dass er ihr Gefangener war.

Sie passierten am Eingang ein Bärengehege, wie auf einem kleinen Schild zu lesen war. Von den Bären war allerdings im Augenblick keiner zu sehen. Rund um die Anlage parkten Lieferwagen von Caterern und Musiktechnikern. Die Vorbereitungen zu dem großen Event waren offenbar in vollem Gange.

David und seine Begleiter passierten einen Hof, durch den man zu einem Museum und zum Eingang zum großen Turm gelangte. Durch einen Torbogen kamen sie zu einem weiteren, etwas kleineren Innenhof. Die ursprünglich glatt verputzten Fassaden waren mit gelben Wandmalereien verziert. Zwischen den Fenstern waren täuschend echt aussehende Nischen auf die Mauer gemalt, in denen sich Abbilder von Statuen befanden.

Sie stoppten vor einer Tür, die in ein schmales Treppenhaus führte. Seine Begleiter nahmen David auch hier in die Mitte, einer ging vor, der andere hinter ihm. Schmale Steinstufen führten hinauf, und plötzlich befanden sie sich in den Räumen des alten Schlosses. Die Zimmer, die sie durchquerten, wirkten, als wären sie seit Jahrhunderten nicht verändert worden. Einzige

Ausnahme bildeten die Seile, die vor dem Mobiliar gespannt waren und die als Absperrung für die Touristen dienten. Offenbar war dieser Bereich der Burg normalerweise Teil des Museums. Sie passierten zwei weitere Räume, dann wandte einer der Männer sich plötzlich zur Wand und öffnete eine geheime Tür in der Holzvertäfelung.

Ein mulmiges Gefühl erfasste David, als er in einen dunklen Gang trat, der erst ebenerdig verlief und dann über eine schmale Wendeltreppe nach oben führte. Er hatte derartige Gänge einmal bei einer Schlossbesichtigung in Wien gesehen. Sie hatten dem Personal früher als verborgene Versorgungsgänge gedient, um bei der Ausübung seiner Pflichten nicht ständig die Räume der Herrschaften durchqueren zu müssen.

David und seine Begleiter gelangten in einen noch dunkleren und kleineren Raum, der nur durch eine schwache Glühbirne, die nackt in einer Fassung baumelte, erleuchtet wurde. Der Vordermann blieb stehen, klopfte und öffnete die Tür zu einem so prächtigen Saal, wie David ihn noch niemals zuvor gesehen hatte: Die Wände waren durchgängig mit Motiven eines Maskenballs bemalt. David erkannte typische Figuren der Commedia dell'arte wie den Dottore, Harlekin oder Il Capitano. Am beeindruckendsten jedoch waren die auf die Wände gemalten Balkone, Logen und Vorsprünge, die den Raum architektonisch viel größer erscheinen ließen, als er tatsächlich war. Die gemalten Figuren schienen aus der Wand herauszuspringen und wirkten so plastisch, als wären sie lebendig. Unterstützt wurde dieser Effekt von den Menschen im Raum, die ähnliche Verkleidungen trugen und so optisch mit den Wandgemälden verschmolzen. David zählte insgesamt vier Personen, die in der Mitte des Raumes um einen Tisch versammelt waren, auf dem ein großes kristallenes Gefäß stand.

Bei ihrer Ankunft hatten sie sich zu ihnen umgedreht. Erst jetzt sah David noch eine fünfte Person, eine Serviererin, die hinter dem Tisch stand. Die anderen vier trugen Masken, sodass David ihre Gesichter nicht erkennen konnte. David kannte die Art der Maskierung vom venezianischen Karneval in Little Italy, zu dem ihn einmal ein Kollege mitgenommen hatte. Zu den Masken trugen die vier Personen aufwendig gestaltete Kostüme. David identifizierte anhand der Kleidung drei Männer und eine Frau. Alle hielten halb gefüllte Gläser in der Hand.

»Da ist er ja endlich!«, sagte einer der Männer, dessen schneeweiße Pestmaske sich über dem Mund nach vorne wölbte und mit ihren sanften Konturen offenbar einen Totenkopf andeuten sollte. Dazu trug er einen schwarzen Hut und einen Umhang. »Ich denke, du bist das erste Mal in Krumau, oder, David?«

David entgegnete nichts, sondern sah schweigend in die Runde.

»Vielleicht solltest du von unserer Bowle probieren, sie schmeckt köstlich! Komm näher, ich kann dich von hier kaum erkennen.« Er gab ein Zeichen, und die Frau in der altmodisch anmutenden Dienertracht füllte ein Glas mit einer schäumenden Flüssigkeit.

Erst wollte David es ablehnen, doch dann sah er darin eine mögliche Gelegenheit.

»Selbstverständlich Champagner. Mit Aprikosen und Zitronenmelisse. Unsere Bowle hat eine lange Tradition! Das Gefäß selbst stammt aus dem achtzehnten Jahrhundert, und die Bowle wird jedes Jahr zu Beginn des Festes an alle Gäste ausgeschenkt. Man munkelt, manche kommen nur ihretwegen her!«

David setzte das Glas an die Lippen und nahm einen Schluck. Er hielt die Bowle einen Moment im Mund gefangen, ließ sie über die Zunge rollen wie einen guten Wein, dann spuckte er sie heimlich zurück in das Glas, als er vorgab, noch einmal daran zu nippen.

»Gut, oder?«

David streckte den Arm aus und schüttete die Bowle zurück in das große Gefäß, wobei er Schwarzenberg einen provozierenden Blick zuwarf. »Ich finde, Sie schmeckt irgendwie nach Selbstherrlichkeit. Sie können die Maske auch gern abnehmen, Mr. Schwarzenberg.«

Schwarzenberg lachte. »Ich wäre enttäuscht, wenn du mich nicht erkannt hättest, David. Ich trage die Maske aber nicht für dich, sondern weil dies das Motto unseres diesjährigen Festes ist: Karneval! Wusstest du, dass schon in vorchristlicher Zeit eine Art Karneval gefeiert wurde, um die bösen Geister zu vertreiben? Vielleicht vertreiben wir heute ja unsere Dämonen.«

David versuchte, einen genaueren Blick auf die Frau zu werfen, die nun keine drei Meter von ihm entfernt stand und zu Boden sah. In David keimte Hoffnung, und sein Herzschlag beschleunigte sich. Unter der Maske und dem Hut konnte sich jeder verstecken, aber zumindest die Körpergröße stimmte.

»Du hast deinen Vater also nicht enttäuscht und bist seiner Bitte gefolgt, nach Berlin zu kommen.«

»*Sie* hingegen haben ihn sehr wohl enttäuscht«, entgegnete David. »Sie haben gelogen, als Sie mir neulich sagten, Sie wären sein Freund gewesen.«

»Oh, nein!«, protestierte Schwarzenberg. »Ich war sein Freund, bis Karel wahnsinnig wurde.«

»Er wurde nicht wahnsinnig. Aber er wollte verhindern, dass Sie alle es werden.«

Nun nahm Schwarzenberg die Maske ab. »›Sie‹? Du meinst wohl ›wir‹, David, denn ob du es willst oder nicht, du bist einer von uns!«

»Das war ich nie«, entgegnete David. »Weder hier noch hier.« Er klopfte sich erst auf die Brust und dann auf die Stirn.

»Man kann seine Gene nicht verleugnen, David«, entgegnete Schwarzenberg. »Scheint in der Familie zu liegen. Auch dein Vater wollte niemals akzeptieren, wie Gott ihn und uns alle geschaffen hat. Und er hatte offenbar keine Skrupel, dich zu missbrauchen, um sein Werk zu vollenden.«

In diesem Moment trat einer von Davids Begleitern einen Schritt vor und überreichte Schwarzenberg den Plastikbeutel mit der Ampulle.

Schwarzenberg hielt den Beutel gegen das Licht der Kronleuchter. Ein triumphierendes Lächeln umspielte seinen Mund. »Das ist es!«, rief er aus. »Ich erkenne sogar die Ampulle wieder. Sie stammt noch aus unserem Labor.« Er wandte sich David zu. »Das Serum in dieser Ampulle zieht man in Spritzen auf. Was hattest du damit vor? Wolltest du es in unsere Bowle schütten?«

David entgegnete nichts.

»Vernichten Sie das«, sagte Schwarzenberg zu dem Mann neben ihm, der den Beutel mit spitzen Fingern entgegennahm und damit rasch durch einen der hinteren Ausgänge des Saals verschwand. »Netter Versuch, David«, sagte Schwarzenberg dann. »Du bist leider genauso ein Träumer wie dein Vater!«

David spürte, wie Wut in ihm aufstieg. »Wo ist Sarah?«, fragte er. »Jetzt, da Sie die Ampulle haben, können Sie sie gehen lassen!«

»Gehen lassen?« Schwarzenberg lachte amüsiert. »Denkst du tatsächlich, ich würde Sarah jemals gehen lassen, damit sie den Rest ihres Lebens mit so einem Versager wie dir verschwendet?«

»Es reicht, Vater!« Die einzige maskierte Frau im Raum stieß den Mann vor sich zur Seite und bahnte sich einen Weg zu David, wobei sie sich die Maske vom Gesicht riss. David spürte, wie es ihn warm durchströmte. Er hatte sich nicht getäuscht: Es war Sarah.

Bevor er jedoch reagieren konnte, umklammerte der Maskierte neben ihr Sarahs Hüfte und hielt sie so zurück.

»Lassen Sie mich los, ich bin schwanger!«, rief sie zornig.

David ließ das leere Glas fallen und machte einen großen

Schritt nach vorn, um ihr zu Hilfe zu kommen. In diesem Moment spürte er einen Schlag im Nacken. Die Knie gaben unter ihm nach, und er fiel zu Boden. Hatte sie Schwarzenberg »Vater« genannt? Ein Schatten legte sich über ihn, dann durchzuckte seine Schläfe ein pochender Schmerz, und um ihn herum wurde es schwarz. Sie bekommt ein Baby, war sein letzter bewusster Gedanke.

94

Krumau

Als David erwachte, war ihm kalt. Er versuchte vergeblich, die Arme zu bewegen. Von seinem Nacken ausgehend zog ihm ein stechender Schmerz in den Kopf bis hinter die Stirn.

Er befand sich in einem dunklen Raum, offenbar einem Kellerraum. Einzige Lichtquelle waren zwei Leuchten hinter einem schützenden Drahtgestell, die an der Decke befestigt waren. Die Wände waren aus nacktem Fels. Es roch feucht und muffig. David drehte den Kopf. Neben ihm stand eine Reihe leerer Regale, die, wie es aussah, zum Lagern von Flaschen bestimmt waren. Seine Handgelenke waren mit Seilen an die Lehnen des schweren Stuhls gefesselt, auf dem er saß. Als er erneut versuchte, die Arme zu bewegen, spürte er ein Ziehen in der rechten Armbeuge. Darin steckte eine Kanüle, von der ein feiner durchsichtiger Schlauch zu einem Infusionsbeutel führte, der an einem der Regale neben ihm hing. David konnte sehen, wie kleine Tropfen den Schlauch hinabliefen, direkt in die Kanüle in seinem Arm. Er versuchte, sich zu befreien, und bemerkte erst jetzt, dass auch seine Beine gefesselt waren. Mit Gewalt rüttelte er an den Seilen, doch nichts geschah. Nicht einmal der Holzstuhl, auf dem er saß, bewegte sich.

»Pass auf, dass du dir nicht wehtust«, sagte eine Stimme in der Dunkelheit.

»Nina?«, fragte er.

Sie trat ins Licht. »Überrascht? Hast gedacht, ich wäre auch auf der Brücke in Prag gestorben, oder?«

Er schwieg. Nachdem er von Millner die Wahrheit über Nina erfahren hatte, hatte er sich tatsächlich nicht länger um sie gesorgt. »Was ist mit Millner?« Noch immer fühlte er sich seltsam benommen.

Sie grinste nur spöttisch. Eines stand fest: Nina war nicht gekommen, um ihn zu befreien.

»Wo sind wir hier?«, wollte er wissen.

»In der Gruft der Fürstin Eleonore von Schwarzenberg. Direkt unter der St.-Veit-Kirche in Krumau. Hier liegt sie begraben, bis auf ihr Herz. Das hat man gesondert bestattet, weil man sie für eine Vampirin hielt.« Nina trat gemächlich auf ihn zu, nahm einen Stuhl, der dem ähnelte, auf dem David saß, und setzte sich ihm gegenüber. »Die arme Frau. Als sie starb, hatten alle Angst vor ihr. Dabei litt sie nur an derselben Krankheit wie wir.«

David hatte Probleme, Nina zu folgen. Immer wieder drohten ihm die Augen zuzufallen.

»Eleonore von Schwarzenberg verdanken wir Schlaflose auch eine der wichtigsten Entdeckungen«, fuhr sie fort. »Die Fürstin litt damals so sehr unter der Schlaflosigkeit – und noch mehr quälte es sie, wie ihr Sohn unter der Krankheit zu leiden hatte –, dass sie erhebliche Anstrengungen unternahm, um ein Gegenmittel zu finden. Und es mochte Glück, Zufall oder Fügung sein, aber sie fand schließlich eins.«

David musste gegen die Müdigkeit ankämpfen, die immer stärker wurde.

»Das Mittel heilt uns nicht, aber es lässt uns wenigstens schlafen. Aufgrund unseres genetischen Defekts kann das in

Schlafmitteln enthaltene, beruhigend wirkende Adenosin nicht an unseren Nervenrezeptoren andocken. Ohne Adenosin keine Beruhigung, ohne Beruhigung kein Schlaf. Unsere Rezeptoren sind ständig in Alarmbereitschaft, wenn du so willst. Die Fürstin fand mithilfe ihres damaligen Hausarztes einen Stoff, der mit unseren Rezeptoren kompatibel ist. Sie gewannen den Stoff aus dem Gift einer Natternart. Mehrere Probanden starben, bis die Fürstin die richtige Dosis herausgefunden hatte. Sie gab beinahe ihr gesamtes Vermögen für ihre Forschungen aus und wäre darüber beinahe bankrottgegangen. Zu unserem großen Glück, muss ich sagen, erschoss dann aber der Kaiser auf der Jagd versehentlich ihren Mann und entschädigte die Fürstin großzügig mit einer Geldzahlung. Manch einer behauptet allerdings, der Fürst sei bereits tot gewesen, bevor das Pferd mit ihm in die Schusslinie des Kaisers geriet.«

David kniff die Augen zusammen. Er fühlte sich gar nicht gut.

»Ich will dich nicht mit Geschichte langweilen. Jedenfalls hat die Fürstin seinerzeit Tausende dieser Fläschchen produzieren lassen, so als hätte sie gewusst, dass sie nicht nur für sich, sondern für uns alle Vorsorge treffen musste. Unglücklicherweise starb nämlich die Natternart, deren Gift bei uns wirkt, über die Jahrhunderte aus, sodass wir das Schlafmittel heute nicht mehr produzieren können. Leider ist uns bis zum heutigen Tag auch nicht gelungen, es synthetisch herzustellen, eine Aufgabe, an der selbst dein Vater gescheitert ist. Das Gift, das uns schlafen lässt, wird von der Bruderschaft rationiert, und sie entscheidet auch darüber, wer es erhält und wer nicht. Es ermöglicht ein weitgehend normales Leben, da regelmäßiger Schlaf die Halluzinationen und Wahnvorstellungen verhindert. Mit dem Unterschied, dass uns auch mit dem Mittel ein, zwei Stunden im Monat genügen.«

»Was hat das alles mit mir zu tun?«, fragte David.

»Oh, du wolltest wissen, wo wir hier sind. Bis gestern lagerten die restlichen Dosen dieses Mittels hier in dieser Gruft. Aus Sicherheitsgründen lässt Schwarzenberg sie nun an einen anderen Ort bringen. Doch eine Ampulle war für dich gedacht, und deren Inhalt befindet sich jetzt in dem Infusionsbeutel dort oben, von wo das Mittel in deinen Blutkreislauf gelangt. Du musst wissen, man muss es sehr sparsam dosieren. Je nach Körpergewicht genügen schon einige Tropfen für einen gesunden Schlaf. Eine ganze Ampulle wäre aber in jedem Fall tödlich. Ich habe sie allerdings mit Kochsalz verdünnt, damit wir ein bisschen mehr Zeit zusammen haben ...«

David schaute auf. Der Plastikbeutel über ihm war halb gefüllt.

»Jetzt begreifst du«, sagte Nina und lächelte.

95

Krumau

Er schwamm im dem Strom der Fahrzeuge und gelangte zu einer Burg. Bereits vor der Stadtgrenze von Krumau war Millner auf die ersten Absperrungen durch Polizeifahrzeuge gestoßen, aber auch auf private Sicherheitsdienste, die ihm jeweils den Weg wiesen, bis er schließlich zu der alten Burg gelangt war. Es war offenkundig, dass hier etwas Großes im Gange war. Als man ihn an der Straßensperre aufforderte, seine Eintrittskarte vorzuzeigen, wirkte sein FBI-Ausweis Wunder, denn er wurde mit seinem Wagen durchgelassen. Man schien sich nicht über seine Anwesenheit zu wundern, was nur bedeuten konnte, dass Personen vor Ort waren, die ihrerseits die Anwesenheit des FBI rechtfertigten oder gar erforderten. Dieser Verdacht bestätigte sich, als Millner von dem Parkplatz, auf den er dirigiert worden war, zu Fuß zur Burg ging. Nahe am Eingang parkten ganze Fuhrparks von Luxuslimousinen, außerdem vier Helikopter, die ein Stück weiter in Warteposition standen. Darunter befand sich auch ein Hubschrauber des Typs Sikorsky, auch bekannt als *Marine One*, wenn er den US-Präsidenten transportierte. Es wimmelte nur so von Sicherheitsleuten, die aufgeregt umherliefen. Die Szenerie erinnerte Millner an einen FBI-Einsatz vor vielen Jahren in Chantilly, Virginia, bei dem sie Teilnehmer der berühmt-berüchtigten Bilderberg-Konferenz offiziell beschützt, jedoch in Wahrheit beschattet hatten. Auf dem Parkplatz vor den Toren der Stadt, unterhalb der Burg, hatte er mithilfe des GPS-Senders auch Bergers Leihwagen gefunden. Er war verlassen, gab ihm aber Anlass zu der Hoffnung, dass er hier auf der Suche nach Berger richtig war.

Kurz vor dem Eingang zur Burg, die aufgrund ihrer Massivität einschüchternd wirkte, kamen Millner inmitten des Gewühls aus Security-Leuten auch die ersten Gäste entgegen, leicht zu erkennen an der pompösen Kostümierung. Offenbar handelte es sich bei der Veranstaltung um einen Maskenball, für den er als Gast nicht unbedingt angemessen gekleidet war. Das Problem löste sich von selbst, als Millner in einem der Burghöfe eine Bank passierte, auf der eng umschlungen ein junges Paar saß, das mit sich selbst beschäftigt war. Der Junge hatte seine weiß-golden verzierte Schnabelmaske neben sich abgelegt. Die beiden waren zu verliebt, um den Diebstahl zu bemerken. Die Eingangskontrollen an einer großen Flügeltür passierte Millner dank seines FBI-Ausweises erneut problemlos. Als er die Treppe hinaufstieg, hatte er sich mit der Maske bereits in einen venezianischen Pestarzt verwandelt.

Er folgte der Musik und stand kurz darauf in einem großen Saal, von dessen bemalten Wänden Figuren der Commedia dell'arte herabschauten. Aufgrund des Auflaufs an Personenschützern vermutete Millner, dass sich unter den Maskierten auch Prominente befanden. Noch immer hatte er keine Ahnung, welch exklusive Gesellschaft sich hier eingefunden hatte, doch er konnte auch niemanden fragen, ohne zu offenbaren, dass er eigentlich nicht hierhergehörte.

Eine maskierte junge Dame überreichte ihm ein Glas mit Bowle, das er dankbar annahm. Vor ihm wurde zu einem Walzer von Johann Strauss getanzt, was Grund genug für Millner war, woanders nach Berger zu suchen. Sicher hielt David Berger sich nicht unter den Tanzenden auf. Man habe ihn »geschnappt«, hatte der Mann namens Arthur am Telefon gesagt. Doch wo sollte er nach Berger suchen?

Millner ging den Gang entlang und durchquerte Raum um Raum des Schlosses. Je leiser die Musik wurde, desto weniger Menschen begegneten ihm. Schließlich gelangte er in einen Teil des Schlosses, der nahezu verlassen wirkte. Von dem Ort Krumau und der Burg hatte Millner nie zuvor gehört, was ihn aufgrund der Größe der Anlage und des Prunks erstaunte. Im übernächsten Raum fand er, wonach er gesucht hatte. Hier, im abgelegenen Teil der Burg, bewachte ein einzelner Mann eine Tür. Doch der Wächter würde ihm wohl kaum verraten, wer oder was hinter der Tür verborgen war. Und der FBI-Ausweis würde ihm auch nicht weiterhelfen. Millner bückte sich und öffnete den Schnürsenkel seines rechten Schuhs. Dann schlenderte er weiter.

Als der Wächter ihn bemerkte, kam Leben in ihn. Hatte der Mann zuvor gelangweilt an die Wand gestarrt, straffte er sich jetzt und sah ihm aufmerksam entgegen.

Millner prostete ihm mit dem Bowle-Glas freundlich zu und wankte leicht, als wäre er betrunken.

»Hier geht es leider nicht weiter«, sagte der Wächter mit starkem tschechischen Akzent und deutete auf den Gang hinter Millner. »Sie müssen leider umkehren.«

Millner wandte sich halb um, als wollte er dem freundlich

vorgetragenen Befehl Folge leisten. Der Mann hatte etwa seine Größe und Statur. Bedauerlicherweise konnte man ihm jedoch nicht ansehen, ob er eine Kampfausbildung genossen hatte. Millner wies auf den offenen Schuh und hielt dem Wachmann bittend das Bowle-Glas entgegen. »Wären Sie so nett, es kurz zu halten?«, sagte er, um eine verwaschene Aussprache bemüht.

Einen Moment zögerte der Mann, kam dann aber der Bitte nach. Im selben Moment traf Millners Faust ihn am Kinn, und der Wächter sackte ächzend in sich zusammen.

Millner wartete einen Moment, um sicherzugehen, dass hinter der Tür kein weiterer Wachmann postiert war, der, vom Lärm alarmiert, herausstürmte. Aber alles blieb ruhig. Vorsichtig stieg Millner über den Bewusstlosen hinweg und öffnete die Tür. Dahinter befand sich ein historisches Schlafgemach, in dem alles originalgetreu und antik wirkte. Bis auf die Frau, die auf dem Bett saß und ihm überrascht entgegenblickte. Millner erkannte sie sofort: Es war Sarah Lloyd. Verweint, aber quicklebendig.

96

Krumau

»Warum machst du das?«, brachte David hervor. »Ich habe dir nichts getan. Ich hatte sogar das Gefühl, dass wir uns mochten.«

Nina stieß einen verächtlichen Laut aus. »David, du verstehst noch immer nichts.« Sie stand auf und verringerte die Durchflussgeschwindigkeit der Infusion. »Ich möchte aber, dass du weißt, warum dir das hier geschieht. Also halte noch ein wenig durch.« Sie setzte sich wieder und beugte sich vor. »Du bist Karel Bergers Sohn. Und deswegen musst du nun sterben.«

Er wollte den Kopf schütteln, doch das Verlangen zu schlafen wurde in ihm übermächtig. Einfach die Augen zu schließen und loszulassen ... Als er dem Drang nachkam, tauchte Sarahs Gesicht vor ihm auf. »Ich bin schwanger!«, hörte er sie rufen. Adrenalin flutete seinen Körper, und David riss die Augen auf. »Was hat Sarah mit alldem zu tun?«

Nina schüttelte den Kopf. »Wie ahnungslos du bist, David.« Sie stand auf und strich ihm eine Haarsträhne aus der Stirn. »Hätten wir uns unter anderen Umständen kennengelernt, ich hätte dich wirklich gemocht. Du musst jetzt ganz stark sein, wenn du hörst, was ich dir erzähle. Lloyd ist der Name von Sarahs Mutter, und sie ist auch eine von uns. Sarah ist unehelich geboren und daher ohne ihren Vater aufgewachsen. Ihr Vater ist niemand anders als Vlad Schwarzenberg, der Mann, der mir befohlen hat, dich hier unten zu töten! Dabei wäre er beinahe dein Schwiegervater geworden.« Nina machte eine kurze Pause. »Erinnerst du dich, wie du Sarah kennengelernt hast?«

David antwortete nicht, sondern versuchte, das Ausmaß ihrer Worte zu verstehen.

»Soweit ich weiß, hast nicht du sie angesprochen, sondern sie dich. Es gehörte alles zum Plan. Als Karel Berger starb, nahm er das Geheimnis des von ihm entwickelten Virus mit ins Grab. Statt das Schlafgift der Fürstin synthetisch nachzuahmen, wie ihm aufgetragen worden war, hatte er das Virus entwickelt, dem du es zu verdanken hast, dass du fast dreißig Jahre schlafen konntest. Dein Vater nutzte die Hülle eines abgetöteten Virus, um reparierte genetische Informationen in deine Zellen zu transportieren. Ein schwaches Virus, dessen Wirkung nach einigen Jahrzehnten verpuffte. Als Mitglieder der Bruderschaft nach dem Tod deines Vaters seine Aufzeichnungen durchgingen, fanden sie allerdings heraus, dass er noch eine zweite Variante hergestellt hatte: Diesmal hatte er das Virus nicht abgetötet. Dies bedeutet, dass es sich durch Ansteckung verbreiten konnte. Und es handelte sich um einen anderen Virustyp, der die Gene eines Menschen nicht nur temporär, sondern dauerhaft verändert. Käme dieses Virus in Umlauf und würde sich über normale Ansteckung auf der Welt verbreiten, würden wir Schlaflosen alle von unserem Gen-Defekt geheilt und damit zu ganz normal Schlafenden.« Aus ihrem Mund klang dies wie ein schreckliches Übel. »Das Virus war von ihm kurz vor seinem Tod im Labor hergestellt worden, aber niemand wusste, wo er es versteckt hatte. Dann fand man nach dem Unfall in seinem Auto den Brief an dich, in dem er dich bat, nach deinem dreißigsten Geburtstag nach Berlin zu fliegen und das Bankhaus Walter & Söhne aufzusuchen. Es war klar, was er dort in Verwahrung gegeben hatte.«

David versuchte mühsam, seine Gedanken zu fokussieren. Was Nina erzählte, war für ihn nur teilweise neu. Einiges wusste er bereits aus dem Brief seines Vaters, den er im Schließfach des Bankhauses vorgefunden hatte.

»Alle Versuche, ohne deine Hilfe an das zu gelangen, was in der Bank gelagert war, scheiterten. Die Bruderschaft versuchte sogar, das Bankhaus zu übernehmen, doch die Familie Walter entpuppte sich als sehr standhaft und überaus loyal ihren Kunden gegenüber. Somit stand fest, dass man wohl oder übel bis zu deinem dreißigsten Geburtstag warten und dich bis dahin überwachen musste. Es war deine Lebensversicherung. Immerhin warst du der erste und einzige Mensch, der mittels eines Virus von der Schlaflosigkeit geheilt wurde. Während deiner Kindheit und Jugend hatte die Bruderschaft diverse Vertraute in deine Umgebung eingeschleust: Kindergärtnerinnen, Trainer, Jugendbetreuer. Als du studiertest und langsam auf die dreißig zugingst, kam die Idee auf, ein Mädchen auf dich anzusetzen. Der Zufall wollte es, dass die Wahl auf Sarah fiel. Anfangs sollte sie nur eine Freundin von dir werden, doch dann verliebte die naive Kuh sich in dich und zog sogar mit dir zusammen.« Nina schnaubte abfällig.

David versuchte, ihren Erzählungen zu folgen. »Sarah hat mich ausspioniert?«, murmelte er.

»Wie gesagt, das war ihre Aufgabe. Aber das Blondchen hat den Job *zu* ernst genommen und bald echte Gefühle für dich entwickelt. Als die Wirkung des Virus bei dir sichtlich nachließ und sich erste Schlafstörungen einstellten, beschloss sie offenbar, dich in alles einzuweihen. Sie bat ihren Vater, dich zu verschonen, und rechnete wohl nicht damit, dass Schwarzenberg sogar gegen den Mann vorgehen würde, den sie liebt!« Nina lachte glucksend. »Selbstverständlich konnte die Bruderschaft das nicht zulassen. Daher hat ihr Vater sie vor die Wahl gestellt: Entweder sie hält dicht und verlässt dich, oder du wirst von der Bruderschaft eliminiert.«

»Eliminiert?«

Nina zuckte mit den Schultern. »Du bist nicht der Erste und wirst auch nicht der Letzte sein, der der Bruderschaft im Weg stand. Minderheiten haben in der Geschichte der Menschheit schon immer die Wahl gehabt, verfolgt zu werden oder selbst zum Verfolger zu werden. Die Bruderschaft hat glücklicherweise frühzeitig erkannt, dass sie sich wehren muss.«

»Das klingt alles ... total wahnsinnig.« David spürte, wie seine Zunge immer schwerer wurde.

»Wahnsinnig ist nur die Welt, in der wir leben«, sagte Nina. »Jedenfalls hatte Sarah, auch nachdem sie dich scheinbar verlassen hatte, Probleme, sich zu fügen. Daher war es leider auch erforderlich, ihre Freundin Elly zu eliminieren. Elly war keine von uns.«

Ninas Stimme war so gefühllos und kalt, dass David fröstelte. »Warum musste sie sterben?«

»Sarah hatte sie in deine Wohnung geschickt, um die Schlange zu holen, die beim Auszug entwischt war. Aber sie hatte Elly heimlich auch einen Brief an dich mitgegeben, in dem Sarah dir alles erklären wollte. Als ich in dein Apartment kam, saß Elly gerade da, den Karton mit der Schlange auf dem Schoß, und las tatsächlich den Brief an dich. Es war ein Wunder, dass sie die Schlange überhaupt gefunden hatte. Weißt du, dass diese Tiere sogar in Versorgungsrohre und Wasserleitungen kriechen?«

»Ich dachte, Ellys Tod wäre ein Unfall gewesen.«

Nina lächelte. »So sollte es auch aussehen. Sie wusste nicht, wer ich bin. Hielt mich für deine Zugehfrau.« Nina grinste spöttisch. »Nachdem sie den Brief gelesen hatte, konnte ich sie nicht mehr leben lassen. Ich ließ mir die Schlange zeigen, reizte sie, und dann biss sie Elly in den Hals. Wirklich unglaublich, wie schnell das Gift wirkt. Die Haltung dieser Viecher sollte verboten werden. Aber viele von uns halten Giftschlangen, denn auch wenn deren Gift uns nicht schlafen lässt – dies vermag nur das Gift der ausgestorbenen Natternart zu bewirken –, so versetzt es uns im Gegensatz zu normalen Menschen in einen Rausch, der einem Schlaf sehr ähnlich ist. Ich vermute, wenn du nicht da warst, hat Sarah die Schlangen gemolken.«

»Und hat sie auch etwas von eurem Wunderschlafmittel bekommen?«, wollte David wissen. Er konnte nicht glauben, dass Sarah eine Schlaflose sein sollte. Auf ihn hatte sie stets einen ausgeglichenen Eindruck gemacht; von Halluzinationen war nichts zu merken gewesen. Auch hatte er stets das Gefühl gehabt, dass sie nachts neben ihm tief und fest schlief.

»Nach den Richtlinien der Bruderschaft hätte sie wohl eher nichts davon erhalten. Aber sie war die Tochter von Schwarzenberg. Und sie hatte die wichtige Aufgabe, dich zu überwachen, ohne dass du etwas merkst. Ich schätze, so hat er Sarahs Versorgung mit dem Mittel offiziell gerechtfertigt.«

David konnte sich nicht entsinnen, Sarah einmal bei der Einnahme eines ihm unbekannten Medikaments beobachtet zu haben, aber das musste nichts heißen. »Und welche Rolle spielte Randy bei alldem?«

»Sarah kannte ihn aus der Klinik. Nach der Sache mit Elly hat sie ihn geschickt, um dich in den Untergrund zu holen und zu warnen. Aber Randy war aufgrund der Nebenwirkungen des Morpheus-Gens schon zu sehr durch den Wind, um es richtig zu machen.«

»Du hast ihn *getötet*!«

Sie zuckte mit den Schultern. »Er hat nicht gelitten. Du warst doch dabei.«

David empfand für Nina nichts als Abscheu. Er schaute auf den Beutel. Gut ein Drittel der Flüssigkeit war bereits in seinen Kreislauf geflossen. Glaubte man Ninas Worten, stand es nicht gut um ihn. »Was ist mit den Tabletten *Stay tuned*?«

»Eine dumme Idee von Alex«, entgegnete sie. So wie sie seinen Namen aussprach, schien er ihr vertraut gewesen zu sein.

David runzelte die Stirn. »Alex ist ... war auch ein Schlafloser?«

»Ein guter Freund, den die Bruderschaft dir zur Seite gestellt hatte. Es hätte ja auch sein können, dass irgendjemand dich im Namen deines Vaters vor deinem dreißigsten Geburtstag kontaktiert. Dieses Risiko wollten die Mitglieder der Bruderschaft nicht eingehen. Sie wollten dich unter ihrer totalen Kontrolle.«

David spürte neben Enttäuschung auch Wut auf Alex in sich aufsteigen.

»*Stay tuned* – was für ein blödsinniger Name, findest du nicht? Diese Tabletten wirken bei normalen Menschen erstaunlich gut, hatten bei dir aber keinerlei Wirkung. Alex wollte dir nur eine Erklärung für deine plötzliche Schlaflosigkeit liefern. Du solltest denken, es läge an den Tabletten. Andernfalls hätte die Gefahr bestanden, dass du vor lauter Sorge um deine Gesundheit nicht nach Berlin fliegst. Das wäre dann dein Todesurteil gewesen. Und da er tatsächlich gerade diese Tabletten für einen Mandanten anmelden sollte, hielt er es für eine geniale Idee, sie dir zu geben und dich glauben zu machen, deine

Wachheit wäre darauf zurückzuführen. Offenbar hat es den armen Alex das Leben gekostet.«

»Warum musste er sterben?«

»Das waren nicht wir! Wir haben Alex sehr geschätzt! Vlad Schwarzenberg hat die Herstellerfirma der Tabletten, *Better Human Biopharma*, sofort aufgekauft und die Leute angewiesen, alle Forschungsunterlagen und Tablettenvorräte zu vernichten. Aufputschmittel sind bei der Bruderschaft verständlicherweise nicht gern gesehen. Sie schaffen Konkurrenz, wenn du verstehst, was ich meine. Die Bruderschaft möchte lieber, dass die Schlafenden nachts schlafen, wie die Natur es nun einmal vorgesehen hat. Dieser Jackson und seine Leute, die mich entführt hatten, waren offenbar hinter den Tabletten her, weil sie dachten, sie seien für deine tagelange Schlaflosigkeit verantwortlich. Sie hatten wohl die Hoffnung, dass Alex ihnen welche überlassen würde, und suchten ihn deshalb auf. Als er das nicht konnte, weil du die Tabletten hattest, haben sie ihn gefoltert und schließlich als unliebsamen Zeugen umgebracht. Wenn du so willst, bist du also schuld an seinem Tod.«

Er schüttelte den Kopf. Nein, das war er nicht. Er hatte weder um die Tabletten gebeten, noch hätte er Alex' Tod verhindern können.

»Haben Jackson und seine Leute mich auch in Alex' Wohnung betäubt?«

Nina lachte spöttisch auf. »Nein, das war Alex! Im Nachhinein nur ein Fehler von vielen, die er begangen hat. Als du ihn nach eurer Prügelei aufgesucht und unangenehme Fragen wegen Sarah gestellt hast, wollte er dich wohl zu deinem Schutz betäuben, der Narr! Dafür das Schlafmittel zu verschwenden! Ich denke, er befürchtete, dass er dich nicht würde anlügen können und du dem Geheimnis um dich und deinen Vater zu nahe kommen würdest. Die Bruderschaft wollte dich dumm halten, bis du in Berlin angekommen warst, um dir dort das

Virus abzunehmen. Je mehr du wusstest, desto gefährlicher wurdest du für sie. Sie brauchten dich nur als Eintrittskarte in das Bankhaus. Alex wusste, die Bruderschaft würde kein Risiko eingehen und dich lieber beseitigen. Ich denke, daher gab er dir etwas von dem da in dein Getränk.« Sie deutete auf den Infusionsbeutel. »Am Ende war Alex zu schwach und wollte dich retten. Vermutlich wollte er verhindern, dass du nach Berlin fliegst.«

Der Raum um ihn herum begann, sich zu drehen, sodass David die Augen zusammenpresste, bis sich seine Sicht wieder normalisierte. Jetzt fühlte er sich, als wäre er stark betrunken.

»Alex und Sarah kannten sich besser, als ich dachte?«, stellte er die für ihn wichtigste Frage. Er erinnerte sich daran, wie er neulich Nacht die liebevolle Umarmung der beiden beobachtet hatte.

»Sie waren darin vereint, dass sie dich mehr mochten, als gut für sie war. Offenbar wollte Sarah Alexander überreden, dir die Wahrheit zu sagen. Und wer weiß? Wäre er nicht gestorben, vielleicht hätte ich es verhindern müssen.«

David deutete auf den Schlauch neben sich. »Dich scheine ich mit meinem Charme ja nicht überzeugt zu haben.«

»Fast hättest du!«, sagte sie. »Das im Hotel war nicht gespielt. Ich hatte tatsächlich Lust auf dich!«

»Lust?«, echote David. »Lust ist kein Gefühl.«

Nina verzog die Mundwinkel. »Gefühle machen schwach.«

»Was ist mit Generalstaatsanwalt Dillinger? Warum hast du ihn getötet? Was hat er mit alldem zu tun?«

»Hat dir das dieser Polizist gesagt? Ich muss einen Fehler gemacht haben.« Sie klang ärgerlich. »Das hat mit dir nichts zu tun. Aber der Generalstaatsanwalt erhielt das Schlafmittel von der Bruderschaft, wie einige andere Auserwählte. Er ist trotzdem wahnsinnig geworden und hat Dinge getan, die wir nicht weiter dulden konnten. Indem er der Bruderschaft gedroht hat, sie auffliegen zu lassen, hat er sein eigenes Todesurteil gesprochen. Beinahe poetisch für einen Staatsanwalt, oder?«

Schwarze Flocken bildeten sich vor Davids Augen. »Du bist so etwas wie eine Auftragsmörderin?«

»Das klingt so ... böse! In der Bruderschaft gibt es viele Ämter, und eines ist das des Sandmanns. Mein Urgroßvater war Sandmann, mein Großvater, mein Vater – und heute bin ich es.«

David lachte verächtlich. »Wohl eher eine Sandfrau.«

Nina schüttelte den Kopf. »Es war immer der Sandmann, vor dem alle Respekt hatten. Und nur, weil mir ein unbedeutender Körperteil fehlt, mussten wir ja wohl kaum den Titel ändern. Der Sandmann ist derjenige, der seit Jahrhunderten den Menschen den Schlaf bringt. Ich finde die Vorstellung, dass wir Sandmänner nicht den Tod, sondern nur den ewigen Schlaf bringen, angenehmer. Schau dich an. Ich töte dich nicht, ich wiege dich nur sanft in den Schlaf!« Diesmal klang ihr Lachen beinahe wahnsinnig.

»Du könntest mich einfach gehen lassen«, sagte David. »Ich habe noch keine Lust, ewig zu schlafen, und ich kann niemandem mehr etwas tun. Sie haben mir das Virus meines Vaters abgenommen.«

»Das war zugegebenermaßen nicht besonders geschickt von dir, David«, erwiderte Nina. »Ich hätte mehr von dir erwartet. Was war überhaupt dein Plan?«

»Ich hatte keinen.« David spürte, wie ihm langsam die Sinne schwanden. »Lass mich gehen«, bat er erneut.

»Das kann ich nicht. Wie gesagt, du bist der Sohn von Karel Berger, und deshalb musst du sterben.«

»Du hast mir erzählt, dein Vater hat bei dem Unfall damals schon meinen Vater getötet«, sagte er. »Vielleicht wäre es an der Zeit, dass wir es besser machen als unsere Väter. Sarah ist schwanger. Möchtest du, dass auch dieses Kind ohne Vater aufwächst? Du weißt wie ich, was das bedeutet!«

»Schwanger?« Ninas Stimme war schrill geworden. »Oh mein Gott!« Dann begann sie laut zu lachen. »Das Schicksal hat wirklich Humor. Das hatte es auch, was unsere Väter anging, denn ich habe dir nicht ganz die Wahrheit gesagt. Mein Vater hat nämlich deinen Vater nicht getötet.«

»Du sagtest, sie hätten ihn gezwungen, meinen Vater zu ermorden, und er wäre mit dem Auto absichtlich frontal in seinen Wagen hineingefahren.«

»Das stimmt. Mein Vater sollte ihn eliminieren. Aber er selbst sollte überleben. Es war nicht mein Vater, der in Karel Bergers Auto hineingefahren ist; es war umgekehrt. Mein Vater war in jener Nacht nicht allein unterwegs; er hatte einen Partner bei sich. Einer fuhr und wartete im Auto, der andere observierte deinen Vater, wenn es erforderlich war. In jener Nacht verfolgten sie ihn. Und dein Vater war es, der plötzlich wendete und das unbeleuchtete Auto mitten auf der Straße abstellte. Mein Vater hatte keine Chance, als sein Fahrzeug in das deines Vaters krachte. Dein Vater hat sich in jener Nacht umgebracht, und er hat meinen mit in den Tod gerissen!« Zum ersten Mal sprach Nina nicht in der überheblichen Art wie bisher. Dieser Teil der Geschichte schien sie ernsthaft zu berühren. »Der Beifahrer meines Vaters überlebte. Er fand den Brief deines Vaters an dich im Autowrack und floh. Von ihm kenne ich die Wahrheit!«

»Du hast recht«, sagte David. »Das Schicksal hat Humor.«

Er sah, wie Ninas Augen ärgerlich blitzten. Sie erhob sich und verstellte erneut etwas an dem Infusionsschlauch. Nun lief die Flüssigkeit beinahe doppelt so schnell. Nina setzte sich wieder und beobachtete ihn mit vor der Brust verschränkten Armen.

»Ich habe noch einen letzten Wunsch«, sagte er mit schwerer Zunge. Die schwarzen Wolken vor seinen Augen wurden immer größer. »Gib mir einen Abschiedskuss.«

In Ninas Gesicht sah er ehrliche Überraschung, dann lächelte sie. Sie stand auf, machte einen Schritt auf ihn zu und ging vor ihm in die Hocke. Dann legte sie die Hand auf seine und streichelte sie. Sie beugte sich vor, brachte ihren Mund an seine Lippen und sog sie sanft zu einem intensiven Kuss ein. Danach strich sie ihm über die Wange und setzte sich wieder. Für einen Moment ließ David die Augen geschlossen, dann öffnete er sie langsam.

»Ich habe auch gelogen«, sagte er. Das Reden fiel ihm nun sehr schwer. »Ich hatte doch einen Plan, als ich hierherkam.«

Er sah, wie Nina sich nach vorne beugte.

»Als ich die Ampulle mit dem Virus im Schließfach meines Vaters fand, befand sich neben einem Brief an mich noch etwas darin.« Er sprach leise und undeutlich.

Nina beugte sich noch weiter vor, um ihn zu verstehen.

»Eine Spritze«, brachte er angestrengt hervor. »Mein Vater hatte mir in dem Schreiben noch einmal erläutert, was ein Gen-Taxi ist, das mithilfe eines Virus das genetisch veränderte Material in die Zellen schleust, und wie das Virus wirkt. Auch dass das Virus in der Ampulle im Gegensatz zu dem, das er mir als Baby injizierte, eine hochansteckende Variante enthält, die auf dem Norovirus beruht und die er noch nicht hatte testen können. Das Norovirus ist eines der ansteckendsten Viren der Welt, soweit ich weiß. Meinem Vater war klar, dass ich das Virus nur schwer auf diesen Ball hier würde schmuggeln können und dass es schwierig werden würde, es auf anderem Wege unter den Mitgliedern der Bruderschaft zu verbreiten. Daher hat er mir einen Weg aufgezeigt, wie es gelingen kann.«

Durch seine halb geschlossenen Augen konnte er sehen, wie angespannt Nina war.

»*Mach es nur, wenn du es wirklich willst*, schrieb er mir. Und ich wollte es.« Die letzten Worte waren kaum noch zu verstehen, so verwaschen klang seine Aussprache.

»Wie?«, fragte Nina wie aus weiter Ferne. Sie sprang auf und stellte den Tropf neben ihm ab. Dann packte sie ihn an den Schultern und schüttelte ihn.

Er öffnete mühsam die Augen und fühlte sich plötzlich ganz leicht. »Ich habe mir das Virus in der Bank injiziert«, sagte er und spürte, wie sich sein Mund zu einem Lächeln verzog. »Ich ... ich bin das Virus. Letzte Nacht habe ich schon geschlafen, und ich ermüde auch wieder wie andere Menschen. Mittlerweile dürfte ich übrigens hochansteckend sein.«

Er sah, wie Nina zurücktaumelte und sich an die Lippen fasste. Die Lippen, mit denen sie ihn eben noch geküsst hatte.

»Ich habe vorhin auch von der Bowle probiert«, sagte er mühsam. »Eine wirklich schöne Tradition: Bowle für alle Geladenen ... Aber ich mochte sie überhaupt nicht ... und habe den Inhalt meines Glases zurück in das große Gefäß geschüttet ... Hoffentlich hat es den anderen besser geschmeckt als mir ...« Er merkte, wie seine Glieder plötzlich erschlafften. Ninas Gestalt sah er nur noch schemenhaft vor sich.

»Was hast du getan?«, hörte er sie noch flüstern.

»Sag Sarah, dass ich sie liebe. Und richte den anderen liebe Grüße von Karel Berger aus.« Er wusste nicht, ob er diese Sätze tatsächlich ausgesprochen oder nur gedacht hatte. Dann wurde es plötzlich ganz hell hinter seinen Lidern, und er trat in ein gleißendes, warmes Licht.

97

Krumau

»Hier geht's hinein.« Sarah wäre beinahe über den Saum ihres Kleides gestolpert.

Sie waren beide außer Atem. Der Weg von der Burg zur Kirche hatte erst bergab und dann bergauf geführt, und die

Kleidung klebte unangenehm auf Millners schweißnasser Haut. Es hatte nicht viel gebraucht, um Sarah Lloyd davon zu überzeugen, dass er es gut mit David und ihr meinte. Doch möglicherweise war ihre Verzweiflung auch so groß, dass sie jedem vertraut hätte.

Sarah und er betraten das Schiff der Kirche St. Veit, die, obwohl sie nicht erleuchtet war, weiß erstrahlte. Es war ein kleines Gotteshaus, das Ehrfurcht in Millner weckte. Normalerweise mied er Kirchen, weil sie ihm nicht geheuer waren. Sarah wandte sich sofort nach links und führte ihn zu einem Raum, der vom übrigen Kirchenschiff durch einen Torbogen abgetrennt war.

»Die Kapelle des heiligen Nepomuk«, erklärte Sarah. Es war bereits das zweite Mal an diesem Tag, dass der heilige Nepomuk Millners Weg kreuzte. Während er noch überlegte, ob es ein Zufall sein konnte und ob das Streicheln des Hundes an der Nepomuk-Statue auf der Karlsbrücke ihm auch noch hier den wohlwollenden Schutz des Heiligen bescherte, bückte Sarah sich und begann, den lilafarbenen Teppich aufzurollen. Millner kam ihr zu Hilfe. Kurz blickte er auf die nackten Steinplatten, die darunter zum Vorschein kamen.

Hier liegt die arme Sünderin Eleonore. Bittet für sie. 16. Mai 1741 war in den Stein eingraviert.

Mittendrin prangte ein großer eingemeißelter Totenkopf auf zwei gekreuzten Knochen.

»Das ist der Eingang zur Gruft«, sagte Sarah und schob Millner zurück. »Außer meinem Vater kennen ihn nur wenige.« Sie trat zur Seite, gab auf einem versteckten Tastenfeld eine Zahlenkombination ein und packte dann eine auf einem Podest ruhende kleine Statue, die sie mit einem angestrengten Ächzen zur Seite drehte.

Mit einem knirschenden Grollen senkten sich die Steinplatten vor Millner und bildeten den Eingang zu einer Treppe. Staub stieg ihm in die Nase, sodass er niesen musste. Sarah umrundete die entstandene Öffnung und ging so schnell voraus, dass Millner Mühe hatte, ihr zu folgen.

Die Stufen waren steil und endeten in einem Kellergemäuer. Sarah wandte sich nach rechts und betätigte einen Lichtschalter. Dann stieß sie einen spitzen Schrei aus. Erst als Millner sie sanft zur Seite schob, sah auch er den Stuhl, auf dem eine in sich zusammengesunkene Gestalt kauerte, von deren Arm ein Schlauch zu einem fast leeren Infusionsbeutel führte.

98

Krumau

Ihr war schrecklich übel. Während sie lief, spürte sie, dass ihre Stirn glühte, wusste jedoch nicht, ob vom Laufen, der Panik, die sie bei Davids Eröffnung erfasst hatte, oder weil das Virus bereits zu wirken begann.

Aus dem Medizinstudium wusste sie, dass Viren ganz unterschiedliche Inkubationszeiten hatten; bei manchen dauerte es nur Stunden, bis die ersten Symptome auftraten. Vielleicht hat er ja nur geblufft, versuchte sie, sich zu beruhigen. Allerdings hatte sie David beim Sterben zugeschaut, und sie wusste, dass Menschen angesichts des Todes niemals logen. Sie hatten schlicht keinen Grund mehr dazu. Nina wischte sich zum hundertsten Mal über die Lippen und spuckte aus. Wenn er tatsächlich infiziert war, dann trug sie das Virus jetzt auch in sich. Sie schaute im Vorbeilaufen auf eine Uhr im Schaufenster eines Souvenirladens.

Der Festball war schon seit Stunden im Gange, und sie

wusste von früheren Teilnahmen, dass die Bowle stets beim Einlass ausgeschenkt wurde, um die Gäste in die richtige Stimmung zu versetzen. Vermutlich war es ohnehin zu spät.

Die verschiedenen Sicherheitsbeamten musterten sie kritisch, als sie an ihnen vorbeilief. Aber das war ihr jetzt gleichgültig. Sie stürmte durch den ersten Schlosshof in den zweiten, kümmerte sich nicht um den Kontrolleur am Einlass, flog die Treppe förmlich hinauf und schob sich durch die protestierenden Gäste, bis sie, nach Atem ringend, den Maskensaal erreicht hatte.

Vor ihr stand der Tisch mit dem riesigen Bowle-Glas, das schon Fürstin Eleonore gehört hatte.

»Es ist leider keine Bowle mehr da«, sagte eine freundliche Kellnerin neben ihr. »Wir haben aber noch Champagner.«

Nina ließ den Blick durch den Raum schweifen, in dem beinahe jeder der Gäste ein Glas in der Hand hielt.

»Alles erledigt?«

Sie fuhr herum und blickte in das Gesicht Schwarzenbergs. Sie suchte nach Worten, wusste nicht, wo sie anfangen sollte, doch da kam er ihr schon zuvor.

»Wir haben ein Problem. Sarah ist verschwunden. Jemand hat den Bodyguard, den ich zu ihrer Bewachung abgestellt habe, niedergeschlagen. Ich fürchte, sie will Berger befreien.« Vlad Schwarzenberg beugte sich vor und fügte leise hinzu. »Ich hoffe, es ist ohnehin zu spät?« Sein Atem roch nach Wein und Aprikose.

Nina schob ihn zur Seite und rannte los – dorthin, von wo sie gekommen war.

99

Krumau

Sarah war zu David gelaufen und hatte ihm mit geübten Handgriffen den Tropf entfernt. »Ich fühle den Puls nur noch schwach«, sagte sie. In ihrer Stimme schwang mühsam unterdrückte Panik.

Mittlerweile hatte er Berger ebenfalls erreicht. Wie Millner es in seiner Zeit im Ring gelernt hatte, versetzte er ihm leichte Ohrfeigen und rief seinen Namen. Plötzlich bewegte Berger sich und hustete leise, doch er schien nicht wirklich bei Bewusstsein zu sein.

Sarah richtete sich auf und betrachtete den Beutel, dann sah sie sich um und hob eine leere Flasche auf. »Oh mein Gott!«

»Was ist das?«, wollte Millner wissen.

»Schlangengift. Verdünnt. Es wirkt wie eine Überdosis Schlaftabletten.«

»Was kann man tun, damit er zu sich kommt?«

»Hier nicht viel. Wir müssen ihn in ein Krankenhaus bringen!«

Wieder gab Berger ein leises Röcheln von sich.

Millner begann, die Fesseln aufzuknoten, was sich als knifflige Angelegenheit erwies. »Würde Kaffee helfen?«

»Haben Sie denn welchen dabei?«

»Das nicht, aber die hier!« Millner griff in die Innentasche seines Jacketts, in der er noch immer die Tabletten aufbewahrte.

»*Stay tuned*? Was ist das?«

»Keine Ahnung, doch sie sollen wach machen.«

»Was ist da drin?«

»Das weiß ich nicht. Aber um das zu erfahren, würde manch einer töten.«

Sarah betrachtete David nachdenklich. »Wir haben nichts

zu verlieren«, sagte sie, drehte sich um und verschwand die Treppe hinauf. Millner schaute ihr nach, während er sich daranmachte, die Beinfesseln zu lösen. Kurz darauf kam Sarah zurück, in der Hand eine kleine Glaskaraffe. »Der Messwein für die Abendandacht. Sie findet traditionell am Ende des Balles statt. Bis dahin müssen wir verschwunden sein.«

Sie drückte zwei der Tabletten aus dem Alupapier, öffnete geschickt Davids Mund und legte die erste Tablette hinein, dann setzte sie die Karaffe an und schüttete vorsichtig etwas Wein in Davids Mund. Millner sah, wie Berger widerwillig schluckte, doch dann bekam er einen Hustenanfall und spuckte den Wein zurück in die Karaffe. Sarah strich ihm liebevoll über das Haar und hielt seinen Nacken. Dann wiederholte sie die Prozedur mit der zweiten Tablette. Diesmal schluckte Berger Tablette und Wein, ohne sich dagegen zu sträuben.

»Wir sollten das Mittel vielleicht nicht überdosieren«, sagte sie und reichte Millner die Packung zurück. Zwei der Tabletten waren nun noch übrig.

»Ob es hilft?«, fragte Millner.

Sarah beugte sich zu Berger hinunter und gab ihm einen sanften Kuss auf die Lippen. »David, ich bin es! Hörst du mich?«

Für einen kurzen Moment glaubte Millner, Bergers Augenlider flattern zu sehen. Dann stöhnte David leise.

Millner griff nach der Karaffe, die Sarah abgestellt hatte, und nahm einen großen Schluck Wein. Er schmeckte süßlich, aber nicht schlecht.

»Helfen Sie mir!«, sagte Sarah und stellte sich neben David, wobei sie die Schulter in seine Achselhöhle drückte. Millner tat es ihr gleich, und gemeinsam schleppten sie Berger Stufe für Stufe die Treppe hinauf. Es schien eine Ewigkeit zu dauern. Endlich hatten sie es geschafft. »Halten Sie ihn einen Moment!«, bat Sarah, drehte sich um und verschwand wieder nach unten. Kurz darauf kehrte sie mit der Glaskaraffe zurück und stellte sie auf einen Sockel unweit der Kapelle des heiligen Nepomuk. Dann drehte sie die kleine Statue zurück in die ursprüngliche Position, worauf der Eingang in die Gruft sich hinter ihnen mit einem mahlenden Geräusch schloss.

David begann, sich in Millners Arm zu bewegen, sodass er ihn nur mit Mühe festhalten konnte. Er murmelte etwas Unverständliches, was Millner für ein gutes Zeichen hielt.

Sarah rollte den Teppich zurück und nahm völlig außer Atem wieder ihren Platz neben ihm ein. »Je später sie bemerken, dass David weg ist, desto besser.«

»Wo wollen wir mit ihm hin?«, fragte Millner. Der Parkplatz, auf dem er sein Auto abgestellt hatte, war gefühlte drei Tagesmärsche von hier entfernt.

Wieder murmelte Berger etwas und schlug mit dem Arm aus, wobei er Millner mit dem Ellbogen am Ohr traf.

»Vor der Kirche steht ein Lastwagen, der meinem Vater gehört, aber ich habe keinen Schlüssel.«

»Uns wird schon etwas einfallen.« Millner registrierte erleichtert, dass Berger seine Füße nun mitbewegte, und stemmte sich gegen die schwere Kirchentür. Gemeinsam mit Sarah hievte er David nach draußen. »Warum das Ganze überhaupt?«, fragte er. »Was hat David verbrochen, und was hat diese Nina damit zu tun?«

»Das ist eine lange Geschichte«, sagte Sarah.

Millner ächzte. »Ich mag lange Geschichten. Aber vielleicht heben wir sie uns für später auf.«

»Da.«

Millner blickte in die Richtung, in die Sarah wies, und sah einen Lkw vor sich. Ein neues Modell, das nicht so leicht zu überbrücken war. Doch bevor er sich darüber den Kopf zerbrechen konnte, tauchte neben der Ladefläche ein Mann auf, der den Lastwagen zu bewachen schien.

100

Krumau

Vom Laufen brannte ihre Lunge, und die Übelkeit nahm zu. Der Weg zurück zur Kirche kam ihr länger vor als der Hinweg. Sie hatte Schwarzenberg noch nichts von Davids Virus-Anschlag erzählt. Vielleicht sollte sie die Sache ohnehin besser für sich behalten. Zumindest vorerst. Wenn David nur geblufft hatte, würde sie die Mitglieder der Bruderschaft umsonst in Aufregung versetzen. Und das würde man ihr übelnehmen. Ihr Auftrag war es gewesen, David nicht aus den Augen zu lassen, und gerade als es darauf angekommen war – als er in der Bank in Berlin den Inhalt des Schließfachs inspiziert hatte –, hatte sie sich gefangen nehmen lassen. Bei ihrer Ankunft in Krumau hatte sie den leisen Vorwurf in Schwarzenbergs Augen gesehen. Nein, es war besser, über die neuesten Entwicklungen erst einmal Stillschweigen zu bewahren.

Oberste Priorität war nun, Sarah zu finden. Da David so gut wie tot gewesen war, als sie ihn zurückgelassen hatte, war es sehr unwahrscheinlich, dass Sarah rechtzeitig gekommen war, um ihn zu retten. Gab es allerdings den leisesten Zweifel, dass Sarah noch mit David gesprochen hatte, konnte sie es sich nicht leisten, sie am Leben zu lassen. Andernfalls würde Schwarzenberg von seiner Tochter von dem Virus-Anschlag erfahren, den sie, Nina, ihm verschwiegen hatte. Zudem war die Frage, wer Sarah geholfen hatte. Nina glaubte nicht, dass die zierliche junge Frau den Wachmann vor ihrer Tür allein hatte überwältigen können.

Nina beschleunigte noch einmal, ignorierte das Brennen in der Lunge und lief eine lange Treppe hinunter, die an einem Laden endete, der *Trdelnik* verkaufte. Es roch köstlich nach dem für Krumau so typischen Gebäck, doch im Moment hatte sie dafür keinen Sinn. Nina lief die Straße hinunter, über die Brücke, vorbei an einer kleinen Ladenzeile. Vor ihr tauchte der Lastwagen auf, den Schwarzenberg dort geparkt hatte, um gleich nach der nächtlichen Andacht damit abzureisen, und daneben der Schatten des Mannes, der zur Bewachung des Wagens abgestellt war. Plötzlich hörte sie jemanden rufen und suchte Deckung zwischen zwei parkenden Autos.

Einige Meter hinter dem Lastwagen tauchten drei Personen auf; die beiden äußeren schienen die Person in der Mitte zu stützen. Als die drei in das Licht einer Laterne traten, erkannte Nina, um wen es sich handelte: um Sarah, David und den falschen Maler von der Karlsbrücke, der vermutlich Polizist war und der sich als Greg Millner vorgestellt hatte. Sie konnte nicht glauben, dass er hier in Krumau war. Zeitlich war es zwar möglich; auch sie hatte sich nach dem Sprung von der Brücke und dem Tauchgang mit dem Atemgerät, das kinderleicht zu bedienen gewesen war, beeilt, hierherzukommen. Aber sie hatte nicht damit gerechnet, dass David den Polizisten tatsächlich in seine Pläne einweihen würde.

Der Wächter wurde auf die drei aufmerksam, und Nina hörte, wie der Mann namens Millner ihn aufforderte, ihnen zu helfen. Der Wachmann zögerte nur kurz, dann ging er zu den dreien hinüber.

Sarah machte einen Schritt zur Seite und schien den Mann zu bitten, ihren Platz einzunehmen. Er gab ihr sein Gewehr, und gerade als er sich bei David unterhaken wollte, versetzte Sarah ihm mit dem Kolben einen Schlag auf den Hinterkopf. Der Wachmann geriet ins Wanken, hielt sich aber auf den Beinen, bis Sarah den Schlag wiederholte. Wie ein gefällter Baum ging der Wächter zu Boden. Sarah bückte sich, durchsuchte seine Taschen und stieß einen triumphierenden Laut aus. Sie hielt etwas in Richtung des Lastwagens, und die Warnblinkanlage leuchtete auf. Kein Zweifel: Sie wollten mit dem Lkw fliehen! Sarah wandte sich zu den anderen beiden und hakte David wieder unter. Das Trio näherte sich von der Fahrerseite langsam dem Lastwagen.

Im Kopf überschlug Nina das Tempo der drei. So wie es aussah, würde ihr genügend Zeit bleiben, um sich an der Hauswand entlangzuschleichen und vor ihnen die Beifahrertür zu erreichen.

101

Krumau

»Wo bin ich?«, murmelte Berger kaum verständlich.

Millner wusste nicht, ob es an den Tabletten oder der frischen Luft lag, aber David kam gerade wieder zu sich, und das keinen Moment zu früh, um ihn mit vereinten Kräften in die Fahrerkabine zu hieven.

Endlich hatten sie es geschafft. Da die Kabine nur für zwei Personen ausgelegt war, saßen David und Sarah zusammengedrängt auf dem Beifahrersitz. Sarah, der die Erleichterung deutlich anzumerken war, gab sich alle Mühe, Berger wachzuhalten. Sie redete aufgeregt auf ihn ein, küsste ihn und klopfte ihm immer wieder zärtlich auf die Wangen.

Nachdem Millner den Anlasser betätigt hatte, nahm der schwere Dieselmotor mit einem lauten Brüllen seine Arbeit auf, und sie fuhren los. Obwohl der Wagen über eine gute Federung verfügte, wurden sie auf dem alten Straßenpflaster ordentlich durchgeschüttelt. Millner beschloss, nicht das nächste Krankenhaus anzufahren, sondern den Wagen erst einmal zu einer der größeren Ausfallstraßen zu lenken, die sie aus Krumau hinausführen würde. Auch wenn es David besser zu gehen schien, sollte er sich unbedingt von einem Arzt untersuchen lassen.

Millner steuerte den Lkw weg von der Burg, in der Hoffnung, dass die Straßensperren auf dieser Seite bereits aufgelöst waren oder zumindest den abfließenden Verkehr nicht betrafen. Die engen Straßen der Altstadt erforderten höchste Konzentration, wollte er beim Abbiegen keines der Häuser streifen.

Erst auf gerader Strecke gab Millner mehr Gas. Er schaute zu seinen Begleitern hinüber und bemerkte zufrieden, dass Davids Augen nun durchgängig geöffnet waren. Sarah saß halb auf dem Sitz und halb auf Davids Schoß und streichelte und küsste ihn.

»Schnallt euch lieber an, ihr zwei«, sagte Millner und legte ebenfalls den Anschnallgurt an.

Mittlerweile hatten sie die Altstadt hinter sich gelassen, und im Rückspiegel wurde die noch immer hell erleuchtete Burg kleiner und kleiner. Millner steuerte auf eine der Moldaubrücken zu und gab weiter Gas. Der Lkw beschleunigte, als Millner plötzlich eine Bewegung hinter sich wahrnahm. Etwas schnellte durch den Vorhang, der die Fahrerkabine von dem Bett im hinteren Teil des Führerhauses trennte. Als er sich umdrehte, sah er ein Messer aufblitzen, das im nächsten Moment in seinem rechten Oberarm verschwand. Obwohl er keinen Schmerz verspürte, verriss er bei der reflexartigen Abwehrbewegung das Lenkrad, und der Lkw steuerte nach links. In diesem Moment legte sich von hinten ein Arm um Millners Hals und würgte ihn. Er wurde nach oben gerissen, wodurch sein Fuß das Gaspedal durchdrückte. Der Motor heulte erneut auf, und das Nächste, was Millner sah, war das Brückengeländer, das der Laster niedermähte, als bestünde es aus Streichhölzern.

Sarah schrie auf, dann verlor der Lkw die Bodenhaftung, und vor ihnen endete die Straße. Alles, was Millner noch sah, waren gähnende Leere und Dunkelheit.

102

Krumau

Der Aufprall auf das Wasser war hart und bewirkte zweierlei: Die Frontscheibe des Führerhauses zerbarst, und David spürte, wie viele kleine Splitter sich in seine Gesichtshaut bohrten. Zudem flog etwas Großes aus dem hinteren Teil der Kabine an seinem Kopf vorbei und landete auf dem Armaturenbrett vor ihm. Erst auf den zweiten Blick erkannte er einen menschlichen Körper. Sarah wurde von seinem Schoß und nach vorn geschleudert. Instinktiv umklammerte er sie und wunderte sich, woher er die Kraft dazu nahm. Gerade erst war er wieder zu sich gekommen, gestützt von Sarah und Millner. Langsam kamen die Erinnerungen an eine Unterhaltung mit Nina zurück. Danach musste er weggedämmert sein, denn seine nächste Wahrnehmung war Sarah, halb auf seinem Schoß sitzend, in einem Lastwagen.

Plötzlich gab es einen Knall, als explodierte das Führerhaus, in dem sie saßen. David drehte sich nach links und sah Millner, der im Sitz nach vorn geworfen wurde. Aus seinem Oberarm ragte der Griff eines Messers. Und dann war da das zur Grimasse verzerrte Gesicht Ninas, irgendwo hinter dem Lenkrad.

Eiskaltes Wasser peitschte ihm ins Gesicht und nahm ihm den Atem. Er wandte sich nach rechts. Sarah schwebte mit geschlossenen Augen im Wasser, während es um sie herum dunkel wurde.

Vor ihm durchschnitten zwei Lichter die Dunkelheit. Er riss die Augen auf. Dann handelte er instinktiv, wie auf Autopilot. Er griff neben sich und bekam den Anschnallgurt zu fassen. Im nächsten Moment wurde er im Sitz nach oben gedrückt, hielt aber Sarah unter den Achseln fest umklammert. Unter seinen Tritten gaben die Reste der Frontscheibe nach und lösten sich aus dem Rahmen. Mit den Füßen stieß er sich vom Sitz ab. Der Lkw hatte aufgehört, tiefer zu sinken, und so glitten Sarah und er aus dem Cockpit. Er atmete langsam aus und spürte, wie ihn ein Auftrieb erfasste, als zöge ihn jemand an einem Seil geradewegs empor.

Der Flug durch die Dunkelheit schien ewig zu dauern, und schon fürchtete er, dass ihm die Luft ausging, als er plötzlich eine Wand durchbrach und über sich den nächtlichen Himmel sah. Er schnappte nach Luft, drehte sich auf den Rücken und begann, wie wild mit den Füßen zu strampeln. Die Kälte lähmte seine Glieder, und er spürte seine Hände und Arme kaum noch, doch noch immer hielt er Sarah fest an sich gedrückt. Er erschrak bis ins Mark, als er irgendwann mit dem Kopf gegen etwas stieß, und als er sich umdrehte, erkannte er in seinem Rücken einen Strauch und dahinter das rettende Ufer.

Sein Stöhnen und Ächzen klang in seinen eigenen Ohren fremd, doch mit letzter Kraft hievte er Sahras leblosen Körper aus dem Wasser und zog ihn einen guten Meter die Böschung hinauf. Dann brach er zusammen und sah über sich nur noch den Sternenhimmel, der begann, sich immer schneller zu drehen.

103

Krumau

Blaulichter durchzuckten die Nacht. Der Rettungswagen mit dem jungen Paar, das man am Ufer gefunden hatte, war lange abgefahren.

Vielleicht würden die beiden in den nächsten Tagen erzählen können, wie es ihnen gelungen war, sich aus dem sinkenden Lkw zu retten, zumindest hoffte er das. Aber der Notarzt hatte den Daumen nach oben gereckt, bevor sich die Türen des Krankenwagens geschlossen hatten, und so gab es wohl Hoffnung, dass zumindest einer von beiden durchkommen würde. Noch wusste man nicht, wie viele Personen in dem Lastwagen gesessen hatten, doch eines stand fest: Nachdem der Unfall mittlerweile eine gute Dreiviertelstunde zurücklag, würden sie, die Mitglieder der südböhmischen Tauchstaffel, nur noch Leichen bergen können. Aber es musste sein.

Einer nach dem anderen ließen sie sich nun ins dunkle Wasser hinunter. Das Tauchen selbst stellte kein Problem dar, vielmehr die Sicht. Durch den Unfall war viel Schlick aufgewirbelt worden und hatte sich noch immer nicht gesetzt, sodass sie die großen Lampen benötigten. Vom Heck kommend, hangelten sie sich am Lastwagen entlang und gelangten endlich zur Fahrerkabine.

Der Taucher öffnete die Fahrertür und fühlte hinein. Das Erste, was er zu fassen bekam, war das Gurtschloss. Darin steckte noch die Gurtzunge. Das bedeutete, der Fahrer war noch angeschnallt und hatte es somit nicht geschafft, sich zu befreien. Er tastete nach dem Gurtschneider an seinem Gürtel. Nun galt es, die Leiche des Fahrers zu bergen, während seine Kollegen nach weiteren Opfern suchten.

Er zog sich am Gurt hoch und leuchtete mit der Lampe in das Gesicht des Mannes, der ihn mit weit geöffneten Augen scheinbar vorwurfsvoll anstarrte. Auf Höhe des Mundes hatte ihm offenbar etwas den Schädel durchschlagen.

DREI WOCHEN SPÄTER

104

New York

Henry legte die Finger in den Hemdkragen und versuchte vergeblich, ihn zu weiten. Die schwarze Krawatte schien ihn zu erwürgen. Das Jackett seines dunklen Anzugs war zu weit, die Hose deutlich zu kurz.

»Bereit für die Beerdigung?« Koslowski klopfte ihm im Vorbeigehen unbeholfen auf den Rücken.

»Dafür bin ich niemals bereit«, entgegnete Henry düster.

»Wer ist das schon?«, entgegnete Koslowski.

»Er war noch viel zu jung.«

»Und zu fett. Ich habe ihm immer gesagt, er soll sich nicht ständig diese Donuts reinziehen.« Koslowski schüttelte den Kopf. »Ist trotzdem ein Jammer!«

»Warmherzig wie immer«, bemerkte Millner und baute sich vor Koslowski auf. »Wie sehe ich aus?«

»Es ist eine Beerdigung«, sagte Henry. »Da trägt man Schwarz.«

Millner betrachtete seinen Oberarm, der weiß bandagiert und in einer Schlinge fixiert war. »Sie werden es mir nachsehen.«

»Beinahe hättest du auch in so einem Sarg wie Verboom gelegen«, sagte Henry. »Da kommt man schon ins Grübeln. Der eine Kollege tot und der beste aller Partner beinahe auch.«

Millner ging zu ihm und drückte ihn.

»Sie wollten mir noch das Ding zeigen, mit dem Sie da unten eine Dreiviertelstunde überlebt haben«, sagte Koslowski.

»Ich musste es abgeben. Geheimsache«, entgegnete Millner. »Sie müssen es sich vorstellen wie riesige Kiemen.«

Koslowski nickte. »Hätte ich gern gesehen. Irgendeine Spur von der Kleinen, die Ihnen das angetan hat?«

Millner schüttelte den Kopf. »Ich habe gerade noch einmal den Bericht gelesen. Die Tschechen meinen, sie sei tot. Aber was das angeht, haben sie sich schon einmal geirrt.«

»Wenigstens haben wir die Fälle gelöst«, warf Henry ein. »Wie ich hörte, haben die Soldaten, die Alexander Bishop getötet haben, mittlerweile auch ausgepackt?«

Millner nickte. »Sie berufen sich darauf, nur Befehle ausgeführt zu haben, und behaupten, alles sei die Idee ihres Generals und dieses Anwalts gewesen. Wie hieß der noch gleich? Black?«

»Dann los!«, sagte Koslowski.

Henry und Millner nickten.

»So wie wir aussehen, hätten wir auch zu diesem Maskenball gehen können, von dem du erzählt hast«, sagte Henry, während er die Glastür ihres Büros aufstieß. »Was waren das noch einmal für Vögel?«

Millner zuckte mit den Schultern. »Das ist eine lange Geschichte.«

»Und dieser Berger hat tatsächlich tagelang nicht geschlafen?«

»Alles Mumpitz, wenn du mich fragst. Auf dem Rückflug nach Hause schlief er jedenfalls wie ein Baby – vom Start bis zur Landung. Ich habe noch nie einen Menschen so tief schlafen sehen.«

»Dann warte mal ab, bis du gleich Verboom siehst«, sagte Koslowski und schob die beiden vor sich her.

»Die Toten reiten schnell«, entgegnete Millner und schloss die Tür hinter ihnen.

105

New York

»Dem Baby geht es gut«, sagte der Arzt und lächelte. »Sie müssen sich keine Sorgen machen.«

David drückte Sarahs Hand.

»Keine Auffälligkeiten. Ich würde sogar sagen, das Kind wirkt im Ultraschall besonders aktiv.«

David und Sarah tauschten einen besorgten Blick.

»Sie hatten meine Frage von vorhin noch nicht beantwortet«, hakte David vorsichtig nach.

»Tja, liegt bei Ihnen denn eine HIV-Erkrankung oder etwas Ähnliches vor?« Der Arzt blätterte durch die Akte.

David verneinte. »Ich frage nur interessehalber.«

»Also, es gibt da diese Plazentaschranke«, sagte der Arzt. »Das Baby ist in seiner Fruchthülle sehr geschützt und hat keinen direkten Kontakt zum Blut der Mutter. Auch im Mutterkuchen ist das Blut des Babys von dem der Mutter streng getrennt. Nährstoffe und Sauerstoff werden durch eine dünne Membran ausgetauscht, die glücklicherweise für viele Stoffe undurchlässig ist, so zum Beispiel auch für Viren. Das heißt, mit etwas Glück steckt das Baby sich im Mutterleib nicht mit einem Virus an.«

David spürte, wie ihm flau wurde. Er sah, wie Sarahs Augen sich vor Sorge verdunkelten.

»Wie Sie sehen, hat die Natur alles so eingerichtet, dass das Baby einen perfekten Start ins Leben hat«, fügte der Arzt hinzu und erhob sich. »Dann sehen wir uns zur nächsten Kontrolluntersuchung«, sagte er und geleitete sie zur Tür des Besprechungszimmers.

Eine Weile gingen sie schweigend Hand in Hand durch den Park vor der Praxis. Die Novembersonne ließ die letzten Blätter an den Bäumen noch einmal prächtig aufleuchten, doch David konnte dem Farbenspiel heute nichts abgewinnen.

»Wir wissen nicht, ob es das Virus schon in sich trägt oder nicht«, sagte er. »Vielleicht kannst du es auch noch anstecken, wenn du es stillst.«

»Und wenn nicht?«, fragte Sarah mit Tränen in den Augen. »Was, wenn wir gar nicht mehr ansteckend sind, wenn unser Kind endlich zur Welt kommt?«

David seufzte. »Die gesamten Bestände des Schlafmittels der Fürstin wurden beim Sturz des Lastwagens in die Moldau vernichtet. Und auch das Virus existiert nicht mehr. Schlimmstenfalls muss das Kind mit dem Morpheus-Gen leben. Aber es ist nicht allein. Wir werden immer bei ihm sein und ihm helfen, irgendwie damit klarzukommen.« Er atmete tief durch.

Sie waren erst auf das Problem aufmerksam geworden, als David zufällig einen Bericht über HIV-Erkrankungen im Mutterleib gelesen hatte. Sarah und er schliefen seit ihrer Rückkehr aus Europa tief und fest, als wäre es nie anders gewesen. Offensichtlich hatte das Virus seines Vaters ganze Arbeit geleistet. Doch was, wenn ihr Kind das Schicksal erwartete, vor dem sein Vater versucht hatte, David zu bewahren? Für das er sogar sein Leben geopfert hatte?

»Und es gibt keine Aufzeichnungen mehr, sodass das Virus reproduzierbar wäre?«, fragte Sarah.

David schüttelte den Kopf. »Es gibt nur die Patentschrift für das Gen-Taxi. Die beschreibt die Methode aber nur allgemein. Ich schätze, die Unterlagen hat dein Vater alle vernichtet.«

Wieder hingen sie schweigend ihren Gedanken nach. David betrachtete Sarah von der Seite. Seit er wusste, dass sie schwanger war, fand er sie noch schöner. Er konnte es einfach nicht ertragen, dass sie Kummer hatte. Noch unerträglicher würde es ihm sein, wenn sein Kind später Kummer haben sollte.

Sorge bereitete David auch, wie er in Zukunft den Lebensunterhalt für sich und seine kleine Familie bestreiten sollte. Nach seinem abrupten Weggang aus der Kanzlei, Alexanders Tod und Percy Whites Verstrickung in die ganze Angelegenheit konnte er sich derzeit nicht vorstellen, je wieder als Anwalt zu arbeiten. Doch etwas anderes hatte er nicht gelernt.

»Hast du inzwischen etwas von deinem Vater gehört?«

Sie schüttelte den Kopf. »Meinetwegen kann er in der Hölle schmoren!«, sagte sie und sprach David damit aus dem Herzen.

Plötzlich hörte er, wie jemand seinen Namen rief. Er drehte sich um und erblickte einige Meter entfernt einen Mann in einem hellen Trenchcoat. Er trug eine runde Brille. David brauchte einen Moment, bis er ihn in der anderen Umgebung erkannte.

»Mr. Berger!«, wiederholte der Mann. »Gar nicht so leicht, Sie zu erreichen. Unter der Nummer, die Sie uns neulich gegeben hatten, meldet sich niemand mehr.« Er wandte sich Sarah zu. »Verzeihen Sie die Störung, Miss. Karl Walter mein Name, vom Bankhaus Walter & Söhne in Berlin.« Er gab Sarah die Hand, die sie sichtlich irritiert ergriff. »Ich wollte mich nur versichern, dass Sie noch leben, Herr Berger«, sagte er.

David musste unwillkürlich lachen. »Das ist sehr nett! Aber wie Sie sehen, müssen Sie sich keine Sorgen machen.«

»Sehr gut«, entgegnete sein Gegenüber mit einem feinen Lächeln. »Dann ist die erste Voraussetzung schon erfüllt.«

David stutzte. »Wovon sprechen Sie?«

»Von der zweiten Verfügung Ihres Vaters. Wir sollten Sie darüber in Kenntnis setzen, wenn Sie drei Wochen nach der Erfüllung der ersten noch am Leben sind.«

David fühlte, wie sein Herzschlag sich beschleunigte.

Walter junior deutete auf eine Bank in der Nähe. »Lassen Sie uns doch dort hinübergehen. Ich habe einige Papiere für Sie.«

David und Sarah folgten ihm.

»Sie erinnern sich an die Due Diligence, an der Sie neulich in Ihrer Kanzlei teilgenommen haben?«

David war versucht zu antworten, zögerte dann jedoch. »Anwaltliche Schweigepflicht«, sagte er.

Karl Walter winkte ab. »Schon gut, nicht mir gegenüber. Ich hatte das veranlasst. Als ich nach Ihnen suchte, fand ich heraus, dass Sie als Anwalt in der Kanzlei McCourtny, Coleman & Pratt tätig waren, und da dachte ich, es wäre ein schöner Zirkelschluss, wenn ich Ihre Kanzlei mit der Angelegenheit beauftrage.«

David entfuhr ein überraschter Laut.

»Die Firma, die da verkauft wurde, gehörte Ihrem Vater, Herr Berger. Nicht allein, aber ein Teil davon. Schon bei der Gründung brachte er das Patent für das Gen-Taxi mit ein und erhielt eine große Summe, mit deren Hilfe er uns beauftragte und das Schließfach einrichtete, das Sie vergangenen Monat aufgelöst haben. Daneben erhielt er jedoch auch noch Anteile an der Gesellschaft. Nach seinem Tod ging die Verwaltung der Anteile dann seinem Letzten Willen gemäß nicht auf Sie über – Sie waren viel zu jung –, sondern treuhänderisch auf unsere Bank. Wir hatten sodann die Vorgabe, die Anteile zu Ihrem dreißigsten Geburtstag zu verkaufen. Es gab Mitverkaufsrechte und -pflichten, Sie wissen, wie das bei Unternehmensverkäufen ist. Es war ein anstrengender Prozess mit vielen Bietern. Jedenfalls haben wir einen Käufer gefunden, der alles erworben hat. Aufbauend auf dem Grundpatent, hat das von Ihrem Vater einst mitgegründete Unternehmen viele wichtige Pharmapatente zur Genforschung gehalten. Nun ja, und nun ist es Zeit, Ihnen Ihren Verkaufserlös auszuhändigen.« In der Tat hatte David sich gewundert, dass sein Vater sich die Einrichtung des Schließfachs hatte leisten können, seine Verwunderung dann aber über die Ereignisse in Krumau und seine Rückkehr nach New York wieder vergessen.

Sarah lachte. »Wie viel ist es denn?«

»Oh, es tut mir leid, wir mussten natürlich unser Honorar vom Erlös abziehen, und unsere Dienste haben nun mal ihren Preis. Kurz und gut: Unser Honorar beläuft sich auf neuneinhalb Millionen Dollar«, sagte Walter junior. »Aber dies umfasst selbstverständlich auch unsere Spesen. Bedenken Sie auch das Mehr an Aufwand, den wir in Ihrem Fall betreiben mussten ...«

»Und wie viel bleibt dann noch?«, wollte David wissen.

Karl Walter öffnete seine Tasche und zog einen Kontoauszug heraus. »Dies ist der aktuelle Stand Ihres Treuhandkontos bei uns, über das Sie ab sofort frei verfügen können.«

David nahm das Blatt Papier und starrte ungläubig auf die aufgeführte Summe.

»Was denn?«, fragte Sarah besorgt und versuchte, einen Blick auf den Kontoauszug zu werfen. »Wow«, entfuhr es ihr dann.

»Die einhundertfünfundsechzig Millionen sind in Euro angegeben«, erläuterte Walter junior entschuldigend. »In Dollar dürfte es noch etwas mehr sein. Ich bräuchte bitte noch hier Ihre Unterschrift.«

David und Sarah ließen sich auf die Parkbank sinken. Sarah griff nach seiner linken Hand. David leistete die Unterschriften.

»So. Das war's auch schon«, sagte Karl Walter und steckte den Stift ein. »Dann lasse ich Sie mal allein.« Er wandte sich zum Gehen, blieb dann aber noch einmal stehen. »Ach ja, beinahe hätte ich es vergessen. Ihr Vater hat damals ein weiteres Schließfach bei uns eingerichtet. Ebenfalls gekühlt. ›Doppelt hält besser‹, soll er zu meinem Vater gesagt haben – falls bei einem der Fächer einmal die Kühlung ausfallen sollte. Ich vermute, es hat denselben Inhalt wie das erste Schließfach. Sollen wir es weiterführen oder schließen?«

David sprang auf. »Weiterführen! Unbedingt weiterführen!«,

rief er aus und zog Sarah überglücklich an sich. Er spürte, wie sich ihr leicht gewölbter Leib an ihn schmiegte.

Walter junior räusperte sich. »Gut, wie Sie wünschen. Dann darf ich mich jetzt empfehlen?«

Nachdem Karl Walter sie allein gelassen hatte, blieben sie noch eine Weile auf der Parkbank sitzen.

David legte die Hand auf Sarahs Bauch. »Ich glaube, mein Vater hat mich wirklich sehr geliebt«, sagte er. »Ich fühlte mich immer so allein ohne ihn, tatsächlich war er aber die ganze Zeit da.«

Sie strich ihm über den Nacken und gab ihm einen sanften Kuss auf die Wange.

»Schau, wie prächtig die Blätter in der Sonne leuchten«, sagte er und drückte sie an sich. Dann griff er in seine Hosentasche, zog den Ring hervor und steckte ihn ihr an den Finger.

EPILOG

Dienstagnacht, 2.30 Uhr

Schwarzenberg nahm die Lesebrille ab und legte das Buch zur Seite. Dann lehnte er sich in dem Ohrensessel zurück und rieb sich verwundert die Augen.

Er griff nach dem Becher, in dem der Kaffee kalt geworden war, und leerte ihn in einem Zug. Vom offenen Fenster wehte ein kalter Wind zu ihm herüber. Die Musikanlage spielte den *Radetzky-Marsch* so laut, dass er ihm in den Ohren schmerzte. Schwarzenberg schlug sich erst auf die eine Wange, danach auf die andere. Dann lehnte er sich zurück und beschloss, die Augen für einen Moment zu schließen. Nur für ein paar Sekunden, sagte er sich.

Kurz darauf war er tief und fest eingeschlafen.

Er zählte die Metallfedern des Bettrahmens über sich. Auf der harten Matratze bekam er nachts kein Auge zu, sehnte sich nach der weichen Polsterung seines Boxspringbettes. Überhaupt bestand sein Alltag hier im Gefängnis im Wesentlichen aus Zählen. Er zählte die Tage seit seiner Festnahme, die Stunden, bis der Tag zu Ende ging, die Tage bis zum nächsten Gerichtstermin. Zählte, wie oft die anderen ihn Black nannten, obwohl er White hieß.

Er drehte sich auf die Seite und starrte an die Wand, an der keine Fotos hingen. Wo die anderen Bilder ihrer Frauen und Kinder aufhängten, hatte er begonnen, Kerben in die Mauer zu ritzen. Eine Kerbe für jedes Mal, an dem er General Jackson verfluchte.

Sarah atmete ruhig und gleichmäßig. Er starrte in die Dunkelheit und dachte an Alex. Wieder einmal hatte er von ihm geträumt. Nun lag er wach und versuchte, das Bild aus dem Traum so lange wie möglich festzuhalten.

Manche würden sagen, er hätte allen Grund, Sarah und Alex dafür zu verachten, dass sie sich dazu hatten einspannen lassen, ihn zu kontrollieren. Aber für David war es nicht das, was zählte. Als sie auf ihn angesetzt worden waren, war er für sie noch ein Unbekannter gewesen. Kennengelernt hatten sie ihn erst später, und das, was er aus Janina Segas Erzählungen an Verachtung für die beiden herausgehört hatte, bestätigte ihm, was er schon immer gespürt hatte: Er war Alex und Sarah ans Herz gewachsen, und schließlich hatten sie ihn aufrichtig geliebt. Und deshalb durfte auch er sie so lieben, wie er es tat.

Über diesen Gedanken schlief David ein.

Anna lag in ihrem Morgenmantel auf dem Bett und schnarchte leise. Davids Brief mit dem Ultraschallbild lag auf ihrer Brust, neben ihr auf dem Kopfkissen das Ticket für den Flug von Prag nach New York.

»Sie schläft!« Der Chef des Bundeskanzleramts legte den Zeigefinger auf die Lippen.

»Ist sie krank?«, fragte der Fraktionsvorsitzende besorgt. »Ich kann mich nicht daran erinnern, sie in all den Jahren auch nur ein Mal schlafen gesehen zu haben. Wenn ich es beschwören müsste, würde ich sagen, sie war immer wach.«

»Seien Sie unbesorgt, es geht ihr hervorragend.«

»Nicht, dass man ihr noch Amtsmüdigkeit nachsagt«, sagte der Fraktionsvorsitzende halb im Scherz.

Sie hatte sich wie ein Fötus auf der Matratze zusammengekauert und schlief, die Pistole griffbereit neben der rechten

Hand. Über ihrer dachlosen Behausung zirpten die Zikaden. Nicht weit entfernt schlugen die Wellen sanft an den Strand. Vor dem Bett stapelten sich drei Reihen versandfertiger Päckchen mit Kokain. Es gab einige, die dafür töten würden. Aber es hatte sich herumgesprochen, dass es niemand so brutal und gnadenlos tat wie die *chica*, die vor einigen Wochen wie aus dem Nichts aufgetaucht war und auf den ungewöhnlichen Namen Saturnina hörte.

Bei Nacht war die Stadt am schönsten, fand er. Die Dunkelheit war wie ein Filter, der all die bösen Dinge ausblendete.

Millner stand auf der Brooklyn Bridge und blickte hinüber zur weltberühmten Skyline. Er hatte die letzten Tage viel darüber nachgedacht, wie es wäre, wenn man nicht mehr schlafen müsste, und er hatte den Gedanken zunächst reizvoll gefunden. Wie viel Lebenszeit wäre dadurch gewonnen. Wie viel mehr könnte man unternehmen, nachdem man tagsüber seiner Arbeit nachgegangen war. Oder umgekehrt: Man könnte nachts arbeiten und am Tag die Sonne genießen. Durch den Central Park flanieren mit dem guten Gefühl, bei Nacht alles aufarbeiten zu können. Doch dann war ihm bewusst geworden, dass dies nur eine Illusion war.

Auch weit nach Mitternacht herrschte hinter Millner auf der Brücke reger Verkehr. Ein Taxi näherte sich und hupte ihn an, als es ihn passierte. Diese Stadt schien niemals zur Ruhe zu kommen. Und genauso würde es den Menschen ergehen, wenn sie nicht mehr schlafen müssten: Der letzte Hort der Erholung wäre verloren, das letzte Alibi der Menschheit und aller Arbeitnehmer, für wenige Stunden Erholung zu finden, wäre entkräftet. Die Natur hatte es so eingerichtet, dass die Menschen nur eine gewisse Anzahl an Stunden des Tages leistungsfähig waren, und die Welt hatte gelernt, dies mehr oder minder zu akzeptieren. Müssten die Menschen aber nicht mehr schlafen, würden sie keineswegs mehr Freizeit haben. Arbeitgeber würden sich diese Tatsache schnell zunutze machen, und die Menschen würden bald rund um die Uhr arbeiten müssen. Kriege würden rund um die Uhr geführt. Flugzeuge würden vierundzwanzig Stunden am Tag fliegen. Die Welt würde sich noch schneller drehen und mit ihr die Menschen, die auf ihr leben. Der Tod wäre die letzte akzeptierte Grenze. Eine Horrorvorstellung.

Millners Blick wanderte hinüber zu den Fenstern der Häuserfronten, hinter denen die meisten Wohnungen um diese Zeit im Dunkeln lagen. Schließlich griff er in die Hosentasche und zog die letzten beiden Tabletten mit dem Namen *Stay tuned* hervor. Er drückte sie aus der Blisterverpackung, drehte sie zwischen den Fingern und betrachtete sie ein letztes Mal, dann schnippte er sie über das Geländer. »Gute Nacht, New York!«

Glaub nicht, was du siehst
Denn der schöne Schein trügt

Tibor Rode
DAS MONA-LISA-VIRUS
Thriller
464 Seiten
ISBN 978-3-404-17556-7

In Amerika verschwindet eine Gruppe von Schönheitsköniginnen und taucht – durch Operationen entstellt – wieder auf. In Leipzig sprengen Unbekannte das Alte Rathaus, und in Mailand wird ein Da-Vinci-Wandgemälde zerstört. Gleichzeitig verbreitet sich auf der ganzen Welt ein Computervirus, das Fotodateien systematisch verändert.
Wie hängen diese Ereignisse zusammen? Die Frage muss sich die Bostoner Wissenschaftlerin Helen Morgan stellen, als ihre Tochter entführt wird und die Spur nach Europa führt – hinein in ein Komplott, das in der Schaffung des berühmten Mona-Lisa-Gemäldes vor 500 Jahren seinen Anfang zu haben scheint …

Bastei Lübbe